U0107788

晴耕科研
雨读金庸

从武侠世界看学术人生

徐 鑫 ◎ 著

清华大学
出版社
北京

内 容 简 介

本书是作者在发表于科学网博客上的科普文章和在北京大学通用人工智能实验班和中国科学院高能物理研究所举办的讲座基础上撰写的。本书面向刚刚走上学术发展道路的科研新手和有志于此的年轻人，从金庸的武侠小说入手，畅谈学术成长道路，总结科研规律。本书分上、中、下三篇。上篇为纵篇，以金庸小说中的"天射神倚"为主线，建立金庸小说的武学体系架构，梳理武学发展史；中篇为横篇，分析金庸小说典型人物的武功发展脉络，总结经验和教训；下篇为外篇，主要论述个体选择对于武学发展的影响。本书最大的特点是为金庸小说架设了底层逻辑主线，即武学，从而对个人学术成长和发展有所启迪。

本书可供有志于学术的专业研究人员、研究生、本科生、高中生阅读，也适合作为金庸小说爱好者的读物。

图书在版编目（CIP）数据

晴耕科研，雨读金庸：从武侠世界看学术人生/徐鑫著. —北京：清华大学出版社，2023.7
（2023.9重印）

ISBN 978-7-302-64011-0

Ⅰ. ①晴… Ⅱ. ①徐… Ⅲ. ①科学研究工作－研究 ②金庸（1924—2018）－侠义小说－小说研究 Ⅳ. ①G31 ②I207.425

中国国家版本馆 CIP 数据核字（2023）第 119695 号

责任编辑：龙启铭　战晓雷
封面设计：何凤霞
责任校对：李建庄
责任印制：曹婉颖

出版发行：清华大学出版社
　　　　　网　　　址：http://www.tup.com.cn，http://www.wqbook.com
　　　　　地　　　址：北京清华大学学研大厦 A 座　　邮　　编：100084
　　　　　社 总 机：010-83470000　　　　　　　　邮　　购：010-62786544
　　　　　投稿与读者服务：010-62776969，c-service@tup.tsinghua.edu.cn
　　　　　质量反馈：010-62772015，zhiliang@tup.tsinghua.edu.cn
　　　　　课件下载：http://www.tup.com.cn，010-83470236
印 装 者：艺通印刷（天津）有限公司
经　　销：全国新华书店
开　　本：170mm×240mm　　印　　张：23.25　　字　　数：457 千字
版　　次：2023 年 7 月第 1 版　　　　　　　印　　次：2023 年 9 月第 3 次印刷
定　　价：99.00 元

产品编号：099925-01

序

从金庸武侠世界看学术人生
——钱学森之问的另类答卷

一、背景与由来

2020 年，新型冠状病毒肺炎蔓延，国际形势风云变幻，人工智能作为"第四次工业革命"的核心技术，超越学术、产业、经济，上升到国家安全的层面，成为国际竞争的前沿与制高点，赢得这场科技竞争的关键在于人才。中国的顶尖大学从来不缺人才，缺的是具备国际视野、志趣高远、有家国情怀、可堪大任的杰出人才。我们的学校到底能不能培养出杰出人才？这是大家熟知的"钱学森之问"，也是摆在教育者面前的极具挑战性的灵魂拷问。

2020 年 8 月，我在美国学习、工作了 28 年之后回到北京，着手组建北京通用人工智能研究院，首要任务还是要建立一支战略人才队伍。2020 年 11 月，我出任北京大学、清华大学教职，开始制定全新的本博贯通的人工智能教程。2021 年 1 月，北京大学元培学院成立了通用人工智能实验班（简称通班），4 月依托清华大学自动化系设立了清华通用人工智能因材施教计划。如何把这一批中国最聪明、最刻苦的学生培养成为杰出人才、未来的学术领袖？光有专业知识的培养是远远不够的，更重要的是要塑造他们健全的人生理想、学术品味和家国情怀，以此指导他们在未来的二三十年中做出一系列正确的判断与选择。

2021 年春节来临之际，我给北大通班同学布置的寒假作业是：阅读金庸小说，每位同学选择一个最贴近自己性格与价值定位的武学高手，分析其成长历程。这时候，北大的林宙辰教授告诉我，有一个公众号（cellstell）专门谈金庸人物，作者徐鑫是一个生物学博士，写得很不错。我看了几篇文章后，感觉非常好，就让林老师邀请徐鑫在 2021 年 5 月来给通班同学作一次"从金庸武侠世界看学术人生"的讲座。此后，我提出，希望他把博文整理成一本书，系统梳理金庸武侠世界中的人物性格、动机、武功、门派、师承与配偶选择，重点分析武学大师的责任担当、领导力、家国情怀的形成过程。徐博士欣然应允，并迅速写出了这本数十万字的书！作者推演了金庸小说中的人物和事件"编年史"，并与中国历史背景相关联，与科学史上的人物事件作类比与映射，把武学大师的成长历程和价值取向蕴涵在幽默风趣的文字之中。

两年过去了，这本书就要跟读者见面了。我认为，这是一本奇书，是解答"钱学森之问"的另类答卷，值得广大家长、教师、研究生导师、研究生、大学生、高中生认真阅读，体会其中的奥妙。

二、"打精神疫苗"

有人会问，难道科学家传记不是更好的参照吗？我个人认为，科学家传记存在一些天然的不足。首先是避讳问题，科学家传记的撰写常常由崇拜者、学生、朋友甚至亲人完成，这样的传记就难免为尊者讳，出现一定程度的选择性呈现，并不能揭示出真实的全貌。其次是刻板单一，科学家传记为了突出科学家的杰出成就，常常强调其坚强与刻苦攻关的一面，而淡化其性格与人性中的负面成分。只有将科学家放在具体时代、环境的激烈竞争中，才能避免对科学家的脸谱化描述，展现其面临的冲突与选择。

相比之下，作为成功影响了几代中国人的文学作品，金庸武侠小说以独特、夸张的手法描绘了波澜壮阔的历史，塑造了千奇百怪的武功、栩栩如生的人物、风格迥异的派系，并揭示了各种武功创制过程、机缘与必然并存的成长历程，展现不同派别之间争斗与合作的复杂关系。

特别值得一提的是，金庸小说之所以能取得社会大众的广泛共鸣，根本原因在于这些武侠故事中的各种选择背后传达了中华传统文化的价值观、人文关怀与家国情怀。读金庸小说常常会有一种代入感，让读者能体会道路的坎坷与残酷，获得警示，有所准备。我让北大通班同学读金庸小说，就相当于给学生"打精神疫苗"，让他们在未来的真实学术成长过程中，面对自己的每一个人生决策，有一个参照物。

当前应试教育培养的学生，为了集中全部精力备考，被父母、老师很好地"保护"起来，整天刷题，对社会和人生知之甚少。家长和学校以为，把他们送上了名牌大学就完成了任务，办完谢师宴万事大吉。殊不知，学生进入大学后，面对各种困难和重要的选择往往茫然若失。我认为，这就是为什么我们的大学有这么多的人才，却难以出现真正的学术大师的一个主要原因。

杰出人才，尤其是大师，常常不是培养出来的；大师的出现，更多的是个人基于健全价值体系的主动选择。上了大学，一切才刚刚开始，从本科到博士要10年，获得正教授职位还要约 10 年，成为学术领袖估计还得再 10 年。在这 30 多年的人生中，一个人要经历很多，其成就是国际、国内、社会、家庭、配偶、朋友、个人等带来的必然影响和偶然因素叠加的结果，简单表述为一个统计求和。大师的炼成，其实是在这 30 多年中基于正确三观的积极选择，从而对抗随机扰动的影响，避免向平均化的回归，而终于脱颖而出，成为统计中的离群点。既然大师是价值体系下主动选择造就的，那么价值体系的健康、积极与否就具有格外重要的意义。有了健康、积极的价值体系，就能有内驱力，练就洞察力，在选择上就不会随波逐流。

三、同构与映射

进一步说，金庸小说中描绘的武侠世界和现实生活中的学术共同体可被看作数学上的同构映射关系。我早就感到武侠世界中的武学门派、武林人物、内功修为、外功招式、价值取向等无不与现实世界中的学术世界高度同源。多年以来，我一直想写一本用金庸小说解读科研学术的书。徐博士的这本书就在"雨读金庸"中构建了"晴耕科研"的有趣映像。

我这里举几个书中的例子。(1) 很多人在学术成长中会经历天花板，可能的原因是什么呢？书中借慕容复的例子给出了一种可能的解释。慕容复武功总是不能大成，固然有个人天分等方面的原因，其并无真正兴趣、汲汲于名利、心思不纯乃至于患得患失恐怕是原因之一。(2) 在学术成长路上，有时取得极大成就的常常不是最聪明的人，而是特别质朴坚毅、矢志不渝的人。书中借郭靖的例子给出了一种合理的阐发。郭靖功力震古烁今，固然与因缘际会的各种巧合有关，但百折不回、孜孜于简洁、朝夕不辍、终于融会贯通，可能也是缘由之一。(3) 配偶常常对学术路径有巨大的影响。书中有两个相关的例子，一个例子是令狐冲受到任盈盈的积极影响而终于笑傲江湖，另一个例子是游坦之遭遇阿紫的不良摆布而身死、为天下笑。

以上几个例子，其实也是我观察总结的对成才影响巨大的三个因素，分别是配偶（Spouse）、性格（Character）和兴趣（Interest），是我心目中真正的 SCI。

事实上，徐博士在本书中用金庸武侠世界构建了更加宏大的学术映射。本书在上篇（即纵篇）中，借助"天龙""射雕""神雕""倚天" 4 个时代的武学发展脉络，演绎了现实学术的高峰与低谷及其背后的原因；在中篇（即横篇）中，借助金庸武侠世界的横剖面，总结了具体学术的影响力、属性、冷门热门、有用无用等特点；在下篇（即外篇）中，则借助金庸小说人物的个体选择，总结了令人纠结的学术选择时的经验和教训。为了更好地在金庸武侠世界与学术间建立联系，本书还精心选择了科研史上的事例。这些事例短小精悍，紧扣相关章节主题，辐射辽阔，异彩纷呈。作者在金庸小说武侠世界和学术世界之间建立了同构映射关系，于谈笑之间自然揭示学术成长的奥秘。

四、认清与热爱

文学创作高于生活，但来源于生活。金庸武侠小说能在一定程度上反映学术世界的真相。罗曼·罗兰说："世界上只有一种英雄主义，就是在认清生活的真相之后依然热爱生活。"我希望中国所有聪慧而优秀的学生也具有这样的英雄主义气质，能在认清科研学术的真实之后，依然热爱科研，这样的热爱才是立得住、经得起时间考验的。

如果读者能通过阅读本书体悟培养与选择，实践同构与映射，收获认清与热爱，就是为"钱学森之问"交出了一份合格的答卷。

以此与大家共勉！

朱松纯

2023 年 5 月

前　言

我在北大讲金庸

01　缘起

《阿甘正传》里面有句话："生命就像一盒巧克力，你永远不知道下一颗是什么味道。"（"Life is like a box of chocolates that you never know what you're going to get."）。我没想到的是，有一天我打开的那颗巧克力上写着"**去北大讲金庸和科研**"。但事情就这样发生了，这也是命运的馈赠，是对坚持自己兴趣的人的一种奖励吧。北大的林宙辰老师发现了我在网络上的文字，对其中用金庸小说解读科研的内容很感兴趣，邀请我去北大给同学们分享。

我用金庸小说解读科研，可以追溯到 2013 年，当时我在科学网上开通了自己的博客，写科普文章。2015 年，我开通了自己的微信公众号，因为我的专业是细胞生物学，所以我把公众号命名为 cellstell。2017 年，我创作了第一篇和金庸小说有关的科普文章。2020 年，因为新型冠状病毒肺炎，在家上网课，无法去实验室工作，有了大量业余时间，我写了很多篇科普文章，其中用金庸小说解读科研的文章渐渐形成了一个系列，受到很多读者的好评，于是我给这个系列起名叫"**左手科研，右手金庸**"。自 2021 年开始，我写了更多的关于金庸小说和科研的文章。随着新型冠状病毒肺炎在我国得到有效控制，我觉得"左右"没有体现主次，所以把系列改名为"**晴耕科研，雨读金庸**"，目的是强调，也是提醒自己——科研才是我的主业。

我进行科普创作的目的，一开始就是觉得好玩，为了满足自己的科研好奇心。《红楼梦》里有句话叫"弱水三千，只取一瓢"。我自己的研究领域就是这"一瓢"，可是科研领域是"弱水三千"，所以通过科普能让自己了解这"弱水三千"，我就很高兴。

另外，我也发现，其实科普也能解决自己这"一瓢"里面的东西，比如，**能解决具体科研问题，能拓展自己的科研思路，也能促进科研传播**。

科普有助于解决科研中的具体问题。为了解决研究中碰到的具体问题，常常需要阅读大量文献，在理解前人学术成果的基础上思考、总结，形成自己的假设，设计实验。如果能把文献阅读的成果和自己的思路写出来，无疑会加深理解。虽然大多数时候具体科研问题的解决止于大脑中的思考，但将有些值得记录的经历形成文字，对自己和他人，尤其是没有相关背景的人，都是一种启发。

　　就像金庸小说中一本很出名的书，黄裳的《九阴真经》，就可被看作黄裳在阅读大量文献、深度思考后解决具体问题的一本科普著作。《九阴真经》是金庸小说里面最厉害的武功秘笈之一，是一个叫黄裳的文官创造的。黄裳阅读了五千四百八十一卷道藏，心有所感，居然由文入武，学会了一身惊人的武功。后来黄裳奉命去剿灭一个叫作明教的江湖帮派，遇到了很多高手，自己也受到重创，于是黄裳花了四十几年潜心钻研，终于写出《九阴真经》。所以《九阴真经》就是一本解决具体问题的武学著作。为什么说《九阴真经》也是科普著作呢？因为它被写出来后，道家的王重阳、周伯通固然能看懂、学会，非道家的黄药师、欧阳锋、洪七公，佛门的一灯，古墓派的小龙女、杨过，都是一看就懂、一练就会，甚至基础不大好的陈玄风、梅超风都凭借这本著作得了"黑风双煞"的名号，纵横江湖。这是科普创作有助于解决具体科研问题的例子。

　　科普创作还能拓展科研思路。有时某个发现并不是自己的主业，但是蕴含了未来的趋势，就值得涉猎、了解进而掌握。比如，2020 年火爆全网的 AlphaFold，既和我的主业——生命科学相关，也和人工智能相关。谷歌的 AlphaFold 能根据氨基酸序列精确预测蛋白质的高级结构，其预测结果甚至和从实验中得出的相差无几，这样的研究在药物研发等领域有深远的影响。如果我能迅速掌握，可能就占有了先机。写一篇科普文章就能很好地拓展自己的思路。

　　比如，全真派的王重阳在阅读《九阴真经》后，写了一本科普著作《重阳遗刻》，拓展了自己的武学思路。南宋时的奇人王重阳文才武功并世无双，尤其是武功。第一次华山论剑时，王重阳和天下最厉害的四个人比拼了七天七夜，折服这四个人，夺得了武功天下第一的名号，而被他折服的四个人就是东邪、西毒、南帝、北丐。然而，王重阳天下第一是后来的事。第一次华山论剑之前，有几个人可能比王重阳还要厉害，其中一个人叫林朝英。林朝英是古墓派的创始人，她针对全真派武功研发出的《玉女心经》，每一招都能克制全真派的武功。王重阳百思不得其解，惆怅苦闷。后来他阅读了《九阴真经》，从中得到启发，找到了反制《玉女心经》的办法。于是王重阳选了《九阴真经》中一些可以克制《玉女心经》的招数，写成科普著作，刻在活死人墓的棺板内侧，这就是《重阳遗刻》。为什么说它是科普著作呢？因为小龙女和杨过读了居然很快领悟，找到了对抗李莫愁的方法。这就是科普工作拓展自己科研思路的例子。

　　科普创作还有一个很重要的功能，就是有助于科学传播，让自己的研究产生更广泛的影响。我们处在一个信息爆炸的时代，所以"酒香也怕巷子深"，科普传播异常重要。科普能让小同行重视自己的工作，让大同行熟悉自己的工作，让外行了解自己的工作，让普通大众看到自己的工作，让优秀的学生感兴趣并参与自己的工作。

　　金庸小说中的一本奇书《辟邪剑谱》就是科普创作促进科学传播的例子。《辟邪剑谱》来自《葵花宝典》。《葵花宝典》是前朝宦官所著，流传了三百多年，最终落到福建莆田少林寺红叶禅师手里，始终默默无闻。但是，当红叶禅师的徒弟林远图完成《葵花宝典》的科普简化版——《辟邪剑谱》后，其流传度远远超过原本《葵花宝典》。这说明专业的科研文章虽然很有价值，但由于艰涩难懂而导致曲高和寡；而科普文章的效果就是简化后用大众能理解的语言重新阐释，反而可以达到更好的推广作用。这是科普创作有助于学术传播的例子。

　　后来我慢慢发现，以金庸小说为题材的科普创作完全可以解决上述几类问题。

　　2017 年，我读到 *Nature* 上的一篇关于人际合作的论文——*Locally Noisy Autonomous Agents Improve Global Human Coordination in Network Experiments*，很感兴趣。这篇文章的结论很有趣，就是**局部的干扰能促进整体合作**。然而这篇论文内容很晦涩难懂，怎么科普一下呢？我偶然想到天罡北斗阵的故事。

　　天罡北斗阵是金庸小说《射雕英雄传》《神雕侠侣》中的一种阵法。金庸小说中的阵法还真不少，除天罡北斗阵外，还有：二人阵，如《神雕侠侣》里林朝英、王重阳的玉女素心剑法；三人阵，如《倚天屠龙记》里少林寺三僧的金刚伏魔圈；四人阵，如《倚天屠龙记》里昆仑派的正两仪剑法和华山派的反两仪刀法；五人阵，如《碧血剑》里温氏五老的五行阵；六人阵呢？《笑傲江湖》里的桃谷六仙组合勉强算是；七人阵还有《倚天屠龙记》里张三丰的真武七截阵；还有更夸张的，如《神雕侠侣》里绝情谷主自创的由十六个人施展的渔网阵，以及《神雕侠侣》里全真三代开发出来的近百人组成的超级阵法——天罡北斗阵。所有阵法的特点，用数学来描述，就是 n **个 1 相加之和远大于** n。这些阵法中最有名的恐怕是王重阳传给全真七子的天罡北斗阵。

　　第一次华山论剑时，王重阳天下第一。王重阳如此厉害，他的七个徒弟，也就是全真七子，却不是武学高手。王重阳垂垂老矣，为了不让徒弟在自己死后受人（主要是欧阳锋）欺负，他想到了一个办法，就是让七个徒弟排练一种阵法，起到 7 个 1 相加远大于 7 的效果，以克制欧阳锋，这就是天罡北斗阵的由来。

　　我觉得天罡北斗阵就是人际合作。用天罡北斗阵作为切入点，可以很好地理解 *Nature* 上的这篇论文。这就是我的第一篇科研和金庸小说结合的文章的由来，这也是用金庸小说拓展科研思路、促进学术传播的例子。

在这样的写作过程中，我还发现科研和金庸小说中的武功有很多共性。科学研究（scientific research）一般是指利用科研手段和装备，为了认识客观事物的内在本质和运动规律而进行的调查研究、实验、试制等一系列活动，这些活动可以为创造发明新产品和新技术提供理论依据。这个定义套在武功上似乎也成立。武功也是利用手段（如裘千仞的铁砂）和装备（如杨过在古墓中睡过的寒玉床），为了认识客观事物（主要是物理和身体）的内在本质和运动规律而进行的调查研究（如黄裳阅读道藏）、实验（如梅超风用人头骨练习九阴白骨爪）、试制（如段誉吸取别人内力）等一系列活动，为创造发明新产品（如欧阳锋的灵蛇拳）和新技术（如周伯通的双手互搏）提供理论依据。科研和金庸小说武功的共性意味着用金庸小说解读科研简直再合适不过了。

不仅如此，金庸小说还能解决科研中一些深层次的问题，比如为什么要做科研，做什么样的科研，怎样做科研，等等。这些深层次的问题，在具体的学术文献中常常找不到答案。对这些问题的回答，需要阅历、见识、气质、品味等很多东西。这些问题，也不是一时一地就能解决的。但是，越早对这些问题有思考、有答案，对于个体一生的科研成就影响就越大。回答这些问题需要的阅历、见识、气质、品味以至于人生观、世界观等，金庸小说完全具备，并且极其精彩而优秀。

在去北大作讲座之前，我的"晴耕科研，雨读金庸"系列写了近40篇，约15万字。在北大讲座之后，北京大学讲席教授、清华大学基础科学讲席教授、北京通用人工智能研究院院长、北京大学智能学院院长、北京大学人工智能研究院院长朱松纯对我的讲座很感兴趣，并建议我写一本书。事实上，在朱老师建议写书前就有很多读者提出类似的建议，甚至提过可能的书名，如《金庸世界平行科研宇宙》《学术真经》等，但我从未深入想过这个问题。朱老师的郑重提议打动了我。这就是本书的缘起。

02　内容：从编年体到纪传体

我在真正开始写作本书之后，才发现书的写作和公众号文章的创作是很不一样的。公众号文章的内容常常是碎片化的，即使一篇长文，也无法容纳系统性的内容；书则是系统性的，具有自己的体系。公众号文章是注重时效性的，所以常常有所谓的蹭热度、出爆款；书则是可以相对长久留存的，时效不明显。公众号文章常常是阅后即弃的，虽然可以反刍，但很少有人那么做；书则是可以反复咀嚼的。公众号文章常常为了流量而牺牲自我，舍己从人；书则有更多的坚守，推己及人。公众号文章像烟花，虽然绚烂夺目，但转眼成空；书则像繁星，虽然在暗夜中若隐若现，却可能穿越时空的长河，流传久远。

我想系统化地传播我的想法，我不想让自己的文字被瞬间遗忘而只得到流量，我想更多地传达出一个普通人的独特体验。尤其是，尽管公众号有连续阅读功能，但是我的新文字似乎只是在原有系列上的简单增加，就像一个人吃了新东西，似乎只是变胖了，没有更健壮，这种体验降低了我写公众号的动力。于是，我投入更多的精力开始撰写本书。

本书和我以前在公众号上发表的文章最大的不同是建立了自己的体系、架构。

本书的上篇是经线，以金庸小说中连续性最强的"天射神倚"为主。朱松纯老师给我的建议是："目前的思路有点散，需要形成体系、架构。建议拟定量化的维度（坐标系），把人物的性格、志向和门派的武功属性映射到这个空间中。这个空间就构成了金庸的武侠世界，然后，一些人的轨迹就可以初步展现、可视化。"我想到的体系、架构就是"天射神倚"这 4 部，其中又以"射雕"最有代表性。"射雕"从王重阳第一次华山论剑开始，到郭靖第二次华山论剑结束，具有金庸小说中最活跃的武学创造，如黄、欧、段、洪四绝大都有自己的发明；最多姿多彩的武学人物，甚至包括瑛姑、欧阳克等次要人物；尤其是最强大的科研隐喻：第一次华山论剑时王重阳的科研布局，第二次华山论剑时郭靖的坚守，乃至第三次华山论剑时杨过的传续以及张君宝、郭襄的肇始新学。"射雕"上承"天龙"，下启"神雕""倚天"以至"笑傲"，能形成一条清晰而又富于启迪意义的逻辑链条。本书中的内容有很大一部分来自"射雕"，但向前辐射到"天龙"，向后延伸到"神雕""倚天"。"天龙"时代在我看来武学表面繁荣但危机重重；前"射雕"时代则异彩纷呈，如中国的战国时代百家争鸣；"射雕"时代格局齐备，群星闪耀；"神雕"时代又因为武学一统而隐隐浮现危机；"倚天"时代则找到了新的武学方向。基于这样的考虑，本书上篇分为"'天龙'时代的乌云""前'射雕'时代的彩霞""'射雕'时代的碧空""'神雕'时代的霏雨""'倚天'时代的和风"5 编。

如果说金庸小说类似史书中的编年体，那么本书可以说更像史书中的纪传体。我从科研的角度看待金庸小说中的人物，从中提炼出对有志于科研学术者的一点启发。为此，对于每一个人物，我回顾其一生，理出其武功发展脉络，找到其中的学术逻辑，提炼出可供借鉴之处，启迪科研。甚至对于那些反面人物，除了作为反面教材引以为戒以外，我也尽量找到他们身上的闪光之处，如裘千仞的定力等。

在用纪传体对金庸小说中的人物的武功进行分析的时候，我会突出学术，淡化个人情感等必然因素和际遇等偶然因素。这样做当然有缺陷，但我也发现这种淡化会突出金庸小说中的人物的武学追求这个点，而不会失去内在逻辑支撑，所以有时这种处理反倒会带来一种趣味。比如写欧阳克这个人物的时候，我突出了他因武学成绩和声望低于预期而懊悔的心态。

本书的中篇是纬线，主要是从横向上比较金庸小说中的人物、武功、门派，以启迪科研。其中，对于金庸小说中的人物主要从个体角度谈动机、品味等对科研有影响的因素，对于金庸小说中的武功主要从学术发现角度谈科学研究的影响力、冷门热门、有用无用等维度，对于金庸小说中的门派从群体角度谈一个群体的学术生态。

本书的下篇主要谈了个体选择对于武学发展的影响。 在众多选择中，家国情怀是价值观中非常重要的一种，对武学发展有极大影响，也是金庸小说中最打动人心的地方之一。我选择了若干人物，阐发家国观念对武学发展的影响，这一编就叫**"侠客行"**；科研方向选择，尤其是师承，对一个人的学术成长至关重要，所以我评析了若干选对和选错导师的金庸小说中的人物，并用**"连城诀"**即价值连城的抉择命名这一编；**"必血荐"** 即必须吐血推荐，我希望用这样饶有趣味的题目吸引读者。

03　本书的特色

本书最大的特色是，针对金庸小说中的内容，尤其是一些不合理之处，根据我自己的理解和想象，架设了底层逻辑主线，即学术， 从而达到启迪科研的目的。这样做或许也有助于解除长久以来大家对金庸小说某些矛盾的疑惑。比如，鸠摩智武艺高强，但为何不敢承认自己练习的是小无相功？慕容复武功远不如乔峰（后恢复本名萧峰），为什么却会和乔峰齐名？到底谁创造了《九阳真经》？《九阴真经》是实至名归还是名不副实？《九阴真经》和《葵花宝典》之间是什么关系？丘处机和江南七怪的十八年赌约仅是为了抚养英雄后人吗？华山论剑有多么内卷？郭襄为什么没有继承父母和长辈的武功？宋青书为什么杀死莫声谷？对于这些问题，我都一一给出了指向学术目标的解答。这种做法或许可以概括为**致广大而尽精微，极高明而道金庸**。

本书的第二个特色是涉及特别多的诗词歌赋。这是我本人的个人喜好，我想这也和金庸先生的创作风格一致。

04　本书可能对哪些人有吸引力

我原来觉得本书只能吸引金庸小说爱好者和有志于科研者的交集。当然，即使如此我也并不失望，因为我慢慢意识到，这个交集的数量可能不大，而质量却可能极高。我被北大、中科院邀请去作讲座就说明了这一点。

后来通过对一些术语的筛选，使本书更通俗了，似乎可以做到吸引**金庸小说爱好者和有志于科研者（专业研究人员、研究生、本科生、高中生）的并集**。本书对金庸粉丝来说，是从**学术角度解读金庸小说**；而对有志于学术的人来说，则是**用金庸小说解读学术**。

05　一些说明

本书中涉及的金庸小说内容全部来自流传最广的修订版。金庸先生的小说分为旧版（1956—1970 年，最初的报纸连载版、朗声旧版）、修订版（1980 年，三联版）、新修版（2003—2006 年，广州出版社和花城出版社联合出版）。其中，修订版影响最大，是多数人接触的版本；新修版则增添了一些内容，如《九阳真经》是无名僧和王重阳斗酒之后参阅《九阴真经》而创出来的，又如黄药师和梅超风的恋情。本书的目的仅是以金庸小说为渡船，到达科研彼岸，所以采用的是流传最广、影响最大的修订版，而对旧版和新修版的内容并不采纳。比如，对新修版的无名僧创《九阳真经》的说法本书并不采纳，而我自己则给出了《九阳真经》的来历的推断。

　　本书有自己的时间线，所有对时间和年代的推算都选择最简单的方式，也就是基于金庸小说中涉及的真实历史事件、人物推算。比如，"天龙"时间按照萧峰遇到的耶律洪基的年龄推算，"射雕"按照郭靖出生时在位的宋宁宗庆元纪年推算，"神雕"按照杨过击毙蒙哥的时间推算，"倚天"按照常遇春的年龄推算，等等。网上有各种算法，但常常寻章摘句，过于琐碎复杂，本书一般不予采纳。本书的这种推算可能在金庸不同小说间有抵牾，但本书的目的并不是梳理一条精准的金庸小说年表，所以对这些瑕疵不进行推究。

　　本书上篇和中篇的每一章均有"注"和"附"。"注"主要是一些需要进一步说明的内容，同相关章节联系紧密，如时间考证等；"附"则是相关内容在科研学术上的投影，同相关章节的联系常需要点出，因此在目录中列出了"附"。

　　本书中的引用全部来自权威资源。例如，关于历史的部分来自二十四史，关于科学的部分来自权威期刊的学术论文，所有的引用都注明了出处。

　　最后，我要感谢以下诸位学者。

　　再次感谢朱松纯老师。朱老师不但提议我完成本书，而且在我的整个写作过程中提供了具体的建议和切实的帮助。

　　感谢林宙辰老师。是林宙辰老师"发现"了我，让我有机会完成这样一本有趣的书。

　　感谢中科院高能物理研究所的邢志忠老师。邢老师鼓励我写作本书，给我写了热情洋溢、才思纵横的推荐文章。

徐　鑫

2023 年 1 月

目　录

下篇　外　篇

上篇

纵篇

第一编　"天龙"时代的乌云

引子：为什么我们总是培养不出杰出人才

金庸小说《天龙八部》发生在一个在武学上充满矛盾的时代。

一方面，"天龙"里面有金庸小说中数量最为庞大又极具创造力的武功："天龙"武功数量位居金庸小说之冠，多达83种，远超第二名《倚天屠龙记》的55种、第三名《射雕英雄传》的51种以及第四名《笑傲江湖》的46种（数字可能略有出入）；"天龙"武功创造力很强，如逍遥派的北冥神功、凌波微步、小无相功、八荒六合惟我独尊功，大理段氏的六脉神剑，丐帮帮主乔峰的擒龙功，姑苏慕容的斗转星移，都是天下绝学。

另一方面，"天龙"诸侠的武功大都得之不正，而且有继承、无发明。比如，除了乔峰外，段誉的武功得自吸取他人内力，虚竹的武功得自无崖子等人内力的直接补给，游坦之的武功得自《易筋经》和冰蚕的毒性。乔峰、段誉、虚竹作为"天龙"三驾马车，没有创造一门武功。

这种矛盾造成了"天龙"时代武学天空中的两团乌云：一是如何获得超人的内力；二是如何创出惊人的武功招式。这两个问题，"天龙"人没有答案。

有子孙，有田园，家风半读半耕，但以箕裘承祖泽；

无官守，无言责，世事不闻不问，且将艰巨付尔曹。

这副对联很好地描述了"天龙"人的武学追求：向上箕裘承祖泽，向下艰辛付尔曹。大多数"天龙"人，如鸠摩智、慕容复、丁春秋等，或为职位，或为名气，或为自尊，都在吃老本，几乎没有人去啃武学硬骨头。

所以才有"天龙"无冕之王——扫地僧的武学之问："**为什么我们总是培养不出杰出人才？**"而答案则在风中飘摇。还需要等很多年的时间，才有几个人聆听了"天龙"先贤的问询，并各自给出了答案。

❀注："有子孙……无官守……"对联的出处

这副对联为曾国藩的父亲曾麟书于咸丰四年（1854年）正月所撰。见《唐浩明评点曾国藩家书》上卷第一篇《评点：破天荒题翰林》。

1　扫地僧之问

为什么我们总是培养不出杰出人才？

——扫地僧

时间：北宋神宗熙宁十年（1077 年）。

地点：少林寺藏经阁。

人物：萧峰、萧远山、慕容复、慕容博、鸠摩智、神山、哲罗星、波罗星、少林众僧。

熙宁十年，四十二岁的苏轼在徐州写下了《阳关词·中秋月》：

> 暮云收尽溢清寒，
>
> 银汉无声转玉盘。
>
> 此生此夜不长好，
>
> 明月明年何处看。

这首词描写的景色，恰好也隐喻了"天龙"时代武学的现状：暮云收尽，一片清寒。在天龙表面繁盛的武学背后，是冉冉升起的巨大阴影。"不长好""何处看"恰恰是距徐州四百多公里外的少林寺藏经阁中，扫地僧之问的背景。

当时萧峰、萧远山、慕容复、慕容博、鸠摩智正为武学动机而争执不休。萧峰倾吐肺腑，他凭不世出的武学加入大辽，不是为了个人私利：

> "我对大辽尽忠报国，是在保土安民，而不是为了一己的荣华富贵，因而杀人取地、建立功业。"
>
> 《天龙八部》第四十三章"王霸雄图，血海深恨，尽归尘土"

就是这句话，引出了蛰伏在少林寺藏经阁中的武学无冕之王——扫地僧。扫地僧先是肯定了萧峰的观念，接下来一一历数了萧远山、慕容博、天竺僧波罗星来少林寺藏经阁窃取武学秘笈的过往。比如，萧远山入藏经阁偷阅的依次是《无相劫指》《般若掌》《伏魔杖法》；慕容博入藏经阁先偷阅《拈花指》，后来更抄录少林七十二绝技副本。扫地僧还看出了鸠摩智在偷偷研习《易筋经》。

扫地僧接下来提出了自己的武学观：**慈悲仁善**。武学对内为了满足自身的追求、强身健体，对外为了惩恶扬善、利国利民、护法伏魔。武学是一把双刃剑，既能行善，也能作恶，所谓"身怀利器，杀心自起"，所以要注意降伏心魔，要有慈悲仁善的念头。如果武学中没有慈悲仁善的利他念头，只以利己的武林至尊地位为目标，慢慢就会伤害自身。在武学中，越是重大、重要的武功，如果没有慈悲之念的话，带来的伤害就越大。这是因为，越是重大、重要的武学所涉及的名、利、权势就越大。就像拈花指等上乘武功，如果没有慈悲仁善，戾气会越来越大。武学求普利世人，但很多人练武求成名获利，两者即使不是背道而驰，也常相互克制。只有怀着济世救人之心志和慈悲仁善之念，习武才值得推崇。

扫地僧还认为，**"武学障"常常是学武之人的巨大障碍**。大多数武学都花费人力、物力、时间、金钱无数，往往"凌厉狠辣，大干天和"，因此每项武学都须有相匹配的普利众生的价值以求化解，这个道理练武之人都懂。只是一般人练了几门武功，取得一些成果、名气、地位之后，在武学真理上的领悟常常会遇到障碍。佛教有所谓的"知见障"，武林则有所谓的"武学障"。

扫地僧对武学基础更重视。他认为，大多数武学包含体和用。"'体'为内力本体，'用'为运用法门"，也就是武学的基础研究和技术应用。这两者需要匹配，没有基础研究的技术应用是不会长久的，而且可能反噬自身。

扫地僧最后抛出自己的质问："此后更无一位高僧能并通诸般武功，却是何故？"也就是：**为什么我们总是培养不出杰出人才？**

扫地僧之问其实指出了"天龙"时代的武学现状：天资极高者缺少慈悲仁善，天资中等者有武学障，天资一般者不重视基础、急功近利。虽然也有例外，如萧峰就是天资极高而又有博大胸怀的人物，段誉就是天资中等却从不执着于武功高低的人物，虚竹就是天资一般但具有雄厚基础的人物。但更多的情况是：无崖子、丁春秋、鸠摩智等人都是天资极高的人物，却将巧取豪夺看作逍遥，没有济世救人的宽广胸怀；慕容复等人是天资中等者，但是执着于武功广博、声名远播，无法自拔；大多数学武之人注重招数，但是没有雄厚基础，即内力。

其中天资极高者缺少慈悲仁善的问题很严重，比如逍遥派巧取豪夺的恶果远比想象的要大：

原来这"琅嬛福地"是个极大的石洞，比之外面的石室大了数倍，洞中一排排列满木制书架，可是架上却空洞洞地连一本书册也无。他持烛走近，见书架上贴满了签条，尽是"昆仑派""少林派""四川青城派""山东蓬莱派"等等名称，其中赫然也有"大理段氏"的签条。但在"少林派"的签条下注"缺易筋经"，在"丐帮"的签条下注"缺降龙十八掌"，在"大理段氏"的签条下注"缺一阳指法、六脉神剑剑法，憾甚"的字样。

《天龙八部》第二章"玉壁月华明"

逍遥派的武学霸权影响深远，一定程度上导致了"天龙"时代武学的停滞不前。大理段氏面对鸠摩智的武功交换提议果断拒绝，甚至不惜毁掉六脉神剑剑谱；蓬莱派和青城派世代仇杀，老死不相往来。但是，受影响最大的是雁门关事件。

三十余年前，慕容博假传消息，说契丹人要来少林寺抢夺武学典籍，才有了少林寺玄慈带领丐帮汪剑通等人在雁门关阻击萧远山事件。推本溯源，恐怕是逍遥派对各大帮派尤其是少林、丐帮的巧取豪夺留下了极不好的印象，才酿成了雁门关的悲剧。

那么，扫地僧之问仅是一声叹息，还是在质问中尚怀着希望？可能是后者。面对"天龙"时代的科研乌云：天资极高者缺少慈悲仁善，天资中等者有武学障，天资一般者不重视基础、急功近利，扫地僧绝不仅在少林寺向萧峰等随缘说法，他也身体力行，书写《九阳真经》，并极大地影响了"天龙"时代以后的武学发展方向（后文详述）。扫地僧抛出了问题，也给出了答案，可能本着不愤不启、不悱不发的考虑，扫地僧没有将答案轻易示人，就像习题的答案并不直接在题下面给出一样。

扫地僧的武学之问在武林久久回响。

❀注：萧峰携燕云十八骑大闹少林寺时间考

萧峰遇到辽国国主耶律洪基时是 1076 年：

"甚好，甚好，在下萧峰，今年三十一岁。尊兄贵庚？"那人笑道："在下耶律基，却比恩公大了一十三岁。"萧峰道："兄长如何还称小弟为恩公？你是大哥，受我一拜。"说着便拜了下去。耶律基急忙还礼。

《天龙八部》第二十六章"赤手屠熊搏虎"

辽道宗耶律洪基生于 1032 年，遇到萧峰时是 31＋13＝44 岁，所以当年是 1032＋44＝1076 年。萧峰携燕云十八骑大闹少林寺估计发生在次年，即 1077 年。

附：钱学森之问

1995 年 1 月 2 日，钱学森写了一封信，全文如下：

王寿云同志、于泽元同志、戴汝为同志、汪成为同志、钱学敏同志、涂元秀同志：

元旦刚过，我就给诸位写这封信，这是因为我读了《中国科学报》去年 12 月 26 日 4 版上几篇纪念毛泽东主席诞辰 101 周年的"毛泽东与科学"研讨会的文章，心情久久不能平静。毛主席要我们创新，我们做到了吗？回想在 60 年代，我国科学技术人员是按毛主席教导办的：

1. 我国理论物理提出基本粒子的"层子"理论，它先于国外的"夸克"理论。

2. 我国率先人工合成胰岛素。

3. 我国成功地实现氢弹引爆的独特技术。

4. 我国成功地解决了大推力液体燃料氧化剂火箭发动机燃烧稳定问题。

5. 其他。

但是今天呢？我国科学技术人员有重要创新吗？诸位比我知道得更多。我认为我们太迷信洋人了，胆子太小了！

我们这个小集体，如果不创新，我们将成为无能之辈！我们要敢干！

奉上所说文章复制件，请阅并思考。

此致

敬礼！

钱学森

1995. 1. 2

《钱学森现代军事科学思想》（糜振玉编，科学出版社，2011，176-177 页）

在这封信里，钱学森回顾了我国 20 世纪 60 年代的科研成就，对 20 世纪 90 年代的科研创新不足感到不满。钱学森也分析了原因：迷信洋人、胆子小。钱学森给出的方案是"要敢干"。

2005 年 7 月 29 日，温家宝总理在北京看望了 94 岁的钱学森。温总理向病床上的钱学森介绍了政府正在组织制订新一轮科技发展规划并采取自主创新方针的情况。钱学森听完介绍后表示：

"您说的我都同意。但还缺一个……培养具有创新能力的人才问题。**一个有科学创新能力的人不但要有科学知识，还要有文化艺术修养**。没有这些是不行的。小时候，我父亲就是这样对我进行教育和培养的，他让我学理科，同时又送我去学绘画和音乐，就是把科学和文化艺术结合起来。我觉得艺术上的修养对我后来的科学工作很重要，它开拓科学创新思维。现在，我要宣传这个观点。"

钱学森又说：

"现在中国没有完全发展起来，一个重要原因是**没有一所大学能够按照培养科学技术发明创造人才的模式去办学**，没有自己独特的创新的东西，老是'冒'不出杰出人才。这是很大的问题。"

在这次谈话中，钱学森继 1995 年信件的观点又提出科学创新能力需要艺术修养的观点，他认为我们的大学没有按照创新人才培养模式办学。

2009 年 10 月 31 日，钱学森去世。

　　2009 年 11 月 11 日，安徽高校的 11 位教授联合《新安晚报》给教育部部长袁贵仁及全国教育界发出一封公开信，题目是《让我们直面"钱学森之问"》。其中提到：钱学森走了，又一颗巨星陨落了。我们深切缅怀钱老，缅怀他的科学精神和崇高人格，还有他的那句振聋发馈的疑问——**为什么我们的学校总是培养不出杰出人才？**

　　这就是钱学森之问的由来。

2　鸠摩智的职位

小舟从此逝，江海寄余生。

——鸠摩智

扫地僧之问对鸠摩智没有带来立竿见影的效果。冰冻三尺非一日之寒，鸠摩智汲汲于功名多年，而且才高、自负，怎么可能因为一番话就幡然醒悟呢？

鸠摩智在《天龙八部》刚出场时，从段誉的角度看，颜值极高："不到五十岁年纪，布衣芒鞋，脸上神采飞扬，隐隐似有宝光流动，便如是明珠宝玉，自然生辉"。环顾金庸武侠世界，以帅气著称的黄药师也不过如此。黄药师出场时也只不过十六个字："形相清癯，丰姿隽爽，萧疏轩举，湛然若神"。

鸠摩智远不止如此，始于颜值，终于才华。他文才武功，威震西域，是西域武学领域最靓的仔。他的绝技火焰刀似乎纵横吐蕃未遇敌手。

从形象、武学才华等来看，鸠摩智难道不应该拥有"布衣芒鞋轻胜马，一蓑烟雨任平生"的豁达人生吗？事实却不是如此。

鸠摩智佛法通达，声誉驰于西域，但是在职位上有小小遗憾。

鸠摩智有三个头衔：大雪山大轮寺释子、吐蕃护法国师、明王。大轮寺释子是工作职位，吐蕃护法国师是荣誉称号，明王则是修为的美誉。所谓明王，据丁福保《佛学大辞典》："明者光明之义，以智慧而名，有以智力摧破一切魔障之威德，故云明王。"

鸠摩智在佛法修为和荣誉上已经登峰造极：

保定帝素知大轮明王鸠摩智是吐蕃国的护国法王，但只听说他具大智慧，精通佛法，每隔五年，开坛讲经说法，西域天竺各地的高僧大德，云集大雪山大轮寺，执经问难，研讨内典，闻法既毕，无不欢喜赞叹而去。

《天龙八部》第十章"剑气碧烟横"

然而，虽然有护法国师、明王称号，但是在职位上，鸠摩智只是大雪山大轮寺释子。比如，他在给天龙寺诸僧的信的落款是"大雪山大轮寺释子鸠摩智合十百拜"。相比之下，少林寺的玄慈在发英雄帖时的落款是"少林寺住持玄慈，合十恭请天下英雄"。在面对天龙寺诸僧这么重要的场合自称释子，绝对不是谦逊。这样看来，鸠摩智并不是大轮寺的住持。

所以，在吐蕃，鸠摩智空有人望，实际地位远远称不上超然：

鸠摩智笑道："哪一个想跟我们小王子争做驸马，我们便一个个将他料理了。"

　　　　　　　　　　　　　《天龙八部》第四十五章"枯井底，污泥处"

在西夏公主招驸马时，鸠摩智为了保证吐蕃国小王子必胜，在路口堵截天下英雄。堂堂吐蕃护法国师、明王，五年开坛说法一次的鸠摩智，居然还要凭自己的武学修为去做吐蕃国的打手。而且，当时鸠摩智已经遭自身各种武功的反噬，苦不堪言，但他还是不敢违拗上命，仍然要咬牙坚持。这就是鸠摩智的职位处境。

因此，鸠摩智的中原之旅是靠武学突破职场天花板之旅。鸠摩智佛法如此高深，既是护法国师，又是明王，但依然只是大轮寺的释子，所以在佛法上再求突破也不会有更好的结果。外来的和尚好念经，最好的方法，就是到中原去靠武功打开局面。当然，能让鸠摩智在职位上提升的武功必须是佛门的武功，这叫名正言顺。

鸠摩智的中原之旅去的主要地方就是寺院，这也能看出鸠摩智的职位野心。概括起来，鸠摩智在两座佛寺烧了两把火。

第一把火，天龙寺的烟火。

鸠摩智第一次觊觎的是大理段氏的六脉神剑。

大理段氏以佛教为国教，鸠摩智若能够学会段氏的六脉神剑，也足以突破自己的天花板。而且，还有个好处，就是大理和吐蕃不远，这样鸠摩智很快就能获得巨大声名，也就不用走太远的路了。

当然鸠摩智一开始并不知道六脉神剑，直到他遇见了慕容博。鸠摩智从青藏高原走来，第一站是四川，在那里他遇见了慕容博。

鸠摩智叹道："我和你家老爷当年在川边相识，谈论武功，彼此佩服，结成了好友。"

　　　　　　　　　　　　　　　　《天龙八部》第十一章"向来痴"

慕容博向鸠摩智指出两个方向——六脉神剑和《易筋经》，这成了鸠摩智一生的追求：

少林派《易筋经》与天龙寺六脉神剑齐名，慕容博曾称之为武学中至高无上的两大瑰宝。

　　　　　　　《天龙八部》第四十三章"王霸雄图，血海深恨，尽归尘土"

需要说明的是，鸠摩智此时已经掌握了小无相功。在天龙寺，鸠摩智就施展了拈花指、多罗叶指、无相劫指，而这些实际上都是以小无相功驱动的，只不过当时天龙寺诸僧并未识破；而后来在少林寺，虚竹、扫地僧先后指出这实际上是小无相功。

鸠摩智的小无相功恐怕也是得自慕容博，因为在天龙寺鸠摩智特别提到"又得慕容先生慨赠上乘武学秘笈"，这里的上乘秘笈可能就是小无相功。

然而，小无相功是道家武功，对鸠摩智的职业成长的作用有限。所以鸠摩智还是要得到六脉神剑或者《易筋经》，得一即可傲视武林。

鸠摩智当然知道从天龙寺抢夺六脉神剑是虎口夺食，并不容易。所以他做了充分的准备，比如花了九年时间练习火焰刀：

> 小僧闭关修习这"火焰刀"功夫，九年来足不出户，不克前往大理。小僧的"火焰刀"功夫要是练不成功，这次便不能全身而出天龙寺了。
>
> 《天龙八部》第十一章"向来痴"

火焰刀威力不低，但名气尤其是佛教属性同样不如六脉神剑和《易筋经》。

鸠摩智甚至准备了黄金信笺，上刻白金梵文。也就是说，鸠摩智为了得到六脉神剑，软硬两方面都是做了周全的准备。

然而，在鸠摩智的火焰刀和天龙寺诸僧的六脉神剑交织的烟火里，鸠摩智最终败于老谋深算的枯荣，无法得到剑谱。当然鸠摩智擒到了"活剑谱"段誉，但是不能让死心眼的段誉就范，最后还让段誉跑了。

鸠摩智耗去九年时间，大费周章，其背后的动机就是通过大理段氏的佛门武功提高自己的职位。然而他的努力泡汤了，于是鸠摩智想到了慕容博提到的另一本书——《易筋经》。

第二把火，少林寺的焰火。

如果说鸠摩智的天龙寺之行是以夺经为主，那么他的少林寺之行则主要是为了秀经。

当时鸠摩智已经从游坦之手里得到了《易筋经》。但是，对鸠摩智而言，重要的不是自己掌握了《易筋经》，而是要让别人相信自己掌握了《易筋经》，前者并不是后者的必要条件。天龙寺众僧虽然相信鸠摩智会拈花指等，但如果在少林寺得到认可，那鸠摩智的目的就达到了，他完全可以凯旋回吐蕃了。

如果在天下英雄面前，以少林武功折服少林寺僧人，鸠摩智的中原之行就完美收官了。所以鸠摩智来到少林寺大炫武技，先后使用了玄生擅长的大金刚掌、般若掌、摩诃指，玄慈擅长的袈裟伏魔功，以及玄渡擅长的拈花指。

鸠摩智几乎成功了：

> 群僧都知鸠摩智是吐蕃国的护国法师，敕封大轮明王，每隔五年，便在大雪山大轮寺开坛，讲经说法，四方高僧居士云集聆听，执经问难，无不赞叹。他是佛门

中天下知名的高僧，所使的如何会不是佛门武功？

《天龙八部》第四十章"却试问，几时把痴心"

如果真的如此，少林寺的竞技场也将是鸠摩智声名大振的焰火场。然而，虚竹的出现打破了鸠摩智的如意算盘，最终鸠摩智的真实武功被虚竹和扫地僧先后识破。

在这个时候，鸠摩智就必须真的掌握《易筋经》了。所以，明明武功很高，擅长火焰刀、小无相功，可是在少林寺被揭露后，鸠摩智只能死磕《易筋经》了。

鸠摩智的命运并不是孤例。多年以后的金轮法王一样有职场压力，他贵为蒙古第一国师，却还是要夺取蒙古第一勇士的称号，同杨过、潇湘子、尹克西等人竞争。但金轮法王一直修炼的是佛教色彩浓厚的龙象般若功，所以更有定力。

扫地僧的劝勉在不久后发生作用。鸠摩智因练习多门武功走火入魔，最终放弃了所有因武学而得来的职位，不再纠结大轮寺释子、吐蕃护法国师，而专注于佛学修为，终成一代高僧：

鸠摩智道："我是要回到所来之处，却不一定是吐蕃国。"

鸠摩智微微笑道："老衲今后行止无定，随遇而安，心安乐处，便是身安乐处。"

《天龙八部》第四十六章"酒罢问君三语"

料峭春风吹酒醒，微冷，山头斜照却相迎。

回首向来萧瑟处，归去，也无风雨也无晴。

附：科研中的彼得原理

劳伦斯·彼得（Laurence J. Peter，1919—1990）在 1969 年出版的《彼得原理》（*The Peter Principle*）一度是畅销书。这本书在成为畅销书之前，被多达 30 个出版商拒绝，但最终卖了超过 800 万册，并被翻译成 38 种语言。彼得原理的简单描述是：在一个组织中，每一个雇员最终会上升到他不能胜任的位置（in a hierarchy, every employee tends to rise to his level of incompetence）。科研活动中是不是也有符合彼得原理的现象？这是一个值得深思的问题。

3 慕容复的名气

> 才过德者不祥，名过实者有殃。
>
> ——慕容复

聆听扫地僧之问的人中，心里最虚的是姑苏慕容氏的少主慕容复，他担心的是自己的名气。

慕容复同丐帮帮主乔峰齐名，号称"北乔峰，南慕容"，是"天龙"时代武学双子星。

然而，慕容复的名气有很多疑点。

王夫人道："'南慕容，北乔峰'名头倒着实响亮得紧。可是一个慕容复，再加上个邓百川，到少林寺去讨得了好吗？当真是不自量力。"

《天龙八部》第十一章"向来痴"

说出这个怀疑的不是别人，是慕容复的姑姑兼邻居王夫人。而且王夫人怀疑的似乎主要是慕容复，没有涉及乔峰。

那么这个时候乔峰都干了什么事呢？

白世镜朗声道："众位兄弟，乔帮主继任上代汪帮主为本帮首领，并非巧取豪夺，用什么不正当手段而得此位。当年汪帮主试了他三大难题，命他为本帮立七大功劳，这才以打狗棒相授。那一年泰山大会，本帮受人围攻，处境十分凶险，全仗乔帮主连创九名强敌，丐帮这才转危为安，这里许多兄弟都是亲眼得见。这八年来本帮声誉日隆，人人均知是乔帮主主持之功。"

《天龙八部》第十五章"杏子林中，商略平生意"

也就是说，杏子林中的乔峰，当时已经攻克三大难题，立下七大功劳，挫败九大强敌，带领丐帮八年享有卓著声誉。可见，乔峰的名气不是吹出来的，是一步步打拼出来的。乔峰的武学成就是与他的名气相称的。

相比之下，慕容复出场前做过什么事呢？书中没有记载。唯一的间接介绍来自王语嫣：

不料王语嫣一言不发，对乔峰这手奇功宛如视而不见，原来她正自出神："这位乔帮主武功如此了得，我表哥跟他齐名，江湖上有道是'北乔峰，南慕容'，可是……可是我表哥的武功，怎能……怎能……"

《天龙八部》第十五章"杏子林中，商略平生意"

王语嫣不敢往下想，很明显是慕容复的实力比乔峰差太多了。乔峰只是显露了一下自己的擒龙功，就把王语嫣惊呆了。别忘了，王语嫣号称"人形武学图书馆"，阅读武学文献无数，而且能够融会贯通。王语嫣的反应说明了慕容复是完全无法和乔峰相比的。

从慕容复出场后的表现也看得出来，他是名不副实的。慕容复一共出场五次。

第一次，假扮西夏武士李延宗，在磨坊中狙击刚学会凌波微步的段誉。战绩如何呢？

王语嫣道："适才你使了青海玉树派那一招'大漠飞沙'之后，段公子快步而过，你若使太乙派的'羽衣刀'第十七招，再使灵飞派的'清风徐来'，早就将段公子打倒在地了，何必华而不实地去用山西郝家刀法？又何必行奸使诈、骗得他因关心我而分神，这才取胜？我瞧你于道家名门的刀法，全然不知。"李延宗顺口道："道家名门的刀法？"王语嫣道："正是。我猜你以为道家只擅长剑法，殊不知道家名门的刀法刚中带柔，另有一功。"李延宗冷笑道："你说得当真自负。如此说来，你对这姓段的委实是一往情深。"

《天龙八部》第十七章"今日意"

这时候段誉刚刚开始涉猎凌波微步，也谈不上怎么熟练，可是慕容复居然无法制服段誉。王语嫣的解说恰好也说明了慕容复的武学见识并非绝顶。而且慕容复格局狭小、心术不正，比如他利用段誉对王语嫣的关心对段誉进行打击，比如他从王语嫣对自己武功的评论中得出的结论居然是"如此说来，你对这姓段的委实是一往情深"，这是什么脑回路？

第二次，珍珑棋局。

眼前渐渐模糊，棋局上的白子黑子似乎都化作了将官士卒，东一团人马，西一块阵营，你围住我，我围住你，互相纠缠不清地厮杀。慕容复眼睁睁见到，己方白旗白甲的兵马被黑旗黑甲的敌人围住了，左冲右突，始终杀不出重围，心中越来越是焦急："我慕容氏天命已尽，一切枉费心机。我一生尽心竭力，终究化作一场春梦！时也命也，夫复何言？"突然间大叫一声，拔剑便往颈中刖去。

《天龙八部》第三十一章"输赢成败，又争由人算"

因为一个棋局联想到自己的一生，慕容复居然想要自杀。注意，这只是慕容复第一次自杀（后面还有第二次自杀），心理素质如此脆弱，很难同乔峰相比。乔峰（萧峰）受丐帮帮众怀疑，被父亲萧远山一路下套，中了康敏之计误杀心爱的阿朱，从未有想自杀的念头，而是愈挫愈奋、百折不回。

第三次，和丁春秋比拼。

但见慕容复守多攻少，掌法虽然精奇，但因不敢与丁春秋对掌，动手时不免缚手缚脚，落了下风。岂知内劲一逆出，登时便如石沉大海，不知到了何处。慕容复暗叫一声："啊哟！"他上来与丁春秋为敌，一直便全神贯注，决不让对方"化功大法"使到自己身上，不料事到临头，仍然难以躲过。其时当真进退两难，倘若续运内劲与抗，不论多强的内力，都会给他化散，过不多时便会功力全失，成为废人；但若抱元守一，劲力内缩，丁春秋种种匪夷所思的厉害毒药便会顺着他真气内缩的途径侵入经脉脏腑。

《天龙八部》第三十三章"奈天昏地暗，斗转星移"

同丁春秋相斗不占上风，看得出慕容复无论武功还是计谋都不是顶级的。当然丁春秋也非比寻常，不能求全责备，但从名气上慕容复是与乔峰并称的人物，当然也要对他提出和乔峰一样的要求——少室山下，已经自称萧峰的乔峰一掌就让丁春秋狼狈不堪。

第四次，飘缈峰会三十六岛七十二洞头领。

乌老大见情势不佳，纵声发令。围在慕容复身旁的众人中退下了三个，换了三人上来。这三人都是好手，尤其一条矮汉膂力惊人，两柄钢锤使将开来，劲风呼呼，声势威猛。慕容复以香露刀挡了一招，只震得手臂隐隐发麻，再见他钢锤打来，便即闪避，不敢硬接。激斗之际，忽听得王语嫣叫道："表哥，使'金灯万盏'，转'披襟当风'。"慕容复素知表妹武学上的见识高明，当下更不多想，右手连画三个圈子，刀光闪闪，幻出点点寒光，只是"绿波香露刀"颜色发绿，化出来是"绿灯万盏"，而不是"金灯万盏"。

《天龙八部》第三十四章"风骤紧，缥缈峰头云乱"

在段誉、丁春秋手中没讨到好处也就罢了，慕容复面对一些江湖上非一流的庸手，关键时刻还要靠王语嫣提醒，这就是慕容复的真实实力。相比之下，这群人的首领乌老大被还不会驾驭内力的虚竹打击在前，被瞎眼的游坦之胁迫在后。两相比较，依然是慕容复完败。

第五次，和游坦之、丁春秋合斗萧峰。

萧峰于三招之间，逼退了当世的三大高手（丁春秋、慕容复、游坦之），豪气勃发，大声道："拿酒来！"一名契丹武士从死马背上解下一只大皮袋，快步走近，双手奉上。萧峰拔下皮袋塞子，将皮袋高举过顶，微微倾侧，一股白酒激泻而下。

　　　　　《天龙八部》第四十一章"燕云十八飞骑，奔腾如虎风烟举"

　　这是慕容复和萧峰的第一次对决。很显然，慕容复根本不是萧峰的敌手。

　　那么问题来了，慕容复到底怎么得来的喏大名头呢？

　　恐怕有两个原因，第一个在慕容复自身：

　　慕容复接过邓百川掷来的长剑，精神一振，使出慕容氏家传剑法，招招连绵不绝，犹似行云流水一般，瞬息之间，全身便如罩在一道光幕之中。武林人士向来只闻姑苏慕容氏武功渊博，各家各派的功夫无所不知，殊不料剑法精妙如斯。

　　慕容复舞刀抵御，但见他忽使"五虎断门刀"，忽使"八卦刀法"，不数招又使"六合刀"，顷刻之间，连使八九路刀法，每一路都能深中窍要，得其精义，旁观的使刀名家尽皆叹服。

　　慕容复举起右手单笔，砸开射来的判官笔，当的一声，双笔相交，只震得右臂发麻，不等那弯曲了的判官笔落地，左手一抄，已然抓住，使将开来，竟然是单钩的钩法。

　　群雄既震于萧峰掌力之强，又见慕容复应变无穷，钩法精奇，忍不住也大声喝采，都觉今日得见当世奇才各出全力相拼，实是大开眼界，不虚了此番少室山一行。

　　　　　《天龙八部》第四十二章"老魔小丑，岂堪一击，胜之不武"

　　也就是说，慕容复武学最大的特点是广博。慕容复涉猎很广，精通剑法、刀法、笔法、钩法，而且远远不止如此；再加上姑苏慕容的斗转星移，即以彼之道还施彼身，颇有武学星辰大海之貌。如果说王语嫣是"人形武学图书馆"，那么慕容复就是"人形武学电影院"。电影当然传播力更好。

　　慕容复的广博为他赢得了声名，而且慕容复的这些武学研究面对一般同行也不会露怯。但论真材实料，论对卡脖子问题的解决，慕容复同萧峰等人相比就大有不如了。

　　还有另一个重要的原因，**慕容复作为"武二代"，他的声名很大程度上来自他的父亲慕容博**。玄慈和慕容博的对话泄露了玄机：

　　玄慈道："你杀柯百岁柯施主，使的才真正是家传功夫，却不知又为了甚么？"慕容博阴恻恻的一笑，说道："老方丈精明无比，足下出山门，江湖上诸般情事却了如指掌，令人好生钦佩。这件事倒要请你猜上一……"玄慈道："那柯施主家财豪富，行事向来小心谨慎。嗯，你招兵买马，积财贮粮，看中了柯施主的家产，想将他收为己用。柯施主不允，说不定还想禀报官府。"慕容博哈哈大笑，大拇指一竖，说道："老方丈了不起，了不起！只可惜你明察秋毫之末，却不见舆薪。"

> 《天龙八部》第四十二章"老魔小丑，岂堪一击，胜之不武"

慕容博武功如此高超，杀河南伏牛派掌门柯百岁显然不是为了报仇，又平添了很多仇家。慕容博心机之深沉在"天龙时代"堪称第一，为什么这么做？慕容博自己也说："老方丈了不起，了不起！只可惜你明察秋毫之末，却不见舆薪。"这舆薪是什么呢？就是慕容复的名气。

后来在慕容复不敌段誉，欲自杀而死（第二次自杀）的时候，慕容博出手干预，并说：

> 当年老衲从你先人处学来，也不过一知半解、学到一些皮毛而已，慕容氏此外的神妙武功不知还有多少。嘿嘿，难道凭你少年人这一点儿微末道行，便创得下姑苏慕容氏"以彼之道，还施彼身"的大名么？

> 《天龙八部》第四十二章"老魔小丑，岂堪一击，胜之不武"

很显然，在这里慕容博基本上等于承认了慕容复的微末道行无法支撑起姑苏慕容的威名，慕容复虽然武功尚可，但远非惊世骇俗，他的名气来自慕容博多年的苦心经营。慕容博隐身幕后，努力打造慕容复年轻才俊的形象。

慕容复为什么需要这么大的名气呢？

慕容复为的是自己的政治诉求。慕容复希望复兴大燕的荣光。燕国历史上可是出了慕容恪、慕容垂这样的杰出人物。慕容恪被称为十六国第一武将，一生战绩彪炳，更兼有德行操守，甚至进入了唐、宋武庙。连王夫之都说：

> 五胡旋起旋灭，殚中原之民于兵刃，其能有人之心而因以自全者，唯慕容恪乎！

> 《读通鉴论》

而慕容垂的战绩可能比哥哥慕容恪还要卓著。最关键的是兄弟两都年少成名。慕容复拿什么和祖先相比？只能靠武学名气。所以他武功博杂，所以慕容博帮着慕容复"写作业"。如果说鸠摩智是将职位和武学绑定的话，那么慕容复就是将名气和武学绑定。

慕容复最终损失了所有因武学而得来的名气，成为一个疯子，这也未尝不是一种解脱吧。

附：名人与破抹布

2017 年，著名数学和计算机科学家大卫·曼福德（David Mumford）80 岁了。他在数学领域成名早，自从获得了菲尔兹奖后，各种国际大奖、荣誉接连不断。他其实很看淡名利，一辈子自得其乐，居然都没有组建一个自己的团队。2008 年，他拿到以色列的沃尔夫（Wolf）奖，立刻把奖金全部捐献给巴勒斯坦的学校，惹得一些犹太人打电话找他理论。他本人倒是不反对拿奖，认为荣誉对于科研有正面促进作用。对于名利，他在很多年前讲过一句精辟的话：“很多人想成名，其实成名之后，你也就变成了一块破抹布。”

（引自朱松纯《文章千古事 得失寸心知》，“视觉求索”公众号，2017. 1. 24）

4 丁春秋的自尊

世界上最肮脏的，莫过于自尊心。

——丁春秋

丁春秋没有机会直接面对扫地僧，他的武学生涯止于少室山下。

同鸠摩智和慕容复不同，丁春秋既无职位之忧，也无声名之累，得以一心钻研武学。**丁春秋的武功创造力极强，称之为一代宗师也不为过。**

丁春秋发明的武功有龟息功（徒弟阿紫曾使用）、抽髓掌、三阴蜈蚣爪（徒弟中排行第八的出尘子擅长）、腐尸毒、连环腐尸毒（游坦之曾使用）。其中最厉害的是化功大法：

这正是他成名数十年的"化功大法"，中掌者或沾剧毒，或内力于顷刻间化尽，或当场立毙，或哀号数月方死，全由施法者随心所欲。

段誉的"北冥神功"吸入内力以为己有，与"化功大法"以剧毒化人内功不同，但身受者内力迅速消失，却无二致，是以往往给人误认。

《天龙八部》第二十九章"虫豸凝寒掌作冰"

可以说，化功大法开武学中未有的新境界。北冥神功的创制者曾经对化功大法不屑一顾，认为："本派旁支，未窥要道，惟能消敌内力，不能引而为我用，犹日取千金而复弃之于地，暴殄珍物，殊可哂也。"段誉看到的北冥神功似乎是无崖子和李秋水在大理无量山感情尚好时留下的，可能当时无崖子就察觉到了丁春秋的武学倾向，并做出批评。但事实上，化功大法也并非如此不堪，而北冥神功也并非尽善尽美。北冥神功的重大问题是不同来源内力的融合，后世的任我行、令狐冲都遇到了不同来源内力无法有效融合的问题。而化功大法还是具有很大的武学价值的，比如化功大法可以消人内力，可以让人染毒，可以置人死地，也可以让人哀号不止，这样的功效显然是北冥神功不具备的。

除了武功，丁春秋还有很多发明。丁春秋发明了一系列辅助练功的仪器设备，如星宿三宝之柔丝网和神木王鼎。他发明了暗器穿心钉、极乐刺、碧磷针。他发明的药物有无形粉、逍遥三笑散。他发明的刑罚有炼心弹。和丁春秋相比，其他用毒的人简直不值一提，西毒简直应该称为西药，灵智上人憨厚得就像个赤脚医生，李莫愁单纯得就像个小护士。

武功本无好坏，既可以助纣为虐，也可以护法除魔，全在施者仁心。比如北冥神功固然能夺人内力，但也可以逆运以授人（无崖子曾以此法传授虚竹功力）。化功大法未尝不能逆运以疗伤，只是丁春秋选择的是害人罢了。

丁春秋的邪恶不止于此，他还营造了极具内卷性的武学氛围。丁春秋领导的星宿派内部竞争激烈乃至残酷，也催生了阿谀奉承的氛围，这样的竞争状况和氛围既不利于原创性武学发现的诞生，也无法孕育武学合作关系。

所以，丁春秋是一个创造力极强，但动机邪恶的绝命毒师。

抨击丁春秋并不难，天下人都欲诛之而后快；惩罚他也很容易，丁春秋终于被生死符制住，一代枭雄囚于灵鹫宫。但问题是如何避免下一个丁春秋的出现。

推本溯源，丁春秋之恶，始于无崖子，始于逍遥派。无崖子恐怕是"天龙"中一个大号的丁春秋。**无崖子的内力、武功来自巧取豪夺。**无崖子擅长北冥神功，自己对虚竹说"七十余年的勤修苦练"，可是，这北冥神功的勤修苦练，难道是如郭靖一般每天晚上攀登绝壁、打坐练习内功吗？难道是如裘千仞一样兢兢业业用热砂磨练铁掌吗？难道是如杨过一样在瀑布中练习重剑吗？显然不是，北冥神功是靠吸取他人内力增强自己修为的。那么，七十余年该有多少英雄豪杰的内力被无崖子吸干？韦一笑只是不得已才吸人鲜血续命，而无崖子吸人内力则是为了增进自己的功力。

段誉看过北冥神功后掩卷凝思：

"这门功夫纯系损人利己，将别人辛辛苦苦练成的内力，取来积贮于自身，岂不是如同食人之血肉？又如盘剥重利，搜刮旁人钱财而据为己有？"

《天龙八部》第五章"微步縠纹生"

所以北冥神功也是一门损人利己的阴毒武功。

无崖子不但内力取自别人，恐怕武功也是如此。他和李秋水在大理"收罗了天下各门各派的武功秘笈"，恐怕不是李秋水这么轻描淡写的一句话就能掩饰的，中间有多少巧取豪夺、明偷暗盗恐怕只有他们自己清楚。无崖子会的小无相功也是来自李秋水，他对李秋水始乱终弃，是不是只为了得到武功？

无崖子乃至逍遥派的箴言恐怕是"we do not sow"，即"强取胜于苦耕"。只不过到了丁春秋手里，变成了"无力强取，则毁尔苦耕"，他不会吸取内力的北冥神功，就用化功大法毁掉对手辛苦得来的内力。

无崖子的人品也很差。无崖子恐怕只能说是一个渣男。他至少没有明确地向童姥表明态度，以至于童姥和李秋水近百岁高龄依然争风吃醋；他也没有明白地向李秋水表明态度，以至于李秋水妄杀了很多年轻俊秀的少年。童姥和李秋水本身都是滥杀无辜，没有道德底线的人物，比如童姥的灵鹫宫其实就类似一个大号的星宿海。虽然不能将童姥和李秋水的道德缺失归结为无崖子的纵容，但至少可以想象得出无崖子年轻时的人品。

从无崖子到丁春秋，再到阿紫，从大理无量山到星宿海，其实一脉相承。丁春秋是逍遥派结出的恶之花，阿紫是星宿海结出的恶之果。如果星宿海不被虚竹收编，还会出现丁春秋、阿紫式的人物。

无崖子所代表的逍遥派和丁春秋、阿紫所代表的星宿派，其共同特点是过于放纵自身的追求，根本谈不上扫地僧所说的慈悲仁善。

无崖子声称"乘天地之正，御六气之辩，以游于无穷，是为逍遥"，他的逍遥可能包含吸人内力、夺人武功。童姥可能认为驾驭三十六洞、七十二岛，用生死符让大家听命于自己才是逍遥。李秋水可能认为杀死男宠才是逍遥快乐。丁春秋恐怕认为打伤师父才是逍遥的真意。而阿紫，无论是夺星宿派掌门之位，还是践踏别人的生命，都没有任何负罪感，这可能也是她心中的逍遥。然而，绝对的逍遥是没有的。以践踏别人自由为基础的逍遥不是真正的逍遥。只有带着扫地僧的慈悲仁善的逍遥才是真正的逍遥。

丁春秋的"逍遥"源于他畸形的自尊心。丁春秋对自尊心的渴望位居金庸小说之首，甚至到了病态的程度：

西北角上二十余人一字排开，有的拿着锣鼓乐器，有的手执长幡锦旗，红红绿绿的甚为悦目，远远望去，幡旗上绣着"星宿老仙""神通广大""法力无边""威震天下"等等字样。丝竹锣鼓声中，一个老翁缓步而出，他身后数十人列成两排，和他相距数丈，跟随在后。

《天龙八部》第二十九章"虫豸凝寒掌作冰"

但是，丁春秋难道真的是喜欢毫无底线和节操的阿谀奉承吗？一开始很显然不是的。

星宿派众门人见师父对他另眼相看，马屁、高帽，自是随口大量奉送。适才众弟子大骂师父、叛逆投敌，丁春秋此刻用人之际，假装已全盘忘记，这等事在他原是意料之中，倒也不怎么生气。

《天龙八部》第二十九章"虫豸凝寒掌作冰"

丁春秋欺师灭祖，内心不安，他的自尊心其实是一种诊断试剂，用来判断谁会对自己产生威胁。他当然知道这些都是假的，但是他需要这些弟子的阿谀以掌控众人。

当年丁春秋有一名得意弟子，得他传授，修习化功大法，颇有成就，岂知后来自恃能耐，对他居然不甚恭顺。丁春秋将他制住后，也不加以刀杖刑罚，只是将他囚禁在一间石屋之中，令他无法捕捉虫豸加毒，结果体内毒素发作，难熬难当，忍不住将自己全身肌肉一片片的撕落，呻吟呼号，四十余日方死。

《天龙八部》第二十九章"虫豸凝寒掌作冰"

丁春秋自己就是仗着武功和毒物将师父无崖子打入深谷，所以对自己的弟子格外警惕。自尊心是扫码器，阿谀奉承是一种标签，能让丁春秋防微杜渐，把潜在威胁者消灭于萌芽状态。但是，随着时间流逝，丁春秋慢慢地沉浸在阿谀中不能自拔，倒是把初衷忘了。

所有得位不正的人都有这种高度敏感的自尊心，也喜欢阿谀奉承。从东方不败的"千秋万载，一统江湖"，到洪安通的"仙福永享，寿与天齐"，都是如此。弟子和下属的一声声阿谀奉承是首脑的一颗颗安心丸，也是弟子和下属的一颗颗救命丸。

丁春秋的不安与自尊心注定了他的武学后继无人，星宿海终于风流云散。

附：化学家弗里茨·哈伯

弗里茨·哈伯（Fritz Haber，1868—1934），德国化学家，于1918年因为固氮研究获得诺贝尔化学奖。固氮让肥料和炸药的量产成为可能，具有重大的科学价值。但哈伯因另一件事而饱受诟病，这就是他在第一次世界大战时曾帮助德国制造毒气。哈伯曾建议使用氯气作为化学武器，基于这一建议，德军于1915年在法国伊普雷（Ypres）施放了大量氯气并造成英法士兵大量的伤亡。哈伯曾说：在和平年代，一个科学家属于世界；但在战时他属于他的祖国。（During peace time a scientist belongs to the world, but during war time he belongs to his country.）但这显然不能成为他帮助德国制造毒气的正当理由。

第二编　前"射雕"时代的彩霞

引子：四大宗师的排名

春秋无义战，"天龙"少良人。在压抑的"天龙"时代武学氛围中脱颖而出的，是《九阳真经》的作者、《九阴真经》的作者黄裳、剑魔独孤求败以及创立《葵花宝典》的前朝宦官。

面对扫地僧之问——**为什么我们总是培养不出杰出的人才？**这些人都一致地回答：我们就是人才。

对"天龙"时代的具体的和关键的武学问题，**如何提高内力，如何创造武功招式**，这些人都给出了高分答卷。

独孤求败得分最高，他的答案是：内力就是一切，无剑胜有剑；武功招式也很重要，无招胜有招。

《九阳真经》的作者分数次之。他也认同内力为王，他的研究只关注内力，没有涉及招式。

黄裳的分数又次之。他的武功研究以招式为主，但不系统；也有内力，但不是顶级。

前朝宦官位居第四。他的回答是：招式最重要，天下武功，唯快不破。

结果是排名第三的黄裳的《九阴真经》最早产生了巨大的影响力。其中缘由，还要等王重阳来讲述。当然，王重阳的出场还要再等一段时间。我们先探讨《九阳真经》作者之谜。

5 扫地僧的原创

基础理论决定一切，未来史学派清楚地看到了这一点。

——扫地僧

提出武学灵魂拷问的扫地僧曾经自问自答。他的回答就是《九阳真经》。面对"天龙"时代的两个主要问题，如何提高内力，如何创出招式，扫地僧认为，提高内力是"天龙"时代武学的主要矛盾，是当务之急，所以他创出《九阳真经》。

为什么说《九阳真经》的作者是扫地僧？

《九阳真经》的名字第一次为人所知，是在华山之巅的第三次论剑之后：

> 只听觉远说道："这四卷《楞伽经》，乃是达摩祖师东渡时所携的原书，以天竺文字书写，两位居士只恐难识，但于我少林寺却是世传之宝。"众人这才恍然："原来是达摩祖师从天竺携来的原书，那自是非同小可。"
>
> 觉远微一沉吟，道，"出家人不打诳语，杨居士既然垂询，小僧直说便是。这部《楞伽经》中的夹缝之中，另有达摩祖师亲手书写的一部经书，称为《九阳真经》。"
>
> 《神雕侠侣》第四十回"华山之巅"

觉远在少林寺藏经阁任职，平时喜欢读佛经，他说从《楞伽经》原书中偶然发现《九阳真经》，认为这是达摩亲手书写的经书。觉远在这里有两个判断：一是他看到的《楞伽经》是达摩手书原本，二是这本《楞伽经》原本的夹缝中的《九阳真经》也是达摩所作。

觉远的这些判断对理解谁是《九阳真经》作者至关重要，所以这里详细说一下。觉远的第二个判断被张三丰否定了，后面再说。其实觉远的第一个判断也不对，先说一下。

写有《九阳真经》的梵文《楞伽经》不可能是达摩手书。《楞伽经》确实是达摩推崇的一本经书。《景德传灯录》（宋代释道原著）中说："故我初祖兼付《楞伽经》四卷，谓我师二祖曰：'吾观震旦唯有此经可以印心。'"禅宗初祖达摩将四卷《楞伽经》传给二祖慧可，并告诫他说，中国只有这本经书可以用来印证自心而达顿悟。但达摩留下的是以心印心的开悟模式并以袈裟作为凭证。《景德传灯录》卷三记载达摩"内传法印以契证心，外付袈裟以定宗旨。"《坛经》记载："祖复曰：'昔达摩大师，初来此土，人未之信。故传此衣，以为信体，代代相承。法则以心传法，皆令自悟自解。'"所以达摩留下的是袈裟，以之作为传法信物。如果达摩有亲手书写的《楞伽经》，那不是比袈裟更好的身份证明吗？为什么不用？另外，如果藏经阁中的《楞伽经》是达摩手书的，不可能不被属于禅宗的少林寺视为瑰宝，也不可能让职位低微的觉远看管。

觉远的第二个判断也不对，**写在梵文《楞伽经》夹缝中的《九阳真经》同样不可能是达摩手书**。张三丰看出《九阳真经》并非是达摩所著：

> 数年之后，（张三丰）便即悟到："达摩祖师是天竺人，就算会写我中华文字，也必文理粗疏。这部《九阳真经》文字佳妙，外国人决计写不出，定是后世中土人士所作。多半便是少林寺中的僧侣，假托达摩祖师之名，写在天竺文字的《楞伽经》夹缝之中。"这番道理，却非拘泥不化，尽信经书中文字的觉远所能领悟。只不过并无任何佐证，张君宝其时年岁尚轻，也不敢断定自己的推测必对。

《倚天屠龙记》第二章"武当山顶松柏长"

张三丰当时虽"年岁尚轻"，但阅历既丰富，天性又豁达豪迈，所以见识超卓，远不是一辈子身居藏经阁、性子拘泥不化的觉远可以比的。张三丰的判断应该是对的，《九阳真经》文字佳妙，是后世中土人士所著。

那么，这个中土人士是谁呢？

张三丰推测"多半便是少林寺中的僧侣"。张三丰在少林寺多年，虽然没有出家，但是对少林寺内部，尤其是自己供职的藏经阁最为熟悉，他说多半，那基本就是一定了。除了少林寺的僧侣，外人既无条件、也无时间精力、更无动机在《楞伽经》中写下《九阳真经》。那么哪个僧侣有条件、时间精力、动机乃至能力、胆量，可以在《楞伽经》中写下《九阳真经》呢？扫地僧在少林寺藏经阁数十年，他甚至目睹了萧远山、慕容博、哲罗星等人登阁读经、录经，**他有极大的方便条件、时间和精力**。

扫地僧喜欢把武功秘笈和佛经放在一起，这符合他一贯的行为逻辑。扫地僧在萧远山读经的地方放了《法华经》和《杂阿含经》，希望度化萧远山而不成。所以，扫地僧反其道而行之，在佛经中加入武功，是不是合情合理？让练武的人读佛经而不得，让读佛经的人练武是不是更好？所以，**扫地僧有动机**。

除了条件、时间、精力、动机之外，恐怕也只有**扫地僧有能力写一部在后世产生广泛影响的《九阳真经》**。扫地僧武学造诣和佛理修为都惊世骇俗，是实践和理论都超越时代的武学宗师，也只有这样的人才有能力完成一部如《九阳真经》一样精深的武学秘笈。而且，从扫地僧的不俗谈吐来看，写出的书"文字佳妙"也是完全可能的。

还需要说明的是，**扫地僧选择达摩认可的《楞伽经》书写《九阳真经》，也大有深意。**达摩作为禅宗初祖，不但佛理圆融，武功也极为高深，相传《易筋经》《洗髓经》就是达摩所创。选择达摩中意的佛经为载体书写《九阳真经》，最具象征意义。不仅如此，扫地僧之问发生在 1077 年，当时《楞伽经》也很流行。其时苏东坡尚在，曾为《楞伽经》作序，即《楞伽阿跋多罗宝经序》（《楞伽阿跋多罗宝经》为《楞伽经》全称），其中有"而轼亦老于忧患，百念灰冷，公以为可教者，乃授此经"之句。苏轼序作于元丰八年，即 1085 年。苏轼的推崇让《楞伽经》非常流行。选择流行的佛经书写《九阳真经》，教化意义更大。尤其是玄难曾经间接证实了"天龙"时代《楞伽经》的流行程度：

"你天性淳厚，持戒与禅定两道，那是不必担心的，今后要多在'慧'字上下功夫，四卷《楞伽经》该当用心研读。"

《天龙八部》第三十二章"且自逍遥没谁管"

事情的原委可能是这样的：扫地僧发出武学之问后，感慨萧远山、慕容博、鸠摩智等人不知改过，为了防止人们走入邪道，步萧远山等人后尘，所以他也改变了方法，在《楞伽经》中写下了《九阳真经》。而且，或者是为了效仿达摩，或者为了防止激起人的贪念，扫地僧还特意不录入招数。和《易筋经》一样，《九阳真经》没有任何招数。

他所练的《九阳真经》纯系内功与武学要旨，攻防的招数是半招都没有的。

《倚天屠龙记》第十六章"剥极而复参九阳"

那么，已经有了《易筋经》，为什么还要创制《九阳真经》呢？

这《易筋经》实是武学中至高无上的宝典，只是修习的法门甚为不易，须得勘破"我相、人相"。

《天龙八部》第二十九章"虫豸凝寒掌作冰"

《易筋经》虽然威力无穷，适合除魔护法，但学习起来不容易，而且极易走火入魔，比如鸠摩智险些因练《易筋经》疯掉。遍视金庸小说中的群侠，得《易筋经》益处的只有游坦之和令狐冲。佛教讲求的是根据不同人的不同根器采用不同的策略：

世尊，若诸菩萨，入三摩地，进修无漏，胜解现圆；我现佛身，而为说法，令其解脱。若诸有学，寂静妙明，胜妙现圆；我于彼前，现独觉身，而为说法，令其解脱。若诸有学，断十二缘，缘断胜性，胜妙现圆；我于彼前，现圆觉身，而为说法，令其解脱。

《大佛顶首楞严经·观世音菩萨圆通章》，唐天竺沙门般剌密谛译

所以，为了更好地除魔护法，有必要开发简单易学的武学秘笈。扫地僧开发《九阳真经》，是佛家方便法门，度化不同根器众生，也讲求缘法。《九阳真经》的缘法最终落到了觉远、张三丰、郭襄、无色禅师以至张无忌身上。这些人都是善良、正直而又有影响力的人物，例如张无忌怀有"怜我众生、忧患实多"的悲悯之心，做了很多除魔驱恶的好事。这就是扫地僧所期待的吧。

条件、时间、精力、动机、能力、胆量都表明扫地僧创立了《九阳真经》。最后，**从武功描述上，扫地僧的武功也和《九阳真经》高度吻合**。

不料指力甫及那老僧身前三尺之处，便似遇上了一层柔软之极、却又坚硬之极的屏障，嗤嗤几声响，指力便散得无形无踪，却也并不反弹而回。

《天龙八部》第四十三章"王霸雄图，血海深恨，尽归尘土"

宗维侠无暇去理会他的言外之意，暗运几口真气，跨上一步，臂骨格格作响，劈的一声，一拳打在张无忌胸口。拳面和他胸口相碰，突觉他身上似有一股极强的粘力，一时缩不回来，大惊之下，更觉有股柔和的热力从拳面直传入自己丹田，胸腹之间感到说不出的舒服。

《倚天屠龙记》第二十一章"排难解纷当六强"

扫地僧内力雄厚无比，但并不霸道，面对攻击并不会反弹，符合佛家真意；张无忌的九阳内力浩瀚如海，同样不霸道强横，面对攻击不但不反弹，反倒有助于攻击者恢复体力，颇有普度众生的意味。另外，扫地僧被乔峰用降龙掌打中胸口，肋骨断、口吐血之后，依然能拎着萧远山、慕容博如凭虚御风般奔行；而张无忌在被灭绝师太三掌打吐血甚至被周芷若倚天剑穿胸后，依然精神旺盛。所以扫地僧的武功和张无忌的武功高度相似。

因此，《九阳真经》的真正作者是扫地僧。其中蕴含的理念是：当务之急需要解决基础理论问题。

✿ **注：新修版的《九阳真经》作者**

新修版《倚天屠龙记》提到无名僧阅《九阴真经》创《九阳真经》，但本书基于修订版，也并非是一本对金庸小说细节进行严格考证的书，因此对新修版的内容不予采纳。

附：《三体》的基础理论观

刘慈欣在《三体 2：黑暗森林》中说："成吉思汗的骑兵，攻击速度与二十世纪的装甲部队相当；北宋的床弩，射程达一千五百米，与二十世纪的狙击步枪差不多。但这些仍不过是古代的骑兵与弓弩而已，不可能与现代力量抗衡。**基础理论决定一切**，未来史学派清楚地看到了这一点。而你们，却被回光返照的低级技术蒙住了眼睛。你们躺在现代文明的温床中安于享乐，对即将到来的决定人类命运的终极决战完全没有精神上的准备。"

6　黄裳的体系

体系是一切成功的基础。

——黄裳

扫地僧之问后三十多年，黄裳为道君皇帝赵佶编纂《万寿道藏》。又过了四十多年，黄裳写出武学名著《九阴真经》。

黄裳的《九阴真经》在金庸小说中名气最大，其影响的时间跨度最大、地域覆盖最广，受其影响的人物又都特别杰出。然而，《九阴真经》是一部被过誉的著作，其体系并非完美无缺。当然，指出《九阴真经》的缺点也绝不等于说它价值平平。对于《九阴真经》应给予客观评价。

《九阴真经》有三个缺点和三个优点。先说三个缺点。

同独孤求败的剑法相比，**《九阴真经》没有明确的境界、阶段**。独孤九剑有无剑、无招两重境界，有利剑、软剑、重剑、木剑四个阶段。这样的设计结构《九阴真经》都没有。

同《九阳真经》相比，**《九阴真经》没有雄厚内力**。《九阳真经》以内力雄浑著称。《九阴真经》之《易筋锻骨篇》以及梵文总纲都有助于内力恢复，但似乎必须依赖以其他方法获得的内力，而从不以内力见长。

同前朝宦官所创的《葵花宝典》相比，**《九阴真经》没有速度**。

这些缺点总结下来就是：《九阴真经》似乎只是黄裳的灵光一现之作，远远谈不上形成自己的体系。

比如《九阴真经》上卷的内功中有让洪七公受益的《易筋锻骨篇》，让郭靖缩骨的《收筋缩骨篇》和疗伤的《疗伤篇》，让一灯恢复功力的梵文总纲，让小龙女和杨过解穴、闭气的功夫，下卷的招式中有让陈玄风、梅超风纵横江湖的九阴白骨爪和摧心掌，让郭靖抗衡欧阳锋的飞絮劲，让周伯通战平杨过的大伏魔拳，等等。这些功夫更像是针对各种武功的破解方法的集合，而不是体系完备的独立的武学派别。

事实上也确实如此，《九阴真经》是黄裳针对明教众多高手的不同武功，思考四十年所得的破解方法的心得，所以并不是理论体系完善之作。《九阴真经》是一份针对各种问题的高分答卷，却不是一本系统、完善的专著。

《九阴真经》的真实战力也令人疑惑。

黄裳使用《九阴真经》时的战力很难评估，因为没有对他战绩的详细描述。但是练习过《九阴真经》的一些人的武功可以作为推断，比如郭靖。郭靖对《九阴真经》掌握得最好，因为他对整本《九阴真经》都先背诵、后研习，后来在桃花岛居住时勤练武功不辍，在襄阳保境安民久历战阵，所以可以说"经"不离手。但郭靖的战力如何呢？对标郭靖最好的指标是金轮法王，因为郭靖中年后对战的高手中最厉害的就是金轮法王。

> 郭靖见对方掌势奇速，急使一招"见龙在田"挡开。两人双掌相交，竟没半点声息，身子都晃了两晃。郭靖退后三步，金轮法王却稳站原地不动。他本力远较郭靖为大，功力也深，掌法武技却颇有不及。郭靖顺势退后，卸去敌人的猛劲，以免受伤。二人均是并世雄杰，数十招内决难分判高下。
>
> 《神雕侠侣》第十三回"武林盟主"

> 金轮法王的武功与郭靖本在伯仲之间，郭靖虽然屡得奇遇，但法王比他大了二十岁年纪，也即多了二十年的功力，二人若是单打独斗，非到千招之外，难分胜败。
>
> 《神雕侠侣》第二十一回"襄阳鏖兵"

也就是说，练过《九阴真经》而且正值壮年的郭靖和金轮法王依然在伯仲之间。而金轮法王又和东邪、南僧武功相当。也就是说，精通全本《九阴真经》、浸淫多年又年富力强的郭靖并没有像王重阳一样鹤立鸡群，而是依然和东邪、南帝等高手不分伯仲，而这两人即使接触过《九阴真经》，也相当有限。

不仅郭靖如此，周伯通同样如此。周伯通是除郭靖之外对《九阴真经》掌握得最好的，和郭靖只差梵文总纲。但如果以金轮法王对标的话，周伯通也处于同一个层次：

> 法王瞧瞧一灯大师，瞧瞧周伯通，又瞧瞧黄药师，长叹一声，将五轮抛在地下，说道："单打独斗，老僧谁也不惧。"周伯通道："不错。今日咱们又不是华山绝顶论剑，争那武功天下第一的名号，谁来跟你单打独斗？臭和尚作恶多端，自己裁决了罢。"
>
> 《神雕侠侣》第三十八回"生死茫茫"

也就是说，周伯通战胜金轮法王并无十足把握，掌握了全本《九阴真经》的周伯通和郭靖一样，并不比东邪、南僧厉害很多。这些比较说明了《九阴真经》并没有让周伯通出乎其类。

再看周伯通和杨过的比较。周伯通使用《九阴真经》中的大伏魔拳，和对《九阴真经》武功知道得很少、主要受益于独孤求败武功的杨过堪堪打平。所以《九阴真经》也没有让周伯通拔乎其萃。

当然，列举《九阴真经》的缺点和真实战力并非说它没有可取之处。事实上，在金庸的武侠世界中，《九阴真经》依然是位于第一梯队的绝世秘笈。

《九阴真经》也有自己的三个优点。

《九阴真经》的优点首先是**新奇，也可以说是古怪**。因为《九阴真经》的创立者黄裳没有任何门派之见和武学基础，也就是没有所谓的"所知障"，所以它自出机杼。

> 一动上手，黄裳的武功古里古怪，对方谁都没见过，当场又给他打死了几人。

> 　　　　　　　　　　　　　　《射雕英雄传》第十六章 "《九阴真经》"

《九阴真经》的新奇的一个证据是它启迪了王重阳开发出反制《玉女心经》的《重阳遗刻》。

《九阴真经》的优点还在于**广博**。因为主要是针对多个高手的破局之作，所以《九阴真经》中不但有内功、招式，还有闭气、解穴、收筋缩骨、蛇行狸翻甚至移魂大法等种种稀奇古怪的内容。

《九阴真经》的优点也在于**速成**。虽然黄裳沉浸在《九阴真经》创立过程中四十多年，但是他当时肯定是想尽快报全家被杀之仇的。所以《九阴真经》有速成的特点：陈玄风、梅超风盗经后不久就名动江湖，郭靖十八岁第二次华山论剑就和四绝相坪，杨过、小龙女一看之下就学会了部分《九阴真经》计赚李莫愁，周芷若短短时间内就成为可以和张无忌一较短长的高手……所以《九阴真经》是一部速成的经典。江湖中争抢激烈的，只有《九阴真经》和《葵花宝典》，也在于两者都是速成的武功秘笈，远比那些高深但耗时极久的武功如"全真正宗"更受追捧。

总的来说，黄裳的《九阴真经》无境界、无阶段、无雄厚内力、无速度，但具有新奇、广博、速成的优点。《九阴真经》远谈不上体系宏大严密，并不比四绝乃至金轮法王的武功造诣更高，更像是一部逻辑松散、不成体系的汇编，是极具针对性的实用技术的记录，很有启发意义。这就是《九阴真经》的真实面目。

❀注1：黄裳其人

黄裳（1044—1130）在历史上确有其人，福建人，元丰五年（1082年）进士第一，曾经官至端明殿学士，死后追赠少傅，著有《演山先生文集》《演山词》。

在金庸的小说中，徽宗政和年间（1111—1118年），黄裳负责《万寿道藏》的编纂。在金庸的小说中，此时距扫地僧之问大概37年；再过四十多年，黄裳写出

《九阴真经》。

🏵 注 2：走火入魔考

走火入魔是金庸小说中习武者练习内功时常常提到的一个概念。那么，到底什么是走火入魔呢？

内功需要走心。《黄帝内经》提到过心属火，所以心情波动可以形容为走火。《楞严经》中说"无令心魔自起深孽"。全真教的马钰写过一首《满庭芳·降心魔》，其中提到"方寸虽然不大，起尘情、万种牵心"。所以心可入魔。心既能走火，也能入魔，所以，走火入魔就连起来了。**走火入魔指的就是因心情波动导致的内功练习出现异常。**

走火入魔有哪些临床表现呢？

如果走火入魔发生在下肢，那么可能就会导致下肢瘫痪。比如，梅超风因为练功无人指点而走火入魔，导致下身瘫痪：

> 她行功走火，下身瘫痪后已然饿了几日。
>
> 《射雕英雄传》第十章"冤家聚头"

内力紊乱也能上冲入脑。比如，阳顶天练乾坤大挪移走火入魔伤的是脑，导致死亡：

> 只见阳顶天坐在一间小室之中，手里执着一张羊皮，满脸殷红如血。
>
> 《倚天屠龙记》第十九章"祸起萧墙破金汤"

内力紊乱上冲入脑除了可能造成死亡，也可能造成疯癫。当然，这可能是机体的一种自我保护：

> 北宋年间，藏边曾有一位高僧练到了第九层，继续勇猛精进，待练到第十层时，心魔骤起，无法自制，终于狂舞七日七夜，自绝经脉而死。
>
> 《神雕侠侣》第三十七回"三世恩怨"

欧阳锋疯癫可能同样是因为走火入脑。欧阳锋"倒行逆施"的怪异行动方式可能是他免于死亡的一种方法。

所以走火入魔的临床表现是：练习内功时哪个部位发生紊乱，哪个部位就容易出问题，表现为相应部位的症状。

走火入魔有哪些病因呢？

练习极其高深的武功可能导致走火入魔。《天龙八部》里面的玄澄大师号称二百年来武功第一，但忽然一夜之间筋脉俱断，成为废人，就是因为他练习的武功极其高深。鸠摩智学习《易筋经》也导致走火入魔，同样是因为这部经书极其高深。

《倚天屠龙记》里面明教秘传的乾坤大挪移功夫也很高深，所以很容易走火入魔：

第二层心法悟性高者七年可成，次焉者十四年可成，如练至二十一年而无进展，则不可再练第三层，以防走火入魔，无可解救。

《倚天屠龙记》第二十章"与子共穴相扶将"

练习速成的武功容易走火入魔。林朝英的武功就是速成型的：

外功初成，转而进练内功。全真内功博大精深，欲在内功上创制新法而胜过之，真是谈何容易？那林朝英也真是聪明无比，居然别寻蹊径，自旁门左道力抢上风。

《神雕侠侣》第六回"玉女心经"

所以《神雕侠侣》里面记载了一起神秘的林朝英受伤事件：

"比闻极北苦寒之地，有石名曰寒玉，起沉疴，疗绝症，当为吾妹求之。"

《神雕侠侣》第二十八回"洞房花烛"

林朝英如何受伤？很可能不是外人袭击，而是自己练习速成的内功所致。全真派之所以是天下正宗，正是在于虽然慢，但是很安全，不易走火入魔。古墓派终于克服了自己武功上的 Bug，可能也是因为寒玉床：

这寒玉床另有一桩好处，大凡修练内功，最忌的是走火入魔，是以平时练功，倒有一半的精神用来和心火相抗。

《神雕侠侣》第五回"活死人墓"

欧阳锋的武功也是速成型的：

白驼山一派内功上手甚易，进展极速，不比全真派内功在求根基扎实。在初练的十年之中，白驼山的弟子功力必高出甚多，直到十年之后，全真派弟子才慢慢赶将上来。

《神雕侠侣》第四回"全真门下"

欧阳锋后来走火入魔，固然是练习假《九阴真经》所致，可是同他原来的武功基础也有关系。

段誉在刚学会凌波微步的时候贪快，想要一蹴而就，也差点走火入魔。

极度动荡的心情可能导致走火入魔。段誉在突然得知自己和王语嫣可能是亲兄妹（后来证明是虚惊一场）时心情极度动荡，以至于练习得异常熟练的内功突然走偏，以至于短暂瘫痪。

所以走火入魔有三种可能原因：一是极其高深的武功，二是速成的武功，三是**极度动荡的心情。**

哪些是走火入魔的易感人群呢?

曾经走火入魔过或者差点走火入魔的人包括段延庆、天山童姥、欧阳锋、梅超风、裘千仞、金轮法王。这些人的特点是目标性极强,性格又执拗,所以常常容易走火入魔。周伯通这种随性的人、张无忌这种仁慈的人和洪七公这种豁达的人就不容易走火入魔。**所以走火入魔易感人群常常是性格坚毅、执念很重的人。**

有哪些预防走火入魔的措施和手段呢?

郭靖在大漠练习全真派内功时,马钰用手掌按摩他的大椎穴以防止他走火入魔。杨过在古墓中睡在寒玉床上,练习内功不用担心走火入魔,因而进境很快。杨过和小龙女练习《玉女心经》时互为奥援,也能减少走火入魔的概率。**所以物理按摩(热敷)、玉床(冷敷)和互助可以防止走火入魔。**

附:希尔伯特的 23 个问题

希尔伯特(David Hilbert,1862—1943),德国数学家。1900 年,在巴黎国际数学大会上(International Mathematical Congress),希尔伯特做了题为 *The Problems of Mathematics*(《数学问题》)的演讲。在这个演讲里,希尔伯特显示出他对当时的所有数学领域的非凡见地,而且他还试图提出可能对 20 世纪有重大影响的问题,这就是希尔伯特的 23 个问题的由来。这 23 个问题极大地影响了 20 世纪数学的发展,其中每一个的解决都是数学界的盛事。然而,直到今天,尽管我们已经处于 21 世纪,希尔伯特的 23 个问题还没有全部解决。

希尔伯特曾提到过,预先判断问题的价值是很难的,但如何界定一个好的数学问题确实存在某些标准。他提出的第一个标准是清晰和易理解性(An old French mathematician said:"A mathematical theory is not to be considered complete until you have made it so clear that you can explain it to the first man whom you meet on the street.")他提出的第二个标准是:数学问题要有一定难度,但是又不是无解的(Moreover a mathematical problem should be difficult in order to entice us, yet not completely inaccessible, lest it mock at our efforts.)这样的标准可能对所有科学问题都有启示。

7　独孤求败的行为艺术

基础理论决定一切，包括技术。

——独孤求败

扫地僧之问后的八十余年，武学怪杰独孤求败崛起。

独孤求败传递自己武学体悟的方式极其特别：他在临终时通过行为艺术的方式把自己一生的武学心得释放出来。

武林中临终最在乎的是什么？恐怕是武学研究的传承。中国古代有立功、立德、立言三不朽的说法，意思是研究（言）和功业、德行一样，可以不朽。让自己一生的研究成果流传久远，是多数武林中人的执着。

比如无崖子，他用了三十多年等待逍遥派的最佳传人，为的是传授自己一身内功、武学，并翦除逆徒丁春秋，以传续逍遥一脉。比如王重阳，他临终诈死，为的是除掉欧阳锋，保护《九阴真经》，以光大重阳一派；比如觉远，他在临终时下意识地背诵《九阳真经》，可能希望这部绝学不因自己而湮灭；哪怕是任我行，他在西湖地下囚牢里估计出狱无望，也把自己创立的《吸星大法》刻在铁床上，希望流传世间。

但这些人没有哪个比独孤求败在传续武学发现的方式上更具行为艺术气质。

独孤求败精心选择了自己的埋骨之所。杨过最初在襄阳附近山谷发现神雕和独孤求败埋骨之所。当时他和李莫愁从襄阳城跑出数里之遥，所以独孤求败埋骨之所距离襄阳城不远，应该不是人迹罕至的地方。

襄阳当时是什么样的一座城市呢？据《宋史》记载，崇宁（宋徽宗年号）时期襄阳人口有 19 万多。这是个什么概念呢？崇宁时北宋首都开封府人口 44 万多，附近的河南府（含洛阳）人口 23 万多。襄阳虽然比不上开封，但和古都洛阳人口接近。比如，2022 年北京是两千一百多万人口，而济南是九百多万人口，如果开封府相当于今天的北京，那么襄阳就相当于今天的济南。所以襄阳是当时一个很大的城市。独孤求败埋骨于襄阳城附近，恐怕不是为了隐藏踪迹，而是很希望被人发现的。

既然怀着被人发现的想法，独孤求败想传达的信息就非常值得玩味了。那么独孤求败留下了什么呢？

　　独孤求败在埋骨之所附近留下了神雕。神雕可不是普通物种，不但不普通，而且是极其拉风的存在，想不被发现都难。

　　独孤求败还留下了墓志铭：

　　果然现出三行字来，字迹笔划甚细，入石却是极深，显是用极锋利的兵刃划成。看那三行字道："纵横江湖三十余载，杀尽仇寇，败尽英雄，天下更无抗手，无可奈何，惟隐居深谷，以雕为友。呜呼，生平求一敌手而不可得，诚寂寥难堪也。"下面落款是："剑魔独孤求败"。

《神雕侠侣》第二十三回"手足情仇"

　　独孤求败的墓志铭当真是豪气干云，短短数十字，就写尽了一生的辉煌、绚烂、无奈、孤独、寂寞。环顾历史，似乎只有刘邦之"大风起兮云飞扬"、项羽之"力拔山兮气盖世"才可媲美。

　　神雕古拙雄奇，墓志铭豪气干云，一定会极大地打动任何阅读者，去探寻独孤求败留下的心得。

　　那么，独孤求败天下更无抗手，凭借的是什么呢？

　　就是杨过在独孤求败的剑冢发现的三柄剑和四行字，并没有剑谱。

　　杨过发现的第一柄剑是凌厉刚猛的宝剑：

　　杨过提起右首第一柄剑，只见剑下的石上刻有两行小字："凌厉刚猛，无坚不摧，弱冠前以之与河朔群雄争锋。"

《神雕侠侣》第二十六回"神雕重剑"

　　杨过发现的是一块长条石片：

　　见石片下的青石上也刻有两行小字："紫薇软剑，三十岁前所用，误伤义士不祥，乃弃之深谷。"

《神雕侠侣》第二十六回"神雕重剑"

　　杨过发现的第二柄剑是玄铁重剑：

　　看剑下的石刻时，见两行小字道："重剑无锋，大巧不工。四十岁前恃之横行天下。"

《神雕侠侣》第二十六回"神雕重剑"

　　杨过发现的第三柄剑是木剑：

　　但见剑下的石刻道："四十岁后，不滞于物，草木竹石均可为剑。自此精修，渐进于无剑胜有剑之境。"

《神雕侠侣》第二十六回"神雕重剑"

杨过并没有发现剑谱：

（杨过）心想青石板之下不知是否留有剑谱之类遗物，于是伸手抓住石板，向上掀起，见石板下已是山壁的坚岩，别无他物，不由得微感失望。

《神雕侠侣》第二十六回"神雕重剑"

四柄剑（软剑被弃、代之以长条石片）、四处石刻就是独孤求败的武学阶段。最高两重境界就是"重剑无锋，大巧不工"和"无剑胜有剑"。

无剑胜有剑，草木竹石均可为剑，说的就是内力大于一切，内力为王。所以独孤求败的武学观其实就是基础研究决定一切。

当然独孤求败也重视招数，无招胜有招，就是不拘一格的招数也有重大价值。独孤九剑的剑法也森然博大，包括总诀式、破剑式、破刀式、破枪式、破鞭式、破索式、破掌式、破箭式和破气式，破尽天下诸般武功。

但总的来说，独孤求败更重视内力。

因为担心人们过于注重技术，独孤求败在剑冢里没有留下剑谱。独孤九剑的剑谱辗转被风清扬得到，传给令狐冲。《金刚经》中说："汝等比丘，知我说法，如筏喻者，法尚应舍，何况非法。"扔掉剑谱，正是独孤求败的"法尚应舍"之意。

那么，具体如何提升内力以达到"无剑胜有剑"境界呢？独孤求败给出了具体方法，就是在剑冢附近的瀑布里搏击激流练剑，自外而内修炼内力。

所以独孤求败的武学观有**阶段层次**，从刚猛凌厉的利剑到绕指柔的软剑再到大巧不工的无锋重剑最后到无剑胜有剑；有**方法体系**，怒涛练剑自外而内激发内力，独孤九剑包罗万有破尽天下诸般武学；有**重点**，强调内力的重要性。总的来说，独孤求败的武学研究"至矣尽矣，弗可以加矣"，是金庸小说中武学世界的顶峰。

以上就是独孤求败的高分答卷。

❀注1：立功立德立研

《左传·襄公二十四年》："太上有立德，其次有立功，其次有立言，虽久不废，此之谓不朽。"在此，我将"立言"改成"立研"。

❀注2：襄阳人口

《宋史》卷八十五，志第三十八，地理一记载："襄阳府，望，襄阳郡，山南东道节度。本襄州。宣和元年，升为府。崇宁户八万七千三百七，口一十九万二千六百五。"

✿注3：独孤求败年代考

《神雕侠侣》中没有提到年号，我以人物为坐标考证年代。这里不选丘处机是因为小说中的丘处机不同于历史上真正的丘处机。我选**蒙哥**为时间坐标，因为蒙哥是历史人物，而且在小说中也没有像丘处机一样被演义化。

蒙哥 1259 年去世。以蒙哥去世时间减去 16 年（杨过、小龙女分离 16 年），大概是杨过初遇神雕的年头，1259 − 16 = 1243 年。

杨过初遇神雕时：

……心想："武林各位前辈从未提到过独孤求败其人，那么他至少也是六七十年之前的人物。这神雕在此久居，心恋故地，自是不能随我而去的了。"

《神雕侠侣》第二十三回"手足情仇"

所以独孤求败是六七十年前在江湖上活跃的人物。

独孤求败声称纵横江湖三十余载，应该是三十岁之后的事，因为三十岁前他还用紫薇软剑误伤过义士，可能当时武功尚未精纯，而他四十岁前横行天下。两个都取 35，则独孤求败从 35 岁开始天下无敌，又统治了江湖 35 年，然后来到剑冢和神雕隐居 x 年逝世。逝世后 y 年，杨过来到剑冢。$35 + 35 + x + y$ 就是上限。

独孤求败"杀尽仇寇，败尽英雄"，仇家不少，所以他到大城市襄阳近郊的剑冢隐居时应该余威尚在，不至于太老，才能终老林泉，安然而逝，x 恐怕至少要算 40 年。作为比较，黄裳花了 40 年写出《九阴真经》而仇家几乎都死了。

独孤求败埋骨处"字迹笔划甚细，入石却是极深"，被苔藓覆盖。北英格兰的一种苔藓每年生长 3～7 厘米（见：KELLY M G, WHITTON B A. Growth Rate of the Aquatic Moss Rhynchostegium riparioides in Northern England. Freshwater Biology，1987，18（3）：461-468.）。考虑到襄阳的湿度远远低于北英格兰，苔藓品种虽不一样，但可参考，取每年生长 2 厘米，要长到 20 厘米恐怕才可覆盖入石头极深的字迹，即要花费 10 年，所以 y 等于 10 年。因此，独孤求败出生距离杨过发现剑冢的时间就是 35 + 35 + 40 + 10 = 120 年，公元纪年为 1243 − 120 = 1123 年。

还可以用神雕的可能年龄对这种推算进行验证。

神雕可以带杨过去瀑布中练剑，而没有传授杨过任何其他剑法，如紫薇软剑、木剑等，恐怕它是在独孤求败使用玄铁重剑的时候登场的，神雕体型的重、拙、大恐怕也是独孤求败练重剑时才需要的，所以神雕是在独孤求败 35 岁左右的时候来到他身边的，之后陪伴独孤求败走过了 35 年全盛时期和 40 年隐居期，在独孤求败死后它还有 10 年独处期，终于遇到杨过。假设神雕初遇独孤求败时出生不久，则神雕遇到杨过时约 85 岁。

金庸在《神雕侠侣》后记中提到神雕：

神雕这种怪鸟，现实世界中是没有的。非洲马达加斯加岛有一种"象鸟"（Aepyornistitan），身高十英尺余，体重一千余磅，是世上最大的鸟类，在公元1660年前后绝种。象鸟腿极粗，身体太重，不能飞翔。象鸟蛋比鸵鸟蛋大六倍。我在纽约博物馆中见过象鸟蛋的化石，比一张小茶几的几面还大些。但这种鸟类相信智力一定甚低。

神雕是象鸟的一种。象鸟的寿命没有记载，因为早就灭绝了。但是象鸟和新西兰几维鸟是近亲戚（MITCHELL K J, SOUBRIER J, RAWLENCE N J, et al. Ancient DNA reveals Elephant Birds and Kiwi Are Sister Taxa and Clarifies Ratite Bird Evolution. Science, 2014, 344 (6186): 898-900.）。几维鸟寿命最长的可达80岁（RAMSTAD K M, MILLER H C, KOLLE G. Sixteen Kiwi (Apteryx spp) Transcriptomes Provide a Wealth of Genetic Markers and Insight into Sex Chromosome Evolution in Birds. BMC Genomics, 2016, 17: 410.）。而一般来说，动物体型越大，寿命越长（SPEAKMAN J R. Body Size, Energy Metabolism and Lifespan. J Exp Biol, 2005, 208 (Pt 9): 1717-1730.），所以象鸟寿命可达90～100岁。

第三次华山论剑时，神雕还能攀上华山：

却听得杨过朗声说道："今番良晤，豪兴不浅，他日江湖相逢，再当杯酒言欢。咱们就此别过。"说着袍袖一拂，携着小龙女之手，与神雕并肩下山。

《神雕侠侣》第四十回"华山之巅"

华山以险著称，神雕居然能自由上下。神雕大概是85+16＝101岁，对于一个百岁为寿限的物种来说，101岁左右可能还能攀登以险著称的华山似乎比较难，但别忘了，神雕随独孤求败纵横天下，训练有素。作为参照，老顽童、一灯年纪恐怕当时都年近百岁，依然能上华山。

这种推算是基于独孤求败出生于1123年而进行的。

还可以用《射雕英雄传》的时间线对独孤求败的生年进行验证。

独孤求败1193年（70岁）来到剑冢，一代天骄终老林泉。而第一次华山论剑发生在1199年。王重阳选择这个时间论剑，也是为了填补独孤求败离去后的武学真空。

综上，独孤求败1123年出生的可能性很大。他纵横江湖的时间比扫地僧之间的年头晚了八十多年。

附：科研套路——"鸡爪对鸡屎的影响"

科研本来是对未知领域的探索，是筚路蓝缕、以启山林，是登无人之境，所以一般来说科研是没有套路可以参考的。然而，目前科研界流行一种所谓的"科研套路"：申请基金有基金的套路，比如蹭热点的研究；发文章有文章的套路，比如什么样的模式能发影响因子为几分的文章；等等。

科研套路最大的特点是安全但不重要，安全是因为四平八稳，不重要则是因为不具有重要启发性。蒲慕明先生在 2006 年中国科学院上海神经科学研究所的年会上曾讲过："我有一个同事，在完成 NIH 四年项目评委工作后对我说：他现在终于不需要再读那些申请研究'鸡爪对鸡屎的影响'的经费申请书了。"蒲先生这里所说的"鸡爪对鸡屎的影响"，我认为就是那些安全但不重要的科研套路。

8　前朝宦官的理念

我死后哪管洪水滔天。

——前朝宦官

扫地僧之问后一百三十多年，前朝宦官创出《葵花宝典》。

《葵花宝典》有三个特点：新奇、迅捷以及速成。

《葵花宝典》奇、快无比，奇是招式新奇，快是施展速度快。

突然之间，众人只觉眼前有一团粉红色的物事一闪，似乎东方不败的身子动了一动。但听得当的一声响，童百熊手中单刀落地，跟着身子晃了几晃。只见童百熊张大了口，忽然身子向前直扑下去，俯伏在地，就此一动也不动了。他摔倒时虽只一瞬之间，但任我行等高手均已看得清楚，他眉心、左右太阳穴、鼻下人中四处大穴上，都有一个细小红点，微微有血渗出，显是被东方不败用手中的绣花针所刺。

《笑傲江湖》第三十一章"绣花"

蓦地里岳不群空手猱身而上，双手擒拿点拍，攻势凌厉之极。他身形飘忽，有如鬼魅，转了几转，移步向西，出手之奇之快，直是匪夷所思。

《笑傲江湖》第三十四章"夺帅"

林平之一声冷笑，蓦地里疾冲上前，当真是动如脱兔，一瞬之间，与余沧海相距已不到一尺，两人的鼻子几乎要碰在一起。这一冲招式之怪，无人想像得到，而行动之快，更是难以形容。

《笑傲江湖》第三十五章"复仇"

岳不群的武功"出手之奇之快，直是匪夷所思"，林平之的武功"招式之怪，无人想像得到，而行动之快，更是难以形容"；而东方不败因为太快，反倒看不出奇诡怪异了。总的来说，《葵花宝典》最大的特点是奇和快。

《葵花宝典》第三个特点是学习速度快。岳不群花了三个月，林平之花了六个月，就精通了《葵花宝典》而且挫败了武艺高强的对手。

接下来分析岳、林学习《葵花宝典》的时间。

只听黑白子道："有一句话,我每隔两个月便来请问你老人家一次。今日七月初一,我问的还是这一句话,老先生到底答不答允?"语气甚是恭谨。

如此又过了一月有余,他虽在地底,亦觉得炎暑之威渐减。

《笑傲江湖》第二十一章"囚居"

从以上信息可以推断令狐冲脱困应该是 1563 年(见注 1)八月上旬。那么他从杭州西湖赶到福建林家向阳老宅,算上路途时间,估计大概是八月底到达的。岳不群得到《辟邪剑谱》(《葵花宝典》简化版)应该就是这个时候。那么岳不群是什么时候开始自宫练剑的呢?

只听林平之续道："袈裟既不在令狐冲身上,定是给你爹娘取了去。从福州回到华山,我潜心默察,你爹爹掩饰得也真好,竟半点端倪也瞧不出来,你爹爹那时得了病,当然,谁也不知道他是一见袈裟上的《辟邪剑谱》之后,立即便自宫练剑。旅途之中众人聚居,我不敢去窥探你父母的动静,一回华山,我每晚都躲在你爹娘卧室之侧的悬崖上,要从他们的谈话之中,查知剑谱的所在。"

《笑傲江湖》第三十五章"复仇"

岳不群拿到剑谱立刻自宫练剑,所以他开始练习的时间应该在 1563 年八月底。

林平之得到剑谱的时间要晚不少。《徐霞客游记》记载,徐霞客在 1630 年七月十七从江苏江阴老家出发,八月十九抵达福建漳州。《曾国藩家书》记载曾国藩在道光二十年从湖南湘乡到北京走了八十多天。江阴到漳州 800 多千米,但是其间水路比较通畅,而且徐霞客独自一人,体力又好;湘乡到北京近 1600 千米,其间陆路较多,曾国藩的体力恐怕也不如徐霞客。福州到华山也是大概 1600 千米,而且华山派人很多,食宿不便,恐怕速度和曾国藩类似。以此推断,从福建到华山,在明代的时候路程恐怕要三个月。那么林平之最早也要在十二月初才开始练剑,比岳不群晚了至少三个月。

令狐冲携江湖豪侠围困少林寺救任盈盈是在十二月十五,任恒山掌门典礼是在二月十六,嵩山掌门人大会是在三月十五。就在这次嵩山掌门人大会上,岳不群使用《辟邪剑谱》武功奇袭左冷禅,得到五岳掌门人之位。会后,林平之凭《辟邪剑谱》杀掉余沧海和木高峰,报了家仇,雪了己恨。

综上所述,岳不群练了六个月(八月底到三月中)辟邪剑法,就战胜了可以和任我行掰手腕的左冷禅,而林平之只学了三个月(十二月初到三月中)辟邪剑法,就杀了青城掌门余沧海以及塞外秃驼木高峰。

这就是江湖人士不惜代价追寻《辟邪剑谱》的真相,因为它是速成型的。

《葵花宝典》的武学思想是追求招式奇、快、速成。也就是说,《葵花宝典》是不在乎内力强弱的,只要招式奇而快且速成,就无往不利。

《葵花宝典》当然也有内力属性，但其内力只是为了让剑法更奇更快。因为只注重招式新奇和速度，《葵花宝典》的招数有限，难免重复，这是它的缺点之一。

《葵花宝典》点燃内力的方式也迅猛激烈，以便速成，比古墓派和西域白驼山修习内功还要快，也就更易走火入魔，所以只能通过自宫的方式消除隐患，这是《葵花宝典》的缺点之二。

《葵花宝典》的理念就是不在乎基础研究，只注重技术突破，是对技术的极致追求、只求速效、不计长远的思维方式的代表。

✿注1：《葵花宝典》成书年代考

《葵花宝典》到底是什么时候成书的呢？

> 方证道："至于这位前辈的姓名，已经无可查考，以他这样一位大高手，为甚么在皇宫中做太监，那是更加谁也不知道了。至于宝典中所载的武功，却是精深之极，三百余年来，始终无一人能据书练成。"
>
> 《笑傲江湖》第三十章"密议"

所以，《葵花宝典》成书于令狐冲所处时代的三百余年前。那么推算具体成书时间就需要知道**三百余年到底是多少年以及令狐冲所处的时代**。

先看"余年"到底是多少。

《笑傲江湖》中的"余年"代表的时间长短比较复杂，比如：

> "其实，林师弟不过初入师门，向她讨教剑法，平时陪她说话解闷而已，两人又不是真有情意，怎及得我和小师妹一同长大，十余年来朝夕共处的情谊？"
>
> 《笑傲江湖》第九章"邀客"

再比如：

> 他（令狐冲）从师练剑十余年，每一次练习，总是全心全意的打起了精神，不敢有丝毫怠忽。
>
> 《笑傲江湖》第十章"传剑"

这里面的十余年指的是近二十年，因为书中明确提到令狐冲和岳灵珊从小一起长大，而岳灵珊当时是十八岁左右。

但书中提到任我行囚系在西湖底也是十余年，而我们知道具体是十二年，所以十余年也可以代表十二年。

十八、十二两者折中就是 15 年，所以，将"余年"所指定为中间值。**三百余年就是 350 年**。

"余年"的含义是比较容易确定的，而确定《笑傲江湖》中令狐冲的活跃年代比较难。

"天龙""射""神""倚天"或者有历史人物，如"天龙"的耶律洪基、"神雕"的蒙哥、"倚天"的常遇春；或者有历史事件，如"射雕"开篇提到的庆元年号。《笑傲江湖》同这些小说相比，既没有历史人物，也没有提到可参考的历史事件。金庸先生在《笑傲江湖》后记中也明确说："因为想写的是一些普遍性格，是生活中的常见现象，所以本书没有历史背景，这表示，类似的情景可以发生在任何朝代。"

但是，金庸还是在《笑傲江湖》里面埋下了时间线。另外，为了对不同小说尤其是《倚天屠龙记》和《笑傲江湖》做连贯研究，也需要建立时间线。那么，令狐冲活跃的时间到底怎么推算呢？网上有很多推算，如根据华山派谈话中涉及的闰月，参考陈垣的《二十史朔闰表》进行推算，等等，过于复杂。

我采用了一种全新的推算方法。

《笑傲江湖》里面有一个可以作为坐标的时间点，这就是令狐冲曾经假扮过的赴泉州上任的军官吴天德。

他在怀中一搜，掏了一只大信封出来，上面盖有"兵部尚书大堂正印"的朱红大印，写着"告身"两个大字。打开信封，抽了一张厚纸出来，却是兵部尚书的一张委任令，写明委任河北沧州游击吴天德升任福建泉州府参将，克日上任。

《笑傲江湖》第二十二章"脱困"

吴天德原来在沧州做游击，后来被调任福建泉州任参将。参将这个职位在《笑傲江湖》里面还出现过，比如刘正风金盆洗手时得到的也是参将的头衔。

中国历史上参将这一官职始于明代。

《明史·职官志》中提到："镇守福建总兵官一人，旧为副总兵，嘉靖四十二年改设，驻福宁州。分守参将一人，曰南路参将，守备三人，把总七人，坐营官一人。"

这个记载很重要。嘉靖四十二年，也就是 1563 年，明政府忽然将镇守福建的最高长官由副总兵升为总兵，驻守福宁州，即今天的福建东北和浙江接壤的霞浦，而且下设参将一人、守备三人、把总七人、营官一人。

总兵以下就是参将。所以参将并非《笑傲江湖》里面一帮江湖人士对刘正风的评价一样是绿豆大的小官，这些江湖人士可能对军队官职没有概念。事实上，**参将这个官并不小。**

比如，《明史》中有"东李西麻"的说法。被万历皇帝称为"一时良将"的抗倭英雄麻贵在参将的位子上坐了近十二年才升为总兵：

麻贵，大同右卫人。父禄，嘉靖中为大同参将。贵由舍人从军，积功至都指挥金事，充宣府游击将军。隆庆中，迁大同新平堡参将。万历十年冬，以都督金事充宁夏总兵官。

《明史·麻贵传》

从隆庆中到万历十年，麻贵这样一代名将升迁之路也不顺利。另外，从麻贵一路在山西、宁夏任职可以看出，**明代异地升迁恐怕不容易，大概率只能发生在军队建制之初。**

所以吴天德调任泉州参将的时候恐怕就是嘉靖四十二年（即 1563 年）左右。

那么 1563 年发生了什么事呢？明政府为什么忽然擢升福建守军主官的官衔并下设参将、守备、把总、营官多人？

《明史·列传》第一百 ［俞大猷（卢镗、汤克宽）、戚继光（弟继美、朱先）、刘显（郭成）、李锡（黄应甲、尹凤）、张元勋］记载："明年，倭大举犯福建。"这里的"明年"指的是嘉靖四十一年。所以在嘉靖四十一年（即公元 1562 年）倭寇大举入侵福建。

这就和《明史·职官志》的记载对上号了。原来嘉靖四十一年倭寇大举入侵福建，因此明政府擢升福建守军最高长官，将副总兵升为总兵，并下设参将、守备、把总、营官多人，而且特别驻防在倭寇来犯的最前沿——福宁州，即今天的霞浦。

不仅如此，1563 年明政府重设澎湖巡检司，同样说明当时海防需要人手。《台湾府志》（清高拱乾著）卷一《封城志》记载："明嘉靖间，澎湖属泉同安，设巡检守之。""嘉靖四十二年，流寇林道干扰乱沿海，都督俞大猷征之。"俞大猷"留偏师驻澎岛"。

沧州游击吴天德就是在这样的背景下于 1563 年被调往福建泉州任参将的。

另外，吴是福建大姓，虽然不如有"陈林半福建"之称的陈姓、林姓，但依然是大姓，可能排到福建姓氏前五。吴天德可能祖籍福建，趁机会调回福建，既卫国又还乡，两全其美。

这就为令狐冲活跃的时间确定了一个基准点——1563 年。顺便说一句，**1563 年升任福建总兵的就是大名鼎鼎的戚继光。**

推算下来，350 年前就是 1213 年，也就是《葵花宝典》创立的时间。

❀注 2：论《葵花宝典》来自《九阴真经》的可能性

《葵花宝典》可能来自《九阴真经》。推论基于以下五点。

第一，洪七公、郭靖在欧阳锋的胁迫下联手造假《九阴真经》。

洪七公酒酣饭饱，伸袖抹了嘴上油腻，凑到郭靖耳边轻轻道："老毒物要《九阴真经》，你写一部九阴假经与他。"郭靖不解，低声问道："九阴假经？"洪七公笑道："是啊。当今之世，只有你一人知道真经的经文，你爱怎么写就怎么写，谁也不知是对是错。你把经中文句任意颠倒窜改，教他照着练功，那就练一百年只练成个屁！"

《射雕英雄传》第二十章"窜改经文"

洪七公、郭靖造假方法是这样的：

洪七公道："你可要写得似是而非，三句真话，夹半句假话，逢到练功的秘诀，却给他增增减减，经上说吐纳八次，你改成六次或是十次，老毒物再机灵，也决不能瞧出来。我宁可七日七夜不饮酒不吃饭，也要瞧瞧他老毒物练九阴假经的模样。"

《射雕英雄传》第二十章"窜改经文"

第二，《笑傲江湖》中提到的《葵花宝典》成书于"射雕"时代。

《葵花宝典》诞生于 1213 年。1213 年是什么年头？是郭靖 12 岁的时候（见"18　瑛姑的逃离"的注），正在大漠练功。如果《葵花宝典》成书在"射雕"时代，这一带来武学新理念的武功怎么会在"射雕"时代默默无闻？一个很大的可能是那时它还不叫《葵花宝典》。

葵花，也就是向日葵，是在明朝中期即正德、嘉靖年间才被引入中国的，所以宋朝是不可能有葵花这一名字的。那么，《葵花宝典》在那时叫什么？

第三，《葵花宝典》的武功特点和《九阴真经》极其接近。

《九阴真经》有三个特点：广博、新奇（或者说古怪）以及速成；《葵花宝典》有三个特点：新奇（或者说古怪）、速度快以及速成。两者之间在新奇和速成上是一致的。

第四，《葵花宝典》的武功招式风格和《九阴真经》极其接近。

但东方不败的身形如鬼如魅，飘忽来去，直似轻烟。

《笑傲江湖》第三十一章"绣花"

他生平见识过无数怪异武功，但周芷若这般身法鞭法，如风吹柳絮，水送浮萍，实非人间气象，霎时间宛如身在梦中，心中一寒："难道她当真有妖法不成？还是有甚么怪物附体？"

《倚天屠龙记》第三十七章"天下英雄莫能当"

"如鬼如魅" = "非人间气象"，"飘忽来去，直似轻烟" = "风吹柳絮，水送浮萍"。

纵观金庸小说中的武功，招式风格如此相似的只有《葵花宝典》和《九阴真经》。

第五，"葵花"和"九阴"传递的是一个意思。

老子说："万物负阴而抱阳，冲气以为和。"阴阳互相趋向是天性。"九阴"为阴之极，要趋向于阳；而向日葵，顾名思义，也就是向阳的意思，所以"葵花"和"九阴"就是一件事的两种表述。

英谚有云：If it looks like a duck, walks like a duck, and quacks like a duck, then it's a duck.（如果长得像鸭子，走路像鸭子，叫声像鸭子，那它就是一只鸭子。）

一本绝世秘笈，成书时间、特点、风格甚至名字含义都和《九阴真经》类似，极可能就源于《九阴真经》。

但是两者之间依然有不同之处，如《九阴真经》博大，《葵花宝典》迅捷，可能的原因是这样的：

欧阳锋得到郭靖窜改的"九阴假经"，信以为真，视若珍宝，练习不辍。然而，假经脱胎于极高深的《九阴真经》，而且有造假的成分，练习时很容易走火入魔。

《九阴真经》是没有问题的，虽然凶险，但在高手看来还可控。但是郭靖窜改的假经更容易走火入魔。欧阳锋是西域武林至尊，不信邪硬练，结果走火入魔，疯了。

然而欧阳锋凭"九阴假经"天下无敌也确是事实。阴差阳错，"九阴假经"其实比《九阴真经》还厉害，尤其是在疯癫的欧阳锋手里，**假经在奇、快的特点上越走越远**，《九阴真经》中博大的武功也被忽视了，因为不需要了。

"九阴假经"唯一的 bug 就是容易走火入魔导致疯癫。疯了的欧阳锋疏于防备，"九阴假经"就此慢慢流入世间。这一让人天下无敌的秘笈让无数人为之疯狂，但练习者大都走火入魔。

在其辗转流传中，前朝宦官可能偶然发现自己练了没事，人们于是意识到，自宫这一方法是"九阴假经"的一个很好的补丁，刚好避免疯癫，从而练成绝世武功。自此以后，"武林称雄，引刀自宫"这一法门始为人们所熟知。

源自"九阴假经"的《葵花宝典》舍博大而专攻奇、快、速成。当《葵花宝典》被林远图改为《辟邪剑谱》后，这一特点被进一步放大了。

这可能就是《葵花宝典》以及《辟邪剑谱》的真相。

❀ 注3："青青园中葵"与葵花

"青青园中葵"中的"葵"指的是锦葵科植物冬葵，而不是常见的菊科植物向日葵。向日葵是明朝中期才传入中国的。

附：残差网络的发现

2015 年，何恺明等人发表了一篇题为《图像识别中的深度残差学习》（*Deep*

Residual Learning for Image Recognition）的论文。目前，这篇论文已经被引用超过 13 万次，是人工智能领域引用次数最多的论文之一。

图像识别是人工智能领域的一个重要问题，神经网络在解决图像识别问题中取得很大成绩。人们推测，神经网络的层级越深，效果有可能更好。事实却并非如此，随着神经网络层级的增加，图像识别的准确度却下降了。在何恺明等人的论文发表前，最多的神经网络层级也就是 30 层左右。人们以为神经网络层级增加似乎能提高准确度，结果却事与愿违。有可能解决这一问题吗？

这就是何恺明等人论文的背景。他们给出的答案思路相当简洁而又深刻：与其让堆积起来的神经网络层级同最底层相适应，不如让它们同一个新建立的函数相适应，这个函数就是所谓的残差函数。假定原始的底层为 $H(x)$，那么一个新建立的函数 $F(x) = H(x) - x$。新函数更容易优化。基于这样的思路构建的神经网络就是残差网络（ResNet）。

第三编 "射雕"时代的碧空

引子：王重阳罢黜百家、独尊九阴

前"射雕"时代诞生了四部武学巨著：《九阳真经》《九阴真经》、独孤求败心悟和《葵花宝典》。但是，在"射雕"时代大放异彩的是位列探花之位的《九阴真经》，这仅仅是一个偶然吗？

扫地僧的《九阳真经》在藏经阁中度过悠长岁月，但他有一身惊人的武功，难道就没有想过传下去吗？毕竟玄慈以后少林声誉、元气大伤，少林寺难道不想凭扫地僧的武学修为重振少林威名吗？

独孤求败纵横江湖三十余年，"杀尽仇寇，败尽英雄，天下更无抗手"，恐怕不会没有人记得。对于他的心悟，向往者不应该如过江之鲫吗？

黄裳以一介文官身份，因为自悟的武功被皇帝委以剿灭明教的重任。《葵花宝典》的创立者前朝宦官难道不能因自己的武学而获得巨大声名吗？

四大武功在后来的流传恐怕不能用自身的自然传播过程解读，而人为筛选的机制可能起了重要作用。"射雕"时代黄裳的《九阴真经》如天上明月，一时无两，就是筛选的结果。

这一切要从王重阳罢黜百家、独尊九阴说起。

王重阳生于北宋之末，长于南宋之初，和陆游、辛弃疾处于同一时代。这一时代的仁人志士常有家国之思，念念不忘的，是"夜阑卧听风吹雨，铁马冰河入梦来"，是"王师北定中原日，家祭无忘告乃翁"，是"醉里挑灯看剑，梦回吹角连营"，是"把吴钩看了，阑干拍遍，无人会，登临意"。丘处机说：

> "我恩师不是生来就做道士的。他少年时先学文，再练武，是一位纵横江湖的英雄好汉，只因愤恨金兵入侵，毁我田庐，杀我百姓，曾大举义旗，与金兵对敌，占城夺地，在中原建下了轰轰烈烈的一番事业，后来终以金兵势盛，先师连战连败，将士伤亡殆尽，这才愤而出家。那时他自称'活死人'，接连几年，住在本山的一个古墓之中，不肯出墓门一步，意思是虽生犹死，不愿与金贼共居于青天之下，所谓不共戴天，就是这个意思了。"

> 《神雕侠侣》第四回"全真门下"

王重阳一腔热血，奈何"山河破碎风飘絮"，自己奋斗过，但不过"身世浮沉雨打萍"，惶恐而又伶仃，心灰意冷之下，隐居活死人墓，自称活死人，无力作为，唯有"留取丹心照汗青"。如果不出意外，王重阳恐怕就终老于此了。

但王重阳终于找到新的方向，这始于林朝英的一番苦心：

> "先师一个生平劲敌在墓门外百般辱骂，连激他七日七夜，先师实在忍耐不住，出洞与之相斗。岂知那人哈哈一笑，说道：'你既出来了，就不用回去啦！'先师恍然而悟，才知敌人倒是出于好心，乃是可惜他一副大好身手埋没在坟墓之中，是以用计激他出墓。"
>
> 《神雕侠侣》第四回"全真门下"

林朝英用激将法诱出王重阳，后来又用计赚得活死人墓，在王重阳眼前打开一片新天地。林朝英其时已经收徒立派，王重阳可能也受到启发，收徒传道。王重阳可能很快意识到，通过建立教派，收徒传道，不失为一种新的拯救国家的方式。这恐怕是全真教创立的初衷。

当然，王重阳需要一系列的操作才能最终实现自己的目的。王重阳通过创立教派实现重整河山的目的，是通过一系列关键策略实现的。

第一是选择了《九阴真经》，以此为主题创立了"华山论剑"论坛。

第二是遗计定欧（阳锋）裘（千仞），为全真教发展赢得了时间。

第三是通过天罡北斗阵团结弟子，让全真派传承更久远。

王重阳的成就是异常巨大的。在王重阳创立教派后的近百年时间里，千年传承的少林寺居然毫无存在感，出现了少见的断层。直到第三次华山论剑，少林寺的觉远才出来刷了一下存在感。

不过，在详细述说王重阳之前，让我们先移目林朝英这个全真派真正的始作俑者。

9 林朝英的门派

月明林下美人来。

——林朝英

四大宗师有发明、无传承，直到林朝英翩然而至。

"天龙"时代以后，前"射雕"时代尽管有四大宗师，但武学内力、外功卓然成家的唯有独孤求败、王重阳以及古墓派创始人林朝英。

林朝英学究天人，在武学研究上别有巧思。

论内功，林朝英的《玉女心经》别道奇行：

全真内功博大精深，欲在内功上创制新法而胜过之，真是谈何容易？那林朝英也真是聪明无比，居然别寻蹊径，自旁门左道力抢上风。

《神雕侠侣》第六回"玉女心经"

林朝英的内功，讲究"十二少、十二多"正反要诀："少思、少念、少欲、少事、少语、少笑、少愁、少乐、少喜、少怒、少好、少恶"，从克制情欲入手，提升内力。

论外功，林朝英的武功体系严密。 林朝英武功分为：古墓派基本功；全真武功（没错，全真剑法也是林朝英武功的有机组成部分，这是林朝英的聪明之处）；古墓派高阶武功，即克制全真武功的《玉女心经》；以及最高阶的融全真武功、《玉女心经》于一炉的玉女素心剑法。所以林朝英的武功层次分明、境界清晰，直追独孤求败。

林朝英还发明了独步天下的暗器， 如冰魄银针、玉蜂针。环顾金庸小说，暗器最厉害的是天山童姥的生死符，其次就是林朝英的暗器，而丁春秋传给阿紫的碧磷针只能位居其后。

林朝英也是阵法的先驱。 林朝英开发了玉女素心剑法。王重阳的天罡北斗阵和全真五子（当时马钰和谭处端已故）的七星聚会等可能就是在林朝英的启发下创出来的。

林朝英还有超越时代的工具意识， 用特殊的装备和方法进行武学训练和对战。

林朝英特别重视装备，如银索金铃、金丝手套，尤其是寒玉床：

"……这是祖师婆婆花了七年心血，到极北苦寒之地，在数百丈坚冰之下挖出来的寒玉。睡在这玉床上练内功，一年抵得上平常修练的十年。"杨过喜道："啊，原来有这等好处。"小龙女道："初时你睡在上面，觉得奇寒难熬，只得运全身功力与之相抗，久而久之，习惯成自然，纵在睡梦之中也是练功不辍。常人练功，就算是最勤奋之人，每日总须有几个时辰睡觉。要知道练功是逆天而行之事，气血运转，均与常时不同，但每晚睡将下来，梦中非但不耗白日之功，反而更增功力。"

《神雕侠侣》第五回"活死人墓"

林朝英针对女性气力不足的弱点从旁门左道抢占上风，但有走火入魔的风险。林朝英因此采用寒玉床预防走火入魔，让内力增速极大提高。这是她超越时代的工具意识。

林朝英用麻雀进行"天罗地网式"练习，也是一种独具匠心的训练方法，和独孤求败用神雕练剑一脉相承。

总之，林朝英的武功自成一家，有自己的武学体系，同独孤求败、黄裳、王重阳等相比，可能也仅次于独孤求败，她在暗器、阵法、工具方面的成就甚至大于独孤求败。

四大宗师中除了独孤求败以外，《九阳真经》的作者扫地僧只有内功，黄裳体系稍显凌乱，《葵花宝典》的作者只有速度。

四绝也没有自己的体系。东邪很难说有自己的体系。小说中关于黄药师的内功介绍不多。他外功繁杂，如劈空掌、弹指神通、兰花拂穴手等，涉猎广泛，但博而不精。西毒也没有自己的体系，欧阳锋也是外家好手，蛤蟆功、灵蛇拳很厉害，但是并不成体系。南帝只是遗传了家族的一阳指而已，再无任何发明创造。北丐是行政领导，他率领的丐帮是一个社会帮会组织，洪七公精通降龙掌、打狗棒法，但是并无体系。裘千仞的情况和洪七公类似。

所谓体系，指的是内容表现出以下五大特点：有较为完备的辐射广度，一般至少包含内力、外功乃至轻功、暗器等；有纵深的空间，可以之为基础进一步发明创造；有一致的风格，识别度高；有独特的学习方法；而且非常重要的是，在设计上对于各种根器的人物具有普适性，便于传承。

林朝英的体系涵盖内力、外功、轻功和暗器，从古墓派入门到全真武功、《玉女心经》乃至玉女素心剑法层次分明，风格轻灵飘逸，有适宜的设备、方法加快练习速度，不但上上根器的小龙女、杨过可以练习，而且上等资质者（如李莫愁）、一般天分者（如孙婆婆、洪凌波、陆无双等）都各有所成，这就是体系的力量。

然而，林朝英对后世最大的贡献是使武林中人重拾对门派的信心。

"天龙"时代门派凋零，逍遥派无崖子被丁春秋打入山谷，苟延残喘；丁春秋的星宿派内卷严重，被灵鹫宫收编整合；大宗派难以为继，如少林寺玄慈自身有污点，难以服众；帮派逐渐衰落，如丐帮经历两次帮主之乱、一次帮主被杀后几乎四分五裂。小门派也内耗、外斗厉害，内耗如大理无量剑派的南北宗之争，外斗如青城派和蓬莱派的世代仇杀。

"天龙"时代诸侠也缺少门派传承。段誉的大理段氏是家族而不是门派，所以缺少门派的灵活性。萧峰所在的丐帮主要是一个帮派，而不是武学传播组织。虚竹的灵鹫宫沿袭天山童姥旧制，和丐帮类似。

但林朝英最先建立了自己的门派体系。她将武功传给丫鬟，她的丫鬟又收了李莫愁、小龙女，李莫愁的徒弟有洪凌波、陆无双，小龙女则收了杨过为徒。这样的体系虽然不具规模，但是极大地重拾了人们对门派的信心。

承载学术 DNA 传承的就是门派。

林朝英建立门派还在王重阳之前：

乱子就出在这里。那位前辈生平不收弟子，就只一个随身丫鬟相待，两人苦守在那墓中，竟然也是十余年不出，那前辈的一身惊人武功都传给了丫鬟。

《神雕侠侣》第四回"全真门下"

也就是说，林朝英和王重阳打赌，用计赚得古墓的时候，她的丫鬟（即弟子）就已经在陪着她了。这时候王重阳只结了个草庐，重阳宫还没有盖起来，刚刚做道士，更不用提收马钰、丘处机等弟子了。王重阳当道士收徒弟，恐怕是在受到林朝英启发后才开始的。

四绝始终没有建立门派。东邪的桃花岛更像是个天才孤儿收容所。西毒的白驼山也不是门派，是家族企业。南帝是皇室，还是家族。丐帮、铁掌帮是帮派，不是武学门派。

只有门派的出现，才让武学由**个体的偶然变成群体的必然**。因个体偶然而闪现的武功辉煌常常无法持久。强者如独孤求败也是一代而绝，和神雕终老。只有门派才能让武学因群体的强大力量而绵延不绝。少林寺千年传承，靠的不是扫地僧这样的杰出人物，而是一个稳定的群体，最终实现稳定输出。

林朝英就是门派复兴的先行者。

✿ 注1：古墓派年代考

古墓派主要人物的年代考证最好从杨过算起，因为关于他的线索最多，比较好算，可以逆推至林朝英。

杨过、小龙女

杨过出生于第二次华山论剑时，即 1220 年（见后面的"**注 1：华山论剑年代考**"）。杨过在《神雕侠侣》中刚出场时是十三四岁（取十三岁）。而小龙女刚出场时是十八岁生辰之后，所以小龙女比杨过大五岁，出生于 1215 年。

李莫愁

当年在陆展元的喜筵上相见，李莫愁是二十岁左右的年纪，此时已是三十岁。

《神雕侠侣》第二回"故人之子"

李莫愁刚出场时三十岁，比小龙女大十二岁，比杨过大十七岁，所以李莫愁生于 1203 年。

林朝英丫鬟兼徒弟，小龙女的师父

刚行礼毕，荆棘丛中出来一个十三四岁的小女孩，向我们还礼，答谢吊祭。

《神雕侠侣》第四回"全真门下"

小龙女十三四岁（取十三岁）时师父去世，也就是 1228 年。

而小龙女的师父在重阳宫收养刚出生不久的小龙女时，在丘处机眼里是一个中年妇女。中年要算多少岁呢？三十至五十似乎都可以。这里算五十岁，后面会看出算五十岁的道理。所以小龙女的师父比小龙女大五十岁，生于 1165 年，比李莫愁大三十八岁，享年六十三岁。

林朝英

林朝英死后，王重阳

……独入深山，结了一间茅庐，一连三年足不出山。

十余年后华山论剑，夺得武学奇书九阴真经。

《神雕侠侣》第七回"重阳遗刻"

十余年统一按十五年处理，则林朝英死后十八年第一次华山论剑。考虑到第一次华山论剑是在 1199 年（见后面的"**注 1：华山论剑年代考**"），则林朝英死于 **1181 年**。

而这一年，若按上边以五十岁为中年，小龙女的师父刚好十六岁；若按四十岁为中年，则小龙女的师父为六岁。后一种的可能性是很小的。

西壁画中是两个姑娘。一个二十五六岁，正在对镜梳妆，另一个是十四五岁的丫鬟，手捧面盆，在旁侍候。画中镜里映出那年长容貌极美，秀眉入鬓，眼角之间却隐隐带着一层杀气。杨过望了几眼，心下不自禁的大生敬畏之念。

《神雕侠侣》第五回"活死人墓"

这张画恐怕是林朝英刚进入古墓定居时所画。所以，林朝英比丫鬟大 11 岁，生于 1154 年。

林朝英只活了二十七岁。

附：居里夫人的中国传承

居里夫人和中国有很深的渊源。施士元（1908—2007）于 1929—1933 年在法国巴黎大学镭研究所从事研究工作，师从居里夫人。施士元在 1933 年获法国巴黎大学科学博士学位。从 1933 年夏季开始，施士元任南京中央大学物理系教授兼系主任。吴健雄（1912—1997）于 1930 年考入南京中央大学数学系，次年转入物理系。1934 年吴健雄的本科毕业论文是在施士元的指导下完成的。钱三强（1913—1992）于 1937—1940 年在法国攻读博士学位，导师是居里夫人的大女儿伊雷娜·约里奥-居里（Irène Joliot-Curie，1897—1956）。

居里夫人很重视教育，尤其是针对女性的科学启蒙。居里夫人曾联合多位杰出人士组织了一个家庭学习实验计划，教授包括她自己的两个女儿在内的约 10 个孩子，这个计划持续了约两年。1923 年，当时居里夫人已经两获诺贝尔奖，却依然在塞弗尔女子师范学校教授物理，她说：

我对在师范学校的工作非常感兴趣，并致力于建设实验室，让学生得到实操训练。这些学生都是 20 岁左右的姑娘，她们通过严苛的考试进入学校，但还要更加勤奋，只为了获得高中教职。这些女孩以极大的热情学习，而我则非常荣幸可以指导她们学习物理。（I became much interested in my work in the Normal School，and endeavoured to develop more fully the practical laboratory exercises of the pupils. These pupils were girls of about twenty years who had entered the school after severe examination and had still to work very seriously to meet the requirements that would enable them to be named professors in the lycées. All these young women worked with great eagerness，and it was a pleasure for me to direct their studies in physics.）

参考文献：

[1] Ogilvie M B. Marie Curie. Greenwood Pub Group, 2004.

[2] CHIU M H, WANG N Y. Marie Curie And Science Education. MEI-HUNG CHIU AND NADIA Y. WANG, Celebrating the 100th Anniversary of Madame Marie Sklodowska Curie's Nobel Prize in Chemistry. 2011：9-39.

10 王重阳的论坛

雪满山中高士卧。

——王重阳

王重阳站在林朝英的肩膀上，以《九阴真经》为契机，开启了学术论坛——华山论剑，从而一统四大宗师之后的武学江湖，绵延近百年。

抗金不成，心灰意冷，隐居古墓，自号活死人，这是王重阳人生的至暗时刻。

被林朝英激出古墓，王重阳获得了新生。王重阳后来有两句诗："出门一笑无拘碍，云在西湖月在天"，似乎正是描述了当时的心境。

王重阳出门一笑，不仅是因为武功大成，形成了自己的全真武学体系，隐隐和独孤求败、林朝英分庭抗礼，震古烁今；更重要的是，王重阳在林朝英的启发下，决心创立宗派，传续全真绝学，也期望驱除鞑虏、北定中原。

王重阳首先完善了自己的武学体系。

全真内功上手慢，但稳健而且上不封顶。全真内功包罗极广，如先天功，王重阳就是凭这门武功折服四绝；也有"金关玉锁二十四诀"这种筑基的武功。全真内功的一个特点是中正平和，不容易出错和走火入魔，所以任何根器的人都可以练习，如郭靖在十六岁就开始练习全真内功。全真内功的另一个特点是练成后永无停歇，只会越来越精纯，这是别人无可比拟的，所以王重阳远胜四绝，而郭靖后来一个月就能掌握降龙十八掌，也是得益于全真内功。

全真外功也威力很大。小龙女、杨过看到刻在古墓中的全真剑法后都赞叹不已，足以说明全真剑法的威力。全真外功除了剑法，还有三花聚顶掌法、指笔功等。

全真轻功也不俗。郭靖曾学习全真的上天梯。后来他无任何凭借登上襄阳城头，让数万蒙古大军叹为观止，恐怕也得益于这门全真轻功。

危急之中不及细想，左足在城墙上一点，身子斗然拔高丈余，右足跟着在城墙上一点，再升高了丈余。这路"上天梯"的高深武功当世会者极少，即令有人练就，每一步也只上升得二三尺而已，他这般在光溜溜的城墙上踏步而上，一步便跃上丈许，武功之高，的是惊世骇俗。霎时之间，城上城下寂静无声，数万道目光尽皆注视在他身上。

《神雕侠侣》第二十一回"襄阳鏖兵"

全真武功还是一个开源的体系，可以站在前人肩膀上够得更高。比如全真七子开发了同归剑法，丘处机根据天罡北斗阵创出了七星聚会。

王重阳另外一个重要的举措是创派授徒，而且是双轨制。

一方面，可能考虑到逍遥派无崖子因为颜控而遇人不淑，王重阳选择弟子时重德不重才，全真七子尽管学武天分稍差，但个顶个的都是性行高洁的人物。另一方面，王重阳也选拔了武学天分极高的周伯通，传承武学衣钵，但不纳入全真门下。这样的制度设计，既建立了全真武学传承体系，又有顶尖武学人才，两者共同保证了全真派的发扬光大。

但王重阳还面临一个关键问题：一个新成立的宗派，如何提高影响力，持续不断地吸引人才？对于一个组织，尤其是一个新生组织，提高影响力、吸引人才永远是一个不容易的任务，竞争异常激烈。比如明教就从名门正派挖人才。周伯通提到明教的时候说：

（黄裳）亲自去向明教的高手挑战，一口气杀了几个甚么法王、甚么使者。哪知道他所杀的人中，有几个是武林中名门大派的弟子。

《射雕英雄传》第十六章"《九阴真经》"

明教当时就开始从各大门派抢人了。明教一直为正派所不容，恐怕远不止正邪之分这么简单，人才争夺恐怕也是原因之一。

王重阳是怎么提高影响力、争夺人才的呢？**他只创办了一个武学论坛，就改变了整个金庸武侠世界的武学走向。**

王重阳一生有几大成就。如创立全真武学、创建教派（即全真教）、培养了七个弟子（即全真七子）。**但这些成就的根源和保障是王重阳创办了武学论坛——华山论剑。**

论武学发明，独孤求败和林朝英甚至超过王重阳；论武学团体创立和年轻弟子培养，古墓派的林朝英、桃花岛的黄药师、白驼山的欧阳锋、大理段智兴、丐帮洪七公甚至铁掌帮的裘千仞都各有可取之处，并没有远逊王重阳。然而，若论武学论坛创建，王重阳足以傲视群雄。**他敢说出"重阳一生，不弱于人"这句话，主要是因为武学论坛——华山论剑。**

王重阳选择《九阴真经》作为第一次论坛的主题大有深意。

在众多的前"射雕"时代武学中，王重阳单单选择了《九阴真经》，绝不是无缘无故的。王重阳纵横天下半生，信息渠道极为畅通，比如他甚至知道极北之地有寒玉床。王重阳很可能了解前"射雕"时代的武学发明。独孤求败"纵横江湖三十余载，杀尽仇寇，败尽英雄"，王重阳怎么可能不知道？《九阳真经》作者扫地僧在少室山下被萧峰打了一掌安然无恙，王重阳也可能听闻。同独孤九剑、《九阳真经》相比，《九阴真经》要稍逊一筹。王重阳为什么要选择《九阴真经》？

一个很重要的原因是《九阴真经》的道家绝学特征最为明显。

《九阳真经》是佛家的。独孤求败武功出处不详，虽然可能也是道家，但不明显。黄裳阅读了 5481 卷道藏，创出《九阳真经》，这本身就是对道家的巨大推崇。王重阳选择《九阴真经》，对道家是一个很好的宣传，对全真派有很大的推动作用。

如果说鸠摩智念念不忘《易筋经》，是因为作为佛家武功的《易筋经》对他的事业有很大的推动作用，那么王重阳选择了《九阴真经》，也足以让全真派光耀天下。

刚好当时上百名江湖豪客争抢《九阴真经》。然而，这些人没有哪一个有能力独占《九阴真经》。王重阳看到了机会，也抓住了机会，抢到了《九阴真经》，使之成为第一次华山论剑的主题。

不仅对于主题的选择，而且对于华山论剑邀请的人选，王重阳也是做了充分考量的。

首先，华山论剑不是一个公开的论坛，对受邀请人选的数量是严格控制的。第一次论剑邀请五人，其中四人参会，算上王重阳和王处一，一共六人；第二次论剑只有四人；第三次论剑人最多，但也就十来个人。第三次论剑时曾有很多江湖人士想参与，结果被杨过赶跑。

其次，第一次论剑每个参会的人都是经过精心挑选的。黄、欧、段、洪、裘五人，在地理位置上涵盖东西南北，可以纲举目张，提挈整个宋王朝；在社会阶层上，这些人涵盖下至帮派、上至皇室、横达少数族裔（如西域欧阳锋）、包容三教九流各种势力。最重要的是这些人都打不过王重阳，对王重阳创立论坛不会构成威胁。

请注意，王重阳还带了王处一参加第一次论剑，王可能负责传播。第一次论剑的结果需要公布天下，使海内知闻，但因为严格限制参会人数，该由谁让论剑的结果远远传播出去呢？东邪、西毒、南帝、北丐似乎都不是很好的人选。王重阳带了自己的徒弟，可以很好地传播结果。马钰低调谦和，不是好人选；丘处机又过于张扬，可能会让人说闲话；王处一位于两者之间，刚好合适。

第一次华山论剑论坛召开时间也有讲究。

第一次华山论剑选在了当时大多数对王重阳武功构成威胁的人物去世之后。尽管王重阳号称武功天下第一，周伯通甚至说金轮法王在王重阳手下走不了十招，但在当时，能和王重阳一决雌雄的，并不是一个没有。比如林朝英，再比如打遍天下无敌手、和神雕相伴、孤独终老的独孤求败。独孤求败在第一次论剑时虽然健在，但已经隐居剑冢，不问世事（见第7章"注3：独孤求败年代考"）。第一次华山论剑论坛举办的时间刚好是这些人或去世或隐居的时候。

第一次华山论剑论坛召开地点也不是随便选定的。

论坛地点一定要离重阳宫近。按理说东岳泰山是帝王封禅的地方，难道不应该作为论剑的地方？再比如嵩山，是武学圣地少林寺所在地，而且位于中部，距离四绝平均距离最近，是不是更适合论剑？但是王重阳选了华山，华山距离终南山重阳宫很近，华山论剑，让人自然而然想到重阳宫。

华山论剑论坛的创立，极大地提升了全真派的武学影响力和吸引力。第一次论坛召开之后短短数十年时间，全真教取代少林寺，成为天下武学正宗，在整个"射雕"时代，让少林寺默默无闻。《九阴真经》的名气也越来越大，以至于黄药师的徒弟陈玄风、梅超风甚至盗经出走。可以说，《九阴真经》成就了华山论剑论坛，华山论剑论坛也提升了《九阴真经》在江湖中的武学地位，而两者共同托举了全真教。如果说李白是绣口一吐就是半个盛唐，那么王重阳则是论坛一开就是整个"射雕"时代。

第一次华山论剑后不久，王重阳几乎一统江湖。

黄药师、洪七公隐然成为重阳一派。黄药师学兼儒、释、道，但以道家为主，他最厉害的武功——劈空掌是用铁八卦练就的，属于道家武功。黄药师和王重阳私交也很好，完成了林朝英写了一半的赞美王重阳的诗句。洪七公的逍遥游掌法出自《庄子·逍遥游》，也属于道家。洪七公的丐帮以抗金为使命，和王重阳一脉相承。段智兴虽然属于佛家，但是大理段氏以大宋为凭依，有唇亡齿寒、兔死狐悲之忧，抗金的政治倾向是一致的。另外段和王重阳私交也很好，王重阳后来去大理和段智兴交换武功即是明证。

剩下的问题，一是欧阳锋，一是裘千仞。欧阳锋、裘千仞都自成一派，而且颇有势力。虽然这两人并不构成很大威胁，王重阳还是做了准备。

对于欧阳锋，王重阳采用了类似刘备"东和孙权，北拒曹操"的策略，**南和段智兴，西拒欧阳锋**。所以，王重阳去大理和段智兴交换武功，以先天功换一阳指。而且，这个策略最终的结果不是三足鼎立，而是全真一匡天下。

为什么会这样呢？三足鼎立的前提是刘、孙弱而曹强。王重阳可不是刘备，他的实力类似曹操。王重阳将先天功教给段智兴之后，对欧阳锋有威胁的人变成了两个，欧阳锋更抑郁了。

对于裘千仞，王重阳则埋下了周伯通这颗棋子。后来周伯通万里追击裘千仞，甚至在第二次华山论剑前截胡裘千仞，表面看源于瑛姑，其实和王重阳临终前的布局也有渊源。

总之，凭着华山论剑，王重阳几乎一统了学术江湖，登高一呼，天下景从。

华山论剑的长远效果则是**"天下英雄尽入吾（道家）毂中矣"**。第二次华山论剑入选的郭靖凭的是降龙十八掌＋空明拳＋双手互搏以及一些《九阴真经》的武功，基本上都是以全真为首的道家一派功夫。在第三次华山论剑入选的周伯通、郭靖和杨过中，周伯通不必说，本身就是王重阳师弟；郭靖也可以说是全真弟子，而且还是《九阴真经》的主要继承者；杨过尽管一生屡逢奇遇，但是他的武学道路依然始于全真。

总的来说，华山论剑近百年的武学都是在第一次华山论剑时初具规模的。

吾道南来，原是全真一脉；

大江东去，无非九阴余波。

王重阳的全真派欣欣向荣，被王重阳选择的《九阴真经》也绽放异彩。而其他门派可以说是默默无闻。

王重阳同时期和稍后的高手，如练成一指禅的少林寺灵兴大师、创立《葵花宝典》的前朝宦官、反出少林的火工头陀以及独孤求败，在三次华山论剑近百年的历史中几乎毫无存在感。独孤求败的剑法，在第一次华山论剑后，要等 40 多年才被杨过偶然发现。火工头陀的武功，在第一次华山论剑后，要等近 140 年才被张无忌遭遇。前朝宦官的《葵花宝典》，在第一次华山论剑后，要等近 400 年才被林远图、东方不败等人发现。在华山论剑的阴影逐渐淡去之后，这些人的光芒才慢慢浮现。

第三次华山论剑之后，王重阳的影响才逐渐式微。其绵延百年的威名主要来自华山论剑。

❀注 1：华山论剑年代考

郭啸天、杨铁心出场时应是 1200 年的八月。

> 张十五道："光宗传到当今天子庆元皇帝手里，他在临安已坐了五年龙廷，用的是这位韩侂胄韩宰相，今后的日子怎样？嘿嘿，难说，难说！"说着连连摇头。
>
> 《射雕英雄传》第一章"风雪惊变"

庆元五年即是公元 1200 年，当年冬天，郭、杨遇到丘处机。

> 这时虽是十月天时，但北国奇寒，这一日竟满天洒下雪花，黄沙莽莽，无处可避风雪。
>
> 《射雕英雄传》第三章"大漠风沙"

郭靖在第二年即 1201 年的十月出生。

十八年后，即 1219 年，郭靖遇到黄蓉。

> 洪七公与欧阳锋都是一派宗主，武功在二十年前就均已登峰造极，华山论剑之

后，更是潜心苦练，功夫愈益精纯。这次在桃花岛上重逢比武，与在华山论剑时又自大不相同。

《射雕英雄传》第十八章"三道试题"

二十年前华山论剑，洪七公与欧阳锋对余人的武功都甚钦佩，知道若凭剑术，难以胜过旁人，此后便均舍剑不用。

《射雕英雄传》第二十章"审改经文"

所以第一次华山论剑发生在 1199 年。

那次华山论剑，各逞奇能，重阳真人对我师的一阳指甚是佩服，第二年就和他师弟到大理来拜访我师，互相切磋功夫。

《射雕英雄传》第三十章"一灯大师"

所以王重阳去大理是在 1200 年。史载大理国第十八代皇帝段智兴 1200 年去世，在《射雕英雄传》里安排成退位为僧。金庸思路周详，对这样的细节也有精心考虑。

走到门口，洪七公道："毒兄，明年岁尽，又是华山论剑之期，你好生将养气力，咱们再打一场大架。"

《射雕英雄传》第十九章"洪涛群鲨"

1219 年，郭靖当时十八岁，第二年岁尽的冬天就是第二次华山论剑之期。

所以第二次华山论剑发生在 1220 年，距第一次华山论剑时隔 21 年。从这里也能看出来，前两次华山论剑都在冬天。

蒙哥既死，其弟七王子阿里不哥在北方蒙古老家得王公拥戴而为大汗。忽必烈得讯后领军北归，与阿里不哥争位，兄弟各率精兵互斗。最后忽必烈得胜，但蒙古军已然元气大伤，无力南攻，襄阳得保太平。直至一十三年后的宋度宗咸淳九年，蒙古军始再进攻襄阳。

《神雕侠侣》第三十九回"大战襄阳"

《元史·本纪》第三"宪宗"记载："秋七月辛亥，留精兵三千守之，余悉攻重庆。癸亥，帝崩。"元宪宗蒙哥死于 1259 年。宋度宗咸淳九年是 1273 年，恰好是 13 年后，都对得上（再次感慨金庸之严谨周详）。

1259 年农历七月蒙哥死后，杨过等人赶往华山，考虑到从襄阳到华山的路程，到达华山可能是在八九月。书中有长草、树叶的描述，印证了此时是秋天：

其时明月在天，清风吹叶，树巅乌鸦啊啊而鸣，郭襄再也忍耐不住，泪珠夺眶而出。

《神雕侠侣》第四十回"华山之巅"

所以，第三次华山论剑发生在 1259 年秋，距离第二次华山论剑 39 年，距离第一次华山论剑 60 年。

从"直至一十三年后的宋度宗咸淳九年，蒙古军始再进攻襄阳"这句话里，我们还能判断出郭靖可能就是在咸淳九年（即 1273 年）襄阳城破时身死的，享年 72 岁。

《神雕侠侣》第四十回"华山之巅"曾提到前两次论剑间隔 25 年，这里以《射雕英雄传》的说法为准对华山论剑的年代进行考证。

❀注 2：《倚天屠龙记》年代考

《倚天屠龙记》的年代考证从常遇春入手。

> 张三丰道："好！遇春，你今年多大岁数？"常遇春道："我刚好二十岁。"
>
> 《倚天屠龙记》第十一章"有女长舌利如枪"

张无忌十岁从冰火岛回到武当山，被玄冥神掌打伤后，在武当山练了两年内功：

> 张无忌依法修练，练了两年有余。
>
> 《倚天屠龙记》第十章"百岁寿宴摧肝肠"

后来张无忌跟随张三丰遇到常遇春。所以张无忌比常遇春小八岁。常遇春生于 1330 年，张无忌生于 1338 年。

张无忌被常遇春带到蝴蝶谷，在那里待了两年：

> 谷中安静无事，岁月易逝，如此过了两年有余，张无忌已是一十四岁。
>
> 《倚天屠龙记》第十二章"针其膏兮药其肓"

张无忌带着杨不悔来到昆仑山，又遇到朱长龄等，这时已经 15 岁了。

> 他在这雪谷幽居，至此时已五年有余，从一个孩子长成为身材高大的青年。
>
> 《倚天屠龙记》第十六章"剥极而复参九阳"

所以张无忌扬名光明顶、一战封神是在 20 岁。

附：不只是"醉里挑灯看剑"的鹅湖之会

《宋史·列传》卷一百九十三"儒林"四记载："初，九渊尝与朱熹会鹅湖，论辨所学多不合。及熹守南康，九渊访之，熹与至白鹿洞，九渊为讲君子小人喻义利一章，听者至有泣下。熹以为切中学者隐微深痼之病。至于无极而太极之辨，则贻书往来，论难不置焉。"

　　南宋淳熙二年（1175 年）六月，理学代表朱熹和心学代表陆九渊在吕祖谦的邀请下相会于鹅湖，展开辩论。这就是中国思想史上的鹅湖之会。我认为鹅湖之会可以看作有记载的最早的学术论坛。

　　南宋淳熙十五年（1188 年），陈亮和辛弃疾在鹅湖相会，这也被称为鹅湖之会。之后，辛弃疾写下了《破阵子·为陈同甫赋壮词以寄之》：

　　醉里挑灯看剑，梦回吹角连营。八百里分麾下炙，五十弦翻塞外声。沙场秋点兵。

　　马作的卢飞快，弓如霹雳弦惊。了却君王天下事，赢得生前身后名。可怜白发生。

　　有趣的是，朱、陆鹅湖之会是在 1175 年，即第一次华山论剑的 24 年前；陈、辛鹅湖之会是在 1188 年，第一次华山论剑的 11 年前。有没有可能鹅湖之会启发了王重阳？

11　王重阳的合作

兄弟阋于墙，外御其侮。

——王重阳

王重阳除了创办了华山论剑武学论坛之外，他的武学合作也很值得称道。全真一派一统"射雕""神雕"时代，其广泛的合作，尤其是全真二代内部的合作至关重要。

王重阳和同行之间的合作搞得最好。王重阳能邀请五大高手参加第一次华山论剑论坛，这样的人脉就很不一般。

王重阳和东邪黄药师私交不错。黄药师曾经帮助王重阳解开林朝英用手指在石上刻字之谜，并且完成林朝英的诗，黄补写的内容是

> 重阳起全真，高视仍阔步。
> 矫矫英雄姿，乘时或割据。
> 妄迹复知非，收心活死墓。
> 人传入道初，二仙此相遇。
> 于今终南下，殿阁凌烟雾。

《神雕侠侣》第四回"全真门下"

以黄药师的高傲飞扬、魏晋风骨，愿意说出"高视仍阔步""矫矫英雄姿"这样近乎吹捧的话，肯定是真心佩服王重阳了。

王重阳能和大理段智兴交换武功，说明他和南帝私交也很好。即使发生了周伯通和瑛姑私通这样的事，南帝和全真派关系依然不错，足以说明他们的关系是经得住考验的。

王重阳和洪七公的关系也很好。洪七公这样的人物愿意去参加第一次华山论剑，恐怕只能是冲着王重阳的面子：

> 洪老前辈武功卓绝，却是极贪口腹之欲，华山绝顶没甚么美食，他甚是无聊，便道谈剑作酒，说拳当菜，和先师及黄药师前辈讲论了一番剑道拳理。

《射雕英雄传》第十一章"长春服输"

　　洪七公对美食感兴趣，又从未贪恋《九阴真经》，恐怕是为了照顾王重阳的感受才赴会的。后来丐帮的帮主之位传给了周伯通的徒弟耶律齐，进一步加强了全真派和丐帮的联系。

　　王重阳还能收罗周伯通这样的练武奇才。王重阳并没有让周伯通加入全真教，说明他做事的灵活。但周伯通始终是全真教的守护神。

　　王重阳和林朝英的关系更是不用说。他在万马军中还常常给林朝英写信。林朝英一生对王重阳魂牵梦萦、爱恨交织，足以说明两人的关系。王、林还曾在武学上互相促进，是一对学术上的好伙伴。

　　王重阳临死时让周伯通拿着《九阴真经》下卷去雁荡山，估计该处还藏着某位武学隐者，不为世人所知，但依然实力超群。

　　王重阳和学生间的合作搞得也很好。王重阳的徒弟很多，达到七个，他们和王重阳关系都很好。相比之下，独孤求败、扫地僧、黄裳、前朝宦官似乎都没有徒弟；林朝英只有一个徒弟；四绝在徒弟培养数量和质量上也远不能和王重阳相比。徒弟，尤其是在数量很大的时候，总有些和师父关系不睦。有些是徒弟算计师父，比如，《连城诀》中的"铁骨墨萼"梅念笙几乎被三个徒弟打死，《天龙八部》中的无崖子被大徒弟丁春秋打伤，《射雕英雄传》中黄药师的徒弟陈玄风、梅超风盗经叛逃，《神雕侠侣》中的李莫愁引敌人打伤师父；还有些是师父欺负徒弟，比如，《射雕英雄传》中黄药师在陈、梅外逃后把其他弟子的腿打断，《笑傲江湖》中岳不群算计令狐冲，《倚天屠龙记》中圆真（成昆）毁了徒弟谢逊的一生。然而，王重阳和七个弟子则始终关系融洽，王既没有伤害弟子，弟子对王也一生敬爱，这其实是很难得的。

　　王重阳的徒弟彼此之间的合作也搞得很好。在王重阳的七个弟子中，马钰是掌教，名气没有丘处机、王处一大，武功也没有丘、王高，但在掌教位子上坐得安稳舒适，甚至花两年时间教授郭靖武艺，也没有人有任何异议；丘处机医术、诗词、武功三绝，名气在全真七子中最大，但是安心立命，没有觊觎掌教之位；王处一可是第一次华山论剑时陪王重阳赴会的人物，武功又高，但从未盛气凌于众同门之上。尤其值得一提的是掌教马钰和武功最高、名气最大的丘处机的关系处理。

　　原来马钰得知江南六怪的行事之后，心中好生相敬，又从尹志平口中查知郭靖并无内功根基。他是全真教掌教，深明道家抑己从人的至理，雅不欲师弟丘处机又在这件事上压倒了江南六怪。但数次劝告丘处机认输，他却说甚么也不答应，于是远来大漠，苦心设法暗中成全郭靖。否则哪有这么巧法，他刚好会在大漠草原之中遇到郭靖？又这般毫没来由的为他花费两年时光？

《射雕英雄传》第六章"崖顶疑阵"

马钰作为掌教师兄，他的话丘处机不服，马钰也没有拿身份压人，而是顾全全真的声望，委婉周旋；丘处机知道后也没有对师兄心有芥蒂。这样的师兄弟关系是极难得的。

那么，王重阳的众多弟子性格、能力各异，为什么关系这么融洽？仅仅是王重阳运气好、眼光独到吗？恐怕还有重要原因。

王重阳弟子合作无间的一个原因是共同完成了武学阵法。 王重阳传给全真七子一套名为天罡北斗阵的阵法：

> 原来天罡北斗阵是全真教中最上乘的玄门功夫，王重阳当年曾为此阵花过无数心血。小则以之联手搏击，化而为大，可用于战阵。敌人来攻时，正面首当其冲者不用出力招架，却由身旁道侣侧击反攻，犹如一人身兼数人武功，确是威不可当。
>
> 　　　　　　　　　　　　　　《射雕英雄传》第二十五章"荒村野店"

天罡北斗阵确实厉害，但是也有致命弱点，就是不灵活，要求人手齐备，所以第一次使用后谭处端身故，对阵法造成很大影响。那么，这个阵法的意义在哪里呢？王重阳为什么要花费心血搞这个攻关项目呢？为什么到了"神雕"时代，全真七子还在搞天罡北斗阵的升级版——七星聚会，以及超级北斗阵呢？

天罡北斗阵最大的价值在于促进同门之间的合作和关系。

这个阵法需要参与者互为奥援，心往一处想，劲往一处使，久而久之，自然心心相印、关系融洽。这样，通过阵法的练习，能极大地促进参与者之间的感情。这也解释了为什么全真二代、三代无高手，因为王重阳在乎的是学术传承，是作为基础的组织体系的稳固和融洽，而不依赖个别高手。周伯通说：

> "我那七个师侄之中，丘处机功夫最高，我师哥却最不喜欢他，说他耽于钻研武学，荒废了道家的功夫。说甚么学武的要猛进苦练，学道的却要淡泊率性，这两者是颇不相容的。马钰得了我师哥的法统，但他武功却是不及丘处机和王处一了。"
>
> 　　　　　　　　　　　　　　《射雕英雄传》第十六章"《九阴真经》"

王重阳为什么不喜欢武功最高的丘处机？因为王重阳需要的是组织的稳定性，而不是某个高手。高手可能会导致全真教依赖某个人，而王重阳希望全真教依赖稳定的组织和人才输出。通过天罡北斗阵这个阵法，王重阳极大地团结了全真教第二代领导核心。

搞得不团结的门派都是从学术的分崩离析开始的。 比如，逍遥派的失误在于弟子性别比例不均衡，而无崖子、天山童姥和李秋水又是各练各的；华山有剑宗、气宗；无量剑派有南宗、北宗；天龙派也有南宗、北宗。所有这些门派大量的时间、精力用在内耗上，祸起于萧墙之内。

搞得好的门派都有合作性武学。 张三丰继承了王重阳的理念，开发了真武七截阵，所以七个弟子都非常融洽；少林寺三老开发了金刚伏魔圈，少林寺还有罗汉阵；温家堡的温氏五老有五行阵。后来全真五子在天罡北斗阵的基础上开发了七星聚会和容纳近百人的超级北斗阵。这些合作类研究极大地促进了成员关系的和谐，也促进了组织和体系的传承。

正是良好的合作，让王重阳的全真教薪火相传。

附：沃森和克里克的合作

DNA 双螺旋的发现是沃森和克里克的封神之作，这一发现直接把两人推向最伟大的科学家之列。没有两人的合作，DNA 双螺旋的发现很难想象。

沃森在名作《双螺旋》（*The Double Helix*）中第一次提到克里克时就说："我从未在克里克身上看到一丁点谦逊的品格。"（I have never seen Francic Crick in a modest mood.）。事实上，克里克说话嗓门大、语速快，而且兴趣广泛，对当时卡文迪许实验室其他的科学家勇于提出自己的建议，以至于那些尚未成名的科学家对克里克怀有不可言说的恐惧。

沃森似乎也不是一个容易相处的人。沃森在 2011 年曾经到美国的路易斯维尔演讲，当地为他举办了规模盛大的欢迎仪式。在我去聆听演讲前，我的博士后合作导师告诉我："Watson likes smart people."我想，他的意思是"你必须很聪明，才能和沃森相处"。

不管怎样，两个极为聪明、极具个性的人最终以独特的方式成功合作，并将人类对生命的认识大大提升了。

12　黄药师的悔恨

嫦娥应悔偷灵药，碧海青天夜夜心。

——黄药师

第一次华山论剑之后，黄药师如愿地迎来了自己的武学爆发期，只不过这是以一种他绝不希望的方式到来的。

在黄药师看来，自己最有可能取得王重阳去世后留下的位置。第一次华山论剑之后，四绝中的每个人的想法都一样：在第二次华山论剑时独占鳌头。这是因为王重阳垂垂老矣，命不久矣。"秦失其鹿，天下共逐之。"王重阳离世后，天下第一的名号必将悬置，等待下一个有力者夺取。黄药师的自信来自以下几个方面。

黄药师将门派建设得很好。黄药师手下弟子数量仅比全真派少一人，但是资质却好得多。西毒的弟子只有一个欧阳克。南帝有四个弟子，不但数量少，资质高的也就一个朱子柳。第一次华山论剑之时，洪七公无儿无女无弟子。

黄药师的合作也不错。黄药师曾经续写林朝英的诗称赞王重阳。黄药师与林朝英的这次跨越时间的合作不但拉近了他同全真派的关系，也彰显了他的雄心——同王重阳、林朝英鼎足而三。那么，王、林去世后，黄药师的地位显而易见。

黄药师的武功也很有特点。第一次华山论剑时黄药师就施展了劈空掌和弹指神通，这当然不是他的全部。

最重要的一点是黄药师很年轻。洪七公出场时是个中年乞丐，在黄蓉看来比丘处机还小几岁，而丘处机刚出场时三十余岁，过了十八年应该是四十八岁左右，那么洪七公应该是四十三岁左右。黄蓉出场时是十五六岁，那么黄药师可能也就是四十岁左右，黄蓉遇到洪七公时曾心道："我爹爹也不老，还不是一般的跟洪七公他们平辈论交？"说明黄药师比洪七公要年轻。欧阳克出场时三十五六岁，那么欧阳锋至少要五十多岁。一灯出场时已经眉毛全白，恐怕要年过六十。这样看来，黄药师可能在四绝中年龄最小。

然而，黄药师如何才能夺得天下第一呢？

黄药师决定发挥自己的才华。然而，最终促成他的武学爆发的却主要是悔恨。

黄药师身上有很多未解之谜，比如，他邂逅老顽童是偶然还是精心设计？他到底有没有练习《九阴真经》？陈、梅为何要盗经？他为何在陈、梅盗经逃离之后打断其他徒弟的腿？最关键的一个未解之谜是，黄药师为何在第一次华山论剑之后武学爆发？要回答这些问题，必须先好好分析一下黄药师这个人。

黄药师才华横溢，是一个对标无崖子的人物，他和无崖子有很多相似之处。

黄药师的外貌和气质是"形相清癯，丰姿隽爽，萧疏轩举，湛然若神"，无崖子则是"神采飞扬，风度闲雅"。两者相比，无崖子似乎是输了一筹。但别忘了，黄药师出场时可能仅有四十岁左右，正是最具风采的年纪；无崖子当时已近百岁，又瘫痪了三十年，能"神采飞扬，风度闲雅"已经非同一般了。

黄药师喜欢聪明人，所以一开始对忠厚木讷、资质平平的郭靖很不喜欢；无崖子收徒则必须是"聪明俊秀的少年"。

黄药师聪明绝顶、涉猎广博：

> 周伯通叹道："是啊，黄老邪聪明之极，琴棋书画、医卜星相，以及农田水利、经济兵略，无一不晓，无一不精。"
>
> 《射雕英雄传》第十六章"《九阴真经》"

无崖子在这方面毫不逊色：

> 薛慕华道："倘若我师父只学一门弹琴，倒也没什么大碍，偏是祖师爷所学实在太广，琴棋书画，医卜星相，工艺杂学，贸迁种植，无一不会，无一不精。"
>
> 《天龙八部》第三十章"挥洒缚豪英"

黄药师的武功风格一般来说是唯美的，如落英神剑掌、兰花拂穴手。黄蓉在赵王府初露锋芒时就充分展现了这一点：

> 黄蓉窜高纵低，用心抵御，拆解了半晌，突然变招，使出父亲黄药师自创的落英神剑掌来。这套掌法的名称中有"神剑"两字，因是黄药从剑法中变化而得。只见她双臂挥动，四方八面都是掌影，或五虚一实，或八虚一实，真如桃林中狂风忽起、万花齐落一般，妙在姿态飘逸，宛若翩翩起舞，只是她功力尚浅，未能出掌凌厉如剑。
>
> 《射雕英雄传》第十二章"亢龙有悔"

无崖子逍遥派的武功也是如此：

> 逍遥派武功讲究轻灵飘逸，闲雅清隽，丁春秋和虚竹这一交上手，但见一个童颜白发，宛如神仙，一个僧袖飘飘，冷若御风。两人都是一沾即走，当真便似一对花间蝴蝶，蹁跹不定，于这"逍遥"二字发挥到了淋漓尽致。旁观群雄于这逍遥派的武功大都从未见过，一个个看得心旷神怡，均想："这二人招招凶险，攻向敌人要害，偏生姿式却如此优雅美观，直如舞蹈。这般举重若轻、潇洒如意的掌法，我

可从来没见过，却不知哪一门功夫？叫甚么名字？"

《天龙八部》第四十一章"燕云十八飞骑，奔腾如虎风烟举"

黄药师可能是金庸小说中使用或者创造武功数量最多的人，包括劈空掌、弹指神通、落英神剑掌、兰花拂穴手、奇门五转、玉箫剑法、旋风扫叶腿、碧波掌、碧海潮生曲、移形换位、灵鳌步等。

无崖子也是如此，他使用或者创造的武功包括北冥神功、小无相功、天山六阳掌、凌波微步，更不要提他将天下各门武功收罗殆尽。

黄药师的武学可能来自巧取豪夺，比如他和妻子设局从周伯通手里弄来《九阴真经》就是巧取。他的徒弟曲灵风去大内偷盗古玩字画以讨师父欢心，于此也可见"乃师风范"之一斑。

无崖子练武也是巧取豪夺。他的北冥神功吸人内力，他的"琅嬛福地"山洞中藏有天下各门武功秘笈，恐怕都是他巧取豪夺而来的。无崖子本来不会小无相功，后来通过和李秋水相恋也学会了。逍遥派的箴言恐怕是"we do not sow"（强取胜于苦耕）。

当然黄药师和无崖子也不是没有区别。**黄药师尚有大义，这是无崖子不具备的。**

黄药师脸上色变，说道："我平生最敬的是忠臣孝子。"俯身抓土成坑，将那人头埋下，恭恭敬敬的作了三个揖。欧阳锋讨了个没趣，哈哈笑道："黄老邪徒有虚名，原来也是个为礼法所拘之人。"黄药师凛然道："忠孝乃大节所在，并非礼法！"

《射雕英雄传》第三十四章"岛上巨变"

可能就是这点不同，决定了黄药师没有重蹈无崖子的覆辙。

如果说王重阳夺取《九阴真经》是为华山论剑布局，着眼于全真教长远的发展，那么黄药师骗得《九阴真经》，固然有称雄天下的野心，而更大的可能则是好奇。

黄药师之所以广博，是因为好奇心炽盛，而且自负才学无双。**所以黄药师对于《九阴真经》见猎心喜，欲一窥这本被王重阳推崇的武功秘笈到底是什么面目。**但是华山论剑使天下第一之争尘埃落定，《九阴真经》名花有主，黄药师也不能再像欧阳锋那样一直穷追不舍了。

偏偏周伯通携带《九阴真经》去雁荡山。按《元和郡县志》记载，从长安向西南，经商州（今陕西商洛地区）、南阳、宣州（今安徽宣城地区）至温州是一条自唐代起就形成的线路。周伯通去浙江雁荡山必走这条线路，而宣州和温州中间有一个大城市，就是杭州。以周伯通好玩乐的天性，必然要去杭州；而新婚宴尔的黄药师夫妇很可能选择杭州这一距离桃花岛最近的大城市度蜜月。就这样，他们和周伯通偶遇了。

黄药师遇到周伯通可能既是一种偶然，也是一种必然。茫茫人海中，两伙人相遇的概率不大，这是偶然。雁荡山离桃花岛很近，桃花岛眼线众多，周伯通又不是一个低调行事的人，这又是必然。

不管怎样，这次相遇让黄药师心头已经熄灭的小火苗（阅经）又燃起来了。他设计让过目不忘的妻子看到并背诵了《九阴真经》下卷。

那么黄药师练没练《九阴真经》上的武功呢？

> 原来黄夫人为了帮着丈夫，记下了经文。黄药师以那真经只有下卷，习之有害，要设法得到上卷后才自行修习，哪知却被陈玄风与梅超风偷了去。
>
> 《射雕英雄传》第十七章"双手互搏"

注意，这是周伯通转述的黄药师的解释："只有下卷，习之有害，要设法得到上卷后才自行修习"。

为什么只有下卷就习之有害呢？《九阴真经》下卷是招式，招式怎么会有害？如果说一般人内力平平，修习高深招式有害也就罢了。黄药师是什么人？位列四绝，居然会习之有害？陈玄风、梅超风练了下卷，除了躁进导致走火入魔以外，害处何在？

这只不过是黄药师糊弄周伯通的话罢了，他已经骗了周伯通一次，不在乎再骗一次。

事实上，黄药师煞费苦心骗得《九阴真经》，肯定是看了。王重阳都没忍住看，周伯通后来也没有忍住，黄药师恐怕也不会忍住。**而对于他这种高手，看了就相当于练了。**王重阳读了《九阴真经》之后就领悟了，黄药师这么聪明恐怕还要胜之。

那么，陈、梅为什么要盗经？

小说中记载是陈、梅相恋，怕师父责罚，决定逃走，顺便带走了《九阴真经》。

陈、梅有这么愚蠢吗？相恋只是小过，何况黄药师不拘礼法；盗经就是叛出师门，武林人人得而诛之，孰轻孰重他们不知道吗？

陈、梅似乎并不会桃花岛高深武功。黄药师虽然学究天人，但是可能无崖子被丁春秋偷袭殷鉴不远，所以时时提防，对徒弟有些吝啬，尤其是对行事狠辣决绝的陈玄风、梅超风：

> 陆乘风知道旋风扫叶腿与落英神剑掌俱是师父早年自创的得意武技，六个弟子无一得传，如果昔日得着，不知道有多欢喜。
>
> 《射雕英雄传》第十四章"桃花岛主"

可能的情况是：陈、梅似乎没有学到黄药师的高深武功，心情抑郁，看到黄药师自己修练《九阴真经》，再结合《九阴真经》因王重阳推崇带来的盛名，误以为

《九阴真经》真的天下无双，于是盗经出逃，希望和师父分庭抗礼，甚至天下第一，以二对一，他们两人赢面更大。

黄药师为何打断其他徒弟的腿？可能黄药师见陈、梅出逃，联想到丁春秋以不知从哪学来的武功暗算无崖子，致使无崖子瘫痪三十八年。为了防止"破窗效应"，以儆效尤，所以痛下狠手。

还有一个最关键的问题，黄药师武功爆发也可以从中得到合理的解释。第一次华山论剑，黄药师只使用了劈空掌和弹指神通：

> 老叫化心想：他当日以一阳指和我的降龙十八掌、老毒物的蛤蟆功、黄老邪的劈空掌与弹指神通打成平手。
>
> 《射雕英雄传》第三十三章"来日大难"

第一次华山论剑时，黄药师擅长的武功除了劈空掌、弹指神通外，还有落英神剑掌和旋风扫叶腿，但黄药师并没有使用。另有碧波掌，但似乎这是桃花岛基本功。黄药师的徒弟中，大徒弟曲灵风会劈空掌和碧波掌，二徒弟陈玄风、三徒弟梅超风似乎并不会桃花岛高深武功，四徒弟陆乘风会劈空掌和奇门五行阵法，武眠风、冯默风似乎也并不会什么桃花岛绝学。这些武功也间接印证了黄药师第一次华山论剑时使用的只是劈空掌和弹指神通。兰花拂穴手、移形换位、奇门五转、玉箫剑法等恐怕都是黄药师丧妻之后新创的。

兰花拂穴手、移形换位除了黄药师自己以外，只有黄蓉会，恐怕是黄药师在黄蓉出生后所创；黄药师在第二次华山论剑时才用奇门五转，并且这项武功花了十余年才练成，明显是二次华山论剑前不久的事；玉箫剑法直到黄药师遇到杨过时才行传授。这些功夫每一门都不容易，比如奇门五转就花了黄药师十余年的时间：

> 黄药师见他居然有此定力，抗得住自己以十余年之功练成的奇门五转，不怒反喜，笑道："老叫化，我是不成的了，天下第一的称号是你的啦。"双手一拱，转身欲走。
>
> 《射雕英雄传》第四十章"华山论剑"

那么黄药师的武学为什么会爆发呢？恐怕是因为悔恨。他如果不算计周伯通，很可能就不会得到《九阴真经》；如果没有《九阴真经》，陈、梅不一定出逃；如果陈、梅不出逃，黄药师的妻子不一定死；如果妻子不死，黄蓉也不会出生就没有母亲，一生性格有乖张成分。

在这些新发明的武功中，兰花拂穴手、玉箫剑法都和吹箫有关。兰花拂穴手恐怕就是"碧海潮生按玉箫"时用的，甚至移形换位、奇门五转也是配合手执玉箫、潇洒绝俗的风格设计的。

箫是一种特别哀怨，适合表达悔恨心情的乐器：

李白说："箫声咽，秦娥梦断秦楼月。"

杜牧说："玉人何处教吹箫。"

苏东坡说："客有吹洞箫者，倚歌而和之。其声呜呜然，如怨如慕，如泣如诉，余音袅袅，不绝如缕。舞幽壑之潜蛟，泣孤舟之嫠妇。"

徐志摩说："悄悄是离别的笙箫。"

所以，是悔恨，让黄药师创出了一门又一门和箫有关的绝世武功。

黄药师才华不逊于无崖子，又不似无崖子一样过于追求自由，而崇尚忠孝，本来也许可以和王重阳比肩。然而，一次他自己策划的骗局害了自己，终其一生，黄药师有创造，无传承。

"愁极本凭诗遣兴，诗成吟咏转凄凉。"这可能正是黄药师心境的写照。

附：科学研究最强烈的动机之一是摆脱痛苦

1918 年，在普朗克生日庆祝会上，爱因斯坦阐述了自己对科学研究动机的观点：

"我认同叔本华的观念：引导人们走向艺术和科学的最强烈的动机之一就是摆脱日常生活中痛苦的粗俗和无望的沉闷。"（"I believe with Schopenhauer that one of the strongest motives that leads men to art and science is escape from everyday life with its painful crudity and hopeless dreariness."）

13　欧阳锋的执念

日暮酒醒人已远，满天风雨下西楼。

——欧阳锋

　　第一次华山论剑之后，欧阳锋是最渴望成为武林至尊的，同时也是最不自信的。直到临终，欧阳锋才意识到，自己一生执念，宛如一醉。

　　为什么说欧阳锋其实是一个在武学上不自信的人呢？ 欧阳锋的不自信表现在很多方面。

　　比如，他的蛤蟆功厉害无比，但他并不教给自己的亲儿子。虽然一种说法是蛤蟆功繁复无比，一旦不小心走火入魔就会对自身伤害极大，然而，疯癫的欧阳锋教授基础极端薄弱的杨过蛤蟆功，后者一直好好的，没看到有什么异常。走火入魔的说法似乎没那么可信。

　　又如，他在第一次和第二次华山论剑之间，除了一个灵蛇拳，再无别的发明。欧阳锋隐居西域白驼山，没有家事之累，没有授徒之烦，但居然只创了一门灵蛇拳，又和蛤蟆功功法类似。

　　欧阳锋的不自信表现得最明显的是他一生追求《九阴真经》，而其实并不了解这部经书。

　　欧阳锋在第一次华山论剑前后，从未和真正练过《九阴真经》的人交手；他只是从郭靖的武功进境判断《九阴真经》的厉害；他无法分辨"九阴假经"，也说明他其实不了解《九阴真经》。

　　满目"九阴"空念远，不如怜取蛤蟆功。

　　自信的人，具有很强的定力，敢于坚持自我：他强任他强，清风拂山岗；他横任他横，明月照大江。不自信的人，则觉得自己提升无望，而选择打压别人来间接提升自己：他强不能任他强，拉屎臭山岗；他横不能任他横，撒尿污大江。

　　不自信的人不致力于提升自己，因为并不确信自己有多大提升空间；相反，不自信的人致力于拉低他人，因为拉低他人的效果异常明显。欧阳锋致力于武学的一生，就是拉低他人的一生，就是"臭山岗""污大江"的一生。在第一次华山论剑大开眼界之后，欧阳锋的一生格局就没有再宽过。

周伯通曾评述王重阳的格局：

师哥当年说我学武的天资聪明，又是乐此而不疲，可是一来过于着迷，二来少了一副救世济人的胸怀，就算毕生勤修苦练，终究达不到绝顶之境。当时我听了不信，心想学武自管学武，那是拳脚兵刃上的功夫，跟气度识见又有甚么干系？这十多年来，却不由得我不信了。

《射雕英雄传》第十六章"《九阴真经》"

欧阳锋就是一个格局逼仄的人。从上桃花岛开始，到逼迫郭靖写《九阴真经》、投靠完颜洪烈、杀谭处端、偷袭黄药师、杀六怪、和郭靖三次打赌，直到第二次华山论剑时疯掉，他一方面想走捷径靠《九阴真经》提升自己，另一方面一直在拼命拉低敌人。

其实欧阳锋还有很多没有被详细描述的龌龊行为。

第一件事：**打伤武三通。**

第一次华山论剑发生在冬天：

周伯通道："……你知道东邪、西毒、南帝、北丐、中神通五人在华山绝顶论剑较艺的事罢？"郭靖点点头道："兄弟曾听人说过。"周伯通道："那时是在寒冬岁尽，华山绝顶，大雪封山。"

《射雕英雄传》第十六章"《九阴真经》"

第二年，王重阳去大理和南帝交换武功：

一灯大师……说道："……那一年全真教主重阳真人得了真经，翌年亲来大理见访，传我先天功的功夫。"

《射雕英雄传》第三十章"一灯大师"

王重阳预感时日无多，应是华山论剑第二年的年初就赶往大理。而当年秋天王重阳就去世了，去世前破了欧阳锋的蛤蟆功，同样印证了王重阳是年初去的大理。

那书生神色黯然，想是忆起了往事，顿了一顿，才接口道："不知怎的，我师练成先天功的讯息，终于泄漏了出去。有一日，我这位师兄，"说着向那农夫一指，续道："我师兄奉师命出外采药，在云南西疆大雪山中，竟被人用蛤蟆功打伤。"黄蓉道："那自然是老毒物了。"

《射雕英雄传》第三十章"一灯大师"

武三通赴雪山采药，应是夏天。云南虽然号称位于彩云之南，但大雪山纬度很高，采药也一定要在夏天进行。

所以在该年夏天，欧阳锋打伤武三通，不可能是再往后的年份，因为此后欧阳锋被王重阳破去了蛤蟆功，需要很长时间恢复。欧阳锋打伤武三通，是为了损耗南帝的真元，以便翦除南帝。

第二件事：**重阳宫夺经。**

> 一灯大师……继续讲述："王真人向我道歉再三，跟着也走了，听说他是年秋天就撒手仙游。王真人英风仁侠，并世无出其右，唉……"
>
> 《射雕英雄传》第三十一章"鸳鸯锦帕"

第一次华山论剑之后，欧阳锋就对《九阴真经》念念不忘，一直在寻找机会抢夺到手。当得知王重阳不久于人世的消息，他就窥伺在旁，等到确认王重阳的死讯，他突起发难，意图抢夺《九阴真经》，结果被诈死的王重阳以先天功和一阳指破去了欧阳锋的蛤蟆功。王重阳在秋天去世，所以欧阳锋是在该年秋天偷袭重阳宫并被破去蛤蟆功的。

也就是说，第一次华山论剑之后，欧阳锋就没有闲着：当第二年春天王重阳去大理的时候，欧阳锋知道；当第二年夏天武三通去采药的时候，欧阳锋知道，而且远赴云南打伤了武三通；当第二年秋天王重阳即将去世的时候，欧阳锋知道，而且来到终南山重阳宫出手夺经。在近9个月的时间里，欧阳锋从华山跑到云南大理，从大理到西疆雪山，从雪山又折回华山，万里间关，疲于奔命。为了打击段智兴、夺取《九阴真经》，欧阳锋真是拼了。

第三件事：**结纳瑛姑。**

> 一灯微笑道："正是如此，她当日离开大理，心怀怨愤，定然遍访江湖好手，意欲学艺以求报仇，由此而和欧阳锋相遇。那欧阳锋得悉了她的心意，想必代她筹划了这个方策，绘了这图给她。此经在西域流传甚广，欧阳锋是西域人，也必知道这故事。"
>
> 《射雕英雄传》第三十一章"鸳鸯锦帕"

欧阳锋画割肉饲鹰的画给瑛姑，就是希望让一灯损耗自身救人。而这个时候，欧阳锋可能还没有从王重阳的重创中恢复，只能采用这种移祸江东的办法。

第四件事：**潜入活死人墓**

第二次华山论剑欧阳锋疯癫之后，还曾经潜入过活死人墓，恐怕是为了寻找《九阴真经》。

> 小龙女道："师父深居古墓，极少出外，有一年师姊在外面闯了祸，逃回终南山来，师父出墓接应，竟中了敌人的暗算。师父虽然吃了亏，还是把师姊接回来，也就算了，不再去和那恶人计较。岂知那恶人得寸进尺，隔不多久，便在墓外叫嚷挑战；后来更强攻入墓，师父抵挡不住，险些便要放断龙石与他同归于尽，幸得在危急之际发动机关，又突然发出金针。那恶人猝不及防，为金针所伤，麻痒难

当，师父乘势点了他的穴道，制得他动弹不得。岂知师姊竟偷偷解了他的穴道。那恶人突起发难，师父才中了他的毒手。"

《神雕侠侣》第二十八回"洞房花烛"

欧阳锋虽然疯癫，但于武学却一点不乱，这从他疯后历次和人比武就可以看出来。欧阳锋潜入古墓可能的原因是上了李莫愁的当。

李莫愁不尊师嘱，出走古墓，始终对师父不传授自己《玉女心经》耿耿于怀，一直想伺机得到《玉女心经》，这从她后来潜入古墓想从小龙女手里夺经就能看出来。

李莫愁可能偶然知道一代宗师欧阳锋疯了，就想利用他，于是引诱他进入古墓，打伤自己的师父，她也确实实现了自己的计划。

欧阳锋能被李莫愁利用，因为潜意识中对《九阴真经》念念不忘，李莫愁可能利用了这一点，诳他说古墓中有《九阴真经》，这是李莫愁的杜撰，而事实也确实如此，比如古墓中刻有《重阳遗刻》。

总之，欧阳锋甚至在半疯半醒之间依然心念《九阴真经》，这是因为他在学术上不自信。

欧阳锋的不自信，可能是"不学有术"的结果。

王重阳文武全才，黄药师也是如此，但欧阳锋文化水平很一般：

黄蓉……道："……这人全无书画素养，甚么间架、远近一点也不懂，可是笔力沉厚遒劲，直透纸背……这墨色可旧得很啦，我看比我的年纪还大。"

《射雕英雄传》第三十章"一灯大师"

所以欧阳锋可能对有文化的武功特别迷信。黄裳以文官出身，阅读五千多卷道藏创出《九阴真经》，对于欧阳锋的吸引力是巨大的。他可能觉得自己从蛤蟆、蛇身上创出的武功无法和从道藏、易理得出的武功相提并论。

还是要多阅读文献，光做实验不行。这是纵观欧阳锋的一生能够总结的经验教训。

附：爱迪生对特斯拉的打压

爱迪生（Thomas Alva Edison）于 1847 年生于美国俄亥俄州米兰镇，这一年是清宣宗道光二十七年，生肖羊。特斯拉（Nikola Tesla）于 1856 年生于当时的奥地利帝国斯米连（今属克罗地亚）的一个塞尔维亚家庭，这一年是清文宗咸丰六年，生肖龙。

爱迪生和特斯拉有很多相似之处。爱迪生只受过三个月的学校教育，因为老师说他脑子不好，随后他的母亲把他带回家亲自教育；特斯拉曾就读于位于格拉茨的奥地利理工学院，成绩很好，但依然没有拿到奖学金，他又赌输津贴，以至于只读到三年级，没有毕业。爱迪生小时候患过猩红热，从此听力有问题；特斯拉十七岁的时候得了霍乱，卧床不起九个月。

两人一生命运又迥然不同。爱迪生一生结婚两次，育有六个孩子；特斯拉一生未婚，每天从上午九点工作到下午六点，然后去公园喂鸽子，晚年成为素食者。爱迪生于 1931 年 10 月 18 日死于糖尿病并发症；特斯拉于 1943 年 1 月 7 日死于动脉血栓，死时身无分文而且欠债。

两人交恶，或者更准确地说，爱迪生对特斯拉的打压，始于 1885 年。

1884 年，特斯拉来到纽约为爱迪生工作，一开始他是爱迪生的狂热粉丝。然而，1885 年的一件事打破了幻象。特斯拉对爱迪生说，他能改善爱迪生效率低下的电动机和发电机。爱迪生认为特斯拉的想法棒极了，但是完全不切实际。他承诺，要是特斯拉能说到做到，就给他 5 万美元（大概相当于今天的一百万美元）。结果特斯拉真的做到了。爱迪生却说那是个玩笑，只把特斯拉的工资由原来的每周 18 美元涨到 28 美元。特斯拉似乎是个严守赌约的人，比如他曾因为赌输津贴没有毕业。爱迪生不守信用的行为可能彻底激怒了特斯拉，于是特斯拉辞职了。

爱迪生对特斯拉最大的打压是 1890 年左右的电流之争。

爱迪生拥有直流电的专利，所以一直推广直流电；特斯拉则拥有交流电的专利，支持交流电，因为交流电对大城市的能源分配更好。爱迪生于是散布谣言来打压交流电，比如他和公司雇员用交流电电死动物，以此污名化交流电，爱迪生还游说州议会禁止交流电的推广。

就像斯特罗斯（Randall E. Stross）在其关于爱迪生的批评性传记《门罗公园的巫师：托马斯·阿尔瓦·爱迪生是如何发明现代世界的》（ *The Wizard of Menlo Park：How Thomas Alva Edison Invented the Modern World* ）中说的那样：爱迪生最伟大的发明是他自己的名望，他巧妙地使自己成为现代世界第一位伟大的名人。(Edison's greatest invention was his own fame, which he managed astutely to become "the first great celebrity of the modern age".)

那位当初判断爱迪生脑子不好的老师到底是错了还是对了呢？

关于特斯拉更全面的介绍可以参考加州大学圣巴巴拉分校历史系麦克雷教授的一篇书评：

McCray W. Physics：The Mind electric. Nature，2013，497：562-563.

14　一灯大师的挽救

千门万户瞳瞳日，总把新桃换旧符。

——一灯

第一次华山论剑之后，看起来最有可能取代王重阳的地位，而实际上最不可能的人是一灯大师。说一灯是银样镴枪头似乎也不为过。

大家几乎都认可一灯。第一次华山论剑时，一灯大师还叫段智兴，凭一阳指夺得天下五绝之一"南帝"的称号。从此之后，他龙隐天南。然而，一灯不在江湖，江湖上却有一灯的传说。王重阳对他深为折服，亲赴大理，以先天功换一阳指。而欧阳锋、裘千仞等都对他非常忌惮，苦心孤诣，只为把南帝拉出五绝。欧阳锋甚至布置了情报系统，从而精确地监控一灯大师的进展，以至于掌握了一些很隐秘的情报，如一灯大师的徒弟武三通去云南西疆大雪山采药。裘千仞也布置了情报系统，甚至知道了瑛姑的事，所以打伤了瑛姑和周伯通的私生子，希望一灯能救治小孩、损耗内力。洪七公亲口说过"南火克西金"的话。

这样看起来一灯是王重阳之后最有可能夺得武功天下第一名号的人物。然而，一灯大师的武功真的有这么厉害吗？其实，从书中的描述来看，一灯大师的武功有很多疑点。

疑点一：一灯的战力。

一灯大师第一次施展武功是在给黄蓉治伤的时候（《射雕英雄传》第三十章"一灯大师"）。一灯大师连使各种指法，可以说令人目眩神驰。这也是《射雕英雄传》中唯一一次对一灯大师武功的描写。但这令人赞叹的一阳指指法当时仅用于治病，无法判断真实战力。

一灯大师的一阳指用于对战只有两次，都是在《神雕侠侣》中。第一次是对战慈恩（裘千仞）：

> 杨过和小龙女眼见慈恩的铁掌有如斧钺般一掌掌向一灯劈去，劈到得第十四掌时，一灯"哇"的一声，一口鲜血喷了出来。慈恩一怔，喝道："你还不还手么？"一灯柔声道："我何必还手？我打胜你有甚么用，你打胜我有甚么用？须得胜过自

己、克制自己！"慈恩一楞，喃喃的道："要胜过自己，克制自己！"

《神雕侠侣》第三十回"离合无常"

这是金庸小说中一灯第一次对敌。这当然可以看作一灯故意相让，但是否别有隐情？后来杨过凭玄铁重剑压制慈恩，后者终于折服、悔悟。一灯仅仅是方法不对还是力有未逮？注意，此时的一灯应该身兼先天功、一阳指于一身，比肩当年天下第一的王重阳。此时的一灯之于慈恩的一十四招铁掌，难道不应该是空见之于谢逊的一十三记七伤拳、扫地僧之于萧峰的一式降龙掌吗？然而我们看到的是一个在慈恩铁掌下全力以赴抵挡（虽然没有还手）依然口吐鲜血的一灯。

第二次则是一灯大战金轮法王的时候：

一灯与法王本来相距不过数尺，但你一掌来，我一指去，竟越离越远，渐渐相距丈余之遥，各以平生功力遥遥相击。黄蓉在旁瞧着，但见一灯大师头顶白气氤氲，渐聚渐浓，便似蒸笼一般，显是正在运转内劲。

《神雕侠侣》第三十八回"生死茫茫"

一灯大师和金轮法王似乎势均力敌，然而，他最后是在双雕以至于老顽童、黄药师的帮助下，才生擒金轮法王。需要知道，这可是同时掌握先天功和一阳指的一灯。想想看，同时会这两门武功的王重阳，可以在死前一年的华山论剑时和四绝斗了七天七夜，折服四绝，也可以在死前不久以学了半年左右的一阳指破去了欧阳锋苦练多年的蛤蟆功。王重阳打金轮法王可能用不了十招：

周伯通道："若是我师兄在世，你焉能接得他的十招？"

《神雕侠侣》第三十八回"生死茫茫"

一灯的战力同他的名气和被关注度相去甚远。

疑点二：朱子柳的一阳指名不副实。

作为有百年传承的绝世武学，一阳指很显然也传到了一灯的徒弟这一代。然而，作为渔樵耕读中武功、计谋之首的朱子柳，弃一阳指不用，自己搞出了个"一阳书指"，即以判官笔使用一阳指，这是咋回事？张翠山也使用判官笔，并从师父那里悟出了倚天屠龙功，但这门武功可不是张三丰唯一的本事。

"一阳书指"表面看来似乎是创新，其实完全不是那么回事。以判官笔运使一阳指，只能模拟指法，而无法运使内力。指力从来也不是靠本身的坚硬作为优势的，而是操控灵活。指法伤人主要靠的是内力。以兵器如判官笔运使一阳指，既失去了指法的灵活，也失去了指法的内力。"一阳书指"是狗尾续貂甚至画蛇添足之作。然而，一灯大师并没有能力去纠正朱子柳，而朱子柳还对自己的"创造"沾沾自喜。

疑点三：武修文、武敦儒二兄弟的一阳指平平无奇。武修文、武敦儒兄弟可以说是标准的"武二代"，但是兄弟俩的一阳指武功不但远远逊于南帝，和渔樵耕读之首的朱子柳比也大大不如。当然兄弟俩也受到了朱子柳的影响：

> 武氏兄弟在旁观斗，见朱师叔的一阳指法变幻无穷，均是大为钦服，暗想："朱师叔功力如此深厚强劲，化而为书法，其中又尚能有这许多奥妙变化，我不知何日方能学到如他一般。"一个叫："哥哥！"一个叫："兄弟！"
>
> 《神雕侠侣》第十三回"武林盟主"

武氏兄弟跟随郭靖多年，耳濡目染郭靖古拙雄伟、不以招式见长的武功，居然对大理绝学念念不忘。如果是一阳指也就算了，居然是朱子柳版的"一阳书指"，真是买椟还珠，贻笑大方。

疑点四：朱武连环庄不再继承一阳指。最后一个疑点是，朱武连环庄的朱长龄、武烈处心积虑，花费极大代价，希望获得武林至尊的屠龙宝刀。而一阳指本就是天下绝学，为什么不用？一阳指可是让大理段氏虽不说成为武林至尊但足以称雄天南的武学呀。

总之，**一灯大师战力堪疑，一阳指凋零如落叶**。也就是说，一灯大师在第一次华山论剑时展示了一阳指这项绝学后，从未再现荣光。那么，为什么一灯和一阳指实际水平有限，却被多人误认为会继王重阳后天下第一呢？这很可能基于大理段氏数代积累起来的巨大声望。就像没有人敢于小看少林寺一样。

那么，一灯大师乃至大理段氏的问题到底出在哪呢？可能在于武学创新无力。一灯大师终其一生在武学上无任何发明创造。中神通、东邪自不必说，西毒有蛤蟆功、灵蛇拳、蛇杖，北丐也自创很多武功：

> 这降龙十八掌乃洪七公生平绝学，一半得自师授，一半是自行参悟出来，虽然招数有限，但每一招均具绝大威力。
>
> 《射雕英雄传》第十二章"亢龙有悔"

在萧峰时代就被扫地僧称为掌法天下第一的降龙十八掌在洪七公手里依然有提升空间。而大理段氏历经多年从未有创新。一阳指最大的 bug，即损耗后的恢复问题，是大理段氏的噩梦：

> 那书生又道："此后五年之中每日每夜均须勤修苦练，只要稍有差错，不但武功难复，而且轻则残废，重则丧命。"
>
> 《射雕英雄传》第三十章"一灯大师"

直到通过郭靖得到《九阴真经》总纲之后，一灯才解决了功力迅速恢复的问题，如果这也能算创新的话，一灯的创新仅限于此。可以说，第一次华山论剑就是一灯的巅峰，从此一直在走下坡路，因为他没有武学创新。不要用年龄大作为借口，周伯通、黄裳创立武功时年龄都不小。张三丰年近百岁依然创出太极拳。而一灯弟子中最聪明的朱子柳的所谓创新——"一阳书指"，其实是在木板上最薄的地方打孔的取巧之作。段智兴无大创新，朱子柳有小聪明，这就是大理段氏末期武学的面貌。

大理段氏创新无力的原因在于体制。

金庸小说中学术传承的方式有五种：宗派、门派、帮派、家族以及党派。宗派就是以宗教传播为主的组织，武学传承是宗派工作内容的一部分，如少林寺、全真教等；门派是不涉及宗教、以武学传承为纽带的组织，如桃花岛、古墓派、嵩山派、华山派等；很多宗派和门派有混合，如峨嵋派有出家弟子和俗家弟子；帮派是以某种行业或群体共同利益为主要纽带的组织，武学只是锦上添花或者作为维护自身势力的手段，如丐帮、铁掌帮、巨鲸帮、海沙派等；家族则以血缘为纽带，武学同样是提升实力的利器，如大理段氏、白驼山欧阳氏、姑苏慕容氏等；党派就是以某种信仰传播为主的组织，武学传承是党派工作内容的一部分，金庸小说中具有党派特点的组织只有一个，就是明教，因为是个例，后面再详细说。

那么这些组织中的哪一种学术传承的效果最好呢？应该说门派的效果最好。门派因为没有宗教、行业、血缘等限制，任人唯贤，常常能发现并培育杰出人物。一个最具代表性的例子是周伯通，周伯通没有加入全真教、不是道士，但是他学武资质极高，王重阳把他网罗在身边；张三丰也可以说是门派的杰出代表，他栖身少林藏经阁，但不是和尚，天分极高；桃花岛的曲灵风、古墓派的小龙女也都是资质超卓的人物。

但是宗派信仰的凝聚力最强，从长远看反倒能孕育杰出人物。如少林寺，虽然在某一时期光华内敛，但偶一露峥嵘就如天上明月，如"天龙"时代的扫地僧、"神雕"时代的觉远、"倚天"时代的空见、"笑傲"时代的方正，更不要提三十九年练成一指禅的灵兴禅师、反出少林的火工头陀、远走西域的苦慧禅师等人了，甚至《鹿鼎记》中的澄观也是不凡人物。

帮派的学术凝聚力、传承力是较弱的。所以丐帮的降龙掌也是一路下滑，从郭靖的十八掌、耶律齐的十四掌到史火龙的十二掌不断缩水。铁掌帮也是如此。

家族的学术传承是最差的。姑苏慕容的武功一蟹不如一蟹，欧阳锋的白驼山也是后继无人，其中最差的是大理段氏。

大理段氏的一阳指跌得比降龙掌更快，主要原因就是家族传承。家族传承和门派传承截然相反，前者是任人唯亲，后者则是任人唯贤。然而，任人唯亲是不利于培养优秀人才的。一个家族那么小的基因库，无法包含一定数量的好苗子可供选择，除非子女众多，但即使是皇族，有时也无法保证子嗣的数量，更别提质量了。

大理段氏当然也有宗派传承的学术延续方式，如天龙寺。天龙寺虽然是宗派，但它仍然是以家族为前提的宗派，进入条件非常苛刻，常常是退位的皇帝，所以年纪往往很大。天龙寺的这种门槛使其比一般的家族学术传承还要差。段正淳时期的天龙寺就是老年人俱乐部，很难创新。

一灯曾试图突破体制。一阳指是大理段氏皇家绝学，很少传给外人。在段正明时期，鄯阐侯高升泰，三公华赫艮、范骅、巴天石，四大家臣褚万里、古笃诚、傅思归、朱丹臣，都没有谁得蒙段氏传授一阳指。但是到了一灯大师时期，他将武功传给了渔樵耕读四弟子，再传给武修文、武敦儒。可以说，一灯这么做是试图突破学术传承的家族限制。但朱、武的后人却没有这种气魄，一阳指逐渐消失在历史的长河里。这就是一阳指的结局。

对一灯大师而言，他没有实现"新桃换旧符"，新桃是创新的武功，旧符则是祖传的一阳指。

附：诺贝尔奖家族

获得一次诺贝尔奖已经是可以写进历史的殊荣了。然而，诺贝尔奖也不乏家族统治，这在诺贝尔奖获奖者中当然是少数派，但值得深思。

居里夫人母女（1903，1911，1935）

居里夫人（1867—1934）因为放射性研究于1903年和她丈夫皮埃尔·居里以及贝克勒尔分享了诺贝尔物理学奖，并于1911年单独获得诺贝尔化学奖。

居里夫人的大女儿伊雷娜（Irène Joliot-Curie，1897—1956）在1918年来到巴黎大学的放射性研究所，做自己母亲的助理。在那，伊雷娜也遇见了自己未来的丈夫约里奥（Jean-Frédéric Joliot）。1935年，伊雷娜和丈夫因为发现人工制备的放射性同位素而获得诺贝尔化学奖。

汤姆逊父子（1914，1937）

作为曼彻斯特书商的儿子，英国物理学家约瑟夫·约翰·汤姆逊（Joseph John Thomson，1856—1940）于1897年发现电子，1914年因为气体的电导性研究获得诺贝尔物理学奖。

汤姆逊唯一的儿子乔治·佩吉特·汤姆逊（George Paget Thomson，1892—1975）于1922年成为阿伯丁大学的自然哲学教授，在那里，他完成了一个实验，发现一束电子在通过晶体物质时发生衍射，因而证实了德布罗意（Louis de Broglie）的预测：粒子呈现波的特征，其波长等于普朗克常数同粒子动量的比值。他因这个发现于1937年获得诺贝尔物理学奖。

布拉格父子（1915）

农民和海员的后代布拉格（William Bragg，1862—1942）在1985年，年仅23

岁，就成为当时刚创立不久的澳大利亚阿德莱德大学的数学和物理学教授。布拉格不仅是一位优秀的教师，也是一位杰出的实验师，实验室用于教学的所有设备都是他自己制作的。1912年布拉格回到英国，设计并制造了布拉格电离谱仪，这是所有现代X射线和中子衍射仪的原型。

1912年德国物理学家劳厄宣布晶体能让X射线衍射，这启发布拉格和他在剑桥大学做研究的儿子劳伦斯（1890—1971）将X射线用于晶体结构研究，并于短短3年后共同获得诺贝尔物理学奖。

布拉格父子是诺贝尔奖获得者中唯一的一对父子，小布拉格以25岁获奖创造了纪录，这一纪录至今仍未被打破。

玻尔父子（1922，1975）

丹麦物理学家尼尔斯·玻尔（Niels Bohr，1885—1962）的父亲是一位心理学教授，弟弟是数学家。玻尔本人是20世纪最伟大的物理学家之一，他第一次引入量子的概念，用来解决原子和分子结构问题，并因此于1922年获得诺贝尔物理学奖。

玻尔有六个儿子，其中两个夭折，在剩下的四个儿子中，一个成为医生，一个成为律师，一个成为工程师，还有一个也是诺贝尔奖获得者。阿格·玻尔（Agre Bohr，1922—2009）因为发现原子核的不对称结构而获得1975年诺贝尔物理学奖。有趣的是，尼尔斯·玻尔在37岁时已经获得诺贝尔奖，而阿格·玻尔在32岁的时候刚刚获得博士学位。阿格·玻尔在1940年左右是父亲的助理，这可能为他日后获奖奠定了一定的基础。

西格巴恩父子（1924，1981）

瑞典物理学家卡尔·曼内·格奥尔西格巴恩（Karl Manne Georg Siegbahn，1886—1978）于1916年在X射线中发现了一组新的有特定波长的射线，称为M系列，随后，他研发了相关设备和技术，使自己和随后的跟进者精确地测定了X射线的波长。他于1924年因为X射线光谱学研究获得诺贝尔物理学奖。

西格巴恩的儿子凯·曼内·伯耶·西格巴恩（Kai Manne Börje Siegbahn，1918—2007）于1981年因为物质电磁辐射的光谱学分析获得诺贝尔物理学奖。

奥伊勒父子（1929，1970）

瑞典化学家奥伊勒-歇尔平（Euler-Chelpin，1873—1964）于1929年因为糖酵解中的酶的研究获得诺贝尔化学奖。

奥伊勒-歇尔平的儿子乌尔夫·冯·奥伊勒（Ulf von Euler，1905—1983）是去甲肾上腺素、前列腺素的发现者，因为神经冲动的研究获得1970年的诺贝尔生理学或医学奖。

科恩伯格父子（1959，2006）

美国科学家亚瑟·科恩伯格（Arthur Kornberg，1918—2007）于 1959 年因为 DNA 复制的研究获得诺贝尔生理学或医学奖。

他的儿子罗杰·科恩伯格（Roger Kornberg，1947—）于 2006 年因为 DNA 转录的研究获得诺贝尔生理学或医学奖。

对这七个诺贝尔奖家族可以做一些简单的分析，如子女的寿命居然和父母的寿命相关。但最重要的是，这些子女的工作大都是父母工作的延续。

15　洪七公的平衡

二十四桥明月夜，玉笛谁家听落梅。

——洪七公

洪七公是后华山论剑时代工作和生活平衡做得最好的人物。

从某种意义上，王重阳加剧了从"射雕"时代开始的武学竞争。在"天龙"时代，代表武学最高水平的是口碑式的"北乔峰，南慕容"并举；但是第一次华山论剑之后，只有夺得天下第一的名号才能服众，在武学上登顶的难度陡升。

洪七公面临的压力尤其大。

若论繁忙程度，洪七公可能是四绝之最，这主要是因为洪七公管理的丐帮人员复杂，管理的成本很高。

当年第十七代钱帮主昏暗懦弱，武功虽高，但处事不当，净衣派与污衣派纷争不休，丐帮声势大衰。直至洪七公接任帮主，强行镇压两派不许内讧，丐帮方得在江湖上重振雄风。

《射雕英雄传》第二十七章"轩辕台前"

洪七公需要处理非常复杂的帮内事务，而他在这一点上完成得很好。甚至可以说，洪七公在做丐帮帮主（第十八代）这件事上可能比萧峰（第九代帮主）更成功。萧峰虽然善于团结下层帮众，但在中高层中却没有心腹。

"陈长老，我乔峰是个粗鲁汉子，不爱结交为人谨慎、事事把细的朋友，也不喜欢不爱喝酒、不肯多说话、大笑大吵之人，这是我天生的性格，勉强不来。我和你性情不投，平时难得有好言好语。我也不喜马副帮主的为人，见他到来，往往避开，宁可去和一袋二袋的低辈弟子喝烈酒、吃狗肉。我这脾气，大家都知道的。"

《天龙八部》第十五章"杏子林中，商略平生义"

萧峰和下层打成一片，对中高层却敬而远之，这不是一个大帮派帮主懂政治的表现。《三国志·蜀书·关张马黄赵传》中说：**"羽善待卒伍而骄于士大夫，飞爱敬君子而不恤小人。"**萧峰恰好是和关羽一样的人物，这也导致了杏子林中商议帮务时中高层怀疑、反对萧峰的人特别多。

但是洪七公左右逢源、上下通吃，把丐帮内部的污、净两帮管理得服服帖帖。当杨康拿着丐帮信物绿玉杖欺骗群丐时，净衣派中的三大长老在得知洪七公去世时也没有立刻萌生异心，而污衣派中的鲁有脚则是洪七公的嫡系死忠。杨康最终没有得逞，虽然说有郭靖、黄蓉的干预，但主要基础还是洪七公的威望。洪七公的政治、管理水平超过萧峰。

洪七公还要带领丐帮除恶。丐帮就像一把利剑："今日把示君，谁有不平事？"

洪七公道："不错。老叫化一生杀过二百三十一人，这二百三十一人个个都是恶徒，若非贪官污吏、土豪恶霸，就是大奸巨恶、负义薄幸之辈。老叫化贪饮贪食，可是生平从来没杀过一个好人。裘千仞，你是第二百三十二人！"

《射雕英雄传》第三十九章"是非善恶"

而洪七公能带领丐帮惩恶扬善、抗金卫国，而且内部和谐，肯定是要花费不少功夫和心思的。

但洪七公的武学成就也很大。

这降龙十八掌乃洪七公生平绝学，一半得自师授，一半是自行参悟出来，虽然招数有限，但每一招均具绝大威力。当年在华山绝顶与王重阳、黄药师等人论剑之时，这套掌法尚未完全练成，但王重阳等言下对这掌法已极为称道。后来他常常叹息，只要早几年致力于此，那么"武功天下第一"的名号，或许不属于全真教主王重阳而属于他了。

《射雕英雄传》第十二章"亢龙有悔"

曾被少林寺扫地僧大赞为天下第一的降龙掌，从萧峰传下来，洪七公居然更改了一半，这是极大的学术成就。

降龙掌主要是掌法，是不是洪七公下盘武功不行呢？完全不是，洪七公还有一路铁帚腿法。

降龙掌是外功顶峰，威力巨大，并不以招数繁复见长，是不是洪七公并不擅长其他类型的武功呢？完全不是。洪七公还擅长变化精微的打狗棒法和逍遥游掌法。

洪七公武功这么高，是不是就不屑于用暗器了呢？也不是，洪七公暗器的功夫也了得，如"满天花雨掷金针"。

那么，洪七公有繁忙的帮务，又是如何取得如此大的学术成就的呢？他贪吃懒练，为何却对自己的战斗力如此自信呢？

洪七公不语，沉思良久，说道："本来也差不多，可是过了这二十来年……二十来年，他用功比我勤，不像老叫化这般好吃懒练。嘿嘿，当真要胜过老叫化，却也没这么容易。"

《射雕英雄传》第十二章"亢龙有悔"

极有可能是因为洪七公通过自己的爱好缓解了职场巨大的压力，同时驱动了自己对武学的研究。

洪七公的爱好就是吃。洪七公每次出场几乎都伴随着美食。第一次出场，洪七公就用降龙十五掌换了"好逑汤""玉笛谁家听落梅""二十四桥明月夜"等美食——飞龙在天与豆腐齐飞，亢龙有悔共鸡腿一色。最后一次出场：

只见洪七公取出小刀，斩去蜈蚣头尾，轻轻一捏，壳儿应手而落，露出肉来，雪白透明，有如大虾，甚是美观。杨过心想："这般做法，只怕当真能吃也未可知。"洪七公又煮了两锅雪水，将蜈蚣肉洗涤干净，再不余半点毒液，然后从背囊中取出大大小小七八个铁盒来，盒中盛的是油盐酱醋之类。他起了油锅，把蜈蚣肉倒下去一炸，立时一股香气扑向鼻端。杨过见他狂吞口涎，馋相毕露，不由得又是吃惊，又是好笑。

《神雕侠侣》第十回"少年英侠"

洪七公上华山，居然背了锅、油盐酱醋和公鸡，简直是来野炊的。而且他轻车熟路就找到了蜈蚣很多的地方，说第一次来很难让人相信。洪七公之所以同意参加第一次华山论剑，是因为王重阳的面子，但他后来是不是发现了蜈蚣？

王处一道："二十余年之前，先师与九指神丐、黄药师等五高人在华山绝顶论剑。洪老前辈武功卓绝，却是极贪口腹之欲，华山绝顶没甚么美食，他甚是无聊，便道谈剑作酒，说拳当菜，和先师及黄药师前辈讲论了一番剑道拳理。当时贫道随侍先师在侧，有幸得闻妙道，好生得益。"

《射雕英雄传》第十一章"长春服输"

所以，他第一次上华山，别人是论剑，他可能是抢铲（抢着铲子煎蜈蚣），只是恐怕第一次去没经验，锅、调料、油都没带，就只好退而求其次论剑了。

洪七公出场时在吃，落幕又在吃，来去无牵无挂，游戏人间一回，英风豪情令人心折。

司汤达的墓志铭是"活过、写过、爱过"。洪七公的墓志铭可以写"活过、战过、吃过"。

❀注：

① 司汤达的墓志铭"活过、写过、爱过"的法语版本为
Errico Beyle, Milanese：visse, scrisse, amò.

英语版本为 Henri Beyle, Milanese：he lived, wrote, loved.

附：忧郁是情感的痉挛

《新概念英语》第四册有一篇文章名为 *Hobbies*（业余爱好），里面有一段很有启发的话：

一位天才的美国心理学家说过，忧虑是情感的痉挛；头脑抓住了某样东西，却不肯放手。在这种情况下，寄希望于头脑中理性的一面挽救执拗的一面是没有用的。意志越坚强的头脑，这种挽救任务就越徒劳。一个人只能轻轻地暗示其他的东西进入，来缓解执拗大脑的情感痉挛。如果这"其他的东西"被正确地选择了，如果它真的点亮了头脑中另一个感兴趣的领域，那么，逐渐地，而且常常是相当迅速地，旧的不适当的控制就会放松，恢复和修复的过程就开始了。

16　周伯通的眼光

在人生的轨迹中，我做过很多非常正确也非常重要的决定。

——周伯通

第一次华山论剑后，王重阳胜天半子，这半子就是周伯通。

王重阳能在第一次华山论剑后一统江湖，武功、门派、合作缺一不可，此外还有奇兵周伯通，其至关重要的历史地位不但超出了王重阳的预期，而且在很久之后也没有被充分认识。

周伯通的一生仿佛是如何做出正确决定的教科书。

正确决定来自独特的眼光。周伯通的眼光用一句话概括：**明见万里**。他一生经历**一次插足、两次结义、三次拜师**，都是为了选择最具潜力的武学方向。他完成了**四次武学否定和肯定**，成为宗师级人物。他开启了**未来武学**的新方向。他还传递了**"无武学相"**的大武学观，直指人心。最关键的一点是，周伯通成就了全真教，也被全真教成就。

周伯通的一次插足，始于拒练先天功，代表了他本真质朴的武学判断。

周伯通和南帝皇妃瑛姑的不伦之恋发生在第一次华山论剑之后、王重阳携周伯通去大理和南帝交换武功的时候。王重阳深谋远虑，对自己死后的武林格局洞若观火。他最担心的，表面看是西毒欧阳锋，其实更是"铁掌水上漂"裘千仞。

之所以说表面担心欧阳锋，因为王重阳算准了《九阴真经》就是欧阳锋的心头好，以《九阴真经》为饵，就可以控制欧阳锋，所以不用过于担心。事实确实如此，后来**"重阳遗计定欧阳"**，王重阳以诈死诱来欧阳锋，以一阳指破了欧阳锋的蛤蟆功，换来了全真教二十年的和平发展。

之所以说王重阳其实更担心裘千仞，是因为当王重阳邀请裘千仞参加第一次华山论剑时，裘千仞居然推辞了。这件事让王重阳看出裘千仞非池中之物。王重阳从裘千仞身上看到了刘邦的影子：

范增说项羽曰："沛公居山东时，贪于财货，好美姬。今入关，财物无所取，妇女无所幸，此其志不在小。吾令人望其气，皆为龙虎，成五采，此天子气也。急

击勿失！"

《史记·项羽本纪》

裘千仞推辞王重阳的邀请，从中能看出裘千仞的几点过人之处：

一是知己知彼之能。四绝即使不是心存侥幸，错误地估计了王重阳的武功，成就王重阳的威名，至少也是对自己没有足够深刻的认识。裘千仞则选择了保存实力、以待有为。

二是富有定力。裘千仞似乎从未对《九阴真经》热衷过，这同四绝形成鲜明对比。所以，欧阳锋中了王重阳的计策，被破去蛤蟆功，而裘千仞则不会轻易上当。这是裘千仞超过欧阳锋甚至其他三绝的地方。

三是示人以弱。裘千仞还默许大哥裘千丈招摇撞骗，营造名不副实的假象，以韬光养晦。如果没有他默许，以铁掌帮的情报能力，怎么可能让裘千丈为所欲为好多年？

王重阳预感时日无多，又考虑到欧阳锋和裘千仞的威胁，他采取了两个措施。

王重阳的第一个措施是**和一灯交换武功，以对抗欧阳锋**。这个措施可以打造"段重阳"，以制衡欧阳锋。天无二日，王重阳去世前是重阳与欧阳，王去世之后则是一阳与欧阳。

王重阳的第二个措施是要求周伯通练习自己的绝学先天功，以遏制裘千仞。王重阳最重要的棋子是周伯通。全真教是双轨制，全真七子负责体系传承，周伯通则是武学天才。把周打造成第二个王重阳，"指约而易操，事少而功多。"后来周伯通万里追击裘千仞，固然是因为瑛姑，同时也可能是为了实现王重阳的遗嘱。最终裘千仞万般无奈、心灰意懒，才在第二次华山论剑前拜在一灯门下。然而，周伯通居然拒绝练习先天功，所以王重阳只能带他去大理，以便路上做工作。

为什么说王重阳曾要求周伯通练习先天功呢？线索有三条：一是周伯通并不会先天功。周是武痴，对吃喝、男欢女爱等没有任何兴趣，只喜欢武功，以至于天下武学无所不窥。在这种情况下，他师兄会先天功而他不会，只能是他自己不想学。所以，王重阳想让他学，只靠吸引是不够的，需要要求。二是王重阳带周伯通去大理有其目的。王重阳只是为了和一灯交换武功，为什么要带上周伯通？可能王重阳计划由自己一人教两个人先天功，对于年老力衰的他，这样省时省力功效大，因为王重阳在华山论剑后第二年的春天去大理，当年秋天就去世了，确实时日无多。三是周伯通由于特殊的条件才可以去大理皇宫转悠。这固然是因为两人是一灯的客人，但恐怕更主要的原因王重阳本打算传授南帝和周伯通先天功，这样周伯通就会保持童子之身，一灯是在知晓这一安排的情况下才对周伯通失去戒心的。否则皇宫法度森严，周伯通怎么可能进入内苑接触女眷？

那么问题来了，为什么嗜武如命的周伯通不学先天功？这可是王重阳据以独步天下的绝学啊！

这是**因为先天功代表的不是先进的武学方向**。先天功需要童子之身才能练成，违背人性、常理。佛教经典《维摩诘所说经》中说："**虽处居家，不著三界；示有妻子，常修梵行。**"维摩诘菩萨尚且有妻子，为什么先天功这么绝情？林朝英的武功虽然也讲求克制情欲，如"十二少、十二多"法门，但从未彻底禁绝，这从她创立的玉女素心剑法也看得出来。周伯通甚至可能对王重阳和林朝英的纠葛不以为然。他可能认为，如果一门武功不近人情，那一定不是好武功；如果一门科学违背常理，必为妖怪。

管仲临死前，齐桓公问："易牙如何？"管仲答："杀子以适君，非人情，不可！"又问："开方如何？"答："背亲以适君，非人情，难近！"又问："竖刁如何？"答："自宫以适君，非人情，难亲！"易牙、开方和竖刁通过杀子、背亲和自宫来向君主表忠心，都是不近人情、违背常理的，必有巨大阴谋，为管仲所不齿。这三件事在金庸小说中都有代表人物：杀子的凌退思、背亲的王重阳和自宫的岳不群。

在武学选择上，王重阳背亲（拒绝林朝英），周伯通可能不赞成。对于后来的《辟邪剑谱》，周伯通应该也不会赞成。周伯通没有拒绝和瑛姑的感情，从某种意义上说是对王重阳处理感情问题的无声反抗，和他拒练先天功是一脉相承的。

当然，和瑛姑的孽缘是周伯通一生抹不去的污点，是他对道德伦理的背弃。然而，拒练先天功却是他在武学上的一次主动选择和抗争，代表了他对武学伦理的认知：不近人情、违反常理的武学不可触碰。

周伯通没有学习先天功，但后来以自己的方式依然使武功大进，这恐怕是王重阳始料不及的。

周伯通的两次结义让他武功飞升，是他武学眼光的独到之处。周伯通一生结义两次，对象都是流芳百世的大侠。金庸小说中有很多结义情节，如段誉、乔峰、虚竹三人结义以及黄药师、杨过的忘年交。但这些结义者一般都彼此身份相当或武功相若。比如段誉和乔峰结义时，乔峰虽然已是天下闻名的"北乔峰"，但当时段誉内力已经强于乔峰，六脉神剑又神妙无双。又如杨过遇到黄药师的时候，黄药师虽然成名已久，但杨过一声长啸持续一顿饭的时间，让黄惊叹他的经历一定有过于常人之处。周伯通和王重阳结义时如何呢？周伯通对郭靖说：

"你真的不愿么？我师哥王重阳武功比我高得多，当年他不肯和我结拜，难道你的武功也比我高得多？"

《射雕英雄传》第十六章 "《九阴真经》"

可见，周伯通和王重阳结义时，两人完全不在一个层次上。事实上，周伯通后来被黄药师用计赚得《九阴真经》时，他的武功也还不如黄药师，更不如王重阳。

从周伯通的话语中也能看出一开始王重阳并不想和他结义。那么，周伯通是怎么打动王重阳最终同意结义的呢？

我们不得而知，但至少有一点，周伯通可以做到**"善不吾与，吾强与之附"**（曾国藩语）。也就是说，良朋诤友不主动与我交好，那我就主动地、死皮赖脸地与之结交。他和郭靖结义也是这样达成的。

另外，最终周伯通也证明了自己。看后来周伯通的种种表现，无论是武学修为，还是武功创新，尤其是对武学趋势的把握，都是天下第一流的。

周伯通和王重阳结义，看似高攀，实则平等，周伯通甚至是全真"托孤"之人。第一次华山论剑王重阳中神通开局，第二次华山论剑前周伯通截胡裘千仞，第三次华山论剑周伯通中顽童收官，可以说不负重托，完美接力。

如果说周伯通第一次结义是表面高攀，实际完成"托孤"重任，那么周伯通第二次结义就是表面低就，实际完成自度、度人的壮举。

周伯通在桃花岛独居已久，无聊之极，忽得郭靖与他说话解闷，大感愉悦，忽然间心中起了一个怪念头，说道："小朋友，你我结义为兄弟如何？"

《射雕英雄传》第十六章"《九阴真经》"

周伯通和郭靖结拜，得到的机会是他的空明拳和双手互搏的第一次测试，并大获成功。这次测试让周伯通打开了自身武学的枷锁。

这次测试还让周伯通悟到了自己武功已经高于黄药师，周以后也可以"仰天大笑出门去，我辈岂是蓬蒿人"了。这次测试也让周伯通打开了自己心灵的枷锁。

另外，周伯通还从郭靖那里得到了《九阴真经》下卷。

最关键的是，周伯通以往的武功一味空、柔。

周伯通道："我这全真派最上乘的武功，要旨就在'空、柔'二字，那就是所谓'大成若缺，其用不弊。大盈若冲，其用不穷。'"跟着将这四句话的意思解释了一遍，郭靖听了默默思索。

《射雕英雄传》第十七章"双手互搏"

自遇到郭靖开始，周伯通从郭靖的降龙十八掌中得到启发：空、柔并不是武学最高境界。草蛇灰线，伏脉千里，周伯通后来成为一代宗师，遇到郭靖是重要机缘。

所以，世人只知道郭靖受益于周伯通，不知道周伯通从郭靖身上收获更多。

后人有对联评周伯通：

清浊一锦帕（瑛姑定情的鸳鸯锦帕代表了周伯通一生中的道德污点）

成败两大侠（王重阳为周伯通启蒙，郭靖助周伯通飞升）

总之，王重阳带周伯通入门，郭靖带来周伯通武功大成的契机。

周伯通的三次拜师代表他逐渐成熟的武学眼光。

周伯通一生曾三次拜师（其中有两次为意欲拜师未成，各算半次，合为一次）。王重阳那么高的身份，年龄又大，而且教授了周伯通武功，但只是周伯通的师兄。所以，周伯通自主选择的三次拜师都极不简单。

第一个半次，意欲拜欧阳锋为师。

"当时我就想：'这门轻功我可不会，他若肯教，我不妨拜他为师。'但转念一想：'不对，不对，此人要来抢《九阴真经》，不但拜不得师，这一架还非打不可。'明知不敌，也只好和他斗一斗了。"

《射雕英雄传》第十六章"《九阴真经》"

这是周伯通第一次想拜师，对方是欧阳锋，但这个想法一闪而过，所以算半次。

第二个半次，意欲拜郭靖为师。

那老人脸上登现欣美无已的神色，说道："你会降龙十八掌？这套功夫可了不起哪。你传给我好不好？我拜你为师。"随即摇头道："不成，不成！做洪老叫化的徒孙，不大对劲。洪老叫化没传过你内功？"郭靖道："没有。"

《射雕英雄传》第十七章"双手互搏"

周伯通的这半次拜师，始于言，也终于言。周伯通点出了原因：洪七公的降龙十八掌没有内功不行。事实上，不仅洪七公，丐帮前帮主乔峰也有同样的问题：乔峰内力不如段誉，飞奔六十里以上就一定会败给段誉；阿朱偷盗《易筋经》，出发点也是补乔峰的内力短板。郭靖的武学方向始于老顽童的一句话。后来郭靖的降龙十八掌有《九阴真经》辅助，能连发一十三道后劲，无坚不摧，这层境界已经超过洪七公。

所以，周伯通这半次拜师，既自度又度人。

第二次，意欲拜金轮法王为师。

周伯通听到"龙象般若功"五字，心中一动，抢上去伸臂一挡，架过了他这一掌，说道："且慢！"法王昂然道："老僧可杀不可辱，你待怎地？"

周伯通道："你这甚么龙象般若功果然了得，就此没了传人，别说你可惜，我也可惜。何不先传了我，再图自尽不迟？"言下竟是十分诚恳。

《神雕侠侣》第三十八回"生死茫茫"

同前两个半次拜师的迅即收手不一样，这次周伯通"十分诚恳"。让周伯通变得诚恳的是"龙象般若功"代表的武学阳刚之美。龙象般若功一掌一拳击出，几乎有十龙十象的大力。自此始，周伯通已经不再执着于全真派"空、柔"的武学了，而是对武学的"重、拙、大"有了体悟。

第三次，意欲拜杨过为师。

两人激斗将近半个时辰，周伯通毕竟年老，气血已衰，渐渐内力不如初斗之时，他知再难诱杨过使出黯然销魂掌来，双掌一吐，借力向后跃出，说道："罢了，罢了！我向你磕八个响头，拜你为师，你总肯教我了罢！杨过师父，弟子周伯通磕头！"说着便跪将下来。

《神雕侠侣》第三十四回"排难解纷"

同第二次拜师的"十分诚恳"不一样，这一次周伯通甚至跪下磕头了。让周伯通如此折节的是神雕时期最具美学、实用价值的武学——黯然销魂掌。

周伯通的三次拜师是周伯通武学眼光和品味的成熟历程。

在犀利眼光的指导下，周伯通的武学经历了四次否定和四次肯定，最终成熟。

周伯通的四门常用武功依次是全真武功、空明拳、左右互搏和大伏魔拳，是经历了自我否定和肯定最终形成的。

第一次，否定先天功，肯定普通全真武功。

第二次，否定降龙十八掌，肯定空、柔的空明拳和繁复的左右互搏。

第三次，否定完全空、柔、繁，欣赏重、拙、大的龙象般若功和黯然销魂掌。

第四次，否定一味重、拙、大的黯然销魂掌，施展从《九阴真经》中化来的大伏魔拳，既内力雄厚阳刚，也招式繁杂多变，华美庄严。

周伯通虽以单臂应战，然招数神妙无方，杨过仍感应付不易。瞬息间二十余招过去，杨过暗想，我虽只一臂，但方当盛年，与这年近百岁的老翁拆到一百余招仍是胜他不得，我这十多年来的功夫练到哪里去了？但觉周伯通发来的拳掌之力中刚阳之气渐盛，与空明拳的一味阴柔颇不相同，心念一动，猛地里想起了终南山古墓石壁之上所见的《九阴真经》，此刻周伯通所使招数，正是真经中所载的一路《大伏魔拳法》，拳力笼罩之下，实是威不可当。

《神雕侠侣》第三十四章"排难解纷"

周伯通的眼光还开启了未来的武学方向。第三次华山论剑，周伯通作了总结。

周伯通得意洋洋的道："好，你们站稳了听着，东邪、西狂、南僧、北侠、中顽童，五绝之中，老顽童居首。"

《神雕侠侣》第四十回"华山之巅"

邪不胜正，狂歌痛饮，僧以空遁隐，侠以武犯禁，都过于偏颇，有悖武学中庸之道。老顽童不慕功利、出于好奇的心态是武学的中和境界。周伯通的观念和另一个赤子顽童——觉远的境界一致。第三次华山论剑周伯通宣说的境界，在年幼的张君宝（三丰）、郭襄心中种下种子，他们都终于成为一代宗师。

周伯通还尝试输出自己的大武学观。

> 周伯通哈哈大笑，说道："你们瞧这大和尚岂非莫名其妙？我帮他讨经，他反而替他们分辩，真正岂有此理。大和尚，我跟你说，我赖也要赖，不赖也要赖。这经书倘若他们当真没偷，我便押着他们即日起程，到少林寺中去偷上一偷。总而言之，偷即是偷，不偷亦偷。昨日不偷，今日必偷；今日已偷，明日再偷。"

《神雕侠侣》第四十回"华山之巅"

不偷即是偷。色即是空，空即是色。研究和不研究没有分别。所以要"无我相，无人相，无众生相，无寿者相，**无武学相**"。周伯通自己也践行"**无武学相**"这一观念，后来做偈曰：

> 平生不修善果，
> 只爱武学相佐，
> 忽然顿开金绳，
> 这里扯断玉锁，
> 噫！
> 华山顶上论剑来，
> 今日方知我是我。

总结一下周伯通的武学眼光：武学不能不近人情，违背常理；碰到武学大师和好的方向，要强与之附；武学要注重意义，但也要注意研究方法、手段，两者平衡，秉持中庸之道；武学没有功利心才能有原创发现；最后，武学只是生活的一部分，不要过于执着。

周伯通在精研武学之余，以饲养玉蜂为乐，甚至白发转黑。周伯通是武学、人生赢家，他最后真正做到了

May there be enough transitions in your academic life to make a beautiful sunset.（学术生命中有足够多的尝试，造就一个美丽的黄昏。）

附：杨振宁谈科研选择

杨振宁先生在谈科研选择时说：

在人生的轨迹中，我做过很多非常正确也非常重要的决定：我 1971 年回国访问，后来在 2003 年左右决定完全回国。这些都是正确的决定。

所以我给中国年轻人的建议是，**要更加关注自身兴趣的发展**。但是如果你让我

给美国的年轻人提建议，我会建议他们对自己所谓的兴趣少关注一点，**也要多考虑社会和科学的发展趋势**。

杨振宁谈国家层面的决定时说：

要决定一个国家的科学发展应该保守还是激进，这是一个非常复杂的问题。我想这其中应该有两个基本原则：第一是国家利益要高于团体利益；**第二是要奉行中庸之道，不走极端**。

（《杨振宁：科学研究的品味》，微信公众号"知识分子"）

17 裘千仞的定力

知止而后有定，定而后能静，静而后能安，安而后能虑，虑而后能得。

——裘千仞

如果说一灯是第一次华山论剑以来最被高估的人物，那么最被低估的人物则是裘千仞。铁掌帮帮主裘千仞有很多过人之处。

裘千仞武学眼光独到，知己知彼。第一次华山论剑，收到邀请的黄、欧、段、洪四人心存侥幸，欣然前往，错误地估计了王重阳的武功，成了陪衬，成就了王重阳的威名。裘千仞则清醒地保存实力、以待有为。

> 当年华山论剑，王重阳等曾邀他参与。裘千仞以铁掌神功尚未大成，自知非王重阳敌手，故而谢绝赴会，十余年来隐居在铁掌峰下闭门苦练，有心要在二次论剑时夺取武功天下第一的荣号。
>
> 《射雕英雄传》第二十八章"铁掌峰顶"

四绝眼光何等犀利？然而裘千仞恐怕更胜一筹。

裘千仞武学理念先进。裘千仞精通化学，他通过化学方法锻练铁掌，成就不可限量。

> 这老头身披黄葛短衫，正是裘千仞。只见他呼吸了一阵，头上冒出腾腾热气，随即高举双手，十根手指上也微有热气袅袅而上，忽地站起身来，双手猛插入镬。那拉风箱的小童本已满头大汗，此时更是全力拉扯。裘千仞忍热让双掌在铁砂中熬炼，隔了好一刻，这才拔掌，回手拍的一声，击向悬在半空的一只小布袋。这一掌打得声音甚响，可是那布袋竟然纹丝不动，殊无半点摇晃。
>
> 郭靖暗暗吃惊，心想："看这布袋，所盛铁砂不过一升之量，又用细索凭空悬着，他竟然一掌打得布袋毫不摇动。此人武功深厚，委实非同小可。"
>
> 《射雕英雄传》第二十八章"铁掌峰顶"

裘千仞通过热铁砂熬炼和击打铁砂布袋，铁掌威力惊人。

裘千仞武学创新能力不弱。

这铁掌功夫岂同寻常？铁掌帮开山建帮，数百年来扬威中原，靠的就是这套掌法，到了上官剑南与裘千仞手里，更多化出了不少精微招数，威猛虽不及降龙十八掌，可是掌法精奇巧妙，犹在降龙十八掌之上。

——《射雕英雄传》第三十二章"湍江险滩"

可以说，裘千仞和洪七公类似，洪七公将降龙十八掌改造了一半，裘千仞也对铁掌招数精微化贡献很大。

裘千仞的政治才略也不次于洪七公。

裘千仞非但武功惊人，而且极有才略，数年之间，将原来一个小小帮会整顿得好生兴旺，自从"铁掌歼衡山"一役将衡山派打得一蹶不振之后，铁掌水上飘的名头威震江湖。

——《射雕英雄传》第二十八章"铁掌峰顶"

裘千仞有作为一生政绩的"铁掌歼衡山"，洪七公有的则是因误事斩断手指的经历。丐帮在得知洪七公死讯（杨康谣传）后立刻面临危机，而铁掌帮在裘千仞十几年隐居期间依然兴旺。

裘千仞还颇有城府。前面已经提到，裘千仞还默许大哥裘千丈招摇撞骗，以韬光养晦。

裘千仞的武功可能极高。从《射雕英雄传》中的记载来看，裘千仞同郭靖、周伯通、欧阳锋都交过手。除了不敌使用双手互搏的周伯通外，裘千仞同欧阳锋在伯仲之间，尚高于二次华山论剑前的郭靖。《神雕侠侣》中裘千仞死于金轮法王之手，这可能被认为是裘千仞武功不行的证据：

慈恩（裘千仞）见老衲心念故国，出去打探消息，途中和一人相遇，二人激斗一日一夜，慈恩终于伤在他的手下。

——《神雕侠侣》第三十四回"排难解纷"

然而，这可能恰恰是裘千仞武功很强的说明。裘千仞出场时是一个白须老者，估计至少要五十岁了，相比之下，周伯通出场时"须发苍然，并未全白"，一灯出场时眉毛全白了。那么第二、三次华山论剑间隔近 40 年，则裘千仞遇到金轮法王时恐怕已经九十岁了。九十岁时还能和金轮法王比拼一日一夜，而且只是受伤，并没有立刻死掉，这是什么样的战斗力！另外，关键的是裘千仞皈依一灯之后，恐怕主要是一心向佛、忏悔罪过，而不是苦练铁掌。在这种状况下和金轮大战就更能说明裘千仞的实力了。

裘千仞最大的优点是他的定力。他的眼光、理念、创新、政治才略以至于武功可能也来自他极大的定力。

裘千仞的定力首先表现在他对《九阴真经》不感冒。第一次华山论剑的背景是天下人对《九阴真经》趋之若鹜，连王重阳、黄药师都不能免俗，更不要提欧阳锋、武痴周伯通。除了洪七公对吃的兴趣更大外，大家几乎都抵抗不住《九阴真经》的诱惑。然而，裘千仞面对第一次华山论剑的邀请，安之若素。在整部《射雕英雄传》和《神雕侠侣》里，我们没有看到裘千仞对《九阴真经》表现出一点兴趣。

裘千仞的定力还在于他忍受甚至享受练习铁掌的枯燥。铁掌的练习是要用烧热的铁砂熬制，然后击打布袋中的铁砂，这样的功课日复一日、年复一年，一般人看来殊无乐趣。小龙女用麻雀练天罗地网式多么生动，独孤求败用神雕练剑多么鲜活。而铁掌的练习相比之下简直是煎熬。然而，裘千仞一练就是二十多年。

裘千仞的定力似乎来自赤子之心。只有孩子才会反复做一件事而不厌倦。裘千仞能持续不断练习铁掌，就有这种赤子之心的味道。裘千仞赤子之心的另一个表现是他的悔悟。金庸小说中大多数反派或者被囚，如《天龙八部》中的丁春秋、《笑傲江湖》中的林平之；或者疯掉，如《天龙八部》中的慕容复、《射雕英雄传》中的欧阳锋；或者死掉，如《射雕英雄传》中的杨康、《神雕侠侣》中的公孙止。真正悔悟的似乎只有《天龙八部》中的鸠摩智和《射雕英雄传》中的裘千仞。

裘千仞的赤子之心从他的僧号也能看出来：慈恩，就是因此心而慈的意思，隐喻正是慈心让裘千仞最终悔悟。

附："暮年诗赋动江关"的张益唐

定力这个词似乎只存在于中华文化里面。英语中定力翻译为专注力（ability to concentrate）或者镇定（composure），但都不能反映定力的微言大义，因为定力不是专注于一件事或者沉着镇定能涵盖的，它有时指的是心绪不随外界环境改变的一种境界。

《礼记》的第四十二篇《大学》就提到过"定"："知止而后有定，定而后能静，静而后能安，安而后能虑，虑而后能得。"了解自己的边界后心才能定，也因此才有后面的静、安、虑和得。据说《礼记》出自孔子的弟子。孔子在《论语·为政》中说："四十不惑，五十而知天命，六十而耳顺"，我想，"不惑"和"知天命"都是知止，而"耳顺"则是定吧。

明确提出定力这个词的是佛教。佛教有所谓戒、定、慧的说法。其中，戒代表自律，慧代表觉悟，似乎也见于很多其他宗教；但定似乎是佛教不同于其他宗教的一个特色。很多佛教经典都涉及定，直接提到定力的有佛教经典《杂阿含经》《无量寿经·德尊普贤第二》，后者提到"以定慧力，降伏魔怨"。

从这也能看出为什么佛教在我国兴旺发达，它似乎和中国的儒家天然接近。两者的不同在于：儒家提倡知止才能定，佛教则宣称戒才能定。

诸葛亮在《诫子书》中说"险躁则不能冶性"，又说"非淡泊无以明志"，其实也在说定力。淡泊可能既有知止又有戒的意味。

程颢在《定性书》中提到"所谓定者，动亦定，静亦定"，也就是定不见得是静止的，动中也可以定。要做到这一点，需要抛开分别心，要"廓然而大公，物来而顺应"。提到动和静中都有定是程颢的创见。

王阳明在《传习录》卷上"门人陆澄录"中提到："人需在事上磨，方能立得住，方能动亦定、静亦定。"王阳明在程颢的基础上进一步提出，要在事上磨练，才能达到动静皆定的境界。

综上，了解边界、节制欲望、去除分别心以及在事上磨练是获得定力的手段。

华裔科学家张益唐似乎可以作为超凡定力的典型代表。1955 年出生的张益唐，大半生默默无闻，甚至穷困潦倒。2013 年，他凭借一篇发表于 *Annals of Mathematics* 的文章"Bounded gaps between primes"，一举解决了孪生素数领域的一个关键问题，获得了举世瞩目。2022 年 11 月，张益唐发表新作"Discrete mean estimates and the Landau-Siegel Zero"，宣称实质上解决了朗道-西格尔零点（猜想）问题，而这是一个比孪生素数猜想还要重要的问题。

英国伟大的数学家哈代（Godfrey Harold Hardy，1877—1947）曾说过："同其他艺术或者科学相比，数学是年轻人的游戏"（mathematics, more than any other art or science, is a young man's game）以及"我从不知道哪项伟大的数学进步是由 50 岁以上的人做出的"（I do not know an instance of a major mathematical advance initiated by a man past fifty）这样的话。哈代进一步列举了伟大数学家的年龄：牛顿在 50 岁时已经放弃数学；高斯在 50 岁时发表微分几何，但其想法始于发表时的约十年前；其他的例子则全是年轻人的，如群论的创立者伽瓦罗死于 21 岁，证明了五次及五次以上的方程不能用公式求解的阿贝尔死于 27 岁，印度数学天才拉马努金死于 33 岁，黎曼几何创立者黎曼死于 40 岁。张益唐分别于 58 岁和 67 岁做出重要贡献（后者尚待确认），至少前无古人。

在回顾自己的成就时，张益唐引用了杜甫的诗句，"庾信平生最萧瑟，暮年诗赋动江关。"而论及自己取得成就的原因，张益唐则说自己并不具有过人天分，其特长是可以很长时间专注于一个问题。张益唐的过人定力可能来自他对数学的热爱以及他恬淡自适的性格。

18 瑛姑的逃离

There is only one heroism in the world: to see the research as it is, and to love it. 世上只有一种英雄主义，就是在认清科研真相之后依然热爱科研。

——瑛姑

第一次华山论剑的第二年，大理发生了一件不能算小的小事，但这件事的深远影响多年以后才慢慢显现。瑛姑选择了放弃大理贵妃的身份，离开了段智兴，决定追随周伯通。

公元 1200 年，宋宁宗庆元五年，在大理为后理王段智兴安定十二年，论干支则为庚申年，属猴。

这一年，是第一次华山论剑的后一年，是未来的巨星郭靖出生的前一年，本年并无大事可叙。在历史上，安定十二年像名字一样，实为安安定定、平平淡淡的一年。

但也正是这一年，在武学界发生了若干为历史学家所易于忽视的事件。这些事件，表面看来虽似末端小节，但实质上却是以前发生的大事的症结，也是将在以后掀起波澜的机缘。其间的关系因果恰为历史的重点。

这些末端小节最具代表性的事件就是发生在云南大理的瑛姑逃离事件。瑛姑的选择让周围的人都惊掉下巴。段智兴是大理皇帝。大理虽然是小国，但历史悠久，名震天南。段智兴武艺高超，就在前一年，还在华山论剑中获得南帝美称。能与其比肩的，环顾当世，只有四个人：东邪黄药师、西毒欧阳锋、北丐洪七公、中神通王重阳。段智兴风光无限，他是皇帝中武功最高的，也是习武之人中地位最高的。

瑛姑做了个愚蠢的决定吗？可能恰好相反。司马迁在《史记·六国年表》中说：

夫作事者必于东南，收功实者常于西北。故禹兴于西羌，汤起于亳，周之王也以丰镐伐殷，秦之帝用雍州兴，汉之兴自蜀汉。

也就是说，历来最终成就功业的，常在西北。公元 1200 年，恰恰是变革之年。华山论剑上名动天下的五绝，**东南衰，西北兴**。

先说南帝段智兴。大理段氏武学历史悠久，有国家倾力扶持，人丁也兴旺，怎么说也是蒸蒸日上，怎么会衰落呢？大理段氏之衰落并非始于段智兴。在他祖上段誉的时代，大理段氏就开始衰落了。段誉的父亲、伯父都没有掌握段氏传统武学六脉神剑的精髓。段誉虽然掌握了六脉神剑，但那是机缘巧合促成的，基础并不牢固，以至于成果极不稳定。到了段智兴的年代，祖上留下的六脉神剑居然已经没有人知道了。大理段氏拿得出手的本领只剩下一个一阳指。由"六"到"一"，某种程度上象征了段氏的衰落。南帝段智兴自己虽然名列五绝，但完全是吃老本，一项像样的创新性研究都没有。相比之下，中神通王重阳是集大成者，不用细论；东邪黄药师有自创的落英神剑掌、玉箫剑法、兰花拂穴手、碧海潮生曲等；北丐洪七公自创了降龙十八掌中的一半，另有逍遥游掌法、铁帚腿法、满天花雨掷金针暗器等；西毒欧阳锋有蛤蟆功、灵蛇拳、神驼雪山掌、自制毒药等。除了第一次华山论剑上榜人物以外，周伯通属于创造力极强的人物，甚至裘千仞也创出了铁掌中的很多招数。南帝段智兴呢？只有一项救人一次需要损耗五年功力的一阳指法。段智兴自己创新能力不强也罢了，手下的徒弟也没有能干的。渔樵耕读四大弟子中，渔樵存在感很低（**在《射雕英雄传》中甚至没有两者的名字**）；耕夫武三通疯疯癫癫，人品还有些问题；书生朱子柳算是最能干的，但只不过搞了个"一阳书指"，就是融书法于一阳指。这与其说是锦上添花，还不如说是画蛇添足：恰恰是朱子柳为了掩盖自己指力的不足，才以判官笔代替手指。事实上渔樵耕读还算好的，自此以后，大理段氏一脉逐渐沦为路人。直至"倚天"时代的朱武连环庄，朱长龄、武烈不但武功稀松，人品也极为低下。

再说东邪黄药师。东邪黄药师自身创新能力是没有问题的。不但没有问题，而且是他的优势。黄药师除了上面提到的几项武功，还有劈空掌、弹指神通、移形换位、碧波掌法、旋风扫叶腿、灵鳌步和奇门五转，创造力惊人。黄药师还精于制药，如九花玉露丸。黄药师主要的问题是后续发展乏力，对学生培养不足。陈玄风、梅超风很早就"跳槽"了，后来自号黑风双煞，没黄药师什么事。剩下的陆乘风、曲灵风、冯默风、武眠风都被他赶跑了。总之，东邪虽然创新能力强，但为人苛刻，留不住人。

武功不过三代的魔咒在南帝、东邪身上尽显无遗。

再说中神通。王重阳虽然号称中神通，但实际地处西北。他罢黜百家，独尊"九阴"，几乎实现了学术大一统。

西毒呢？欧阳锋也有后继无人的问题。然而，欧阳克虽然死于非命，但是后来的义子杨过间接实现了传承，第三次华山论剑接过西毒的位次，得了"西狂"的名号。

北丐呢？洪七公虽然公务在身，又兼好吃懒练，但是有郭靖继承武学衣钵，又有黄蓉继承帮主职位，直至耶律齐、史火龙执掌丐帮，使丐帮绵延不绝。

总的来说，中神通格局广大，以《九阴真经》为基础，利用华山论剑一统武林。西毒、北丐后继有人，而且积极融入王重阳的全真格局，也成就了自己。南帝衰于缺乏创新，东邪衰于忽视继承人培养，两人逐渐边缘化。

事实上，南帝和东邪的衰落也是武林大势使然——盛时已过。南帝的招牌研究叫作一阳指，东邪的看家项目叫做弹指神通，两者的共同点都是指法。但是**指法研究的巅峰是在"天龙"时代**。"天龙"时代指法众多。段智兴祖上的六脉神剑就是指法。姑苏慕容的指法有参合指；少林派指法极多，如摩诃指、拈花指、金刚指、无相劫指、多罗叶指、天竺佛指、去烦恼指、大智无定指。指法最大的优势是灵活，但最大的劣势是脆弱。所以必须辅以极强的内力。然而内力获取非常不易，都是实打实的经年累月功力，所以对初学者很不友好。段誉能脚走凌波微步，手舞六脉神剑，潇洒绝伦，完全是因为机缘巧合获得的绝世内力，成功不可复制。鸠摩智宝相庄严，时而拈花微笑（拈花指），时而金刚怒目（金刚指），靠的是小无相功催动。慕容博的参合指也靠的是自己几十年的修为。所以指法是内力充沛的高手提升格调的设计，对于缺乏内力的人却极不友好。对于一般人，靠指法成名几乎是不可能的。而"天龙射神倚天笑"以来，内力是逐渐衰退的。难怪大理段氏的后人，朱武连环庄的朱长龄和武烈要靠阴谋诡计骗取屠龙宝刀的下落。他们有一阳指而不用，一心谋求屠龙宝刀，正是因为深知指法操作很难，用功多而收益少。到了"倚天"时代，只剩下一个圆真、一个杨逍使用指法，圆真的指法叫作幻阴指，杨逍的指法则是弹指神通。但是圆真的指法只用于偷袭，因为比较隐蔽。圆真也就是成昆，外号混元霹雳手，主要的武功是混元功和霹雳掌，幻阴指只是加成技能。圆真就是用指法偷袭了杨逍。到了"笑傲"时代，黑白子的玄天指只用于喝酒时制作冰块。指法衰落如此之快，几乎可有可无了。指法的繁盛时代一去不复返，白云千载空悠悠。

瑛姑是有眼光的。她很敏锐地意识到了大理段氏武学的局限性。公元1200年，当周伯通随同天下闻名的王重阳来到大理的时候，瑛姑就知道自己的机会来了。王重阳是来和段智兴搞合作的，要用自己的先天功交换一阳指。那是因为王重阳看到段氏的武学薄弱，希望加强合作，以对抗远在西域的劲敌欧阳锋。周伯通对武学天资颖悟，立刻就吸引了瑛姑。周伯通当时只是一个无名之辈。但是他居然和王重阳称兄道弟。事实上，金庸小说中唯一一个和两大绝世高手（王重阳和郭靖）称兄道弟的只有周伯通。瑛姑慧眼识人，一眼就看出了周伯通绝非池中之物。就像初识李靖的红拂一样。瑛姑做出了一个改变了自己、周伯通以及段智兴的决定。这个决定也隐喻了"射雕"时代之后直至"笑傲"时代上百年的世事变迁。

红拂夜奔！

瑛姑追随周伯通远不是一帆风顺。这样的跳槽首先让王重阳非常震怒。段智兴也不再提供资助。最关键的是，周伯通被迫滞留桃花岛。后来的结果证明，周伯通是有收获的。收获之一是空明拳。这项研究开武学中前所未有的新境界，以柔克刚，只有后世的太极拳可以媲美。另一项收获是左右互搏，这是一种让人瞬间功力加倍的奇妙研究成果。这两项武功是金庸武侠世界最具创新性的研究成果。尽管瑛姑没有和周伯通在一起，但受到周伯通的精神引领，瑛姑在前人的基础上也有自己的创造：可能吸收了欧阳锋的仿生学研究——蛤蟆功的成果，瑛姑自己研发了泥鳅功；吸收了洪七公的满天花雨掷金针的成果，瑛姑自己创造了金针。

她处心积虑的要报丧子之仇，深知一灯大师手指功夫厉害，于是潜心思索克制的手段。她是刺绣好手，竟从女红中想出了妙法，在右手食指尖端上戴了一个小小金环，环上突出一枚三分来长的金针，针上喂以剧毒。她眼神既佳，手力又稳，苦练数年之后，空中飞过苍蝇，伸指戳去，金针能将苍蝇穿身而过。

《射雕英雄传》第三十一章"鸳鸯锦帕"

后来的古墓派冰魄银针和玉蜂针都是瑛姑之后的事了。榜样的力量是无穷的。

在金庸小说中，论武力排行，瑛姑三流都算不上。但是按照创造力，她排名却非常靠前。金庸小说中位于创新第一梯队的只有寥寥几人，如独孤九剑的研发者独孤求败、《九阳真经》的作者扫地僧、《九阴真经》的作者黄裳、《玉女心经》的作者林朝英、太极拳的创立者张三丰，以及空明拳和左右互搏的创立者周伯通。瑛姑的创造力可能只略逊于第一梯队，已经非常可观了。黄蓉聪明机智世间无双，但是聪明不等于创造力。论创造力，瑛姑甩她几条街。黄蓉没有一项自己独创的武功招式。而瑛姑有泥鳅功和金针。

古代人讲究立功、立德、**立研**（原为"立言"）三不朽，这就是古人追求的人生境界：要建立功业，要树德立范，**要专心研究**。瑛姑的功几乎没有，德行其实也非常不堪，但研究做得还是挺出色的。醉心研究让她童颜华发。**自古学术成名将，人间不许见黑头。**

✿注1：关于本章一句话的出处

"但也正是这一年，在武学界发生了若干为历史学家所易于忽视的事件。这些事件，表面看来虽似末端小节，但实质上却是以前发生的大事的症结，也是将在以后掀起波澜的机缘。其间的关系因果恰为历史的重点。"这段话出自黄仁宇的《万历十五年》。我很喜欢这句话，就稍加改动放在这了。

✿注2：历史中的段智兴与小说中的一灯

以安定为年号的段智兴是大理国第十八位皇帝，1200 年驾崩。他可能是金庸小说中一灯大师段智兴的原型。

附：德尔布吕克的逃离——生物的追求还是物理的不挽留

1969 年，德尔布吕克（Max Delbrück）同赫尔希（Alfred Hershey）、鲁里亚（Salvador Luria）因为噬菌体研究获得诺贝尔生理学或医学奖。如果一直从事物理学研究，德尔布吕克会不会得诺贝尔奖更早呢？这是一个有趣的问题。

1906 年，德尔布吕克生于柏林。他的父亲在柏林大学教授历史，母亲则是著名化学家李比希（Justus von Liebig）的孙女。尽管出生在历史学和化学背景的家庭，小时候的德尔布吕克感兴趣的却是物理学。在哥廷根大学，德尔布吕克先是学习天文学，之后则是理论物理。1930 年，德尔布吕克从哥廷根大学获得物理学博士学位。

1932 年，德尔布吕克到柏林做迈特纳（Lise Meitner）的助手。迈特纳那时同哈恩（Otto Hahn）合作。哈恩因核裂变研究于 1944 年获得了诺贝尔化学奖。迈特纳本人获得了 19 次诺贝尔化学奖提名和 29 次诺贝尔物理学奖提名，被爱因斯坦称为德国的居里夫人。德尔布吕克在做迈特纳助理的时候，发现了后来被命名为德尔布吕克散射（Delbrück scattering）的现象。

然而，有趣的是，德尔布吕克对生物学的兴趣也是来自一位物理学家，他就是大名鼎鼎的玻尔。玻尔在 1932 年做了一个名为《光与生命》的讲座，这激起了德尔布吕克的兴趣。

1937 年，德尔布吕克离开了纳粹德国，在洛克菲勒基金资助下加入加州理工学院，研究生物与遗传。那时，摩尔根在加州理工学院利用果蝇研究遗传学的故事广为人知。1938 年，德尔布吕克遇到埃利斯（Emory Elis）并因此对噬菌体产生了兴趣。他们共同发表了论文《噬菌体的生长》（The Growth of Bacteriophage）。

1939 年，洛克菲勒基金的资助到期，为了留在美国，德尔布吕克加入了范德堡大学（Vanderbilt University），但在那里德尔布吕克教的是物理。于是他设法抽出时间在冷泉港实验室做噬菌体研究。

1943 年，德尔布吕克同另外两位科学家（即赫尔希和鲁里亚）成立了噬菌体研究组。1946 年，德尔布吕克同赫尔希分别独立地发现了基因重组现象。

在 20 世纪 40—50 年代，德尔布吕克开始对感知现象感兴趣，并利用霉菌研究细胞对光的利用以及光如何影响生长的问题。

1969 年，德尔布吕克等三人因为病毒的复制机制和基因组成研究获得诺贝尔生理学或医学奖。

德尔布吕克虽然从物理学跨界到生命科学，但他对物理学家理解生命有很大影响。例如，薛定谔正是基于德尔布吕克的基因对突变易感的论断写出了他的名著《生命是什么》。

以德尔布吕克的聪明才智，如果继续坚守在物理学领域，我想有很大可能更早拿到诺贝尔奖，但是诺贝尔奖不是科学的意义所在。德尔布吕克一生经历了两次逃离，一次是从德国逃到美国，另一次是从物理学"逃"到生物学。其中固然有政治原因，但主要还是缘于自己的研究兴趣吧！以自己喜欢的方式过一生，可能是德尔布吕克留下的比获得了诺贝尔奖的研究成果更具启发意义的遗产吧。

19　丘处机的招生

得学生者得天下。

——丘处机

丘处机一直担心的是全真派的招生问题。随着第一次华山论剑的举行和王重阳的离世，全真派招生的问题已经迫在眉睫。

金庸小说中有两难，一是选老师难，一是选学生难。优秀的老师和学生在任何时代都是稀缺资源，在众多人选中选择中意者当然不容易。

选老师难的例子很多。杨康为了拜欧阳锋为老师，不惜杀掉欧阳克。欧阳克之死的直接动机当然是他调戏穆念慈，然而他罪不至死。杨康冒险杀死欧阳克，更深层次的原因恐怕有拜师欧阳锋的考虑。

完颜洪烈大喜，站起身来，向欧阳锋作了一揖，说道："小儿生性爱武，只是未遇明师，若蒙先生不弃，肯赐教诲，小王父子同感大德。"别人心想，能做小王爷的师父，实是求之不得的事，岂知欧阳锋还了一揖，说道："老朽门中向来有个规矩，本门武功只是一脉单传，决无旁枝。老朽已传了舍侄，不能破例再收弟子，请王爷见谅。"完颜洪烈见他不允，只索罢了，命人重整杯盘。杨康好生失望。

《射雕英雄传》第二十二章"骑鲨遨游"

杨康受惊于宝应，受辱于归云庄，对他这样一个心高气傲的人简直是不可忍受的，想来全是艺不如人的缘故，所以初见欧阳锋，杨康就在大庭广众下行了磕四个头的大礼。然而，欧阳锋简单直接地拒绝了杨康，这简直是啪啪打杨康的脸。欧阳锋没有想到的是，他的这句话送了欧阳克的命。

选老师难，但恐怕招学生更难。逍遥派无崖子等了三十年，才等来了虚竹。

星河的资质本来也是挺不错的，只可惜他给我引上了岔道，分心旁骛，去学琴棋书画等等玩物丧志之事，我的上乘武功他是说什么也学不会的了。这三十年来，我只盼觅得一个聪明而专心的徒儿，将我毕生武学都传授于他，派他去诛灭丁春秋。可是机缘难逢，聪明的本性不好，保不定重蹈养虎贻患的覆辙；性格好的却又悟性不足。眼看我天年将尽，再也等不了，这才将当年所摆下的这个珍珑公布于世，以便寻觅才俊。

《天龙八部》第三十一章"输赢成败，又争由人算"

无崖子经年等待，还放弃了自己的选择标准——聪明俊秀，才找到了虚竹这个差堪造就的学生，最终完成了自己的梦想。

招学生难的一个重要的原因是，才华横溢的学生也常常头角峥嵘、极具个性，不会轻易拜倒。郭襄曾拒绝了金轮法王主动提出的招徒之意。张三丰没有接受郭襄的推荐去拜郭靖为师。令狐冲拒绝了方正向他传授《易筋经》。

招生难，还因为各大组织都在争抢学生。无崖子抢了少林派的学生虚竹，不但化去了虚竹的内功，还强行给虚竹灌注了自己修炼了七十多年的内力。郭靖这种优质学生先后被马钰、洪七公、周伯通争抢。

事实上，这种对学生的争夺远远不是针对某几个人的争抢，金庸小说中对学生的争抢是系统性的。明教曾经大量抢夺学生资源。

哪知道他（黄裳）所杀的人中，有几个是武林中名门大派的弟子。

《射雕英雄传》第十六章"《九阴真经》"

明教在黄裳讨伐之时就吸纳了大量其他门派的弟子。这恐怕也是明教常常被各大门派污为魔教，并欲灭之而后快的一个重要原因。

铁掌帮也曾想从丐帮挖人：

裘千仞笑道："差遣二字，决不能提。赵王爷只对老朽顺便说起，言道北边地瘠民贫，难展骏足……"杨康接口道："赵王爷是要我们移到南方来？"裘千仞笑道："杨帮主聪明之极，适才老朽实是失敬。赵王爷言道：江南、湖广地暖民富，丐帮众兄弟何不南下歇马？那可胜过在北边苦寒之地多多了。"杨康笑道："多承赵王爷与老帮主美意指点，在下自当遵从。"

《射雕英雄传》第二十七章"轩辕台前"

铁掌帮和赵王完颜洪烈达成共识，在洪七公失位的丐帮君山大会上，由裘千仞出面弹压丐帮。这一方面是因为裘千仞的武力足以服众；另一方面恐怕是因为铁掌帮有大的体量，可以从丐帮吸收人才加入自己的帮派。

这就是在王重阳死后丘处机面临的主要问题：**如何吸纳优秀人才，如何和各个派别争抢人才，从而传承全真一脉？**

王重阳创立全真派，是一个以宗派为主，兼具门派、帮派性质的组织，既有宗教传播考虑，也有武学传承目的和抗金卫国的政治任务。所以，招生尤其重要。而华山论剑固然给全真派带来巨大声望，但王重阳驾鹤西去、骑鲸西海，招生是会受到很大影响的。在这种情形下，全真派必须解决如何招生的问题，而全真七子每个人也都需要致力于招生。

丘处机是全真派主要负责招生的人物。丘处机的能力构成都是为招生而设计的：

> 贫道平生所学，稍足自慰的只有三件。第一是医道，炼丹不成，于药石倒因此所知不少。第二是做几首歪诗。第三才是这几手三脚猫的武艺。

《射雕英雄传》第一章"风雪惊变"

丘处机的这些能力在全真七子中非常突出：医生是当时极有社会影响力的人物，再会作诗，就更能扩大影响，十分有利于招生。

丘处机甚至有针对女生的招生宣传：

> 春游浩荡，是年年、寒食梨花时节。
> 白锦无纹香烂漫，玉树琼葩堆雪。
> 静夜沉沉，浮光霭霭，冷浸溶溶月。
> 人间天上，烂银霞照通彻。
> 浑似姑射真人，天姿灵秀，意气舒高洁。
> 万化参差谁信道，不与群芳同列。
> 浩气清英，仙才卓荦，下土难分别。
> 瑶台归去，洞天方看清绝。

《倚天屠龙记》第一章"天涯思君不可忘"

在这首《无俗念·灵虚宫梨花词》里，丘处机说，加入我全真派的女生，都是"天姿灵秀，意气舒高洁""不与群芳同列"。尤其是这句"不与群芳同列"，这对女生有多大的吸引力？所以全真派有孙不二、程瑶迦一流的人物。后来，当小龙女的父母遗弃她时，想到的是把她送到重阳宫门外，可以间接想象全真派招生的声望。

丘处机初遇郭啸天、杨铁心，就是在执行招生任务。

> 丘处机指着地下碎裂的人头，说道："这人名叫王道乾，是个大大的汉奸。去年皇帝派他去向金主庆贺生辰，他竟与金人勾结，图谋侵犯江南。贫道追了他十多天，才把他干了。"杨郭二人久闻江湖上言道，长春子丘处机武功卓绝，为人侠义，这时见他一片热肠，为国除奸，更是敬仰。

《射雕英雄传》第一章"风雪惊变"

从郭、杨的反应看，丘处机的名气首先是武学宗师，专业能力突出，其次是为人侠义，这都强烈吸引当时有才华的学生。丘处机斩杀王道乾，除了抗金，也有招生的考虑。王道乾这个人只是一个使臣，斩杀不难，杀他不会阻止金国图谋江南，但杀这个人社会影响力很大，十分有助于招生。相比之下，"天龙"时代，丐帮长老陈孤雁击杀契丹国左路副元帅耶律不鲁，则完全是为了战略考虑。

> 十年之后，贫道如尚苟活人世，必当再来，传授孩子们几手功夫，如何？
>
> 《射雕英雄传》第一章"风雪惊变"

丘处机明确表明了意欲教授郭靖、杨康的想法，这已经是明显的师生协议了。**而且给了郭啸天、杨铁心录取通知书：刻着郭靖、杨康名字的匕首。**

等到后来丘处机和江南七怪因为误会大打出手，丘处机仍不忘宣传，他手持大铜缸上楼与江南七怪缠斗，惊骇众人，令人难忘：

> 这日午间，酒楼的老掌柜听得丘处机吩咐如此开席，又见他托了大铜缸上楼，想起十八年前的旧事，心中早就惴惴不安。
>
> 《射雕英雄传》第三十四章"岛上巨变"

大铜缸让老掌柜记了十八年，多好的宣传效果！

后来段天德裹挟李萍逃走，真相大白之后，丘处机和江南七怪再起波澜。就在这时候，丘处机想到了一个绝妙的全真派招生广告：

> 丘处机道："那两个女子都已怀了身孕，救了她们之后，须得好好安顿，待她们产下孩子，然后我教姓杨的孩子，你们七位教姓郭的孩子……"江南七怪听他越说越奇，都张大了口。韩宝驹道："怎样？"丘处机道："过得一十八年，孩子们都十八岁了，咱们再在嘉兴府醉仙楼头相会，大邀江湖上的英雄好汉，欢宴一场。酒酣耳热之余，让两个孩子比试武艺，瞧是贫道的徒弟高明呢，还是七侠的徒弟了得？"江南七怪面面相觑，哑口无言。
>
> 《射雕英雄传》第三章"大漠风沙"

丘处机斩杀王道乾，只得到了郭靖、杨康两个潜在学生。然而，通过和江南七怪立下十八年比拼之约，该有多大的社会影响力？

江南七怪武功不高，但慷慨重义、古道热肠，名气很大，又是嘉兴人，距离当时的国都临安很近，十分有利于丘处机的招生宣传。丘处机和江南七怪的赌约先是要找到郭靖、杨康，这样的万里间关难道不是一个移动广告？会有多少人受到影响投奔重阳宫？

丘处机的招生广告创意冠绝天下。结果怎样呢？

> 据史籍载，丘处机与成吉思汗来往通信三次，始携弟子十八人经昆仑赴雪山相见。弟子李志常撰有《长春真人西游记》一书，备记途中经历，此书今尚行世。
>
> 《射雕英雄传》第三十七章"从天而降"

丘处机的徒弟众多，知名的有尹志平、李志常、王志坦、宋德方、祁志诚等，徒弟数量位居全真七子第一，后来更带十八个徒弟随成吉思汗西行。

丘处机的招生广告也有溢出效应，其他人也受益。比如，王处一有徒弟赵志敬、崔志方、申志凡，赵志敬有徒弟鹿清笃、姬清虚、皮清玄等，郝大通有徒弟张志光。

其实，丘处机只是全真七子中最有招生才能的，其他人也很善于招生。比如，王处一曾独足傲立凭临万丈深谷，使一招"风摆荷叶"，由此威服河北、山东群豪，是不是有丘处机手持大铜缸作战的风范？马钰远赴大漠教授郭靖，仅仅是为了抑己从人吗？

原来马钰得知江南六怪的行事之后，心中好生相敬，又从尹志平口中查知郭靖并无内功根基。他是全真教掌教，深明道家抑己从人的至理，雅不欲师弟丘处机又在这件事上压倒了江南六怪。但数次劝告丘处机认输，他却说甚么也不答应，于是远来大漠，苦心设法暗中成全郭靖。否则哪有这么巧法，他刚好会在大漠草原之中遇到郭靖？又这般毫没来由的为他花费两年时光？

《射雕英雄传》第六章"崖顶疑阵"

马钰作为全真教掌教，不惜得罪师弟丘处机，还放下教内事务远赴大漠教郭靖两年武功，仅仅是古道热肠吗？其实马钰也有为全真派招生的考虑。

果然，全真派在丘处机、王处一、马钰等人的宣传下人丁兴旺，以至于在《神雕侠侣》之初可以组成多个天罡北斗阵。

全真派延续百年，全靠优秀的招生能力。

附：为什么孔子的学生这么多

《史记·孔子世家》记载孔子有"受业身通者七十有七人"，远远超过其他学派。同时期的道家本身就讲求自隐无名，可是墨家、法家、纵横家、兵家的弟子也都没有孔子多。孔子思想最终成为主流，固然同内容有关，同众多弟子的传播是不是也有关系？那么问题来了，孔子的学生为什么这么多？《论语·先进》第二十六章可能道出了孔子的秘密：

暮春者，春服既成，冠者五六人，童子六七人，浴乎沂，风乎舞雩，咏而归。

在这里，孔子描绘了一幅温馨、惬意、美好的师生出游图，其间天朗气清、惠风和畅，学生年龄参差，但都载歌载舞而归。这句话画面感极强，没有学生补课，没有老师加班，更不要提内卷了，可能因此极大地吸引了众多追随者。

20　郭靖的 4.5 次创新

机会老人先给你送上它的头发。当你没有抓住而又后悔时，却只能摸到它的秃头了。

——郭靖

郭靖能在第二次华山论剑拿到参赛资格，非常不容易。

郭靖是个很有创造力的人。

郭靖给人的印象是鲁钝。代表性的说法，来自《倚天屠龙记》里张无忌和对周芷若的对话：

贵派创派祖师郭女侠的父亲郭靖大侠，资质便十分鲁钝，可是他武功修为震烁古今，太师父（张三丰）说，他自己或者尚未能达到郭大侠当年的功力！

《倚天屠龙记》第三十一章"刀剑齐失人云亡"

这种说法是站不住脚的。**郭靖其实一点也不鲁钝。**张三丰只在华山之巅和郭靖有过短暂的交集，他对郭靖鲁钝的看法可能来自郭襄。而郭襄的看法极有可能来自她的爷爷——七怪之首的柯镇恶。事实上，第一次有人认为郭靖鲁钝，就是江南七怪教他武功后。当时托雷等人学武进境远超郭靖。江南七怪尤其是柯镇恶对郭靖的记忆，就像上了年纪父母对的孩子的记忆，常常是小时候的样子。然而，郭靖稍大后学全真内功，学降龙十八掌，学双手互搏，学《九阴真经》，哪一项不是进境极快？以学降龙十八掌为例，郭靖用个把月时间学会降龙掌，资质鲁钝吗？要知道，令狐冲学独孤九剑也用了十多天时间，张无忌学《九阳真经》用了好几年。洪七公教郭靖的时候，虽然说他笨，恐怕也是开玩笑说的，可能是为了多吃点黄蓉做的菜，故意拖延，这事洪七公干得出来。所以，郭靖学习能力不弱。聪明如黄蓉，学习能力固然极强，但创造力很弱。而郭靖，学习能力固然不弱，创造力尤其强。

郭靖一生有 4.5 次重要的创新。

1 次，补齐降龙十八掌。

郭靖第一次创新，是在宝应遇见欧阳克的时候。郭当时已经学了降龙十五掌，但是和世家子弟、正值壮年的欧阳克相比，还是有所不如，以至于打斗时捉襟见肘。因为十五掌不完整，所以郭靖在这时就自己杜撰了降龙后三掌。郭靖自己创造的这后三掌当然无法和原来的招数相比，但依然起到奇兵的作用，让欧阳克大吃一惊。请注意，郭靖这时只有十八岁。在这个年纪、临阵对敌之时，就能创出三掌，容易吗？这是多么好的创造力，多么强大的心理素质！想想看，黄裳花费四十年破尽仇家招数，那是自己躲在没人地方偷偷研究；张三丰一百岁才创出太极拳，那是闭关好久之后的领悟。

1 次，双手双足互搏。

郭靖的第二次创新是在桃花岛遇到周伯通的时候。当时，周伯通教会了郭靖双手互搏。郭靖天才般地想到：

　　"倘若双足也能互搏，我和他二人岂不是能玩八个人打架？"但知此言一出口，势必后患无穷，终于硬生生的忍住不说。

《射雕英雄传》第十七章"双手互搏"

周伯通在岛上十五年，没有意识到双手互搏让自己武功倍增，也没有再进一步。郭靖短短时间内不但练成，而且有进一步的创新想法，由双手而至双足，这是多强的创新能力！

0.5 次，古藤十二式。

郭靖这半次创新是在第二次华山论剑之前。

　　两人来到华山南口的山荪亭，只见亭旁生着十二株大龙藤，夭矫多节，枝干中空，就如飞龙相似。郭靖见了这古藤枝干腾空之势，猛然想起了"飞龙在天"那一招来，只觉依据《九阴真经》的总纲，**大可从这十二株大龙藤的姿态之中，创出十二路古拙雄伟的拳招出来**。正自出神，忽然惊觉："我只盼忘去已学的武功，如何又去另想新招，钻研伤人杀人之法？……"

《射雕英雄传》第三十九章"是非善恶"

这次创新只存在于郭靖的想象里，最后也没有实现。但我们也知道郭靖是个厚道人，他既然用"大可"这个词，那就是一定行的意思了，**所以算半次**。十二株龙藤据说是陈抟老祖所植，距郭靖所处年代久远，而"古拙雄伟"四字，正和郭靖的气质性格接近，如果创出，必然是一项卓然独立的武学。

1 次，降龙十八掌＋《九阴真经》。

郭靖的第四次创新，是在《神雕侠侣》中开始对战欧阳锋的时候。

　　……正是降龙十八掌中的"亢龙有悔"。这一招他日夕勤练不辍，初学时便已非同小可，加上这十余年苦功，实已到炉火纯青之境，初推出去时看似轻描淡写，但一遇阻力，能在刹时之间连加一十三道后劲，一道强似一道，重重叠叠，直是无坚不摧、无强不破。这是他从《九阴真经》中悟出来的妙境。纵是洪七公当年，单以这一招而论，也无如此精奥的造诣。

《神雕侠侣》第二回"故人之子"

郭靖的这次创新是在降龙十八掌基础上融合《九阴真经》。

1 次，降龙十八掌＋《九阴真经》＋天罡北斗阵

郭靖的第五次创新是在蒙古大营被金轮法王等围攻的时候。

岂知郭靖近二十年来勤练《九阴真经》，初时真力还不显露，数十招后，降龙十八掌的劲力忽强忽弱，忽吞忽吐，从至刚之中竟生出至柔的妙用，那已是洪七公当年所领悟不到的神功。

只是郭靖的降龙十八掌实在威力太强，兼之他在掌法之中杂以全真教天罡北斗阵的阵法，斗到分际，身形穿插来去，一个人竟似化身为七人一般。

《神雕侠侣》第二十一回"襄阳鏖兵"

郭靖的这次创新，在降龙十八掌和《九阴真经》的基础上又加上了天罡北斗阵，是三种武功的组合。

对郭靖的这些创新，其实可以分析一下：

第一次创新，补齐降龙十八掌，属于**需求引领，突破瓶颈**。此时郭靖年纪尚轻，基础薄弱，但同时创造力强、胆子大。不管怎样，郭靖的这次创新谈不上有多成功。

第二次，双手双足互搏，属于**聚焦前沿，独辟蹊径**。此时郭靖年纪稍长，基础增强，创造力也很强，但阅历一多，胆子反倒小了，所以，属于临渊羡鱼。

第三次，古藤十二式，属于**鼓励探索，突出原创**。此时郭靖年纪更长，基础扎实，阅历渐丰，创造力极强，胆子也大，却随即反思武学的意义，从而和自己这辈子最大的学术发现失之交臂。

第四次，降龙十八掌＋《九阴真经》，属于**共性导向，交叉融通**。此时郭靖已达壮年，基础稳固，阅历深沉，但创造力开始不如以前，桃花岛岁月悠悠，既是天伦之乐也是妻儿之累，但是总的说来绝对创新能力依然上升，成就了最成功的创新。

第五次，降龙十八掌＋《九阴真经》＋天罡北斗阵，还是属于**共性导向，交叉融通**。此时郭靖年富力强，基础雄厚，人情练达，但创造力已经开始下滑，而且除妻儿之累之外更有政事分心，开始吃老本了。尽管如此，整体创新体量仍然庞大，这次创新也很成功。

总结如下：人在年轻时，基础不强，阅历不广，胆子最大，创造力较强，但可能不切实际；随着年龄增长，基础厚实了，阅历更广，创造力达到巅峰，可能胆子反而小了；等到基础稳固、阅历广博的时候，可能有家庭、杂务之累，创造力可能反倒弱些。

所以，**路遇创新一声吼，该出手时就出手**。人的一生，能做出的杰出创新其实是很有限的，错过了，就不再有。在郭靖的创新生涯中，最让人遗憾的就是古藤十二式了。金庸武功，有据理而创，如来自《道德经》等道藏的空明拳、《九阴真经》，模拟动物而创的蛤蟆功、灵蛇拳等，但是没有一项模拟植物而创的武功。黄药师的兰花拂穴手、落英神剑掌有植物之名，而无植物之实。名实兼备的，只有古藤十二式。郭靖的古藤十二式若能创出，实在是填补了金庸武学的一大空白。

郭靖驻守襄阳、保境安民数十年，外敌不敢南下而牧马，内奸不敢弯弓而报怨，被百姓倚若长城。这是立功。郭靖一直践行"为国为民，侠之大者"的理念，一句话总括了金庸十四部小说，数百年之久，数千里之广，无出其右者，这是立德。然而，郭靖的武学有缺憾。他本可创出一门前无古人甚至后无来者的独特武功，可是竟与之失之交臂。杨过在立功、立德上，都无法和郭靖相比，但是杨过的黯然销魂掌让他永载武学史册。

此事古难全，这就是人生吧。

附：凯库勒的贪食蛇

郭靖是因为"飞龙在天"这一招想到古藤十二式的。这可能隐喻了科研创新的灵感就像龙一样。《三国演义》中提到了龙："龙能大能小，能升能隐；大则兴云吐雾，小则隐介藏形；升则飞腾于宇宙之间，隐则潜伏于波涛之内。"蛇也被称为小龙，凯库勒因蛇而破解苯的结构的故事对科研创新的灵感问题有很好的注解作用。

凯库勒（Friedrich August Kekulé，1829—1896），德国化学家，是当时欧洲最杰出的理论化学家。他提出了苯的分子结构，称为凯库勒式。1890年，在阐明苯的结构25年之后，凯库勒在柏林城市礼堂做了一次演讲，回顾了自己发现苯结构的历程，其中提到著名的贪食蛇之梦：

在苯理论研究中，我也经历了类似的事情。在根特逗留期间，我住在主干道上优雅的单身宿舍。我的书房面对是一条狭窄的小巷，不见阳光。但对于在实验室度过一天的化学家来说，这无关紧要。我在我的笔记本上写着什么，但思路毫无进展；我的思想在别处。我把椅子转向炉火边，开始打瞌睡。原子再次在我眼前跳跃。这一次，它们的小团体保持低调。我的心智之眼由于这种反复出现的景象而变得更加敏锐，现在可以分辨出多种构象的更大结构：很长的一行，有时更紧密地结合在一起，所有这些都如蛇形运动缠绕着。但是你看！那是什么？其中一条蛇抓住了自己的尾巴，它在我眼前嘲弄地旋转着。我好像被一道闪电击中，瞬间惊醒了。

之后就容易多了，我花了一整晚的时间研究这个假设的结果。

让我们学会做梦吧，先生们，也许我们会发现真相。

(Something similar happened with the benzene theory. During my stay in Ghent I resided in elegant bachelor quarters in the main thoroughfare. My study, however, faced a narrow side-alley and no day-light penetrated it. For the chemist who spends his day in the lab this mattered little. I was sitting writing at my textbook but the work did not progress; my thoughts were elsewhere. I turned my chair to the fire and dozed. Again the atoms were gamboling before my eyes. This time he smaller groups kept modestly in the background. My mental eye, rendered more acute by repeated visions of the kind, could now distinguish larger structures of manifold conformation: long rows, sometimes more closely fitted together all twining and twisting in snake-like motion. But look! What was that? One of the snakes had seized hold of its own tail, and the form whirled mockingly before my eyes. As if by a flash of lightening I awoke; and this time also I spent the rest of the night in working out the consequences of the hypothesis.

Let us learn to dream, gentleman, then perhaps we shall find the truth.)

引自：Benfey O T. August Kekulé and the Birth of the Structural Theory of Organic Chemistry in 1858. Journal of Chemical Education, 1958, 35 (1): 21-23. doi: 10. 1021/ed035p21.

21　欧阳克的鄙视

Seven times have I despised my soul. *我曾七次鄙视自己的灵魂。*

——欧阳克

如果说没能参加第一次华山论剑是欧阳克的遗憾的话，那么没能参加第二次华山论剑则几乎是欧阳克的耻辱。也难怪，西域昆仑白驼山少主欧阳克在成长路上曾七次鄙视自己的灵魂。

第一次，当他本可选择诗和远方时，却满足于眼下的苟且。

欧阳克缺乏雄心壮志。他生在武学世家，经济条件也好，却整天悠闲度日，没有什么远大志向。如果有的话，也就是吃喝玩乐之类的嗜好。

这和欧阳锋形成鲜明对比。欧阳锋多年来早已跻身五绝，王重阳死后，四绝分庭抗礼。然而，欧阳锋枕戈待旦，闻鸡起舞，身处西域，虎视中原。他阴谋、阳谋双管齐下，阴谋包括策划并实施了大雪山突袭、重阳宫夺经、活死人墓入侵等行动，他还曾送给瑛姑割肉饲鹰画；阳谋包括结亲桃花岛、夺经于郭靖、击杀谭处端、嫁祸于黄药师等一系列行动。欧阳锋同时也没有耽误练功，二十年如一日勤练蛤蟆功，终于恢复了被王重阳破去的蛤蟆功。相比之下欧阳克简直是太没有上进心了。

不过这也难怪，"武二代"都有不思进取这个问题，比如段誉、黄蓉、郭芙。那些身为"武二代"而又勤奋上进，能走出自己的舒适区，开辟新天地的，常常有不幸遭遇（如张无忌、令狐冲）或者敏感身世（如杨康、霍都）。欧阳克很"幸运"，而这恰恰是他的大不幸。生于忧患，死于安乐；艰难困苦，玉汝于成。诚哉斯言。

第二次，当他在空虚时，用爱欲来填充。

欧阳克是出了名的好色，这可能是为了填补自己的空虚。如果说洪七公每次出场都和吃有关，那么欧阳克每次出场都和色有关。甚至在欧阳克还没出场时，他收罗的美姬就先声夺人了。在赵王府，欧阳克就垂涎黄蓉的秀雅绝伦；在宝应，欧阳克看中了程瑶迦；在桃花岛、明霞岛，欧阳克始终对黄蓉不死心；在荒村野店，欧阳克刚恢复一点就又觊觎程瑶迦和穆念慈，终于死于杨康之手。

第三次，在困难和容易之间，他选择了容易。

欧阳克只选择容易的武功练习。欧阳锋是一代宗师，蛤蟆功、灵蛇拳、神驼雪山掌、瞬息千里、蛇杖都独步天下。他还是一个毒物大师，不但有厉害无比的蛇毒，还有通犀地龙丸这种解药。欧阳锋的蛇阵也很厉害。然而，欧阳克学了什么呢？欧阳克似乎只会灵蛇拳、瞬息千里，再加上吹笛子弄蛇这种奇技淫巧。厉害无比的蛤蟆功、制毒的工艺，欧阳克似乎都不熟悉。

灵蛇拳和蛤蟆功比起来，胜在招式巧妙。灵蛇拳似乎也更加潇洒飘逸，和瞬息千里轻功搭配起来，肯定翩若浮云、矫若惊龙，让欧阳克翩翩浊世佳公子的人设更加立体化。与灵蛇拳对标的，应该是洪七公的逍遥游。洪七公把逍遥游传给黄蓉时，就说逍遥游远不如降龙十八掌。这样的武功学起来肯定是容易的，比如黄蓉分分钟就学会了逍遥游。然而灵蛇拳把妹有余，保命不足。相比之下，蛤蟆功要艰难得多。蛤蟆功是和降龙十八掌对标的，需要刻苦练习。欧阳克放弃了艰难的蛤蟆功，选择了简单的灵蛇拳，但结果是致命的。蛤蟆功以静制动，后发制人。如果欧阳克学了，怎么会被杨康杀死呢？

第四次，他做出错误选择，却以别人也会犯错来宽慰自己。

欧阳克初见黄蓉，惊为绝色，从此不断追求。从赵王府到桃花岛再到东海。欧阳克似乎也把自己感动了。不知道黄蓉芳心早就许给郭靖了。犯错误并不愚蠢。愚蠢的是反复做一件事，而期待不同结果。(Insanity is doing the same thing over and over again and expecting different results.)

第五次，他散漫而软弱，却误以为这是自由。

欧阳克似乎没有羞耻感。欧阳克人到中年，三十五六岁，在赵王府败于二八佳人黄蓉，没有羞耻的感觉，还可以用对黄蓉心怀爱慕来解释，但在宝应、桃花岛先后败于十八岁的郭靖，似乎也并不在乎，心可就太大了。

相比之下，杨康当众拜欧阳锋为师，是因为先后两次败于郭靖之手，令他羞愧而愤怒。杨康毕竟和郭靖同龄，还觉得愤怒，欧阳克是西毒亲传，年龄又大，败于郭靖之手居然满不在乎，从另一个角度看是没有羞耻感。知耻近乎勇，羞耻感也是一种积极的力量。欧阳克不觉得羞耻，并且认为这是自己生性洒脱。

第六次，当他鄙夷一张丑恶的嘴脸时，却不知那正是自己面具中的一副。

欧阳克听他语含讥刺，知道先前震开他的手掌，此人心中已不无芥蒂，心想显些甚么功夫，叫这秃头佩服我才好，只见侍役正送上四盆甜品，在每人面前放上一双新筷，将吃过咸食的筷子收集起来。欧阳克将那筷子接过，随手一撒，二十只筷子同时飞出，插入雪地，整整齐齐的排成四个梅花形。

《射雕英雄传》第八章"各显神通"

在赵王府，面对沙通天、彭连虎、梁子翁和灵智上人，欧阳克是很自负的。欧阳克虽然只学会了欧阳锋二三成的武功，但倚仗西毒的名头，足以横行西域。所以欧阳克面对沙、彭、梁、灵四人时，心中是充满鄙视的。欧阳克不知道的是，在郭靖、黄蓉看来，他其实和沙、彭、梁、灵四人没有区别。

第七次，他厕身于生活的污泥中，虽不甘心，却又畏首畏尾。

欧阳克一生的高光时刻是年少时在云南大雪山中战平武三通。从此之后，欧阳克败多胜少。欧阳克先后败给过江南六怪、黄蓉（凭借智计）、梅超风、郭靖等，最后死于杨康之手。欧阳克可能偶尔也想过奋发，但面对练武的困难，面对女色的诱惑，就缴械投降了。**干大事（学武）而惜身，见小利（女色）而忘命。**这是对欧阳克一生最准确的评价。

附：科研人生的成长

可能很多科研人在成长路上都遇到过和欧阳克类似的困局。很好的实验室，很牛的导师，很难得的机会，但是因为和欧阳克类似的原因，如缺乏规划、不懂珍惜、选择容易、坚持错误、畏首畏尾，而丧失机会，懊悔不已。科研中的好机会极其稀少，错过了，可能就再也不会有了。而没有把握住的机会就不再是机会了。

欧阳克已经没有机会了，但我们还有。

第四编　"神雕"时代的霏雨

引子：亢龙有悔，盈不可久

从 1199 年第一次华山论剑，到 1259 年第三次华山论剑，王重阳的武学布局绵延六十年，逐渐式微。

王重阳以《九阴真经》为主题的武学论坛走向衰落，重要原因有二：一是学术一统；二是近亲繁殖。

学术一统，说的是《九阴真经》一经独大。《九阴真经》尽管不是最高明的武功，但被王重阳追捧，其影响力贯穿于整个"射雕"时代，郭靖、杨过、小龙女等人都得益于《九阴真经》。《九阴真经》独大导致了学术思想单一，无法带来进一步的突破。

近亲繁殖，说的是"射雕"时代天下英雄尽在全真派彀中。第一次华山论剑全真派五占其一（王重阳为五绝之首），第三次华山论剑则五占其三（周伯通、郭靖、杨过都可以说是全真一脉），近亲繁殖程度可见一斑。

学术一统和近亲繁殖是一个问题的两个方面，学术一统会导致近亲繁殖，近亲繁殖又会加剧学术一统，两者都会限制学术创新。

亢龙有悔，盈不可久。《九阴真经》终于让位于《九阳真经》。以郭襄为代表的"神雕"时代群侠敏锐地意识到了这种趋势，做出了自己的选择，从而开启了新的武学时代。在讲述郭襄之前，请先看看那个曾经想收郭襄为徒弟的金轮法王。

22　法王的金轮

弱小和无知不是生存的障碍，傲慢才是。

——金轮法王

金轮法王有足够的理由傲慢。

金庸小说西藏三人组中，金轮法王的武功、地位都胜过鸠摩智和灵智上人。鸠摩智只是吐蕃护国法师，号称大轮明王。金轮法王不但号称金轮，而且还是蒙古第一护国法师。蒙古的声威远不是吐蕃可以相比的，第一法师也不是普通的法师可比的。至于灵智上人，比鸠摩智都差远了，更不用提和金轮法王相比了。

而且，金轮法王的文化水平极高：

金轮法王文武全才，虽然僻居西藏，却于汉人的经史百家之学无所不窥。

《神雕侠侣》第二十回"侠之大者"

最关键的是金轮法王武学成就惊人：

但金轮法王胸中渊博，浩若湖海，于中原名家的武功无一不知。

《神雕侠侣》第十二回"英雄大宴"

金轮法王的龙象般若功更是西藏密宗至高无上的护法神功。不但是灵智上人的大手印无法相比的，恐怕鸠摩智的火焰刀也瞠乎其后。以至于洪七公碰到金轮法王的徒孙藏边五丑时提到"你们学的功夫很好"。尤其是金轮法王的龙象般若功宗教色彩鲜明，有"般若"二字，根红苗正，自带佛教光环。

金轮法王甚至吸引了蒙古王子霍都投到门下。虽然这还不能称为帝师，但已经是极高荣誉了。要知道鸠摩智只能在吐蕃小王子鞍前马后跑腿，而欧阳锋收的徒弟只是大金王爷的养子。

金轮法王的兵器也符合他的傲慢心态。无论是从性质还是种类上看，轮子都不是一种好兵器。如果说刀、剑、枪可以找到生物进化上的起源（如人手、动物角）的话，轮子在生物进化上从未实现。轮子的优势在于它们的宗教色彩，比如《大妙金刚经》中有八辐金刚轮的记载；轮子的优势还在于令人印象深刻，特别适合做logo。

金轮法王几乎是全能的，他还擅长使毒，可能不逊于欧阳锋，比如他携带了天下三绝毒之一的采雪蛛。但是金轮法王的骄傲性格让他没有使用这样的毒物。

金轮法王也有自己的心病，他觉得他的荣誉配不上他的武功。

首先，金轮法王的第一护国法师的名头是蒙古王后封的，总有些不是滋味不是？

> 霍都王子朗声说道："这位是在下的师尊，西藏圣僧，人人尊称金轮法王，当今大蒙古国皇后封为第一护国大师。"

《神雕侠侣》第十二回"英雄大宴"

其次，霍都也不是真正意义上的蒙古王子：

> 郭靖喃喃说了几遍"霍都王子"，回思他的容貌举止，却想不起会是谁的子嗣，但觉此人容貌俊雅，傲狠之中又带了不少狡诈之气。成吉思汗共生四子，长子术赤慓悍英武，次子察合台性子暴躁而实精明，三子窝阔台即当今蒙古皇帝，性格宽和，四子拖雷血性过人，相貌均与这霍都大不相同。

《神雕侠侣》第四回"全真门下"

金轮法王觉得配得上自己武功的是蒙古第一勇士，是武林至尊。为了这个目标，金轮法王需要的是一场酣畅淋漓的胜利。因此，金轮法王既不像灵智上人一样寄身在大金赵王府，同其他几个人一样混口饭吃，也不像鸠摩智一样，为了获得进身之阶甚至要曲线救国，赴大理夺经。所以金轮法王施施然地直接来到了陆家庄英雄大宴，面对中原大半的英雄，以少对多，以客压主，有刘邦赴鸿门宴一样的英雄气概。数十年前的华山论剑武学论坛上，王重阳靠先天功夺得天下第一的名号。金轮法王希望复制这份荣耀：一鸣惊人，大胜中原群雄。

结果金轮法王大败而回，他的傲慢第一次带来了对自己的伤害。金轮法王傲慢地认为自己的徒弟就足以解决问题。事情一开始按计划有条不紊地进行，金轮法王的两个弟子霍都和达尔巴分别战胜了朱子柳和点苍渔隐，按照三局两胜的规则，金轮法王已经赢了。然而变生肘腋，杨过，一个无名之辈，金轮法王的一生之敌，突然出现。杨过不但战胜了霍都和达尔巴，更意想不到的是，杨过的年轻师父小龙女，一个同样名不见经传的人物，也对金轮法王构成了极大威胁，隐隐有分庭抗礼之势。而此时，小龙女刚独立没有多久，只有杨过一个学生。金轮法王在和郭靖的比试中也极为傲慢。他和郭靖两次对掌，为了保持脸面，两次选择了不动，结果身受内伤。这次陆家庄之旅给金轮法王踌躇满志的武林至尊计划蒙上了一层阴影。

接下来的遭遇也足以引起金轮法王的重视，但他故意选择忽视。比如，金轮法王偶遇杨过和小龙女，被他们的玉女素心剑法逼退。又如，金轮法王在蒙古大营遇到周伯通，见识了老顽童无法预测的武功。再如，金轮法王几次和郭靖交手，有时甚至以多欺少，但都没有占到便宜。

金轮法王的下一个"小目标"是全歼全真教。这个计划不但能作为忽必烈入主中原大战略的一部分，也是金轮法王自己对王重阳的一次隔空叫板。然而在重阳宫，金轮法王遇到的是学会双手互搏、一人双手同时使用玉女素心剑法的小龙女以及使用玄铁重剑的杨过，再次铩羽而归。

接连遭受两次打击，金轮法王需要重新审视自己的傲慢了。他选择了放弃一切事务，在蒙古潜心专研龙象般若功。

那金轮法王实是个不世的奇才，潜修苦学，进境奇速，竟尔冲破第九层难关，此时已到第十层的境界，当真是震古烁今，虽不能说后无来者，却确已前无古人。

《神雕侠侣》第三十七回"三世恩怨"

金轮法王的十六年刻苦攻关，足以让他重新收获傲慢。刚刚重新出山，金轮法王就取得了开门红：他一举打败了慈恩，也就是铁掌帮前帮主裘千仞。金轮法王以为大功告成，水火既济，从此睥睨天下。

但金轮法王的好心情没有持续太久，在他招生的时候就消失殆尽了。十六年前金轮法王就有好几个学生了。但是他的第一个学生早夭。第二个学生达尔巴性格愚鲁，无法独当一面。第三个学生蒙古王子霍都人非常聪明，武功也不错，但是最近十几年跳槽去了丐帮，准备转行政。暂停一切事务的这十六年，金轮法王空有头衔，但没有招生名额。所以出山的金轮法王需要招新的学生。他看中了"武二代"郭襄。但是郭襄居然拒绝了他，理由也很简单，他的武功没有杨过好。

又是杨过！

《周易》"既济"卦辞是"亨，小利贞，初吉终乱"，用来形容十六年后出山、打败慈恩的金轮法王再合适不过了。金轮法王不知道的是，杨过在十六年里也没有闲着，创出了黯然销魂掌。而杨过的这项创造还要拜金轮法王所赐：

法王笑道："人各有志，那也勉强不来。杨兄弟，你的武功花样甚多，不是我倚老卖老说一句，博采众家固然甚妙，但也不免博而不纯。你最擅长的到底是那一门功夫？要用甚么武功去对付郭靖夫妇？"

《神雕侠侣》第十六回"杀父深仇"

金轮法王的傲慢来自自己的精纯。金轮法王其实所知非常广博，但也仅限于知道，并没有想过练习，他主要是专攻自己的龙象般若功。但是，一味精纯似乎也并不完全是最优解，由博而精似乎效果更好。金轮法王独战老顽童、一灯、黄药师是他一生的顶点。这一战虽然金轮法王失手被擒，但也是荣耀无限了。

但金轮法王最终也毁于自己的精纯。在最后和杨过的竞争中，金轮法王十层功力的龙象般若功不及十七招的黯然销魂掌。杨过得其形，金轮法王得其神。真正黯然销魂的反倒是金轮法王："黯然销魂者，唯别而已矣"。

金轮法王的武学生涯画上了句号。离开前，他不由得想起自己十六年苦练武功那缓慢悠然的时光，那是自己最快乐的时光。

附：鲍林如何在 DNA 结构竞赛中折戟

莱纳斯·鲍林（Linus Carl Pauling）是历史上"唯二"在两个不同领域获得诺贝尔奖的科学家，他在 1954 年和 1962 年分别获得了诺贝尔化学奖和诺贝尔和平奖。另一个跨领域两次获奖的人是居里夫人，她于 1903 年和 1911 年分别获得了诺贝尔物理学奖和诺贝尔化学奖。但鲍林两次获奖都是独享，而居里夫人 1903 年的诺贝尔物理学奖则是和丈夫皮埃尔·居里以及法国科学家贝克勒尔共同获得的。鲍林的两次获奖配得上他的贡献，他是毫无争议的 20 世纪最伟大的化学家，尽管是否也是历史上最伟大的化学家还有争议。

所以，1951 年夏天，当鲍林开始对 DNA 感兴趣的时候，不但他自己，几乎所有人都认为他势在必得。但鲍林对 DNA 感兴趣并不是因为相信它是遗传物质。恰恰相反，虽然 DNA 是染色体中的重要成分，但是当时几乎没有人认为 DNA 是遗传物质，鲍林也是如此。唯一的一点不和谐来自艾弗里（Oswald Theodore Avery）。1944 年，艾弗里发现 DNA 自身能在肺炎细菌中传递遗传信息。鲍林知道这个发现，但并不接受。鲍林对 DNA 感兴趣仅是因为这是一种生物大分子，而鲍林对解析复杂结构有实力，也有兴趣。

但是鲍林很快就第一次错失了 DNA 结晶衍射图片。1951 年夏天，鲍林写信给英国卡文迪许实验室的威尔金斯（Maurice Wilkins），索要 DNA 结晶衍射图片，但是威尔金斯拒绝了他。鲍林甚至直接给威尔金斯的上级写信，但同样被拒绝了。

于是鲍林暂时把 DNA 放在一边。这时，一个叫 Edward Ronwin 的人在美国化学学会杂志（*Journal of American Chemical Society*，JACS）发表了关于 DNA 结构的文章。但是鲍林一看就知道这个结构是错的。

不久后，鲍林看到 DNA 图片的机会又一次错失了。1951 年秋天，鲍林收到英国皇家协会的邀请，请他参加 1952 年 5 月 1 日举行的会议。但他最终没能成行。因为政治原因，鲍林的护照没有被签发。

鲍林终于开始意识到 DNA 的重要性。鲍林解决了护照问题，在 1952 年夏天参加了巴黎国际生化大会。会上，每个人都在谈论赫尔希的实验。赫尔希分别标记了 DNA 和蛋白质，雄辩地说明了是 DNA 传递了遗传信息。同艾弗里的肺炎实验没有激起太大水花不同，赫尔希的实验可以说一石激起千层浪。现在，鲍林意识到自己走错了方向。但鲍林依然认为自己迟早会解决 DNA 结构的问题。

鲍林第三次错失了看到 DNA 图片的机会。1952 年的 8 月，鲍林来到了英国蛋白中心。但是鲍林甚至没有尝试和威尔金斯及富兰克林见面，而后者得到了越来越多的质量更好的 DNA 图片。最终由沃森和克里克提出了 DNA 双螺旋模型，威尔金斯甚至与沃森和克里克分享了诺贝尔奖。

历史学家在分析鲍林错失 DNA 结构发现的原因时提到三点：第一是兴趣，鲍林的兴趣永远是蛋白；第二是数据，在竞争中，鲍林从未看到过高质量的 DNA 图片；第三是骄傲，鲍林始终认为自己一定是那个最终解析 DNA 结构的人。

参考：托马斯·哈格. 鲍林：20 世纪的科学怪杰. 周仲良，郭宇峰，郭镜明，译. 上海：复旦大学出版社，1999.

23　朱子柳的逍遥巾

霜凋荷叶，独脚鬼戴逍遥巾。

——朱子柳

大理段氏之衰，始于段誉，造极于朱子柳。 或者换句话说，朱子柳有中兴大理段氏的机会，但是他的小聪明害了他。

初遇黄蓉时，朱子柳出了上联："风摆棕榈，千手佛摇折迭扇"。微风吹拂棕榈树，就像千手佛在摇动折扇一样。这就像大理段氏昔日的荣光，高手如棕榈叶般层出不穷，所以能够创出六脉神剑这样的高深武功。

黄蓉对的下联则是"霜凋荷叶，独脚鬼戴逍遥巾"，因为黄蓉看到：

只见对面平地上有一座小小寺院，庙前有一个荷塘，此时七月将尽，高山早寒，荷叶已然凋了大半。

《射雕英雄传》第三十章"一灯大师"

这幅景象恰好是大理段氏今日的景象：高山早寒，荷叶半凋。

段智兴的徒弟中，朱子柳就是那个独脚鬼，还在蹒跚前行，他身上唯一的亮色就是脑后那条在风中凌乱的逍遥巾。

面对大理段氏的衰落，一灯大师段智兴曾试图力挽狂澜。 段智兴或者应该叫志兴，就是立志复兴的意思。比如他曾经打破教条，将一阳指传给弟子。这在"天龙"时代是不敢想象的。在郭、黄初遇一灯的时候，渔樵耕读并不会一阳指：

渔樵耕读四人的点穴功夫都得自一灯大师的亲传，虽不及乃师一阳指的出神入化，但在武林中也算得是第一流的功夫，岂知遇着瑛姑，刚好撞正了克星。

《射雕英雄传》第三十一章"鸳鸯锦帕"

这说明在郭、黄初遇一灯时，也就是第二次华山论剑之前，渔樵耕读四人只会点穴，还没有得到师父传授一阳指。事实上一阳指是段氏绝学，在一灯之前也从未传给家臣。

然而，这个禁忌被一灯打破了。

朱子柳与黄蓉一见就要斗口，此番阔别已十余年，两人相见，又是各逞机辩。欢叙之后，泗水渔隐与朱子柳二人果然找了间静室，将一阳指的入门功夫传于武氏兄弟。

《神雕侠侣》第十二回"英雄大宴"

也就是说，在第二次华山论剑之后的十八年，一灯决定将一阳指传给徒弟。之所以说是在此时，因为武敦儒、武修文在桃花岛追随郭靖的事大理肯定早知道，但是在此时才传功，说明一灯刚刚做出决定。

一灯的选择自有道理，以家族为主的武学传承模式最大的问题是基因库有限，无法筛选出一定数量的杰出人才，即使是皇族也不行。但只想通了道理也不行，一灯这样做是需要极大魄力的。魄力也不能解释所有，开放一阳指也是大理段氏的无奈之举。"天龙"时代大理段氏就很难继承家传的六脉神剑，段誉的因缘际会得天独厚，不可复制；"射雕"时代以来，大理段氏武学已经一路向下狂奔了。

一灯大师的希望是朱子柳。朱子柳在渔樵耕读中虽然排名最末，但是最具悟性，而大理段氏的武功很讲究悟性。

朱子柳当年在大理国中过状元，又做过宰相，自是饱学之士，才智过人。大理段氏一派的武功十分讲究悟性。朱子柳初列南帝门墙之时，武功居渔樵耕读四大弟子之末，十年后已升到第二位，此时的武功却已远在三位师兄之上。

《神雕侠侣》第十二回"英雄大宴"

然而，朱子柳只做自己喜欢的事情。朱子柳涉猎广泛，但大都是自己擅长的繁复武功，比如剑法：

那书生剑法忽变，长剑振动，只听得嗡然作声，久久不绝，接着上六剑，下六剑，前六剑，后六剑，左六剑，右六剑，连刺六六三十六剑，正是云南哀牢山三十六剑，称为天下剑法中攻势凌厉第一。

《射雕英雄传》第三十章"一灯大师"

而大理段氏最大的问题实际是内力增长问题。指法在先天上有力量劣势和灵活性优势，有高深内力加成就会无往不利，没有高深内力则既无往又不利。段誉尽管阴差阳错学会了六脉神剑，但是成功无法复制。段誉之后无人练成六脉神剑，甚至一阳指也难保。大理段氏最需要解决的是内力增长问题。

但朱子柳关心的是炫目的招式，他投入了极大的时间精力，搞了个"一阳书指"。在英雄大宴上同霍都比拼的时候，成败可以说在此一举，然而，朱子柳却拿出了一枝笔：

霍都凝神看他那枝笔，但见竹管羊毫，笔锋上沾着半寸墨，实无异处，与武林中用以点穴的纯钢笔大不相同。

《神雕侠侣》第十二回"英雄大宴"

要知道，在《笑傲江湖》中，秃笔翁的笔是精钢打造的，只是笔头有羊毛。朱子柳居然敢用一支普通的竹管羊毫，这不是"作"吗？原来朱子柳自己独自开发出了融书法与一阳指于一炉的武功：

朱子柳是天南第一书法名家，虽然学武，却未弃文，后来武学越练越精，竟自触类旁通，将一阳指与书法融为一炉。这路功夫是他所独创，旁人武功再强，若是腹中没有文学根柢，实难抵挡他这一路文中有武、武中有文、文武俱达高妙境界的功夫。

《神雕侠侣》第十二回"英雄大宴"

朱子柳的"一阳书指"极其炫目，比如《房玄龄碑》：

原来《房玄龄碑》是唐朝大臣褚遂良所书的碑文，乃是楷书精品。前人评褚书如天女散花，书法刚健婀娜，顾盼生姿，笔笔凌空，极尽仰扬控纵之妙。朱子柳这一路"一阳书指"以笔代指，也是招招法度严谨，宛如楷书般的一笔不苟。

《神雕侠侣》第十二回"英雄大宴"

又如张旭的《自言帖》：

朱子柳见他识得这路书法，喝一声采，叫道："小心！草书来了。"突然除下头顶帽子，往地下一掷，长袖飞舞，狂奔疾走，出招全然不依章法。但见他如疯如癫、如酒醉、如中邪，笔意淋漓，指走龙蛇。

《神雕侠侣》第十二回"英雄大宴"

接着朱子柳又施展了隶书的《褒斜道石刻》和大篆。最终朱子柳打败了霍都，当然霍都使诈，又伤了朱子柳，最后靠杨过解围。

不管霍都是否使诈，朱子柳的"一阳书指"是好功夫吗？**"一阳书指"作为一种艺术品自有其价值，但不是重振大理段氏武学的当务之急。**在比拼之初，黄蓉就指出，如果朱子柳使用一阳指，胜过霍都并不难。但朱子柳偏要拿一枝没有任何杀伤力的毛笔，费了偌大精力，真草隶篆都使遍了，才打赢霍都。真是一顿操作猛如虎，到头却自取其辱。朱子柳如果专精在《射雕英雄传》中就使用的哀牢山三十六剑，估计也能把霍都拿下。可他愣是"苦研十余年"，用来研究"一阳书指"。朱子柳的武学方向得到的只能是黄蓉这种喜欢精巧的人的推崇，郭靖这种真正的大家却不以为然：

郭靖不懂文学，看得暗暗称奇。黄蓉却受乃父家传，文武双全，见了朱子柳这一路奇妙武功，不禁大为赞赏。

《神雕侠侣》第十二回"英雄大宴"

朱子柳的追求辜负了一灯的期望，也带偏了大理一脉的武学走向。武敦儒、武修文兄弟本来就不是上等资质的人，偏偏认为朱子柳的武功是正道：

> 武氏兄弟在旁观斗，见朱师叔的一阳指法变幻无穷，均是大为钦服，暗想："朱师叔功力如此深厚强劲，化而为书法，其中又尚能有这许多奥妙变化，我不知何日方能学到如他一般。"一个叫："哥哥！"一个叫："兄弟！"两人一般的心思，都要出言赞佩师叔武功。
>
> 《神雕侠侣》第十三回"武林盟主"

武氏兄弟既资质平庸，又被朱子柳带偏。武氏兄弟的后人喜欢的都是华而不实的武功：

> 朱九真道："啊哟，你这不是要我好看吗？我便是再练十年，也及不上你武家兰花拂穴手的一拂啊。"
>
> 《倚天屠龙记》第十五章"奇谋密计梦一场"

也就是说，在郭靖和黄蓉之间，武氏兄弟没有选擅长降龙十八掌、空明拳、《九阴真经》的郭靖，而是选择了黄蓉；在黄蓉众多的武功中，他们不是选打狗棒、弹指神通，而是选了华而不实的兰花拂穴手。他们不但没有黄蓉的聪明，甚至也没有朱子柳的机敏，却去学繁复精巧的武功。

难怪从此大理段氏的下滑开始加速，终于无法挽回，直至朱武连环庄，不但武学式微，道德也堕落了。可见，**内力实而知礼节，招式足而知荣辱。**

朱子柳甚至也差点带偏了杨过的武学走向。在绝情谷同公孙止比拼的时候，杨过自己说受到朱子柳书法与武功融合的启示，将诗词和武功结合：

> 只听他又吟道："息徒兰圃，秣马华山。流磻平皋，垂纶长川。目送归鸿，手挥五弦。"这几句诗吟来淡然自得，剑法却是大开大阖，峻洁雄秀，尤其最后两句剑招极尽飘忽，似东却西，趋上去下，一招两剑，难以分其虚实。
>
> 《神雕侠侣》第二十回"侠之大者"

幸亏金轮法王给了杨过武学忠告：

> 法王笑道："人各有志，那也勉强不来。杨兄弟，你的武功花样甚多，不是我倚老卖老说一句，博采众家固然甚妙，但也不免博而不纯。你最擅长的到底是那一门功夫？"
>
> 《神雕侠侣》第十六回"杀父深仇"

杨过本身浮躁轻动，贪多务得，要不是金轮法王提醒在前，被郭芙斩断臂膀在后，可能就被朱子柳带偏了。

朱子柳的武学方向的问题是过分注重灵感和艺术气质，缺少结硬寨、打呆仗，

解决具体燃眉问题的气质。秃笔翁在写完《裴将军诗》后说：

> 我舍不得这幅字，只怕从今而后，再也写不出这样的好字了。
>
> 《笑傲江湖》第十九章"打赌"

张三丰在开发出了倚天屠龙功后说：

> "我兴致已尽，只怕再也写不成那样的好字了。远桥、松溪他们不懂书法，便是看了，也领悟不多。"
>
> 《倚天屠龙记》第四章"字作丧乱意彷徨"

无论是秃笔翁还是张三丰，都指出书法与武功结合这样的方向不稳定，难以持续输出。谢逊则指出，外表过于美好的东西常常难以长存：

> 谢逊叹了口气，低声道："但愿他长大之后，多福多寿，少受苦难。"殷素素道："谢前辈，你说孩子的长相不好吗？"谢逊道："不是的。只是孩子像你，那就太过俊美，只怕福泽不厚，将来成人后入世，或会多遭灾厄。"
>
> 《倚天屠龙记》第七章"谁送冰舸来仙乡"

如果说黄蓉和朱子柳初遇，一句"独角鬼带逍遥巾"一语成谶的话，那么第二次华山论剑后，黄蓉和朱子柳的对答再次应验如神。

当时朱子柳对黄蓉说的是《诗经·桧风》中的一句"隰有苌楚，猗傩其枝"，意思是"洼地生长猕猴桃，柔嫩枝条多婀娜"。黄蓉回复说的是《诗经·王风》中的一句"鸡栖于埘，日之夕矣"，意思是"群鸡个个进窝去，太阳已经落山了"。

自朱子柳开始，大理段氏的一个太阳（一阳）真的落山了。

附：钱德拉塞卡——科学中的美和对美的追求

钱德拉塞卡（Subrahmanyan Chandrasekhar，1910—1995），印度裔美籍天体物理学家，1983 年因星体结构和进化的研究而获得诺贝尔物理学奖。钱德拉塞卡是第一位亚裔诺贝尔奖获得者拉曼（Raman）的外甥。钱德拉塞卡的一项著名成就是发现了钱德拉塞卡极限，说的是恒星坍缩的命运不总是变为白矮星，如果质量很大，恒星还能变成中子星、黑洞等，而这个决定白矮星、中子星、黑洞等的命运选择的恒星质量就是钱德拉塞卡极限，它大概是太阳质量的 1.44 倍。

钱德拉塞卡兴趣广泛，爱好文学，据说阅读过从莎士比亚时代到托马斯·哈代时代的各种文学作品。他曾经写过一本书，叫《莎士比亚、牛顿和贝多芬》。

钱德拉塞卡在 1979 年写过一篇短文：《科学中的美和对美的追求》（*Beauty and the Quest for Beauty in Science*），其中有一些对科学中的美的论述发人深省。

比如，钱德拉塞卡认为，哪怕是没有事实依据的纯粹具有美学价值的理论也依然具有重大意义：

沙利文大胆地说："科学理论与方法的正当性都在于它的美学价值。"在这一点上，我想向沙利文提出一个问题：一个无视事实的理论（但可能基于美学）是否对科学具有与一个基于事实的理论同等的价值。我想他会说不；然而，就我所见，没有纯粹的美学理由认为为什么不应该这样做。（Sullivan boldly says: "It is in its aesthetic value that the justification of the scientific theory is to be found and with it the justification of the scientific method." I should like to pose to Sullivan at this point the question whether a theory that disregarded facts would have equal value for science with one which agreed with facts. I suppose he would say No; and yet so far as I can see there would be no purely aesthetic reason why it should not.)

我认同在数学和物理学中存在钱德拉塞卡所谓的极致美学的价值，比如基于纯粹数学的虚数现在已经被发现在量子力学中具有实际意义。但我同时也认为，在大多数理工科中，解决卡脖子问题的实用主义比美学价值可能更重要。

24　公孙止的桃花源

高尚士也闻之，欣然规往，未果，寻病终，后遂无问津者。

——公孙止

绝情谷公孙止的家族有悠久而光荣的历史。

公孙止的祖上在唐代为官，后来为避安史之乱，举族迁居在这幽谷之中。

《神雕侠侣》第十九回"地底老妇"

如果仔细探究，公孙止有可能是赫赫有名的公孙大娘一族的后人吗？提出这种可能性，不仅是因为姓氏，原因之一是剑势。公孙大娘的剑招似乎弧形的动作很多，如杜甫的《观公孙大娘弟子舞剑器行》记载：

> 昔有佳人公孙氏，一舞剑器动四方。
>
> 观者如山色沮丧，天地为之久低昂。
>
> 霍如羿射九日落，矫如群帝骖龙翔。
>
> 来如雷霆收震怒，罢如江海凝清光。

其中形容剑招走势的主要是"日落""龙翔"两句，而无论是日落还是龙翔，都是弧形的走势。而公孙止的剑法似乎也是如此：

公孙谷主出手快极，杨过后跃退避，黑剑划成的圆圈又已指向他身前，剑圈越划越大，初时还只绕着他前胸转圈，数招一过，已连他小腹也包在剑圈之中，再使数招，剑圈渐渐扩及他的头颈。杨过自颈至腹，所有要害已尽在他剑尖笼罩之下。金轮法王、尹克西、潇湘子等生平从未见过这般划圈逼敌的剑法，无不大为骇异。

《神雕侠侣》第十八回"公孙谷主"

金轮法王、潇湘子、尹克西都是一代宗师，见多识广，却对公孙止的剑招表示惊讶，可能这是一种来源于剑舞的独特武学。

原因之二则是金刀黑剑。

公孙止的兵器很独特，主要就在于他的金刀与黑剑。而公孙大娘的舞蹈也有金刀、黑剑的影子。明代的徐渭，就是大名鼎鼎的徐文长，写过《张旭观公孙大娘舞剑器》，其中想象两蛇相争，有"黑蛇比锦谁邛低"之句，形容剑器的黑与彩，是不是有黑剑、金刀的影子？

然而，拥有悠久而光荣的历史的绝情谷就像个金玉其外、败絮其中的柑子。 绝情谷表面看和桃花源很像：

> 原来四周草木青翠欲滴，繁花似锦，一路上已是风物佳胜，此处更是个罕见的美景之地。信步而行，只见路旁仙鹤三二、白鹿成群，松鼠小兔，尽是见人不惊。

> 《神雕侠侣》第十七回"绝情幽谷"

但是，绝情谷的人绝不是"黄发垂髫，并怡然自乐"的。事实上，绝情谷中的人大都活得很压抑。整个绝情谷中的饮食以青菜、豆腐为主，没有一点荤腥；绝情谷众人竟然只在书中看到过酒；公孙绿萼的美貌从未被意识到。公孙止的大弟子是年纪很大的樊一翁，也说明了绝情谷的现状：没有哪个年轻人愿意学习公孙止的武学，只有樊一翁这种老古董才愿意。公孙止本人也很压抑。比如他表面上"四十五六岁年纪，面目英俊，举止潇洒，只这么出厅来一揖一坐，便有轩轩高举之概"，实际则"面皮腊黄，容颜枯槁"。公孙止压抑的极端表现是娶了裘千尺。裘千尺即使在没有和公孙止结合前，恐怕也是个暴躁乖戾的人物，而且裘千尺对绝情谷的武功改良贡献很大，对公孙止更是颐指气使，这加剧了公孙止的压抑。公孙止后来出轨柔儿，觊觎小龙女美貌，劫掠完颜萍，甚至想和李莫愁结为连理，都是对压抑的反抗。

绝情谷金玉其外、败絮其中的代表是公孙氏武学。 公孙止的武功有祖传的闭穴功夫、金刀黑剑和渔网阵。闭穴功夫确实是一门奇功，在金庸小说中似乎只有逆转经脉的欧阳锋才有这种功力。然而，闭穴功夫需要终身茹素，不吃荤腥，非常不人性化，后来被裘千尺在茶中掺血轻易破掉。另外，如此压抑的武功，说白了只是一门防守的武功。如果公孙氏将精力更多放在提升内力上，是不是收效更大？总之，公孙氏闭穴功夫成难破易，是一门非常保守的武功。金刀黑剑则是一门花巧太多的武学：

> 他挥动轻飘飘的黑剑硬砍硬斫，一柄沉厚重实的锯齿金刀却是灵动飞翔，走的全是单剑路子，招数出手与武学至理恰正相反；但若始终以刀作剑，以剑作刀，那也罢了，偏生倏忽之间剑法中又显示刀法，而刀招中隐隐含着剑招的杀着，端的是变化无方，捉摸不定。

> 《神雕侠侣》第二十回"侠之大者"

金刀黑剑虽然看来神妙，但是底子其实简单，"刀即是刀，剑即是剑"，而且"招数错乱，虽然奇妙，但路子定然不纯"。公孙氏武学处处有着公孙大娘剑舞的影子。如果公孙氏将精力用在招数的精纯上，是不是获益更多？总之，金刀黑剑是一门花巧大于实效的武功。

渔网阵同样是防守有余、进攻不足的阵法。渔网阵和天罡北斗阵、金刚伏魔圈等一样，注重防守，而弱于进攻。

周伯通的反常表现了他对绝情谷武学的极度厌恶。周伯通有老顽童的称号，这个顽字主要取的是胡闹、淘气、恶作剧的意思。恶作剧肯定不是让人笑的，但也不是让人哭的，一般的效果是都是让人哭笑不得。恶作剧能有这样的效果，关键在于分寸感：伤人面子却不伤人里子，是恶作剧的精髓。周伯通一直对恶作剧的精髓把握得很好，比如他设计让黄药师、欧阳锋淋了一身屎尿，比如他扮鬼戏弄沙通天等人，比如他万里追逐裘千仞，比如他闯入蒙古大营抢牛肉吃，这些行为可能伤人面子，但不会伤人里子。可是在绝情谷，周伯通的作为远远不是恶作剧，而是作恶剧了，作恶剧不同于恶作剧在于既伤面子又毁里子。周伯通在绝情谷踢了丹炉，折了灵芝，撕了藏书，烧了剑房。这样的行为就不仅仅是伤人面子了，对里子也有极大伤害，所以已经是作恶了。

纵观周伯通一生，很少有绝情谷作恶这样的反常行为。那么，周伯通为何如此反常呢？从周伯通对公孙止的评价可以看出端倪：

你这么老了，还想娶一个美貌的闺女为妻，嘿嘿，可笑啊可笑！

《神雕侠侣》第十七回"绝情幽谷"

公孙止当时四十多岁，而小龙女当时则是二十岁左右，也不能说公孙止就很老。周伯通初遇郭靖时，是一个"须发苍然"的老者，恐怕至少六十岁了。瑛姑初遇郭靖时"容色清丽，不过四十左右年纪，想是思虑过度，是以鬓边早见华发"。这样看，周伯通和瑛姑也是差了 20 岁左右。

周伯通如此反常，唯一的可能就是他来到了绝情谷，看到绝情谷的丹房、芝房、书房、剑房所展现的公孙氏武学极端的腐朽。周伯通曾拒绝先天功这样违背常理的武学，绝情谷的一切让他回忆起了不堪回首的过往——自己夭折的孩子和一生痴绝的瑛姑，以至反常，大闹绝情谷。

公孙氏武学为何会存在呢？

公孙止叫道："众弟子，恶妇勾结外敌，要杀尽我绝情谷中男女老幼。渔网刀阵，一齐围上了。"

《神雕侠侣》第三十二回"情是何物"

"外敌要杀尽我绝情谷中男女老幼"，就是这个借口，可能让绝情谷从唐代一直存在到"神雕"时代。

公孙氏的桃花源终于消亡。公孙氏的桃花源其实更像禁闭岛，然而终于凋零。

此时绝情谷中人烟绝迹，当日公孙止夫妇、众绿衣子弟所建的广厦华居早已毁败不堪。

《神雕侠侣》第三十八回"生死茫茫"

公孙止这个名字起得好，公孙氏止于公孙止，这也是保守封闭武学的末路吧。

附：著作权（copyright）与著佐权（copyleft）

开源软件指的是开放源代码、允许免费重新发放的软件。因为经历更广泛的同行审查，开源软件在减少计算机 bug 和降低安全风险方面做得更好。

开源运动可以追溯到 20 世纪 60 年代。当时学术界和早期计算机用户群体经常非正式地共享他们编写的代码，以便解决常见技术问题。开源软件的一个典型是 UNIX 操作系统。事实上，UNIX 早期的成功很大程度上归功于开源，所以，1987 年 UNIX 的开发者 AT&T 等决定将 UNIX 商业化后，一大群计算机制造商和软件开发人员反对。反对 UNIX 商业化的一个关键人物是美国人斯托尔曼（Richard M. Stallman）。他对 20 世纪 80 年代初软件的日益商业化感到沮丧，决定公开反对专有软件。1984 年，他从麻省理工学院辞职，成立了 GNU（GNU's Not UNIX 的递归式首字母缩略词）项目，目标是开发一个完全免费的类 UNIX 操作系统。斯托尔曼还编写了通用公共许可证（General Public License，GPL），这是一份附在计算机代码之后的文件，用于在法律上申明以下要求：任何通过分发获得该代码的人也必须让他们对代码的修改可以分发。斯托尔曼还专门给这种要求起了个名字，叫 copyleft，中文翻译为著佐权，用以同传统的 copyright 即著作权或版权相区别。1991 年，基于 GNU 项目的 GPL 和编程工具，芬兰人托瓦兹（Linus Torvalds）开发了用于个人计算机的 UNIX，即 Linux。Linux 是第一个以互联网为中心的大型开源项目。

1997 年，计算机程序员雷蒙德（Eric Raymond）在他的论文《大教堂与集市》（*The Cathedral & the Bazaar*）中用大教堂与集市描述闭源与开源。雷蒙德用大教堂形容传统软件开发的集中化、保密性、慢发布速度、垂直管理与自上而下的分层结构，用集市形容 Linux 社区的去中心化、透明化、开放性和同侪网络化。斯托尔曼的开源软件论点主要是道德层面的，即"信息需要自由"，所以斯托尔曼将开源软件称为自由软件（free software）；雷蒙德则用工程学、理性选择和市场经济学支持开源软件，所以他用这句格言总结了自己的观点："如果有足够多的眼球，所有的（计算机）缺陷都是肤浅的。"（Given enough eyeballs, all bugs are shallow.）1998 年初，雷蒙德提出开源（open source）一词，作为对斯托尔曼以前在自由软件这个概念下推广的社区实践的描述。此后，开源运动取得巨大进展，促使各国思索依赖专利代码是否明智。

开源对软件外的其他事物有启示吗？斯托尔曼、托瓦兹和雷蒙德并不愿意讨论开源原则在软件之外的应用，但其他人受到了鼓舞。比如，维基百科是一本免费的、用户编辑的在线百科全书，其来源之一就是模仿开源编程运动（另外的来源包括科学领域的开放出版物运动和生物信息学领域的开放基因组学运动）。开源编程理念（以及它所构建的代码）还影响了 eBay、亚马逊以及基于 Web 的社交网站。也许开源运动正在对世界各地未来的经济发展产生更多的影响。

25　华山论剑的内卷

自古华山一条路，迄今黄河百汇成。

——前后四绝等

华山论剑论坛一共只举行了三次。**一方面，它越来越不正式；另一方面，它对入选者的要求越来越高。**

第一次，1199 年，王重阳邀请了黄药师、欧阳锋、段智兴、洪七公、裘千仞五人，其中除裘千仞以外的四人实际参会。五人大战七天七夜，不但比实战，也比理论。最终王重阳蟾宫折桂，被推为天下第一，称为中神通，其余四人则被称为东邪、西毒、南帝、北丐。这是最正式的一次论剑。

第二次，1220 年，裘千仞被周伯通、洪七公等逼迫，最终拜在一灯门下，裘千仞、周伯通和一灯都没有参与论剑。只剩下黄药师、洪七公，他们考教了郭靖的武功，又带上黄蓉一起打跑了疯了的欧阳锋。第二次就不那么正式了，不但人数减少，也没有排名。

第三次，1259 年，黄药师、一灯大师、周伯通、郭靖、黄蓉、杨过、小龙女以及郭襄等都适逢其会，但没有任何比武，只是一个提名＋颁奖仪式。黄药师名号不变；段智兴此时早已是一灯大师，称号由南帝变为南僧；周伯通被称为中顽童；郭靖接替了洪七公，称为北侠；杨过接替了欧阳锋，称为西狂。曾有些人意图参会，但被杨过粗暴地赶走。

第一次华山论剑，王重阳凭的是先天功，黄药师凭的是劈空掌和弹指神通，欧阳锋凭的是蛤蟆功，段智兴凭的是一阳指，洪七公凭的是降龙十八掌。

第二次华山论剑，郭靖出镜。郭靖凭的是降龙十八掌、空明拳，双手互搏以及《九阴真经》。欧阳锋也靠逆练《九阴真经》刷了存在感。

第三次华山论剑，周伯通、杨过上位。周伯通凭的是全真派武功、自创的双手互搏、空明拳，再加上《九阴真经》。杨过凭的是全真派和古墓派武功、东邪的弹指神通、西毒的蛤蟆功心法、北丐的打狗棒、独孤求败的剑法以及自悟的武功黯然销魂掌。不仅如此，周伯通还携大闹蒙古军营、踏灭王旗余威；而杨过则创下飞石击毙蒙哥、单掌 KO 金轮法王的不世功业。

　　第一次华山论剑的时候，大家真刀真枪地比，而且一门绝技就可以了，当时，洪七公甚至都没有用打狗棒，欧阳锋也没有用灵蛇拳；第二次华山论剑时，准岳父和亲师父考察了郭靖，而郭靖需要三门绝技。第三次华山论剑，根本没有比武环节，而周伯通和杨过分别需要四门和七门绝技，还需要卓越功勋。

　　这就是华山论剑内卷的惨烈状况。

　　一个充分发展的体系有内卷的趋势。内卷的英文是 involution，字面意思是向内进化，指的是过度竞争。比如，洪七公的降龙十八掌厉害，正常的竞争是开发其他武功，如蛤蟆功、一阳指甚至古藤十二式对抗降龙十八掌，内卷则是以有《九阴真经》加成的降龙十八掌对抗降龙十八掌。再比如，杨过学会独孤重剑和其他高手抗衡，这是正常的竞争；而金轮法王死磕龙象般若功，从第八层练到第十层，就有内卷的味道了。

　　内卷意味着创新的空间有限，低水平重复；内卷意味着技术密集向劳动密集的变迁。整个华山论剑就是围绕《九阴真经》进行的。第一次是争《九阴真经》的归属。第二次郭靖就用到了很多《九阴真经》上的武功，洪七公也得益于《九阴真经》之《易筋锻骨篇》，欧阳锋则逆练《九阴真经》，黄药师也曾得到《九阴真经》的启发，可以说《九阴真经》的含量几乎高达 100%。第三次新增的一灯学过《九阴真经》的总纲、杨过从《九阴真经》起步、周伯通则是除郭靖外掌握《九阴真经》最多的人，《九阴真经》含量同样是 100%。三次华山论剑也是《九阴真经》内卷史。

　　内卷的体系可能会导致流于形式和近亲繁殖。三次论剑就是越来越流于形式，而且近亲繁殖严重。到第三次华山论剑的时候，五绝中有翁婿（黄药师、郭靖）、兄弟（周伯通、郭靖）、叔侄（郭靖、杨过）等组合。

　　只有创新才能打破内卷。世上没有第四次华山论剑。如果有的话，可能参加者应该有郭襄、张君宝、无色、何足道等。郭襄亲历了第三次华山论剑，又是峨嵋派掌门，为什么不举行第四次华山论剑呢？要知道，她父亲郭靖可是参加了两次，她的大哥哥杨过也参加了一次。郭襄有能力，也有理由以第四次华山论剑作为纪念：纪念襄阳城头西风冷，纪念风陵渡口偶相逢，纪念绝情谷中云雾绕，纪念华山之顶剑气横。

　　但是郭襄没有。因为她早已脱离了王重阳体系的内卷了。郭襄没有选择《九阴真经》体系。她选择了更具前景的《九阳真经》体系，从而开创了新的格局，卓然成家。

附：内卷（involution）与进化（evolution）

　　内卷即非理性的内部竞争，本来是一个人类学和经济学词汇。最早的时候，人类学家格尔兹（Clifford Geertz）发现，在某些农业社会中，人口的增长伴随着人均财富的下降，他于是将这种现象称为 involution，即内卷。进化（evolution）则更多地用来指生物学中物种的演化。

大家常常在抱怨各行各业的内卷状况。以校外培训行业为例，我听到一个老师说："如果一个学生参加辅导班，那么他的分数会提高；如果每个人都参加辅导班，那么分数线会提高。"分数内卷的一个结果是广大学生丧失了全面发展的机会。

科研中可能也有内卷。内卷其实带来了巨大的浪费。

内卷（involution）的破局之道可能是进化（evolution）：对个体而言，就是勇于追求内心趋向，给予新奇寻求以同热情相一致的投入；对国家而言，就是善于优化政策导向，使原创探索能够获得与风险相匹配的收益。这样，才有可能解决内卷的问题。

第五编 "倚天"时代的和风

引子：凡所过往，皆是序章

"吹面不寒杨柳风"。经历了"神雕"时代的霏雨，"倚天"时代的武学研究如微风拂面，触目皆春。

觉远首开先河，重回武学正脉，注重内力蕴含。《九阳真经》在经历了多年的酣睡之后，大梦初觉，远来近悦，与觉远融为一体。郭襄做出了令世人瞠目的选择，尽弃家学，而皈依《九阳真经》，创立峨嵋一派。但张三丰和无色面临的挑战可能更大。张三丰需要以一部《九阳真经》和数招武功为基础，自创武功招式，他以过人天资和毅力创立了武当派。而无色在少林寺推动失传已久的新学术是有很大政治阻力的，但他成功克服了难题。自此之后，《九阳真经》一花三叶，少林、武当、峨嵋并行于世。

让我们先从觉远说起。

26　觉远的格局

后发制人，先发者制于人。

——觉远

觉远以自然之眼观物，以自然之舌言武。此由初入江湖，未染匠人风气，故能真切如此。北宋扫地僧、独孤求败以来，一人而已。**觉远是扫地僧、独孤求败之后的又一位杰出人物。**

第三次华山论剑出场的觉远是一个被严重低估的人。人们一直以为觉远是一个刻板、迂腐的人物。但事实上，觉远对规矩、礼仪固然迂腐，但对武学不但不迂腐，而且灵活至极。

比如，觉远见到尹克西的武功时作出了公开批评：

觉远心头一凛，叫道："尹居士，这一下你可错了。要知道前后左右，全无定向，后发制人，先发者制于人啊。"

《神雕侠侣》第四十回"华山之巅"

觉远在学术上最大的贡献就是后发制人的格局。

自从扫地僧的武学之问提出之后，集大成者为独孤求败、黄裳、前朝宦官，他们给出的答案无非内力、招式，而在招式上或繁、或快，不一而足，但都属于先发制人。此后，即使林朝英、王重阳等人也没有提出更具见识的观念。但恰恰是觉远划时代地提出了后发制人这一格局上的巨大突破。

那么，后发制人的观念是《九阳真经》原来就有的，还是觉远自己提出来的呢？我认为这个说法是觉远自己提出来的，或者说，觉远至少明确地表述了后发制人的观念。《九阳真经》不包含招数，这是没有疑问的：

他所练的《九阳真经》纯系内功与武学要旨，攻防的招数是半招都没有的。

《倚天屠龙记》第十六章"剥极而复参九阳"

九阳虽然不包含招数，但也不仅是内功，还有武学要旨与精义：

觉远所说的这几句话，确是《九阳真经》中所载拳学的精义。

《神雕侠侣》第四十回"华山之巅"

　　但是，原书中似乎没有明确提出后发制人这一超越性的观念，这一观念应该是觉远自己从《九阳真经》中发展出来的。

　　证据之一是张君宝虽然熟读《九阳真经》，但并不熟悉后发制人的道理，而是经觉远指点才领悟的。书中明确提到《九阳真经》遗失的过程：潇、尹设计进入藏经阁，觉远入定，张君宝读《九阳真经》、潇、尹夺经而走。所以，张君宝对经文是熟悉的。在华山之巅，觉远对张君宝的指点一共有七次，其中哪些是经中的，哪些是自己阐发的，似乎都有说明。觉远对张君宝的指点分别是：第一次是"气沉于渊，力凝山根"，第二次是"气还自我运，不必理外力从何方而来"，第三次是"你记得我说，气须鼓荡，神宜内敛，无使有缺陷处"，第四次是"一动嗔怒，灵台便不能如明镜止水了"，第五次是"经中说道：要用意不用劲"，第六次是"要知道前后左右，全无定向，后发制人，先发者制于人啊"，第七次是"我劲接彼劲，曲中求直，借力打人"。觉远的这些指点有一个重要的特点，就是分得清楚哪些是经中的，哪些是自己阐发的，有明确交代。其中，经中提到的只有第五次的"要用意不用劲"，觉远之所以提到经文，是因为张君宝熟悉《九阳真经》，这样说能让他更好地回忆经文，其余的恐怕都是觉远自己阐发的。觉远的这些指导，大部分（五次）是防守的，只有少部分（二次）是进攻招式的，但依然是后发先至、借力打人，充分反映了《九阳真经》的慈悲和拯救的意味。

　　总之，后发制人恐怕是觉远自行阐发的。那么，觉远有这样的理论素养和能力吗？当然有：

　　这觉远五十岁左右年纪，当真是腹有诗书气自华，俨然、宏然、恢恢广广、昭昭荡荡，便如是一位饱学宿儒、经术名家。杨过不敢怠慢，从隐身之处走了出来，奉揖还礼，说道："小子杨过，拜见大师。"

　　众人见觉远威仪棣棣，端严肃穆，也不由得油然起敬。

《神雕侠侣》第四十回"华山之巅"

　　杨过是什么人？"众人"中的黄药师、一灯、周伯通、黄蓉、郭靖又是什么人？这些人哪一个不是阅人无数、眼光精准的人物？尤其是杨过和黄药师。能被他们视为饱学宿儒、经术名家，而且肃然起敬的，一定不是中看不中用的绣花枕头，也不是仅仅武功高就可以的，一定是有高超的理论素养的人物才可以。这也间接印证了觉远是一位同扫地僧、独孤求败类似的人物。

　　证据之二是张君宝的武功构成暗示后发制人、以柔克刚的拳理可能来自觉远。

　　他得觉远传授甚久，于这部《九阳真经》已记了十之五六，十余年间竟然内力大进，其后多读道藏，于道家练气之术更深有心得。某一日在山间闲游，仰望浮云，俯视流水，张君宝若有所悟，在洞中苦思七日七夜，猛地里豁然贯通，领会了武功中以柔克刚的至理，忍不住仰天长笑。

这一番大笑，竟笑出了一位承先启后、继往开来的大宗师。他以自悟的拳理、道家冲虚圆通之道和《九阳真经》中所载的内功相发明，创出了辉映后世、照耀千古的武当一派武功。

《倚天屠龙记》第二章"武当山顶松柏长"

这段记载说明张君宝的武功有三部分：自悟的拳理、道家理论和《九阳真经》的内功。这说明张君宝得自《九阳真经》的只是内功，而拳理部分是自悟的，部分来自道藏理论指导。张君宝的武当一派拳理，从太极拳来看主要是后发制人、以柔克刚，那虽说自悟，但一定是在觉远启发下提出来的。这进一步说明后发制人的理论主要来自觉远。

顺便说一句，为什么张君宝作为少林俗家弟子，最终选择了成为道士呢？恐怕主要是张君宝的武功构成中的拳理得到了道藏的印证。

证据之三是张无忌学会《九阳真经》之后，并不熟悉后发制人。张无忌得到的《九阳真经》不是来自觉远，而是《楞伽经》中藏着的原本，而他神功大成之后，并不熟悉后发制人，这间接说明经中并没有直接提到过后发制人：

可是要不动声色的叫他知难而退，这人武功比崆峒诸老高明得太多，我可无法办到。

《倚天屠龙记》第二十一章"排难解纷当六强"

张无忌剥极而复参九阳大成，又学会了乾坤大挪移，然而在光明顶上面对空性刚猛绝伦的龙爪手，一开始并没有想到后发先至的办法。直到空性说"我不信这龙爪手拾夺不了你这小子"，张无忌才"心念一动"，想到了用龙爪手对龙爪手，后发先至、克敌制胜的办法。这说明张无忌头脑中并没有先入为主的后发制人的观念。张无忌在昆仑山谷中学了五年左右的《九阳真经》，如果经中明确提到后发制人的观念，张无忌怎么会不知道，又怎么会不第一时间想到呢？

综上，觉远绝不是一位迂腐的仅有内力的高手，而是一位具有极高理论素养的武学大师。

附：科研后发优势

经济学中有一个后发优势的说法。哈佛大学教授、经济史专家格申克龙（Alexander Gerschenkron）曾提到过后发优势。1952 年，他发表了一篇题为《经济落后的历史透视》（*Economic Backwardness in Historical Perspective*）的论文，文中提出，某些情况下后来者在工业化上具有优势，经济落后国家一旦跨越知识和实践的鸿沟，就有可能获得更快的经济增长。

　　科研中可能也存在后发优势。虽然后发者可能有更少的知识积累与经验，但同时，后发者可能有更少的成见。比如，在发现 DNA 双螺旋结构的竞赛中，鲍林的失败可能源于自己在蛋白结构方面的成见；而沃森和克里克在这方面则具有优势，他们更容易接受 DNA 包含遗传信息的观点。后发者可能有更先进的技术，所谓"船小好掉头"，后发者更容易采用新技术。

27　郭襄的断舍离

凡所过往，皆为序章。

——郭襄

　　金庸小说中，"武二代"有很多，但没有谁像郭襄一样得天独厚。父亲是北侠，师爷分别是北丐和江南七怪，师伯是中顽童，母亲是丐帮帮主，外公是东邪，大哥哥杨过是西狂，嫂子小龙女是古墓派传人，另外两个哥哥武敦儒、武修文是南帝传人，姐夫耶律齐也是丐帮帮主，郭襄还得到过金轮法王的垂青。

　　所以，当郭襄自己开宗立派的时候，拥有几乎无穷的选择。降龙十八掌固然不适合女孩，逍遥游掌法却可以作为入门。双手互搏怎么也要看看有没有天分再说。江南七怪中，柯镇恶的杖法似乎太过猛恶，但是朱聪的妙手空空、韩小莹的越女剑都是可以涉猎一下的。打狗棒这种以技巧取胜的必须学一学。劈空掌刚劲有余，但是弹指神通和落英神剑掌，特别是兰花拂穴手——"其形也，翩若惊鸿，矫若游龙，荣曜秋菊，华茂春松。仿佛兮若轻云之蔽月，飘飖兮若回雪之流风"，这么美妙的武功的确值得拥有。古墓剑法、《玉女心经》本身就是女子创的功夫，自然多多益善。龙象般若功听起来虽然一点也不温柔，也一定要练练才知道其奥妙。

　　事实上，以上诸般武功，郭襄也确实大都有所涉猎。少室山下，郭襄和无色禅师交锋，使用的武功包括黄药师落英剑法之"万紫千红"、王重阳全真剑法之"天绅倒悬"、丐帮打狗棒法之"恶犬拦路"、林朝英玉女剑法之"小园艺菊"、杨过传授给张君宝战胜潇湘子和尹克西的"四通八达"、瑛姑的泥鳅功、大理段氏的一阳指、周伯通空明拳之"妙手空空"、裘千仞铁掌之"铁蒲扇手"、少林派罗汉拳之"苦海回头"。而且，郭襄在运用这些武功时毫无拘泥，而是信手拈来，随心所欲。比如以剑使用打狗棒法和一阳指，即便和风清扬的"无招胜有招"相比，也相差无几，**宗师气象已经初露端倪。**

　　但是，郭襄后来开宗立派的，却不是自己得天独厚的家传武功。郭襄后来创立的峨嵋派武功分三块：峨嵋九阳功、峨嵋掌法、峨嵋剑法。峨嵋九阳功来自觉远口诵所传的二三成《九阳真经》。峨嵋掌法和剑法都是郭襄自创的。可能因为父亲擅长掌法，郭襄的掌法最多。峨嵋掌法之一是飘雪穿云掌（为峨嵋派掌法精要所在，是张无忌为保锐金旗残众与灭绝师太约定承受的第一掌，掌力忽吞忽吐，闪烁不定，引开敌人的内力，再行攻击）；峨嵋掌法之二是截手九式（也是峨嵋派掌法精要所在，是张无忌与灭绝师太约定承受的第二掌，灭绝师太以截手九式的第三式击中张无忌背心）；峨嵋掌法之三是佛光普照掌（只有一招，以峨嵋九阳功作为根基，掌力笼罩敌人全身，使对方挡无可挡。在峨嵋派中，只有灭绝师太一人练就，是张无忌与灭绝师太约定承受的第三掌）；峨嵋掌法之四是金顶绵掌。峨嵋剑法包括金顶九式（赵敏迎战陈友谅时所用的峨嵋派剑法）。峨嵋派的剑法很厉害，灭绝师太号称剑法仅次于近百岁的张三丰。从光明顶上灭绝师太和张无忌的比拼也看得出来灭绝师太的剑法堪称登峰造极：

> 在这一瞬时刻之中，人人的心都似要从胸腔中跳了出来。实不能信这几下竟是人力之所能，攻如天神行法，闪似鬼魅变形，就像雷震电掣，虽然过去已久，兀自余威迫人。

> 《倚天屠龙记》第二十二章"群雄归心约三章"

这当然主要是形容灭绝师太的剑法的。所以郭襄创立的剑法是非常凌厉猛悍的。

可以看出，郭襄所创峨嵋派的武功基本上都是原创性的，既是对自己的家学渊源的断舍离，也是对少室山下自己施展的武功的断舍离，甚至也是对杨过的断舍离。

郭襄为什么做出这样的选择呢？

郭襄的第一个断舍离是对家学渊源尤其是《九阴真经》的断舍离。究其原因，最重要的一点是，《九阳真经》代表了第三次华山论剑之后最具潜力的内力发展方向。

从"天龙"时代直至"射雕"时代、"神雕"时代，金庸武侠世界的主要矛盾是日益增长的武功对抗需求和落后的内力增长方式之间的矛盾。大理段氏就是个很好的例子。包括枯荣大师、段正明在内的一众大理高手都无法练成六脉神剑，单单段誉练成了，为什么？主要是段誉通过北冥神功累积了绝世内力。到了段智兴时期，连一阳指都几乎守不住了，更不必提什么六脉神剑了。段智兴以后，一阳指也渐渐式微，原因无非是内力不足罢了。

丐帮也面临同样的问题。乔峰这种天纵奇才，外功已达登峰造极，但内力是相对薄弱的环节。乔峰初遇段誉，二人比拼脚力：

> 那大汉已知段誉内力之强，犹胜于己，要在十数里内胜过他并不为难，一比到三四十里，胜败之数就难说得很，比到六十里之外，自己非输不可。

> 《天龙八部》第十四章"剧饮千杯男儿事"

阿朱偷《易筋经》，就是想弥补乔峰内力的不足。除了乔峰，丐帮历任帮主也都有类似的内力劣势。洪七公是外家高手。洪七公之后，史火龙只练成十二掌。降龙十八掌的衰亡史实际上是步六脉神剑凋零的后尘。

那么，有哪些增长内力的方式呢？独孤求败怒涛练剑，自外而内，是一种很好的方式，但是对于一般根器的人，操作性不强。金庸武侠世界中增长内力的经典，除了阿朱偷盗的《易筋经》外，就是《九阴真经》和《九阳真经》。《易筋经》世间罕逢，偶出世间，昙花一现。

> 这《易筋经》实是武学中至高无上的宝典，只是修习的法门甚为不易，须得勘破"我相、人相"，心中不存修习武功之念。
>
> 《天龙八部》第二十九章"虫豸凝寒掌作冰"

《易筋经》最大的问题是修习起来不容易，而且这种不容易还不是能力层面的，而是智慧层面的，所以全靠缘分。

《九阴真经》代表的是郭襄所处境遇的顶峰，但衰势已现。《九阴真经》是黄裳面对仇家，集近四十年心血而成的武功，主要是破解各家招数，以招数胜，内力增长并非所长。《九阴真经》之《易筋锻骨篇》虽然有神效，例如洪七公、一灯得之则武功恢复旧观，郭靖等练了也内功大有进境，但似乎要求门槛很高，需要基础雄厚才可以成就。否则，周芷若也不会尽挑一些速成的功法，如九阴白骨爪等练习了。

《九阳真经》则不然，中正平和，进境很快。十几岁的张君宝在修炼了很少的《九阳真经》后，武功虽不及昆仑三圣何足道，但是内力居然和何足道在伯仲之间。而当觉远死后，张君宝更是在得了五六成《九阳真经》后创武当一派，专修武当九阳功，并培养出了武当七侠。无色禅师在得了二三成《九阳真经》后，尽弃少林内功，专修少林九阳功，并培养出了三渡（渡劫、渡厄、渡难）、四空（空见、空闻、空智、空性）等少林神僧。而郭襄在得了二三成《九阳真经》后，尽弃得天独厚的家学，专修峨嵋九阳功，并培养出了风陵师太、孤鸿子、灭绝师太等人。《九阳真经》一花三叶，自此大行于世。

可以说，《九阳真经》解决了"天龙""射雕""神雕""倚天"诸时代最主要的矛盾，**代表金庸武侠世界先进内力的发展要求，代表金庸武侠世界先进武学的前进方向，代表金庸武侠世界最广大武侠的根本利益**。郭襄抛弃《九阴真经》，全面接受《九阳真经》，就理所当然了。

郭襄的第二个断舍离是对武功风格的断舍离。

郭襄由繁至简。十八岁的郭襄，曾经十招用十种不同的武功，似乎郭襄继承了母亲黄蓉的天分更多，繁复巧妙。四十岁以后，郭襄则只留下峨嵋内功、剑法、掌法，而且都简洁凝练，可能像父亲更多。在金庸小说中，武功太博的，似乎都未达绝顶。比如袁紫衣，号称天下掌门人，抢了九家半掌门人令牌。又如杨道，在和三渡对战时，连变了二十二般兵刃、四十四套招式。再如鸠摩智，用小无相功催动少林七十二绝技。郭襄的这种选择，同自己的性格关系很大。郭襄虽然聪明，但是豁达豪迈不输须眉，所以喜欢的是简洁凌厉的武功。

郭襄开始使用兵器。《天龙八部》《射雕英雄传》《神雕侠侣》中的男性都不大使用兵器，乔峰、虚竹、段誉都不用，南帝、北丐、东邪、西毒基本也不用。尤其是郭襄的父亲郭靖也很少用兵器，而凭借一双肉掌对敌。杨过开始用兵器，部分弥补断臂的不足。李莫愁、小龙女都用兵器。郭襄选择兵器，以弥补女性力气弱的缺点。

荀子说："假舆马者，非利足也，而致千里；假舟楫者，非能水也，而绝江河。君子生非异也，善假于物也。"

郭襄选择了根据地，建立了宗派。"天龙""射雕""神雕"群侠都不大有据点，如丐帮据点似乎不固定，一会儿在杏子林，一会儿在君山。另外，很多宗师有门派、但少师承，如乔峰、虚竹、段誉都不授徒，南帝、北丐、东邪、西毒也都门墙冷落。与之相反的是，少林派传承千年，靠的是稳定的根据地和师承。林朝英是门派始作俑者，但规模不大。直至王重阳罢黜百家、独尊"九阴"，建立宗派体系。所以郭襄效法少林派、王重阳，开山立派。此后六大门派、五岳剑派等等莫不如是。学术要有根据地，就像人要有屁股。

郭襄的第三个断舍离是对杨过的断舍离。少室山下郭襄的十招武功中有四招来自杨过：王重阳全真剑法之"天绅倒悬"、林朝英玉女剑法之"小园艺菊"都是直接来自杨过，张君宝战胜尹克西的"四通八达"是杨过教的，少林派罗汉拳之"苦海回头"来自杨过送给郭襄的生日礼物，那也是因为杨过。算下来郭襄的这些武功的含"过"量高达40%。可是在峨嵋派的自创武功中，杨过的影子几乎都没有了。郭襄的一招"佛光普照"显然是来自郭靖的"亢龙有悔"。

很多人认为，风陵渡以后，那个豪爽豁达的郭襄就死了，少室山下，远去的是一个孤单落寞的背影，一生在那一刻定格。为此，有很多广为流传的句子，如**"风陵渡口初相遇，一见杨过误终生"**，如**"我只是爱上了峨嵋山上的云和霞，像极了十六岁那年的烟花"**。人们甚至用灭绝师太推想郭襄。问题是，能用宋青书推想张三丰吗？人们对女性的观察总是带着来自性别刻板印象的有色眼镜。能创出峨嵋派武功的郭襄难道不会拥有一种别样的生活吗？

附：吴健雄的质问——原子、DNA也重男轻女吗

吴健雄（英文名 Chien-Shiung Wu）于 1912 生于江苏太仓浏河镇。这位杰出的女性物理学家曾经与诺贝尔奖近在咫尺，却终究擦肩而过。

1933 年，吴健雄在中央大学（今南京大学）接受施士元的指导，施士元是两

次获得诺贝尔奖的居里夫人唯一来自中国的博士生。值得一提的是，施士元在 1930 年春才到巴黎，1933 年初夏得到博士学位回国，也就是他花了 3 年时间就拿到博士学位，而时时才 25 岁，并迅即成为国立中央大学教授。吴健雄接受施士元指导的时间恐怕不长。

1936 年，吴健雄来到美国加州大学伯克利分校，师从将于 3 年后因回旋加速器而获得诺贝尔奖的劳伦斯（Ernest Lawrence）、6 年后领导曼哈顿计划的奥本海默（Julius Robert Oppenheimer）以及 23 年后因反质子研究获得诺贝尔奖的赛格瑞（Emilio Segre）。

1949—1950 年，吴健雄通过一系列实验得到了支持 β 衰变的证据，这一理论是诺贝尔奖得主费米（Enrico Fermi）于 1934 年提出的。

1956 年，吴健雄设计了巧妙的实验，证实了杨振宁、李政道提出的宇称不守恒理论，吴健雄的实验立竿见影，第二年（1957 年）就把杨、李二人推上诺贝尔奖颁奖台，尽管如此，吴健雄却没有分享这一殊荣。

1964 年，在麻省理工学院的一次学术研讨会上，吴健雄质问："原子、原子核、数学符号以至于 DNA 分子也会重男轻女吗？"（"Whether the tiny atoms and nuclei, or the mathematical symbols, or the DNA molecules have any preference for either masculine or feminine treatment."）

李政道在 *Nature* 上发文悼念吴健雄时说：

"居里夫人逝世后，爱因斯坦曾写下下面的话，这些话也完全适用于吴健雄：'当一位具有伟大品性的人走到生命尽头的时候，我们固然要回顾她工作结出的果实带给人类哪些东西，但请我们绝不要因此满足了。同智力成就相比，这位杰出人物的道德品质对当代人以及整个历史都有更大的意义。力量、纯粹的意志、客观以及清晰的判断力这些罕见的品质和谐地凝聚在她的身上。一旦找到正确的路，她就会毫不妥协、坚定不移地追求下去。'"（"When Madame Curie passed away, Einstein wrote as follows. All of his words apply equally to Chien-Shiung Wu. 'At a time when a towering personality has come to the end of her life, let us not merely rest content with recalling what she has given to mankind in the fruits of her work. It is the moral qualities of its leading personalities that are perhaps of even greater significance for a generation and for the course of history than purely intellectual accomplishments. Her strength, her purity of will, her objectivity, her incorruptible judgement, all these were of a kind seldom found joined in a single individual. Once she had recognized a certain way as the right one, she pursued it without compromise and with extreme tenacity.'"）

引自李政道在 1997 年吴健雄逝世后发表在 *Nature* 上的悼念文章：Chien-Shiung Wu (1912—1997)：Experimental physicist, co-discoverer of parity violation。

28　张三丰的骨气

人激志则宏。

——张三丰

张三丰是真正的天资出类拔萃的人物。尽管金庸小说中聪明俊秀的人物不少，但若论天资，张三丰恐怕是最高的。天资不仅是学习能力，也是见识、气魄甚至威仪。张三丰很小的时候就有宗师气魄。

只听那少年说道："师父，这两个恶徒存心不良，就是要偷盗宝经，岂是当真的心近佛法？"他小小身材，说话却是中气充沛，声若洪钟。众人听了都是一凛，只见他形貌甚奇，额尖颈细、胸阔腿长，环眼大耳，虽只十二三岁年纪，但凝气卓立，甚有威严。杨过暗暗称奇，问道："这位小兄弟高姓大名？"

《神雕侠侣》第四十回"华山之巅"

张三丰在十二三岁的时候就让杨过等人先"一凛"，后"称奇"，这可不是件容易的事。要知道，能让杨过一凛的人可不多。杨过年幼的时候初入古墓，看到林朝英的画像，"心下不自禁的大生敬畏之念"，但这时杨过年幼，再加上古墓自带庄严氛围。杨过遇到觉远则是先惊后奇、不敢怠慢，但这是在觉远显露绝世内力的情况下。《说文解字》中说，惊是"马骇"的意思，《康熙字典》说凛是寒的意思，看来凛比惊的语气还要强。张三丰小小年纪就让杨过有压迫感，这就是气场。

张三丰的聪慧在他战潇湘子、尹克西时显露无遗。此时张三丰没有任何武功招式基础，但在同样是外行的觉远几次指点之后，居然让尹克西奈何不得，这绝不只是内力修为的问题，而是聪慧问题。不仅如此，张三丰在得到杨过教授的三招后，居然制住了尹克西。张三丰的胜利，固然是杨过机巧过人，传授招数时猜透了尹克西的心思，但尹克西尽管比不上杨过、小龙女等人，毕竟也是一代宗师，张三丰迅速学会招式，又拿捏得恰到好处，一举奏功，真是聪明无比。

金庸小说中有很多现场示范教学，对比之下就能看到张三丰的卓越。金庸小说中著名的现场示范教学包括：洪七公教郭靖以降龙十八掌对战欧阳克；张三丰教张无忌以太极剑对战阿大，也就是丐帮长老八臂神剑方东白；风清扬教令狐冲以独孤九剑对战田伯光。这些现场教学都起到了很好的效果。但要注意，郭靖、张无忌、令狐冲在学习时正当年，而且都有武功基础，三人都是 20 岁左右，郭靖童子功学了多年，张无忌当时几乎天下无敌，令狐冲是华山弟子的典范。张三丰和尹克西比拼时只有十二三岁，连一个武功招式也没有学过。另外，郭靖和欧阳克、令狐冲和田伯光的武功差没有那么大，张无忌则即使不学太极剑也比方东白厉害得多。反观十二三岁的张三丰，碰到的是武功仅次于五绝的尹克西。

张三丰不只是聪慧，还有宗师的法度。 三年后张三丰自学了半个月的罗汉拳，就打败了昆仑三圣何足道，而何足道是连当时的少林寺掌门也自认不敌的人物。当时张三丰重遇郭襄，得到了一份礼物——铁罗汉。

> 郭襄笑道："大和尚勿嗔勿怒，你这说话的样子，能算是佛门子弟么？好，**半月之后，我伫候好音。**"说着翻身上了驴背。两人相视一笑。
>
> 《倚天屠龙记》第一章"天涯思君不可忘"

半个月后，当和何足道比拼的时候，张三丰的罗汉拳已经有宗师风范了：

> 众人刚自暗暗叫苦，却见张君宝两足足跟不动，足尖左磨，身子随之右转，成右引左箭步，轻轻巧巧的便卸开了他这一拳，跟着左掌握拳护腰，右掌切击而出，正是少林派基本拳法的一招"右穿花手"。这一招气凝如山，掌势之出，有若长江大河，委实是名家耆宿的风范，哪里是一个少年人的身手？
>
> 但见张君宝"拗步拉弓""单凤朝阳""二郎担衫"，连续三招，法度之严，劲力之强，实不下于少林派的一流高手。
>
> 《倚天屠龙记》第二章"武当山顶松柏长"

张三丰内力因为修习《九阳真经》的缘故而颇为强劲不足为奇，但是他只学了半个月的罗汉拳，就能法度严谨，只能说这是老天爷赏饭。

张三丰学武远不只是聪慧和有法度，还有宗师的格局。

> 猛听得达摩堂、罗汉堂众弟子轰雷也似的喝一声彩，尽对张君宝这一招衷心钦佩，赞他竟以少林拳中最平淡无奇的拳招，化解了最繁复的敌招。
>
> 《倚天屠龙记》第二章"武当山顶松柏长"

张三丰有以简驭繁的见识气度，这是宗师才有的格局，而这时张三丰只有十六七岁。萧峰在聚贤庄曾使用太祖长拳，但那时萧峰已经是丐帮帮主。虚竹在少林寺曾使用"黑虎掏心"，但那时虚竹已经学会逍遥派众多武功。

所以张三丰的资质无疑是极高的，甚至可以在金庸小说的群侠中独占鳌头。

但张三丰最值得称道的是他的骨气。

张三丰不拜师，是他的骨气。 分别之际，郭襄送给张三丰金丝镯，让他去襄阳投奔郭靖，但张三丰最终没有去。

张君宝又想，"郭姑娘说道，她姊姊脾气不好，说话不留情面，要我顺着她些儿。我好好一个男子汉，又何必向人低声下气，委曲求全？这对乡下夫妇尚能发奋图强，我张君宝何必寄人篱下，瞧人眼色？"

《倚天屠龙记》第二章"武当山顶松柏长"

张三丰凭着自己的骨气苦练武功：

某一日在山间闲游，仰望浮云，俯视流水，张君宝若有所悟，在洞中苦思七日七夜，猛地里豁然贯通，领会了武功中以柔克刚的至理，忍不住仰天长笑。

这一番大笑，竟笑出了一位承先启后、继往开来的大宗师。他以自悟的拳理、道家冲虚圆通之道和《九阳真经》中所载的内功相发明，创出了辉映后世、照耀千古的武当一派武功。

后来北游宝鸣，见到三峰挺秀，卓立云海，于武学又有所悟，乃自号三丰，那便是中国武学史上不世出的奇人张三丰。

《倚天屠龙记》第二章"武当山顶松柏长"

张三丰不勉强别人拜师，也是他的骨气。张三丰遇到常遇春之后，觉得他英雄了得，推荐他去拜在武当门下，但是常遇春拒绝了。按理说以张三丰当时的身份，招生被拒绝应该很没有面子，甚至老羞成怒，但张三丰没有，反倒把张无忌托付给常遇春，这是他内心的骨气与自信。

张三丰年逾百岁，依然活跃在创造一线，同样是他的骨气。

"武当派一日的荣辱，有何足道？只须这套太极拳能传至后代，我武当派大名必能垂之千古。"说到这里，神采飞扬，豪气弥增，竟似浑没将压境的强敌放在心上。

《倚天屠龙记》第二十四章"太极初传柔克刚"

金庸小说中很多年老的人早已远离发明创造。年纪很大的无崖子只能苟且三十余年，等待一副聪明俊秀的躯壳，好传续自己的一身内力；年纪很大的萧远山、慕容博整天想着偷读武功秘笈；年纪很大的周伯通、一灯只能养养蜜蜂、狐狸什么的；年纪很大的少林寺三僧也只不过搞了个阵法——金刚伏魔圈。相比之下，张三丰真是活到老、创新到老，真可谓："老当益壮，宁移白首之心？穷且益坚，不坠青云之志。"金庸小说中能当得起这句话的只有张三丰。

张三丰的骨气，还在于他甚至看破了武学本身。

我却盼这套太极拳剑得能流传后世，又何尝不是和文丞相一般，顾全身后之名？其实但教行事无愧天地，何必管他太极拳能不能传，武当派能不能存！

《倚天屠龙记》第二十四章"太极初传柔克刚"

"文章千古事，得失寸心知。"说的就是张三丰吧。

❀注：历史中的张三丰

《明史·列传》卷一百八十七"方伎"中张三丰和李时珍并列。其中提到张三丰"颀而伟，龟形鹤背，大耳圆目，须髯如戟"。

附：呦呦鹿鸣，食野之苹

1930 年 12 月 30 日，浙江宁波开明街 508 号屠家诞生了一个小女孩，父亲用《诗经·小雅·鹿鸣》中的"呦呦鹿鸣，食野之苹"给她命名。

1985 年后的 2015 年 12 月 7 日，瑞典卡罗琳医学院诺贝尔大厅中，屠呦呦用中文做题为《青蒿素的发现：中国传统医学对世界的礼物》的演讲。

屠先生在演讲中说：

"信息收集、准确解析是研究发现成功的基础。接受任务后，我收集整理历代中医药典籍，走访名老中医并收集他们用于防治疟疾的方剂和中药，同时调阅大量民间方药。在汇集了包括植物、动物、矿物等 2000 余种内服、外用方药的基础上，编写了以 640 种中药为主的《疟疾单验方集》。正是这些信息的收集和解析铸就了青蒿素发现的基础，也是中药新药研究有别于一般植物药研发的地方。

"关键的文献启示。当年我面临研究困境时，又重新温习中医古籍，进一步思考东晋葛洪《肘后备急方》有关"青蒿一握，以水二升渍，绞取汁，尽服之"的截疟记载。这使我联想到提取过程可能需要避免高温，由此改用低沸点溶剂的提取方法。"

这难道不正是和张三丰自己努力（"自悟的拳理"）和文献搜集（"道家冲虚圆通之道和《九阳真经》中所载的内功"）相发明而做出的巨大贡献是同样的吗？

29　无色的魄力

> "天龙""神雕""射雕"间，"倚天"只隔数重天。春风又绿江南岸，明月何时照我还？
>
> ——无色

金庸武侠世界的所有少林僧人中，无色可能是除了扫地僧外最为杰出的一个。

"天龙"时代以来，少林式微，尤其是"射雕""神雕"时代，千年少林甚至没有黯淡无光。在无色渐趋老迈的年岁里，武当派、峨嵋派都在江南的春风里茁壮成长。那么，少室山头的当年明月，还会照亮少林、重回"天龙"时代巅峰吗？

无色横空出世，给出了肯定的回答。

无色盛年时，少林寺的殿宇、碑林依然矗立，但是声望、吸引力大为衰退。自从 1077 年玄慈之死、扫地僧之间以后，少林寺进入了休整期。本来渐有枯木逢春之势，比如南宋建炎年间（1127—1130），少林寺出了一位灵兴大师，用三十九年练成一指禅（《鹿鼎记》）。然而，1186 年，少林寺又发生了火工头陀叛逃事件，真是屋漏偏逢连阴雨；而雨上加冰的是罗汉堂首座苦慧禅师的出走，刚刚燃起的少林寺复苏的一点小火苗又熄灭了。

火工头陀叛逃对少林寺是一场致命打击，当时少林寺住持苦智被打死尚在其次，最大的打击是少林寺的武学方向。那时少林寺的《易筋经》不知流落到何处，只待有缘；《九阳真经》则在藏经阁的《楞伽经》中安睡，"草堂春睡足，窗外日迟迟"。还要等待大约七十年，才被觉远偶然发现。当时少林弟子渴望内功，却又没有厉害的内功加持。火工头陀靠天资加勤奋，居然在没有半分内功的情况下，只凭外功战平住持苦智，更打死苦智。少林寺的出路在哪里呢？

所以，当时的罗汉堂首座苦慧禅师一怒之下远走西域，开创了西域少林一派。从苦慧禅师的弟子潘天耕等人的武功看，苦慧禅师走的也是外功的路子。苦慧禅师开宗立派的初衷恐怕是以外功对外功。从火工头陀的金刚门到苦慧禅师的西域少林派，似乎只有外功才能让少林寺再现荣光。

就在这样的年岁里，无色加入了少林寺，他手里握的是一副并不太好的牌。但是，无色把手里的牌打得高潮迭起，并在多年以后让少林寺恢复了往日风采。

无色的第一张牌是科技牌。 无色第一次将机器人技术引入少林寺武学传播，这就是铁罗汉。

那肥头肥脑的人厨子从怀里掏出一只铁盒，笑道："有个小玩意，倒也可博姑娘一笑。"揭开铁盒，取出两个铁铸的胖和尚，长约七寸，旋紧了机括，两个铁娃娃便你一拳、我一脚的对打起来。各人看得纵声大笑。但见那对铁娃娃拳脚之中居然颇有法度，显然是一套少林罗汉拳，连拆了十余招，铁娃娃中机括使尽，倏然而止，两个娃娃凝然对立，竟是武林高手的风范。

《神雕侠侣》第三十五回"三枚金针"

从小说情节来看，无色是第一个将 3D 技术引入少林武功教学并取得成功的。一般来说，古代的武功秘笈都是纯文字，连图和表都很少。柏杨在写《白话资治通鉴》时抱怨古代的史书没有图和表。对于史书，没有图和表并不是一个不能接受的问题；可是对于武功秘笈来说，没有图是致命的。郭靖的"亢龙有悔"怎么"亢"、怎么"悔"呢？萧峰的"沛然有雨"如何"沛"、如何"雨"呢？一张图的内涵，十页纸可能都容纳不下。解决这个问题的只有《侠客行》里面的侠客神功和《天龙八部》里面的图画版《易筋经》，但都是 2D 的图画。无色跨时代地选择了 3D 的表现形式，效果特别好。

效果有多好呢？郭襄在少室山下施展了十招，最后一招就是从铁罗汉中得到的招数。郭襄施展的招数有 40% 来自杨过，其他的来自母亲、大小武、完颜萍等亲近的人。铁罗汉的一招为何能出现在郭襄的武功中？只能说铁罗汉令人印象深刻。张三丰在得到郭襄赠予的铁罗汉后，学了半个月，就精通了罗汉拳。甚至在近百年后，张三丰在武当面临巨大危机时，还不忘把铁罗汉交给俞岱岩，希望传承少林武学。这些事实说明无色的科技牌对于少林武学传承裨益极大。

无色的第二张牌是社交牌。 广泛的交往让少林武功博采兼容、推陈出新。事实上，少林武功之所以独绝天下，就是因为善于吸收各种元素，比如摩诃指就是一位在少林寺挂单的七指头陀创立的。少林寺既有武学科研处——达摩院，也有武学外交处——罗汉堂，也是为了吸纳各门各派的先进武功。少林寺的很多和尚其实交游广泛，如《天龙八部》中的玄慈，能以头领大哥身份号令群雄远赴雁门关，没有出色的社交能力是不成的。无色也是其中的佼佼者，甚至可以说超过了"倚天"初期的天鸣、"倚天"中期的空闻和《笑傲江湖》中的方正等。无色之所以成为罗汉堂首座，也是因为他是半路出家，年轻时可能也是如李白一样既好武、又善于结交——"十五好剑术，遍干诸侯；三十成文章，历抵卿相。"

无色的结交有广的特点。比如无色给郭襄送生日礼物时选择了人厨子。人厨子是一个什么人物呢？他同百草仙、绝户手圣因师太、转轮王张一氓等人喝酒吃肉，很显然是一个邪派人物。无色专门选择人厨子送贺礼，而不是其他少林寺人物，因为是表示个人礼仪而不是代表少林寺。这件事表现了他的灵活，但更重要的是表明他交游广泛。

无色的结交有精的特点。无色和杨过是莫逆之交。在整部《神雕侠侣》中，和杨过谈得上莫逆的只有两个人，一个是黄药师，另一个就是无色。能和杨过这样的人物相处融洽可不容易，这能看出无色的过人之处。

> 杨过道："贵寺罗汉堂首座无色禅师豪爽豁达，与在下相交已十余年，堪称莫逆。六年之前，在下蒙贵寺方丈天鸣禅师之召，赴少室山宝刹礼佛，得与方丈及达摩院首座无相禅师等各位高僧相晤，受益非浅。"
>
> 《神雕侠侣》第四十回"华山之巅"

从杨过的话还能看出来，是无色的牵线搭桥，让杨过走进少林寺。无色的社交能力为少林寺赢得了广泛的学术联系，功绩还在方丈天鸣和达摩院首座无相之上。

无色的结交发自内心地展露了真性情，赢得了很多好友，这可能源于无色的出身。

> 无色少年时出身绿林，虽在禅门中数十年修持，佛学精湛，但往日豪气仍是不减，否则怎能与杨过结成好友？
>
> 他盛年时纵横江湖，阅历极富。
>
> 《倚天屠龙记》第一章"天涯思君不可忘"

无色和虚竹等从小长于少林寺的人不一样，而是半路出家，所以交游广泛、气势恢宏。

无色的结交还有谦逊低调的特点，"事了拂衣去，深藏功与名。"比如在《神雕侠侣》中，杨过送给郭襄十六岁生日的三件礼物中的第二件"南阳大火"就是无色放的。当时樊一翁告知郭靖：

> 在南阳城中纵火的，是圣因师太、人厨子、张一氓、百草仙这些高手，共有三百余人，想来寻常蒙古武士也伤他们不得。
>
> 《神雕侠侣》第三十六回"献礼祝寿"

但事实上，这次纵火的统帅极可能是无色，人厨子等人武功、声望都不足以担此重任。无色后来说：

> 那年姑娘生日，老和尚奉杨大侠之命烧了南阳蒙古大军的草料、火药之后，便即回寺，没来襄阳道贺。
>
> 《倚天屠龙记》第一章"天涯思君不可忘"

无色这里承认了自己是"南阳大火"的首脑。樊一翁当时之所以没有说出无色，可能有两个原因：原因之一，可能是当时在襄阳万马军中，人多耳杂，说出来可能怕连累在嵩山的少林寺，而那时的少林寺恐怕还在蒙古的掌控之内；原因之二，这次纵火说不定是无色自己偷偷出走干的，同少林寺无关，无色选择人厨子而不是少林寺僧送给郭襄礼物，可能也有不牵连少林寺的考虑。无色的功绩，不次于击杀契丹国左路副元帅耶律不鲁的丐帮陈孤雁，远超斩杀通金使节王道乾的丘处机。但无色从未对人说起，如果郭襄不是偶然来到，无色也不会说。

总之，无色有科技视野、社交精神。

但无色最大的王牌是改革牌，这是无色一生魄力下的壮举，是少林再起风云的关键一步。无论是科技牌还是外交牌，都是 0，改革牌才是 0 前面的 1。无色的改革牌就是在觉远死后继承了《九阳真经》的一部分，并发扬光大。

事情的起因是昆仑三圣何足道的来访。何足道的来访是火工头陀反出少林、苦慧禅师远走西域后少林寺最大的危机。甚至可以说，何足道的来访成为压倒少林武学的最后一块巨石，而不是最后一根稻草。

无色……说道："少林寺千年来经历了不知多少大风大浪，至今尚在，这昆仑三圣倘若决意跟我们过不去，少林寺也总当跟他们周旋一番……"

……

那僧人奔到无色身前，行了一礼，低声说了几句。无色脸色忽变，大声道："竟有这等事？"

《倚天屠龙记》第一章"天涯思君不可忘"

堂堂罗汉堂首座，虽然和郭襄侃侃而谈，表现得满不在乎，可是一旦真的听闻何足道来访，不但脸色大变，还脱口大声惊叹。无色嘴上很硬，但是内心很诚实。可以想象，少林寺当时是多么不自信。

何足道来时，少林寺是什么样的迎接场面呢？

突见寺门大开，分左右走出两行身穿灰袍的僧人，左边五十四人，右边五十四人，共一百零八人，那是罗汉堂弟子，合一百零八名罗汉之数。其后跟出来十八名僧人，灰袍罩着淡黄袈裟，年岁均较罗汉堂弟子为大，是高一辈的达摩堂弟子。稍隔片刻，出来七个身穿大块格子僧袍的老僧。七僧皱纹满面，年纪少的也已七十余岁，老的已达九十高龄，乃是心禅堂七老。然后天鸣方丈缓步而出，左首达摩堂首座无相禅师，右首罗汉堂首座无色禅师。潘天耕、方天劳、卫天望三人跟随其后。最后则是七八十名少林派俗家弟子。

《倚天屠龙记》第二章"武当山顶松柏长"

这样的近 220 人的阵仗，就是为了一个何足道，至于吗？少林寺如此大动干戈，一是因为何足道在罗汉堂留书，一是因为何足道一人战败西域少林派三人。但还没有真正动手就如此气沮，少林寺千年传承，显得多么外强中干！

少林寺不自信的根源则是内功的不足。

他这手划石为局的惊人绝技一露，天鸣、无色、无相以及心禅堂七老无不面面相觑，心下骇然。天鸣方丈知道此人这般浑雄的内力寺中无一人及得。

《倚天屠龙记》第二章"武当山顶松柏长"

直到觉远出手，仅凭一双脚就将何足道划在石头上的棋盘抹去，少林寺才得以保存声望脸面。无色一见觉远武功，立刻就意识到这才是少林武功中兴正路。所以他才尾随觉远三人，一夜听经，从而得了少林九阳功，并光大少林。正是"小楼一夜听春雨，深巷明朝卖杏花。"少林千年中兴，在于无色静立一夜。"似此星辰非昨夜，为谁风露立中宵。"少林寺的星辰已非昨夜，少室山头"天龙"时代的当年明月又升起来了。

无色的推动效果显著。后来少林寺的空见、空闻都会九阳功，称为少林九阳功。比如空见曾将该武功传给了圆真，也就是混元霹雳手成昆。空闻也应该精通少林九阳功，以至于张三丰为了救张无忌而向空闻求助。空智、空性、三渡等都熟悉少林九阳功。所有这些，看来应该是得自无色。也就是说，无色一手实现了少林武功的九阳化。

在"射雕"和"神雕"时代沉寂多年的少林寺在"倚天"时代重回武学正宗，为六大门派之首，并延续到"笑傲"时代。无色居功至伟。

无色推动九阳功，恐怕并不容易。《九阳真经》出自《楞伽经》，但除了觉远、张三丰等人外，没有人见过原本。《九阳真经》是扫地僧写的，但是一般人无法接受。在少林寺僧看来，这就是弃徒觉远、张君宝的遗作，怎么可以使用呢？而且，少林寺一直就有另一个武学方向，也就是阵法。苦智时期就有所谓的心禅七老，甚至在多年以后，三渡还在采用阵法这种方式革新少林武功。三渡采用金刚伏魔圈，希望开辟少林武功的新路。但无色力排众议推动了九阳功，其间的辛苦不足为外人道也。

无色能推动少林九阳功，可能也因为他在天鸣之后成为少林寺的方丈。少林寺的方丈有时是顺位继承制，尤其是达摩、罗汉两院首座地位最为尊崇，常常在方丈卸任之后荣升下一任方丈。

进达摩院研技，是少林僧一项尊崇之极的职司，若不是武功到了极高境界，决计无此资格。

《天龙八部》第四十章"却试问，几回把痴心"

无色又道："只不过武师们既然上得寺来，若是不显一下身手，总是心不甘服。少林寺的罗汉堂，做的便是这门接待外来武师的行当。"

《倚天屠龙记》第一章"天涯思君不可忘"

　　玄慈死后，按理说方丈之位应该传给达摩院首座玄难，从玄难担负的各种任务也能看出栽培他的意思。可是玄难也死于丁春秋之手，因此龙树、戒律两院首座玄寂才继承了方丈之位。

　　苦智禅师死后，罗汉堂首座苦慧因为理念缘故才远走西域，否则苦慧可能就是下一任方丈。

　　无色作为罗汉堂首座，又豁达豪爽，可能成为方丈。天鸣是他长辈，年纪更大，同辈的只有一个无相，是达摩院首座。但无相面对何足道时表现出的胸襟、谋略都不及无色。

　　觉远辞世时，无色做偈：

> 诸方无云翳，四面皆清明。
>
> 微风吹香气，众山静无声。
>
> 今日大欢喜，舍却危脆身。
>
> 无嗔亦无忧，宁不当欣庆？
>
> 　　　　　　《倚天屠龙记》第二章"武当山顶松柏长"

　　九阳功的出现，让少林武学从此"诸方无云翳，四面皆清明"。

　　无色的魄力还在于气势恢宏，放走张三丰、郭襄。在当时，以他的武功，完全可以降伏张、郭二人。郭襄也还罢了，毕竟是北侠郭靖之女；张三丰作为少林门人，无色擒住他于情于理一点问题都没有，而在当时，以无色的武功，这是轻而易举的事情。但无色没有这样做，这才有了后来武林的格局，尤其是武当派的崛起。

　　张三丰在少林寺有三次主要的经历：第一次在少林寺读经遇到潇湘子、尹克西夺经；第二次在少林寺遇见来访的郭襄，力战何足道；第三次到少林寺，则是数十年以后携带张无忌来治伤的。

　　当张三丰第三次踏上少室山的时候，抚今追昔，他恐怕会想起这句话：

> 三过少室山下，半生弹指声中。
>
> 多年不见老仙翁，壁上龙蛇飞动。
>
> 欲吊武功耆叟，仍歌静山香风。
>
> 休言万事转头空，未转头时皆梦。

❀注：火工头陀年代考

　　觉远之死发生在第三次华山论剑两年后，也就是 1261 年。

　　觉远死前回忆起少林寺的一桩旧事，有"距此七十余年之间"的话，算 75 年，则该事发生在 1186 年，即第一次华山论剑的十三年前。

　　也许因为少林寺的内讧，才让王重阳有了勇气，开始了全真派的论剑之举。

附：从文科生到力学大师的钱伟长

钱伟长（1912—2010）是我国著名力学家、教育家、社会活动家。钱伟长的学术生涯中有从文到理的巨大转折。

钱伟长祖籍江苏无锡荡口镇七房桥，他的叔父是大名鼎鼎的钱穆，当然钱伟长后来的名气恐怕要远大于钱穆。钱伟长的文学素养从他的名字中都能看出来。钱伟长的名字是叔父钱穆起的。钱穆的大哥原名恩第，字声一，钱穆原名思，字宾四，都是他们的父亲钱承沛起的。1912年春天，钱穆的大哥自己改名为钱挚，把四弟改名为钱穆，把六弟改名为钱艺（字漱六），把八弟改名为钱文（字起八）。钱伟长的名字则来自钱穆，据说是源自建安七子中一个叫徐干的著名文学家。徐干字伟长，擅长诗赋，尤工五言诗，有"思君如流水，何有穷已时"的佳句。可能伟长这个名字也寄托了钱穆对侄儿从文的寄托。

所以，据说当1931年考入清华大学时钱伟长文史都是满分，但是物理只考了5分，也就不足为奇了。

九·一八事变爆发后，钱伟长本着科技救国的理念，要求转到物理学专业，最终说服了吴有训，试读物理学专业一年，并达到了数理课程平均超过70分的要求，留在了物理系。直到最后成为著名力学家。

🏵 注：钱伟长梦游清华园记考

按照央视纪录片《大家》中钱伟长的自述，当年考清华语文打了100分，是因为自己写的一篇《梦游清华园记》。季羡林也曾说过自己高考的作文也是此篇。季老1930年入学，钱老1931年入学，怎么会是同一篇作文呢？必有一个是记错了。

作家卞毓方曾经考证过这件事：

《清华周刊》1931年的某期载《国立清华大学入学考试试题·民国十九年（1930年）》作文题两则：一、"将来拟入何系？入该系之志愿如何？"；二、"在新旧文学书中任择一书加以批评。"

《清华周刊》1933年10月23日刊载了1931年和1932年的作文题。1931年的作文题如下：

1. 本试场记。

2. 钓鱼。

3. 青年。

4. 大学生之责任。

附注：任作一题，文言白话均可。

1932 年的国文题如下：

1. 试对下列之对子：（甲）少小离家老大回；（乙）孙行者。

2. 梦游清华园记。

附注：此题文言白话皆可，但文言不得过三百字，白话不得过五百字。

不管孰是孰非，钱老的文学功底应该是不容置疑的。

中 篇

横 篇

第六编　金庸小说中的人物

引子：千江有水千江月

金庸小说中最具影响力的是一个个活生生的人物。提到那些低调但实力超群的人物，我们会形容为扫地僧；谈起那些坚贞而为国为民的人物，我们会想到郭靖；论及那些虚伪又道貌岸然的人物，我们会记起岳不群；遇见那些好玩兼创造力强的人物，我们眼前会浮现出老顽童。金庸小说中这些人物似乎已经融入中华文化的长江大河之中，流向远方。

宋代禅僧雷庵正受有这样的诗句："千江有水千江月，万里无云万里天。"这两个诗句很好地概括了金庸小说中异彩纷呈的人物。佛教有"标月指"的说法，从金庸小说人物汇成的江水中，我们也许能看到科研学术的月亮。

30　金庸小说人物的武学动机

金庸小说人物学武的动机是什么？

动机来自需要。马斯洛关于人类需要的研究非常有名，一开始他总结了五种需要，后来又扩大到八种。依次是：生理的需要（physiological need），如食物、水、空气、睡眠、性的需要等；安全的需要（safety need）；归属和爱的需要（belongingness and love need）；尊重的需要（esteem need），又分为尊重自己的需要和尊重他人的需要；认知的需要（cognitive need）；审美的需要（aesthetic need）；自我实现的需要（self-actualization need）；超越的需要（transcendence need）。其中，前四种被概括为缺失性需要（deficiency needs），如果这些需要不被满足，会对人的身、心造成不良影响；后四种被总结为成长性需要（growth needs），主要是为了成长。

金庸小说人物的武学动机是基于哪些需要呢？

大多数人恐怕还是为了满足缺失性需要。洪七公研究武功，部分可能因为好吃这种生理需要，比如他可以凭武功去皇宫吃上三个月的"鸳鸯五珍脍"。欧阳克研究武功恐怕很大程度上是因为好色，比如他可以搜罗天下美女（如程瑶迦、穆念慈等）。狄云研究武功是为了保障自身的安全。金庸小说中的很多人物都在找爸爸，可能是基于归属和爱的需要。阎基研究武功提升了社会地位，得到了别人的尊重，满足了尊重的需要。

金庸小说中还有一些人，他们学武是为了成长，这些人是中国人的脊梁。用金庸小说中一些脍炙人口的句子概括那些杰出人物的武学动机，能起到画龙点睛的效果。这里选出六句话。

第一句，"情为何物"，用来指基于认知需要（尤其是兴趣）的武学动机，代表人物是周伯通和觉远。

周伯通开发空明拳和双手互搏显然是基于兴趣。他在练成这两门武功之后，居然没有意识到自己的武功比黄药师高了，直到郭靖提醒，他才仰天大笑，决定走出桃花岛，这恰恰说明了周伯通学武是基于兴趣，没有任何功利色彩。周伯通还曾万里追赶裘千仞，和灵智上人比试静坐，这一动一静的武学两极也是基于兴趣。周伯通还曾多次想拜师，如想拜郭靖为师学习降龙十八掌，想拜金轮法王为师学习龙象般若功，想拜杨过为师学习黯然销魂掌，都是基于兴趣。

觉远喜欢读书，尤其是佛经，并因此从《楞伽经》中读到《九阳真经》，练习之下，有易筋洗髓的神奇功效，但是觉远并不想同人争胜，而仅仅是兴趣。觉远不会招式，就是明证。后来昆仑三圣何足道来访，觉远也仅仅是用双脚抹去何足道刻在石地上的棋盘线。

兴趣是最好的老师。周伯通和觉远都学成一身惊人武功。周伯通位列第三次华山论剑的五绝之首，觉远则开启了身后近百年的少林、武当、峨嵋一花三叶的武学格局。

第二句，"黯然销魂"，用来指基于审美需要的武学动机。武学未尝不是一种审美，作为转移注意力的代偿性选择，代表人物是黄药师和杨过。

黄药师一生创造力惊人。从数量看，极有可能位居金庸小说之冠。他创造了诸如劈空掌、弹指神通、落英神剑掌、兰花拂穴手、奇门五转、玉箫剑法、旋风扫叶腿、碧波掌、碧海潮生曲、移形换位、灵鳌步等武功。值得注意的是，黄药师在第一次华山论剑的时候，使用的只是劈空掌和弹指神通。他的其他武功，似乎很多都是在华山论剑之后，特别是陈梅叛逃、黄蓉出生、妻子难产而死之后的创造，间接的证据是六大弟子似乎只会劈空掌、弹指神通等。

黄药师在此期间武功大进，值得深思。最大的可能是哀念妻子亡故后的一种排遣："十年生死两茫茫，不思量，自难忘；料得年年断肠处，明月夜，练功房。"想来多少个不眠之夜，黄药师都在练功中度过，才有了这么多创造。直接的证据是，旋风扫叶腿配合的心法确实就是黄药师后来因悔恨所创。

你见过桃花岛凌晨四点钟的太阳吗？黄药师见过。试想，黄药师的"九花玉露丸"采自九种花的露水，那么要在什么时候去采露水呢？当然是凌晨。正是在这样的努力下，黄药师创出了一门又一门独特的武功。这一切，都始于他用计窃取周伯通的《九阴真经》秘笈。他应该很后悔吧？因为得来的是夜夜的辛酸。"东邪应悔偷秘要，碧海青天夜夜辛。"

杨过的黯然销魂掌更是对爱人思念所化。小龙女失踪之后，杨过思念如狂，以至于形销骨立、黯然销魂。所以才诞生了黯然销魂掌。从黯然销魂掌的招数名称也看得出来，十七招中几乎都是对心情的描写："六神不安""杞人忧天""无中生有""魂不守舍""徘徊空谷""力不从心""行尸走肉""拖泥带水""倒行逆施""废寝忘食""孤形只影""饮恨吞声""心惊肉跳""穷途末路""面无人色""想入非非""呆若木鸡"。而杨过终于能走出阴霾，恐怕是这路掌法消弭了很多愁思。

第三句，"不弱于人"，用来指基于自我实现需要的武学动机，代表人物有王重阳和林朝英。

每个人都想追求卓越，虽说"文无第一，武无第二"，但读书人争强好胜之心并不比学武的人弱。偏偏王重阳、林朝英文武双全，所以争强好胜之心更盛。王重阳表面上豁达大度，"出门一笑无拘碍，云在西湖月在天"。可他心里想的却更多是"海棠亭下重阳子，莲叶舟中太乙仙"，可以说自视极高。王重阳举抗金义旗，是国之栋梁，所以是**岗上君子**；林朝英如姑射仙子，意气殊高洁，木秀于林，所以是**林下美人**。然而，他们两个始终没有走到一起。王重阳苦心研究全真武功和先天功，而林朝英则心系《玉女心经》，二者展开了如火如荼的武学竞赛。他们的这种自我实现需要盖过了归属和爱的需要。当然问题主要在王重阳。他甚至在活死人墓的棺板上刻下"重阳一生，不弱于人"，这是多较劲！和一个女孩子，至于吗？华山论剑之后，世人谁不知你是天下第一？这种人活该单身。

第四句，"武林至尊"，同样用来指基于自我实现需要的武学动机，代表人物有欧阳锋、金轮法王和鸠摩智。

欧阳锋、金轮法王和鸠摩智这些人不但是不弱于人，更可以说是雄长西域了。他们都来自西域。他们每一个人都是要钱有钱，要名有名，要地位有地位。然而，他们都想争一个武林至尊的名号。他们最后的下场，除了鸠摩智幡然悔悟外，都不大好。在金庸小说中，西域武林人物对中原武林的挑战从来没有成功过。自我实现是没有问题的，但把自己的成功建立在别人甚至天下人的屈辱之上，就不大好了。

第五句，"怜我众生，忧患实多"，用来指基于超越需要的武学动机，代表人物是张无忌。张无忌在蝴蝶谷和胡青牛、王难姑夫妻学艺的时候，就有扶危济困之思。后来在昆仑山救何太冲家人，是为了众生。在光明顶，张无忌凭一己之力排难解纷、纵横捭阖，挽救而且改革了明教，是为了众生。在大都六安塔下，张无忌运乾坤大挪移之法救下六大门派，是为了众生。在武当山顶，张无忌用太极拳力克赵敏手下悍将，是为了众生。在少林寺内，张无忌大战三渡，还是为了众生。

第六句，"为国为民，侠之大者"，还是用来指基于超越需要的武学动机，代表人物是郭靖。张无忌在十岁时父母惨死，而郭靖还没有出生时父亲就死了。在郭靖六岁的时候，他失手杀了黑风双煞之一的陈玄风。然而在这些打击下，郭靖最终依然选择的是学习武功。他一开始的学武动机可能只是为了报杀父之仇，后来则是超越自我，成为为国为民的大侠。当襄阳面临蒙古入侵的时候，郭靖站了出来，利用自己的武功和声望，守卫襄阳数十年。郭靖一直践行"为国为民，侠之大者"的理念，可以说是金庸小说第一大侠。

张无忌、郭靖恰恰是从小就被命运捉弄的人物，他们小时候都遭遇过极大的坎坷，他们甚至可能都患有 PTSD（Post - Traumatic Stress Disorder，也就是创伤后应激障碍）。他们选择了"怜我众生"和"为国为民"，是不是对自己的 PTSD 的一种自我救赎呢？"怜我众生"和"为国为民"这样的超越小我追求大我乃至无我的境界，可能具有一种对抗人世间大多数苦难的绝大力量。

　　不同武学动机的力量和效果是不一样的。

　　追求个人兴趣为动机的武学常常孕育极大的原创性发现。比如，觉远学习《九阳真经》纯粹是出于兴趣，没有任何争胜的念头。所以他只会内功，外功甚至连少林寺入门的罗汉拳也不会。他的徒弟张君宝学会了罗汉拳，还是来自郭襄送给他的一对带机括的铁罗汉。后来昆仑派的何足道来少林寺挑战，觉远也只是利用内力把何足道画在地上的棋盘用脚抹去。然而，就是觉远练习的《九阳真经》主导了未来超过百年的世界。无色的少林派、张三丰的武当派和郭襄的峨嵋派都根源于觉远的武功，而且在未来百年影响了金庸武侠世界的武学、政治格局。

　　过于追求个人兴趣易流于轻浮。《笑傲江湖》执掌西湖梅庄的"江南四友"黄钟公、黑白子、秃笔翁、丹青生分别爱好琴、棋、书、画。在看守任我行的十二年里，这四个人沉浸在自己的艺术世界，乐在其中，也取得了自己的艺术成就。然而，沉溺于兴趣让这四个人忽略了底线和原则，被前教主任我行的亲信下属向问天设计，以令狐冲为诱饵，狸猫换太子，救出任我行。趣味的极端，可能是青春作赋，皓首穷经，笔下虽有前言，胸中实无一策。

　　对美的追求可能本身就是一种创新方法。在绝情谷，杨过和公孙止比拼，使用了一种自己在静养读诗中创出的一种武功。杨过读的诗是嵇康的《赠秀才入军诗》。其一为："良马既闲，丽服有晖，左揽繁弱，右接忘归。风驰电逝，蹑景追飞。凌厉中原，顾盼生姿。"其二为："息徒兰圃，秣马华山。流磻平皋，垂纶长川。目送归鸿，手挥五弦。俯仰自得，游心太玄。嘉彼钓翁，得鱼忘筌。郢人逝矣，谁与尽言？"杨过把这首诗融入武功，形成了一项既实用又好看的剑法。

　　过分追求美则可能降低实用性。欧阳克作为西毒欧阳锋的侄儿，也是西域白驼山的少主，武学资源非常丰富。比如他擅长欧阳锋的灵蛇拳。但是欧阳锋最厉害的武功蛤蟆功他却不会。一个很可能的原因是蛤蟆功看起来不好看，而欧阳克风流倜傥，追求玉树临风、潇洒飘逸，所以可能嫌弃蛤蟆功。然而，不会蛤蟆功是致命的。在荒村野店，欧阳克被杨康杀死。如果他会以静制动的蛤蟆功，可能结果就会改变了。

　　自我实现是促人奋进的积极力量。在《射雕英雄传》中，为了备战二次华山论剑，四绝可以说都各有努力。东邪黄药师在劈空掌和弹指神通之外，又开发了很多武功，如玉箫剑法等。西毒欧阳锋创造了灵蛇拳、蛇杖等。北丐准备二次华山论剑时使用打狗棒。甚至错过了第一次华山论剑的裘千仞也日日勤练铁掌，准备在第二次华山论剑时夺得武功天下第一的荣号。所以说，给自己设立一个目标，会很大程度上激励自己积极向上。

　　盲目的自我实现可能会导致学术造假。实现自我本来是一件很正能量的事，但是过于争名逐利则适得其反。欧阳锋本已位列五绝，已经是极大的成就，偏偏执念最深。为了成为天下第一，他始终对《九阴真经》念念不忘，想据为己有。他开始偷袭全真教，暗算王重阳，后来得知郭靖掌握《九阴真经》，对郭靖展开胁迫。最后无奈之下，郭靖在《九阴真经》上造假，导致欧阳锋逆练《九阴真经》，成为一个疯子，变成了欧阳疯。

不同的武学动机之间，有的相得益彰，有的针锋相对。

比如追求兴趣和美可能常常是互相促进的。 张无忌的父亲张翠山外号"银钩铁划"，一方面是形容他使用的兵器——烂银虎头钩和镔铁判官笔，另一方面也说明他书法很好。张三丰曾经传授张翠山蕴含书法意境的武功——倚天屠龙功。这项武功融个人的书法兴趣和武术美学于一体，**充分体现了兴趣和美的追求的共性。**

追求个人兴趣和美的人常常在自我实现上执念不深，比如周伯通。《神雕侠侣》中第三次华山论剑的时候，东邪不变，西毒欧阳锋变成西狂杨过，南帝人变没，称呼变为南僧，北丐洪七公变成北侠郭靖。剩下的中神通早已死去，该让谁取代中神通呢？大家其实心里都把老顽童周伯通作为人选，但是言语之间故意逗他，说可以选黄蓉，也可以选小龙女。让大家惊诧的是，周伯通居然不以为意。于是大家感慨，东邪视名气为粪土，南帝视名气为空无，只有周伯通的心中从来没有名这个概念。周伯通一直追求个人兴趣，但是却不是为了争天下第一，而只是觉得好玩。

"怜我世人"和"侠之大者"这样的追求，有时会牺牲以兴趣驱动的武学。 比如郭靖，他也曾因为兴趣，妙手偶得，几乎发明了一路古拙雄伟的掌法，可是后来为了坚守襄阳、保境安民，郭靖和这路掌法失之交臂。

人们的武学动机可能会在一生中不断切换。 郭靖学武一开始是为了报杀父之仇，是为了归属与爱的需要；后来是为了和杨康比武能胜出，是为了不弱于人。但这些都并没有给郭靖的内心带来宁定。第二次华山论剑之前，郭靖产生了信仰危机，他突然不知道自己学武是为了什么，以至于浑浑噩噩。甚至当梁子翁去吸他的血时，他也只是下意识地反抗。直到后来他遇到丘处机，终于明白"侠之大者，为国为民"的道理。**人在一生中境遇的变化会导致需要的改变，武学动机也常常改变。**

尽早找到自己的武学动机可能会事半功倍。 郭靖在第二次华山论剑之前一度非常失落，以至于失去了一次极好的武学创新的机会。郭靖在心灰意懒、神不守舍的情况下，在华山看到十二株龙藤。这十二株龙藤据说是宋初陈抟种下的。从宋初到郭靖所处的南宋，龙藤长了上百年，天矫多姿，古意盎然。郭靖曾练习过降龙十八掌。尽管他用得最多的是里面的一招"亢龙有悔"，但是另一招"飞龙在天"威力也很大。郭靖看到龙藤，回想起自己经常使用的"飞龙在天"，觉得从十二株龙藤的姿态里大可创出十二式古拙雄伟的掌法。然而，这个念头一闪而过。后来郭靖生儿育女、保卫襄阳数十年，这项杰出武学从未来到世上。所以，这项郭靖一生难得的学术发现胎死腹中。如果郭靖早一点找到人生学武的意义，恐怕十有八九能创出这门武功。**尽早确立自己的武学动机可能意味着更大的武学成就。**

附：超越诺贝尔奖发现的美学来源

杨振宁先生创立杨-米尔斯理论中的一个故事揭示了美学在科研发现中的巨大作用。

杨振宁先生于 1957 年因提出宇称不守恒定律同李政道分享了诺贝尔物理学奖。然而，杨振宁更大的学术贡献可能是他同米尔斯发展的杨-米尔斯理论（Yang-Mills Theory），这是近代物理学规范场理论的基石。杨振宁先生提到过该理论产生的趣事，有很多启发。

杨振宁和米尔斯一开始在创建理论的时候注意到计算后期产生了很多复杂的二次项和三次项。他们想，能不能在开始的时候加入一些二次项或三次项，从而把后期产生的项消掉呢？结果他们只加入了一个二次项，就奇迹般地把后面产生的所有复杂的、"坏"的东西全部消掉了，得到了非常漂亮的数学结果。但这不是问题的全部。理论中还有一些未解决的问题。但是他们想，这个理论如此漂亮，能不能在其中包含尚未解决的问题的情况下就把它发表呢？他们最后决定发表，因为结果太漂亮了。

（《杨振宁：科学研究的品味》，微信公众号"知识分子"）

31　金庸小说人物的武学品味

01

《九阴真经》硕果累累，但不同人采撷的果实并不一样。

涉猎过《九阴真经》的人有很多：自黄裳始创之后，王重阳、周伯通、黄药师、陈玄风、梅超风（若华）、郭靖、洪七公、欧阳锋、一灯大师、杨过、小龙女，以至于周芷若、宋青书等，都和《九阴真经》有交集。

王重阳从《九阴真经》挑选的是用来克制《玉女心经》的《重阳遗刻》。

周伯通从《九阴真经》收割的是刚猛可媲美降龙十八掌、招式可比肩打狗棒的大伏魔拳。当空明拳无法抗衡杨过时，周伯通靠大伏魔拳单臂和杨过斗得旗鼓相当。

黄药师高傲得很，看起来似乎没有学习《九阴真经》。然而，第一次华山论剑时，黄药师只有劈空掌和弹指神通，数量上和西毒、南帝、北丐类似，为何后来突然创出兰花拂穴手、奇门五转、玉箫剑法、旋风扫叶腿、移形换位、灵鳌步等武功？他的创造力为何突然有如此大的提升？亡妻、悔恨固然可能，但是否还有可能是受了《九阴真经》的启发？

没有不吃鱼的猫，也没有不练神奇武功的高手。王重阳、周伯通都说不练《九阴真经》，后来还是都练了。黄药师的妻子都背诵了《九阴真经》，他怎么可能一点不知道？

黄药师基本上可以肯定看了，可能也练了《九阴真经》。这从他后来创造的武功看得出来。兰花拂穴手会不会来自九阴白骨爪，化阴狠为优雅，以阴柔克制洪七公的降龙十八掌，顺便暗讽一下洪只有九根手指？碧海潮生曲摄人魂魄，会不会来自《九阴真经》的移魂大法，为克制因情所困的周伯通？移形换位、灵鳌步、奇门五转会不会来自《九阴真经》，以动制静，以克制一味取静（蛤蟆功）的欧阳锋？落英神剑掌结合旋风扫叶腿会不会来自《九阴真经》，彰显以己之长攻敌之短的理念，以克制只练上半身武功（一阳指）的一灯大师？总之，黄药师很可能练习或者改造了下卷《九阴真经》，以便在第二次华山论剑时独占鳌头。

"风华绝代"（陈玄风、梅若华）从《九阴真经》提取的是摧心掌和九阴白骨爪，而且把这两门武功练得阴狠毒辣。周伯通提到《九阴真经》正大光明，那么这两门武功的阴毒属性是陈、梅二人自己赋予的。

郭靖选了《九阴真经》之《易筋锻骨篇》和精神内核。降龙十八掌是天下至刚的掌法，但郭靖后来的降龙十八掌却是刚柔相济、阴阳和合，其境界已经超越洪七公，这主要是源于郭靖的降龙十八掌接受了《九阴真经》的改造。

同是《九阴真经》，不同的人选择的品味截然不同。

王重阳的出发点是功利的。他学究天人，参考而不是盲从《九阴真经》，为的是不弱于人乃至成为武林至尊。王重阳的道家武功天然接近《九阴真经》，《九阴真经》之于王重阳就像一层窗户纸，所以他随手就写下了《重阳遗刻》。

周伯通的出发点是唯美的。大伏魔拳庄严华美，既阳刚威猛又招数多变，一般人只能临渊羡鱼，但是周伯通能力、境界都很高，才能驾驭。

"风华绝代"的出发点是实际的。他们叛出师门，后有追兵，前途渺渺。他们需要的是速成，以便生存；需要的是狠辣，以便震慑；需要的是特色，以便让人记住。他们的能力和桃花岛的教育让他们没有太多选择。

郭靖的出发点既有务实的考虑，也有自己的美学思考：简单、直接。

02

在众多因素中，流行的趋势似乎对武学品味影响很大。

这从萧远山、慕容博的武学品味上就看得出来。萧远山、慕容博都先后潜入过少林寺藏经阁。少林寺号称有七十二门绝技，其实七十二可能只是虚指，实际武功门类更多。那么，在藏经阁中，萧远山、慕容博二人选择的是什么武功呢？

那老僧道："居士（萧远山）全副精神贯注在武学典籍之上，心无旁骛，自然瞧不见老僧。记得居士第一晚来阁中借阅的，是一本《无相劫指谱》，唉！从那晚起，居士便入了魔道，可惜，可惜！"

只听那老僧叹了口气，说道："慕容居士虽然是鲜卑族人，但在江南侨居已有数代，老僧初料居士必已沾到南朝的文采风流，岂知居士来到藏经阁中，将我祖师的微言法语、历代高僧的语录心得，一概弃如敝屣，挑到一本《拈花指法》，却便如获至宝。昔人买椟还珠，贻笑千载。两位居士乃当世高人，却也作此愚行。唉，于己于人，都是有害无益。"

《天龙八部》第四十三章"王霸雄图，血海深恨，尽归尘土"

为什么萧远山、慕容博二人选择的都是指法？因为指法是"天龙"时代最流行的武功门类。

"天龙"时代指法数量多、级别高，比如大理段氏的六脉神剑和一阳指，其中六脉神剑和少林寺的《易筋经》、丐帮的降龙十八掌一样同属无上绝学。

此外的指法还有姑苏慕容的参合指以及少林派的摩诃指、拈花指、金刚指、无相劫指、多罗叶指、天竺佛指、去烦恼指、大智无定指。

这种崇尚指法的风气，到"射雕"时代还余音袅袅，绕梁三日，如"射雕"时代前期南宋建炎年间少林寺灵兴大师的一指禅，如"射雕"时代中期南帝的一阳指、东邪的弹指神通。

到了"倚天"时代，指法则只剩下杨逍的弹指神通和圆真的幻阴指。有趣的是，会弹指神通的杨逍被圆真用幻阴指偷袭，而圆真的幻阴指则被张无忌的九阳内力破去，隐喻指法的没落。

到了"笑傲"时代，黑白子的玄天指就只是用来代替冰箱的功能，制作冰块了；左冷禅使用过具有指法气质的寒冰劲，但已经不叫指法了。

所以萧远山、慕容博二人也不能免俗，进入少林寺藏经阁，第一次选择的就是指法。追逐热点，毕竟是看起来最安全和最有收益的。

另外，现实的职场压力对品味的影响也极大。

比如让鸠摩智念念不忘、初心不改的，始终是少林寺武功。鸠摩智最初的武功是火焰刀，这足以让他雄长西域。但进入中原，火焰刀就不够用了。而他去大理抢夺六脉神剑，为的只是凭吊慕容博。哪怕后来他偷学到了逍遥派的绝学小无相功，也不满足。小无相功甚至可以催动少林寺七十二绝技，让人难辨真伪。但小无相功并不能让鸠摩智稍作停留。鸠摩智的初心依然是少林寺各项绝学。念念不忘，必有回响，后来他终于得到了《易筋经》，得偿所愿。

为什么鸠摩智始终如此在乎少林寺武功呢？这恐怕和鸠摩智的身份有关。鸠摩智是吐蕃国师，是佛教上师。吐蕃宗教以佛教为主，鸠摩智的称号"大轮明王"可能来自佛经：

"尔时慈氏尊菩萨，现作大轮金刚明王，遍身黄色放大火，右手持八辐金刚轮，左手挂一独股金刚杵。"

《大妙金刚大甘露军拏利焰鬘炽盛佛顶经》

金轮法王的金轮恐怕也是出自这部佛经。作为以佛教为主要宗教的吐蕃国的国师，鸠摩智如果能得到佛教来源的武功，如《易筋经》和少林七十二绝技，那对他职业加成的作用极大，这是六脉神剑、降龙十八掌、小无相功等非佛家武功远远不能媲美的。这叫名正言顺，就像用篮球征服美国人、用足球征服巴西人一样，接受度特别高，底气特别足。有了《易筋经》，鸠摩智甚至可以说继承了达摩的衣钵、法统，这对他的事业发展至关重要。所以，**现实的职业发展考虑对武学品味影响非常大。**

03

武学品味是慢慢发展出来的。

郭靖从小到大，涉猎过江南七怪武功、全真内功、降龙十八掌、空明拳、《九阴真经》(含九阴神抓，即九阴白骨爪)、天罡北斗阵。一路走来，郭靖会过黑风双煞、尹志平、黄河四鬼、沙通天、彭连虎、杨康、梁子翁、欧阳克，以至于欧阳锋、裘千仞、霍都、金轮法王等人。在这样的打斗中，郭靖逐渐知道哪种武功最有效、最适合自己的性格。最终，在众多武功中，郭靖选择了融合了《九阴真经》的降龙十八掌；在掌法之中，最常用的则是一招"亢龙有悔"。郭靖从来不用九阴白骨爪、摧心掌、大伏魔拳等。

慢慢发展出来的武学品味一定是和性格、工作等密切相关的。

04

武学品味对成就影响巨大。

张无忌涉猎过的武功很多：从小父亲用武当武功给他筑基，然后谢逊用自己的高深武功（如七伤拳）教育他，可能母亲的天鹰教武功对他也有影响，之后张无忌在昆仑山系统学习了《九阳真经》，在明教禁地学习了乾坤大挪移，在武当山学习了太极拳，在大海中学习了圣火令武功。

那么，平时张无忌使用什么武功呢？

在光明顶排难解纷时，张无忌所使用的基本上是《九阳真经》+乾坤大挪移，以做到"以彼之道，还施彼身"，就是对方用什么，我就用什么，但以《九阳真经》+乾坤大挪移为底子，可以实现后发先至。比如遇到崆峒派，就用该派的七伤拳；遇到少林派空性，就用空性成名的龙爪手。在武当山，面对赵敏手下高手，张无忌使用的是张三丰的太极拳。太极拳基本上和乾坤大挪移类似，你劲力越大，我反弹越强。在少林寺，面对高僧三渡，张无忌一开始使用的是圣火令武功，后来变回《九阳真经》+乾坤大挪移+太极拳。

所以张无忌基本上都是以《九阳真经》雄浑内力配合乾坤大挪移、太极拳的舍己从人、后发先至的法门。后来在对阵中，张无忌几乎从不使用七伤拳、龙爪手这种霸道武功。张无忌的以《九阳真经》+乾坤大挪移+太极拳为基础的武学品味具有极大的包容性，所以张无忌任何招式都可驾驭。**武功练到张无忌这个份上，基本上上不封顶了，只会随着时间沉淀，功力逐日精纯而已。**

游坦之其实和张无忌很类似。

在内功上，张无忌学习的是九阳神功，游坦之学的是《易筋经》。从名气、功效等看，《易筋经》都比《九阳真经》有过之而无不及。

在招式上，张无忌有乾坤大挪移、太极拳，不但可以运用《九阳真经》内力，还能对任何武功招式做到驾驭自如。游坦之小时候很懒惰，没有学会这些过人武功招式，但是他的冰蚕劲力独步天下。游坦之的冰蚕劲力是金庸小说中唯一具有冰、毒两种元素属性的攻击方式。圆真的幻阴指、玄冥二老的玄冥神掌都是冰属性，李莫愁的赤练神掌是毒属性，只有游坦之身兼两种属性。以萧峰的纯阳外功，面对冰蚕劲力都感觉很难当，这对萧峰可以说是非常罕见的了。

原来萧峰少了慕容复一个强敌，和游坦之单打独斗，立时便大占上风，只是和他硬挤数掌，每一次双掌相接，都不禁机伶伶的打个冷战，感到寒气袭体，说不出的难受。

《天龙八部》第四十二章"老魔小丑，岂堪一击，胜之不武"

所以，游坦之虽然招式巧妙不如张无忌，但是冰蚕劲力天下独绝，他只要运用一般的武功，就可以稳定输出《易筋经》（物理攻击）＋冰蚕劲力（冰、毒攻击）。游坦之对付任何人，完全可以像段誉用六脉神剑对付慕容复一样，立于不败之地。草莽军阀张宗昌的"**大炮开兮轰他娘**"说的就是游坦之这种《易筋经》＋冰蚕劲力举世无双的攻击手段，对其他人完全可以实施降维打击。

然而，游坦之品味极其低劣，倾慕阿紫，拜丁春秋为师，没有道德底线，助纣为虐，他的武功也没有继续进步，后来被萧峰打断双腿，再后来跳崖殉情。游坦之就是一手好牌打得稀烂的代表。

所以，武学品味能在很大程度上决定成就。

05

越早确立自己的武学品味越好。

杨过既早熟又晚熟。早熟说的是他接触高深武功很早，也小有成就。晚熟说的是他的武学品味成熟得很晚。杨过最初接触了北丐、西毒的武功，然后是全真心法、古墓派入门武功、全真武功、《玉女心经》，以至于打狗棒法、玉箫剑法、弹指神通等。

这样的复杂经历，其实并不见得很好。"五色令人目盲；五音令人耳聋；五味令人口爽；驰骋畋猎，令人心发狂；难得之货，令人行妨。"过多的涉猎反倒让杨过无法融会贯通，形成自己的品味。直到被郭芙断臂，重返剑冢，杨过才最终形成重、拙、大的武学品味，武功大成。郭靖十八岁左右就在第二次华山论剑中和四绝中的东邪、北丐相仿佛；杨过要在近四十岁的时候才在第三次华山论剑中封神。

早确立自己的武学品味多重要啊！

06

见闻越广，越容易形成自己的独特品味。

郭襄很早就开宗立派，创立峨嵋派，因为她见闻广博，很快就形成自己的独特品味。在少室山下，郭襄和无色禅师交锋时，使用的武功是十种不同来源的招式。

但是，郭襄最终选择了符合自己品味的武功，包括九阳内功、峨嵋剑法（金顶九式）、峨嵋掌法（飘雪穿云掌、截手九式、佛光普照掌）以及金顶绵掌、四象掌。最能说明问题的佛光普照掌只有一招，来自他的父亲郭靖常用的"亢龙有悔"。

郭襄是武学研究由博而精，形成自己品味的例子。

07

见解精深可能是形成自己的独特品味的更好方式。

同郭襄形成鲜明对比的是张三丰。在少室山下，郭襄随手一挥就是十种不同招式，连罗汉堂首座无色也认不出。此时的张三丰则只会一招"四通八达"，还是两年前华山之巅杨过教的。半个月后，张三丰如饥似渴地学习了罗汉拳，这套拳法出自郭襄送给他的铁罗汉。张三丰就是一张武学白纸。

然而，就是这张白纸，却最终画出了一幅浓墨重彩、影响深远的武学画卷，名叫武当派。武当派的武功深深渗透了张三丰的品味：以柔克刚，后发先至。

张三丰是武学研究由精而博，形成自己品味的例子。

08

配偶对武学品味影响极大。

郭靖的品味受到黄蓉的影响。郭靖是出了名的一根筋，也愿意只用一招有效的招式，比如降龙十八掌之"亢龙有悔"。但是，后来郭靖的掌法中加入了《九阴真经》的柔劲，以至于初看平平无奇，却可以一遇阻力连发一十三道后劲。再后来，郭靖甚至能在掌法中融入天罡北斗阵。郭靖的这种由简入繁，不能说不是受到了以聪慧著称、喜欢复杂性的黄蓉的影响。比如郭靖和黄蓉初遇洪七公的时候，郭靖一招要练习很久，黄蓉则一转眼就学会了以曼妙繁复见长的逍遥游，这可能在郭靖心里种下了由简入繁的种子。

　　杨过的品味受到小龙女的影响。杨过性格"浮躁轻动"，所以贪多务得。但他最后选择了重、拙、大的武学，可能受小龙女单纯的性格影响很大。尤其是作为重、拙、大的武学代表的黯然销魂掌，更是直接来自对小龙女的思念。

09

　　王国维先生在《人间词话》里提到过："古今之成大事业、大学问者，必经过三种之境界：'昨夜西风凋碧树。独上高楼，望尽天涯路。'此第一境也。'衣带渐宽终不悔，为伊消得人憔悴。'此第二境也。'众里寻他千百度，蓦然回首，那人却在，灯火阑珊处。'此第三境也。"王先生的三重境界的说法非常有名，也很有影响力。但在我看来，这样的事业、学问境界可能并不符合事实，而"望尽天涯路""为伊消得人憔悴""众里寻他千百度"给人一种苦大仇深、苦多乐少的感觉，反倒可能带来额外压力，以至于扼杀兴趣。

　　我模仿王先生从《诗经》中选了三句话，我觉得能更好地形容学问中品味的三重境界：

> 学问品味的第一层境界是"所谓佳人，在水一方"。
> 学问品味的第二层境界是"既见君子，云胡不喜"。
> 学问品味的第三层境界是"执子之手，与子偕老"。

附：杨振宁谈科研品味

　　科研品味指的是面对众多科研选择的时候选择自己中意的科研方向和手段的心理倾向。

　　杨振宁说过："（科研）品味的形成受到很多因素的影响，与个人的能力、家庭环境、早期教育、自身的性格还有运气都有关系。"

　　杨振宁还说："没错，而且我还要说：不只是大的科学问题需要品味。即便是对一个研究生，发展自己的品味也很重要，他需要判断哪些观点、哪类问题、哪些研究方法是自己愿意花精力去做的。"

　　（《杨振宁：科学研究的品味》，微信公众号"知识分子"）

32　金庸小说人物中最好的和最差的师父

评价师父，有三个标准：

一是徒弟未来的武学成就，这是最重要的标准。当然这个标准也比较含糊，因为徒弟未来发展的决定因素很多。但是不管如何，以徒弟的武学成就为评价标准衡量师父依然是比较靠谱的，就像亚里士多德的杰出间接证明了柏拉图的伟大一样。**二是求学阶段的产出**。这个常常能直接衡量师父指导的效果。三是**师父对学生身心的影响**。这个比较空泛，藏于隐秘，难于衡量，但也是标准之一。

金庸小说中有哪些好的和差的师父呢？

先说最佳导师。

第一名：洪七公，有教无类，因材施教。

千百年来，人们评价孔子的教育，总结下来就是八个字："有教无类，因材施教。"一代圣人，就是这八个字，所以每个字都重逾千斤。而洪七公，也只有洪七公，完全当得起这八个字。

身为丐帮帮主，洪七公有非常琐碎繁杂的行政事务。然而，他对学生的教育一点没有落下。他教过的有穆念慈、黎生、鲁有脚、黄蓉、郭靖。你看，无论男、女、老、幼、贫、富、世家、草根、聪明、愚钝、骏马西风塞北、杏花烟雨江南，洪七公都能指导，而徒弟都各有所成。这是有教无类。对黄蓉，他传授逍遥游和打狗棒，对郭靖，则传授降龙十八掌，这是因材施教。

从具体指标看，洪七公的教育同样优秀。论徒弟事业发展，洪七公的弟子中有两个丐帮帮主（鲁有脚、黄蓉），一个当世大侠且天下五绝之一（郭靖）。论读书期间产出，郭靖、黄蓉分别有降龙十八掌和打狗棒法。论身心愉悦程度，黄蓉不用说，郭靖在江南七怪那里得到了严苛教育，而在洪七公这里却如沐春风。郭靖性子本身偏于端凝厚重，弄不好就会变成类似归辛树（《碧血剑》《鹿鼎记》）式的古板人物，但是洪七公的豁达随性很好地纠正了郭靖的这种倾向。

另外，洪七公非常难能可贵的一点是对徒弟毫无保留。华山之巅，郭靖以双手互搏为基础，左手降龙十八掌、右手空明拳对战洪七公的降龙十八掌，而洪七公没有任何不快，这是何等的豁达与自信！

所以，洪七公当之无愧是最佳师父。

第二名：觉远，无为而治，垂拱天下。

觉远差一点就是最佳师父。几乎成为最佳师父，是因为觉远培养出了张君宝，也就是后来的张三丰，一代承前启后、继往开来的武学大宗师。差一点，是因为张三丰天资高迈，绝伦超群，选谁作为师父可能都不会影响他自己的杰出，所以觉远屈居亚军。

不管怎样，多年以后张三丰妙悟太极拳，写出《太极拳论》的时候，心中回荡的还是华山之巅觉远的谆谆教诲："后发制人，先发者制于人。"那时，张三丰年纪轻轻，就战败潇湘子、尹克西，成为年度最佳徒弟，甚至让第三次华山论剑的庄严肃穆相形见绌。而觉远的威仪棣棣、与世无争也给年幼的张三丰身心抚慰。

觉远最大的理念是没有功利心。他习武只为强身健体。张三丰因此没有压力，可以自己兴之所至，任意发挥。从以后张三丰的武功看，也大都是妙手偶得、浑然天成的原创作品。如张三丰看到龟蛇二山，见龟凝重而蛇灵动而创真武七截阵，又如张三丰手书"武林至尊，宝刀屠龙"等而创倚天屠龙功。

所以，觉远位居第二。

第三名：风清扬，无招胜有招。

风清扬只用了十几天，就让令狐冲从三流直臻于绝顶高手，以至于东方不败都夸令狐冲的剑法好。而且令狐冲多年后依然可以笑傲江湖、开宗立派，多是风清扬之功。

风清扬最大的教导在于无招胜有招的理念，就像微风轻扬、无形无影、润物无声。一般的套路能成就余沧海、岳不群、左冷禅，但是真正的绝顶高手是没有套路的，这是风清扬最大的创见。

第四名：马钰，引人入胜，发现优点。

马钰传功给郭靖的过程简直就是一个教科书式的师父指导徒弟的过程。马钰初见郭靖，为了引起他的兴趣，先是指出了郭靖的不足：

抬起长剑，又练了起来，练了半天，这一招"枝击白猿"仍是毫无进步，正自焦躁，忽听得身后一个声音冷冷的道："这般练法，再练一百年也是没用。"

《射雕英雄传》第五章"弯弓射雕"

然后通过舞剑、救双雕吊足了郭靖的胃口：

那道士叫道："看清楚了！"纵身而起，只听得一阵嗤嗤嗤嗤之声，已挥剑在空中连挽了六七个平花，然后轻飘飘的落在地下，郭靖只瞧得目瞪口呆，楞楞的出了神。

那道士却已落在悬崖之顶。他道袍的大袖在崖顶烈风中伸展飞舞，自下望上去，真如一头大鸟相似。

《射雕英雄传》第五章"弯弓射雕"

已经牢牢打动了郭靖之后，马钰还担心所遇非人。徒访师三年，师访徒三年，故而设计了一个非常艰难的任务：黑夜攀登绝壁，以考察郭靖的志气、毅力等素质。这个策略可以媲美黄石公桥下掷履，考察张良。

在郭靖完成任务之后，马钰又向郭靖剖析他的认知不足，如败给尹志平是因为后者取巧；马钰还指出郭靖的优势，如武功基础扎实。这些话语大大鼓舞了茫然无措的郭靖，简直是郭靖求学生涯的一缕春风。

马钰还针对郭靖的性情优势教给他内家功。可以说，没有马钰传授的内功，郭靖后来修习降龙十八掌和《九阴真经》等也不会如此迅速。

最重要的，马钰做好事不求回报，"事了拂衣去，深藏功与名。"《金刚经》说"菩萨于法，应无所住，行于布施"，说的就是马钰吧。

第五名：赵半山，言传身教，润物无声。

赵半山在商家堡亲自和陈禹对战太极拳，教给胡斐太极拳之"阴阳诀"和"乱环诀"。

不仅如此，赵半山还德艺双授：

> 他转过身子，负手背后，仰天叹道："一个人所以学武，若不能卫国御侮，也当行侠仗义，济危扶困；若是以武济恶，那是远不如作个寻常农夫，种田过活了。"这几句其实也是说给胡斐听的，生怕他日后为聪明所误，走入歧途。
>
> 《飞狐外传》第四章"铁厅烈火"

需要说明的是，金庸小说中搞现场教学的，最著名的，算上赵半山指导胡斐，一共有三次。另两次是：张三丰现场指导张无忌学习太极拳剑，对战阿大、阿二、阿三；洪七公现场指导郭靖学习降龙十八掌，对战欧阳克。

赵半山所以胜出，妙在不教而教，羚羊挂角，不着痕迹，春风化雨，沁人心脾。

再说最差导师。

第五名，归辛树，思维僵化。

归辛树号称神拳无敌，武功了得，但是指导徒弟却不是很在行。

> 袁承志微微一笑。刘培生从这五招之中学得了随机应变的要旨，日后触类旁通，拳法果然大进，终身对袁承志恭敬万分。要知他师父归辛树的拳法决不在袁承志之下，但生性严峻，授徒时不会循循善诱，徒儿一见他面心中就先害怕，拆招时墨守师传手法，不敢有丝毫走样，是以于华山派武功的精要之处往往领会不到。
>
> 《碧血剑》第九回"双姝拚巨赌，一使解深怨"

归辛树性子严峻，学生也就跟着僵化。归辛树的徒弟没有一个成器的，也间接说明了他指导能力的不足。

第四名：黄药师，武学专制。

陈玄风、梅超风盗经逃离桃花岛，是金庸小说中一段著名公案，是金庸小说中众多逃离事件之一。其他逃离事件有杨过逃离重阳宫、火工头陀逃离少林寺、瑛姑逃离大理等。这些本质上可能都是学术逃离。

陈、梅逃离桃花岛的缘由，名义上是二人相恋，怕黄药师追究，故而叛离桃花岛。然而，这种说法在仔细推敲下是站不住脚的。疑点有三。

一是陈、梅相恋黄为何要追究？黄药师在荒村野店撮合陆冠英、程瑶迦，何等不拘礼法，为何自己的徒弟相恋就不行？

黄药师自己也说：

> "桃花岛主东邪黄药师，江湖上谁不知闻？黄老邪生平最恨的是仁义礼法，最恶的是圣贤节烈，这些都是欺骗懦夫愚妇的东西，天下人世世代代入其彀中，还是懵然不觉，真是可怜亦复可笑！我黄药师偏不信这吃人不吐骨头的礼教，人人说我是邪魔外道，哼！我这邪魔外道，比那些满嘴仁义道德的混蛋，害死的人只怕还少几个呢！"
>
> 《射雕英雄传》第二十五章 "荒村野店"

二是为何要盗经。黄药师的武功并不比《九阴真经》差多少。陈、梅盗经有什么动力呢？本来若不盗经，充其量是男欢女爱，以黄老邪的不拘礼法，即使不高兴，可能也不是大罪；一旦盗经，性质就完全变了，那是欺师灭祖的大罪。陈、梅二人怎么会犯这个错误呢？

三是黄药师的反应。陈、梅盗经之后，黄药师的决定，居然是挑断其他徒弟的脚筋。这个反应极为反常。作为一代宗师，黄药师有什么理由如此做呢？黄药师出名在于行事不拘礼法，但不是脑子糊涂。

一个合理的解释是，陈、梅好奇《九阴真经》武功，而知道黄药师在学术上非常专制，自高于人，所以只能盗经逃跑。黄药师担心其他徒弟效尤，所以对其他徒弟进行预防性惩戒。

总之，黄药师过于严苛，武学专制。想想洪七公在得知郭靖学了周伯通武功时的反应，想想穆人清在得知袁承志学了金蛇郎君武功时的反应，高下立判。

第三名：戚长发，武学欺骗。

戚长发研究的唐诗剑法有非常大的经济价值，所以他很注意保密。这本无可厚非，具有巨大价值的武学常常是父子档（如白驼山欧阳氏、燕子坞慕容氏）、夫妻档（如陈玄风、梅超风），就是为了防止秘密泄露。可是，戚长发为了保密，教给女儿和徒弟的剑法都是假的，这就有点过了。比如，他把"落日照大旗，马鸣风萧萧"说成"落泥招大姐，马命风小小"，把"孤鸿海上来，池潢不敢顾"说成"哥翁喊上来，是横不敢过"。

这样的传授虚假知识的导师必然是最差导师。

第二名，丁春秋，武学内卷。

武学竞争本来已经很激烈了。丁春秋的星宿派搞得更加乌烟瘴气。丁春秋喜欢阿谀奉承也就罢了，最大的问题是武学内卷。星宿派弟子各个秘密练功，个个阴险歹毒，内部权力斗争惨烈无比。阿紫就是星宿派结出的一朵恶之花。这一切都是丁春秋所造成的。金庸小说有所谓的蛊毒，星宿派简直就是人蛊派。

第一名，武三通。

何沅君是武三通的义女，可能也是徒弟。因为她和江湖驰名的陆展元不仅是夫妻，也有双侠之名。陆展元可不是一般人：他的嘉兴陆家庄和陆乘风的太湖陆家庄齐名，他和大魔头李莫愁还有感情纠葛，让李莫愁生死以之。所以何沅君大概率在和陆展元结婚之前就有不错的武功，才能和陆展元伉俪侠名著于江湖。何沅君会武功，那就大概率是武三通教的。

武三通因喜欢自己的女学生而疯疯癫癫，抛妻弃子，这样的师父排最差第一名，相信没有异议吧？

❀注：关于成昆

成昆杀徒弟谢逊全家，只为了自己的私利。这样的师父在现实中几乎没有参照意义，所以没有将成昆算在内。

附：一代宗师叶企孙

叶企孙，名鸿眷，字企孙。他一手创办了清华大学物理系，中国两弹一星的23位元勋中，13人和他有师承关系，他培养的院士达七十几人。

坦白讲，叶企孙并没有像他的学生杨振宁、李政道那样取得了举世瞩目的学术成就。叶企孙在哈佛大学的主要成就是精确测定了普朗克常数。这当然是一项在当时非常重要的工作，但无法和杨振宁、李政道的成就相比。叶企孙的博士论文题目是《静水压力对铁和镍磁导率的影响》（*The Effect of Hydrostatic Pressure on the Magnetic Permeability of Iron and Nickel*），而叶企孙的博士导师布里奇曼（P. W. Bridgman）获得诺贝尔奖的理由是发明了超高压设备并在高压物理学方面贡献卓著。所以似乎也不能将叶企孙对导师获奖的贡献过分夸大。

但是叶企孙是一位在人才培养上取得了极大成就的人物，他在这方面的贡献比自己直接取得的学术成就更大，后来的事实也说明了这一点。这里只选择几件小事说明叶企孙在人才培养方面的努力。

一是破格聘用华罗庚。

1930 年春，华罗庚在上海《科学》杂志上发表《苏家驹之代数的五次方程式解法不能成立之理由》。时任清华大学算学系主任的熊庆来注意到了华罗庚，邀请他来清华。华罗庚只是初中生，而且左腿有残疾。叶企孙力排众议留下了华罗庚。因为熊庆来虽然是算学系主任，但叶企孙是清华大学理学院的首任院长，而理学院下辖七个系，除物理系外，还有算学系、化学系等，叶企孙是说了算的。后来华罗庚去剑桥大学深造也是叶企孙送出去的。

二是破格推荐李政道。

1946 年春，华罗庚、吴大猷、曾昭抡三位教授受政府委托，分别推荐数学、物理学、化学方面的优秀青年助教各两名去美国深造。吴大猷从西南联大的物理系助教中推荐朱光亚一人，尚缺一人他无法确定，就找当年任西南联大理学院院长的叶企孙，叶企孙破格推荐当时只是大学二年级学生的李政道去美国做博士生。叶企孙还保存了李政道在西南联大的电磁学考卷分数：$58 + 25 = 83$。其中，理论满分 60 分，李政道拿了 60 分；实验满分 40 分，李政道拿了 25 分。叶企孙认为李政道的实验成绩差，所以理论也要扣两分，就有了这个 58 分。

三是推荐王淦昌学习理论物理学。

两弹一星元勋王淦昌和叶企孙一样，是实验物理学家。然而，在 1931 年，当王淦昌去德国访学时，叶企孙推荐他去哥廷根大学，听普朗克、爱因斯坦、薛定谔等人的理论物理学讲座。

从这些事情上，能看出叶企孙任人唯贤、敢于破格、胸襟广博而且极为珍爱人才。这可能也是为什么叶企孙门下院士辈出，是大师的大师的原因。

（引自李政道《深切怀念叶企孙老师》和虞昊《叶企孙与王淦昌师生之间一段未为人知的历史及其对后人的启示》）

33　金庸小说人物中的世家和草根

金庸小说中取得极大武学成就的多数是世家，当然这个世家不是指血缘，而是学术传承的世家。

乔峰真正的父亲早早失踪，但乔峰从小就受到丐帮和少林寺悉心培养，可以说得到了最好的教育，所以年纪轻轻就有"北乔峰"的赫赫威名。

郭靖出生前父亲就去世了，但郭靖小时候有七位师父，后来又遇到马钰传授内功，洪七公传授天下至刚的降龙十八掌，老顽童传授天下至柔的空明拳，一灯大师讲解《九阴真经》总纲，所以跻身五绝。

杨过也是很早就父母双亡，但他接连受到郭靖、全真派、洪七公、欧阳锋、小龙女、黄蓉、黄药师等人的指点。这从他的黯然销魂掌就能看出来。杨过自全真教学得玄门正宗内功的口诀，自小龙女学得《玉女心经》，在古墓中见到《九阴真经》，自欧阳锋学会蛤蟆功和逆转经脉，被洪七公与黄蓉授以打狗棒法，得黄药师授以弹指神通和玉箫剑法。他融合这些武功，创立了黯然销魂掌。

张无忌从小是跟随父母以及金毛狮王谢逊长大的，从小就背拳经口诀，稍大一点就得到谢逊倾囊相授。后来张无忌在昆仑山幽谷之中从白猿体内得到《九阳真经》，学习五年而有成，和他从小接受的指导是分不开的。

令狐冲虽然是孤儿，但从小长于华山，学习华山正宗武功，后来学习独孤九剑，是得到了风清扬的亲自指点的，当然他积年修习华山剑法的底子也有很大帮助。

胡斐也是父母早亡，但他继承了胡一刀留下来的祖传刀谱，在成长路上还得到了红花会赵三当家的亲传，起到了非常关键的催化作用。

基本上，金庸小说中的群侠有三个特点：一是"武二代"，他们的成长路上得到了别人无法企及的武学资源；二是起步早，以上群侠都是童子功；三是努力，郭靖从小没少挨师父的打骂，张无忌也是。

其实金庸自己也是"学二代"。金庸的家族，即海宁查氏，得到康熙御笔亲题"唐宋以来巨族，江南有数人家"。金庸先祖查慎行是被赵翼的《瓯北诗话》评价为可以比肩白居易、陆游的人物，曾写出过"微微风簇浪，散作满天星"这样的名句。金庸和著名诗人穆旦、徐志摩都有亲戚关系。

那么，草根还有机会吗？答案是有的。有一个人给了我们很好的启示，那就是《飞狐外传》和《雪山飞狐》中的阎基，也就是宝树大师。阎基没有任何人提携，基础薄弱，年纪又大，但完全凭着抢来的两页胡一刀祖传刀谱，武功陡增，虽然不是天下第一，但是足以称霸一方，号令手下，啸聚山林。在《飞狐外传》中阎基刚出场的时候，就和江湖上赫赫有名的镖头马行空势均力敌，最后凭心计战胜马行空。阎基并不是故步自封、小富即安的人。他平时刻苦钻研，在《雪山飞狐》中，阎基功力更加深厚，甚至可以打败天龙门北宗的高手。而这一切，都是阎基靠自己的天分和刻苦一步一步换来的成就。要知道，阎基开始练武的时候年纪已经不小了。当乔峰、郭靖在名师的谆谆教诲中突飞猛进的时候，阎基还是个跌打医生，为生活奔忙。可以想象，阎基别说拥有乔峰等人的资源，即使能有胡斐的全本刀谱，成就也不可限量，说不定甚至可以和胡一刀、苗人凤等人一较长短，争一争"打遍天下无敌手"的名头。

那么阎基给我们带来了哪些启示呢？非"武二代"如果想取得武学成功，需要专注于少数甚至一件事。阎基没有想过学降龙十八掌、蛤蟆功、一阳指、兰花拂穴手，他甚至连苗人凤的剑法都没有觊觎过，他也没想过补齐胡家刀法。他就是老老实实地练习他抢来的两页刀法，朝夕不辍。

阎基应该是有巨大天分而埋没于草莽的人物。他能号令群豪，也不单单是武功高强那么简单。张无忌比朱元璋武功高多了，但是在统治权上还是输给了朱元璋。阎基因为聪明，在专业上反倒是选择专注于一件事。

附：非天才人物如何取得学术成功

科学界也一样，取得成功的常常是在世家中成长的天才。1915 年，威廉·亨利·布拉格（William Henry Bragg）和他的儿子威廉·劳伦斯·布拉格（William Lawrence Bragg）因 X 射线对晶体建构的分析获得诺贝尔物理学奖。小布拉格在获奖时年仅 25 岁，是迄今最年轻的获奖者。1935 年，两次获得诺贝尔奖的居里夫人的大女儿伊雷娜·约里奥-居里（Irène Joliot-Curie），当时 38 岁，获诺贝尔化学奖。这些人物固然天资卓越，然而也有家庭的资源提携。

科学界留给普通人的机会是专注于少数甚至一件事。比如，科学家洛瑞（Oliver H. Lowry）虽然不是诺贝尔奖获得者，但他是历史上文章被引用次数最多的科学家，他的文章被引用超过 22 万次。洛瑞的文章到底是关于什么的呢？就是用福林酚试剂对蛋白质进行测量。

1910 年，洛瑞出生于芝加哥，上大学时，在西北大学学习化学工程，两年后转到生物化学专业。1932 年，洛瑞得到西北大学的学士学位，进入芝加哥大学读研究生，主修生理化学，此时，他开始致力于微量测量，这也是他一生做的事情。

1933 年，系主任问洛瑞是否愿意参加一个芝加哥大学的医学博士-理学博士联合项目，他报名参加了。1937 年，洛瑞同时拿到了医学和理学博士学位。毕业后，洛瑞去哈佛大学从事电解质测量。其间赴哥本哈根大学继续从事微量测量。1942—1947 年洛瑞在纽约公共健康研究所工作，其间他用微量测量的方法从儿童的少量血液中检测维生素是否缺乏。也正是在这个时候，他写出了科学史上被引用次数最多的论文。但是他没有立刻发表论文，而是把研究内容告诉了每一个需要的人。直到 1951 年他才发表论文。1947 年，洛瑞出任华盛顿大学药学院的主任。他的两个前任主任都是诺贝尔奖获得者。但是洛瑞在主任的位子上一干就是 29 年。其间他还兼任医学院的主任。在任职期间，他继续进行微量测量的研究，开发了很多测量代谢物和酶的方法。

洛瑞在他自己的传记性自述 *How to Succeed in Research without Being a Genius* 里面提到自己智力中等，他有所成就的秘诀是：对于具有中等天分的人，与其奢望精通多个领域，不如努力成为某个具体领域的专家。

洛瑞终其一生都在进行微量测量。

居里夫人也说过类似的话："我们必须相信，我们对一件事情有天赋的才能，并且，无论付出任何代价，都要把这件事情完成。"

34　金庸小说人物的"万历时刻"

黄仁宇先生的名著《万历十五年》有句话解释书名的来历："1587 年（即万历十五年）这些事件，表面看来虽似末端小节，但实质上却是以前发生大事的症结，也是将在以后掀起波澜的机缘。其间关系因果，恰为历史的重点。"

其实对一个人的成长来说也未尝不是如此：生命中的某些时刻的一些小事，恰恰是此前多年的生命积累，并肇始了之后多年的人生轨迹。我把这些时刻称为"万历时刻"。"万历时刻"绝不是人生高光时刻，有时甚至是至暗时刻，但可能成就了高光时刻。草蛇灰线，伏脉千里，"万历时刻"的选择对人的成长是雪中炭，而不是锦上花，但却常常为人所忽视。

金庸小说人物的"万历时刻"都是什么呢？

郭靖：遇到马钰。

郭靖一生的高光时刻很多，甚至说高潮迭起也不为过。比如郭靖在君山丐帮大会上对战裘千仞，在第二次华山论剑中战平黄、洪等人，在重阳宫一人破掉全真派超级天罡北斗阵，尤其是在蒙古军营中独战金轮法王等人并全身而退，扬威于敌阵之中，耀武于万众之前。

但这些都不是郭靖的"万历时刻"。郭靖的"万历时刻"是他初遇马钰的时候。当时郭靖遭遇的是教而不得其法的江南六怪，自己又学而不得要领，虽刻苦坚韧，但进度缓慢，与自己的努力不副，心情抑郁。就在这个时候，郭靖遇到了马钰。马钰不但鼓励和肯定了郭靖的成绩，最关键的是教给了郭靖适合他气质、能力的武功——全真派以稳健著称的内功。

郭靖在和马钰学了两年内功之后，发生了凤凰涅槃般的蜕变。他遇到洪七公后，花了一个月左右的时间学会了降龙十八掌；他遇到周伯通后，很快就学会了双手互搏和空明拳；在君山，他自悟了天罡北斗阵的精义。这一切以及后来的一切，可以说都始于和马钰的相遇。

杨过：遇见神雕。

杨过的一生分为两个阶段，使智的阶段和用力的阶段，在这两个阶段杨过都精彩纷呈。

使智的阶段包括杨过初逢柯镇恶、交恶武氏兄弟、小闹重阳宫击败鹿清笃、计赚赵志敬，以至于对付李莫愁、洪凌波、霍都、达尔巴等人。这一阶段，杨过面对的大都是比自己武功高的人，最后凭智取胜。

用力的阶段则是在杨过武功大成之后，如制服慈恩、战平周伯通、石毙蒙哥、掌败金轮法王，此时神雕侠威震天下。这一阶段，杨过已经不需要用智了，力量足以成事。

杨过的"万历时刻"就是智与力交接的时刻，具体说，就是第一次遇见神雕的时候。神雕的重、拙、大在杨过心中产生了深深的影响。杨过本来性格浮躁轻动，如果一直发展下去，武功很难达到宗师境界。但在与神雕第一次相遇这一"万历时刻"之后，杨过终于大成。正是因为有了这一"万历时刻"，后来杨过才创出黯然销魂掌，武功直追独孤求败。

杨过与别人不同，他还有第二个"万历时刻"，就是在华山之巅遇到觉远的那一刻。那时，觉远提出的后发制人的理念同样给杨过打下了深深的烙印。但是这一时刻如何影响杨过的武学，就没有人知道了，我们只能从《倚天屠龙记》中杨过后人黄衫女的风采遥想杨过的境界了。

郭襄：何足道和觉远、张君宝比试。

郭襄的高光时刻是刻在基因里面的。郭襄刚降生时就屡遭奇遇，先后经过李莫愁、杨过、小龙女等人之手，见证过一众高手之间的明争暗斗。在风陵渡口，郭襄追随神雕侠杨过，见识了雪夜追灵狐的奇景。杨过和周伯通的绝世一战，三绝擒金轮法王的惊天一搏，郭襄都亲眼目睹。后来在万马军中，郭襄更是成为枢轴，所有高手聚如一团火；直到杨过黯然销魂，金轮法王凄然殒命，天下英雄散如满天星。华山之巅，觉远登场，内力震古烁今，理念振聋发聩，在郭襄心中，都人似秋鸿，事如春梦，了无痕迹。所以郭襄可谓见多识广。

郭襄在少室山下遇到无色时的表现是她多年经历的反映。她在少室山下小试牛刀，使用十种不同招式，竟让少林寺罗汉堂的无色叹为观止，惊诧莫名。

但郭襄的"万历时刻"还在此之后，发生在何足道先后和觉远、张君宝比拼之时。何足道是一个奇才，他的武功恐怕远远高于昆仑派后来的何太冲、班淑娴。少林寺住持天鸣何等眼光，对何足道的评价是"震古烁今"，以至于没有比试就要认输。玄慈遇到鸠摩智没有想过认输，方正遇到任我行也没有想到认输。天鸣遇到何足道居然要认输，只能说何足道太强了。然而，何足道先是内力不及觉远，后又招式不如张君宝，只能失意返回昆仑。这一时刻就是郭襄的"万历时刻"。

这一刻，在见证何足道、觉远和张君宝的比试中，郭襄领略了内力和招式简洁的重要性。此后，那个连使十种不同招式的小东邪不见了，而成为老老实实默记觉远遗训的郭襄。郭襄后来的峨嵋一派也没有繁复的武功，而是有"佛光普照"这样的简明武功。正是郭襄经历的这一时刻，成就了峨嵋一派。

张君宝：不去襄阳。

张君宝甚至可以说出道即巅峰。他在华山之巅初出茅庐，就遇到了"神雕"时代的黄金一代，如南帝、东邪、中顽童、北侠，黄蓉，以至于小龙女、杨过。他得到了一众高手的一致认可。他还力擒一代宗师尹克西，尽管杨过在其中起了关键作用，但张君宝的天分令人惊叹。张君宝第二战就是与昆仑三圣何足道的较量。凭借跟着铁罗汉学了半个月的罗汉拳，张君宝战平何足道。

但这都不是张君宝的"万历时刻"，他的"万历时刻"发生在他做出不去襄阳的选择之后。觉远圆寂之后，张君宝在荒山野岭之间恓恓惶惶，手中拿着郭襄赠予的金手镯，准备去襄阳投奔郭靖。然而，张君宝最后没有去。他的骨气让他做出了自学的选择。这个选择当然不容易，甚至是极难的，张君宝走过岸然远桥，乘过劲健莲舟，宿过嵯峨岱岩，饮过悠远松溪，攀过险峻翠山，憩过翼然梨亭，踏过晦暗声谷，阅读了青书，谱写了金经，自创了梯云纵、绕指柔剑、武当绵掌、真武七截阵、倚天屠龙功和太极拳，成为一代武学宗师。

张无忌：蝴蝶谷。

张无忌的幼年武学教育可以说是最好的。他用父亲传授的武当派武功筑基，又得到他母亲——明教魔女殷素素的指导，尤其是义父谢逊的栽培。谢逊曾告诉张翠山自己的武功太深，不适合太早让张无忌涉猎。从这一点可以看出谢逊眼光犀利，头脑清楚，对武学教育的层次、阶段很有心得。

但张无忌脱胎换骨的"万历时刻"是在蝴蝶谷学习医术的岁月。这段岁月，让张无忌对人体生理、病理有了理论和实践的认识，正因为有了这种认识，张无忌才能在后来躲过一个又一个坑，武功大成。

武学的坑不容易跨越。练习乾坤大挪移的明教第八代钟教主练成第五层当天走火入魔；练习龙象般若功的藏边僧人在精进到第十层时狂舞七天七夜而死；练习《九阴真经》的梅超风下肢瘫痪；练习《易筋经》的鸠摩智也是心魔骤起，几乎疯狂；林朝英都曾练功得病，幸亏寒玉床之助力才康复。

除了石破天通过图画学习之外，张无忌是唯一一个自学练习绝世武功而轻松闯关的人，这恐怕不是幸运就能解释的，张无忌的生理学知识可能帮了他。张无忌练习《九阳真经》，最终在说不得的"乾坤一气袋"里水火既济，打通任督二脉，要是没有深厚的医学知识，如何履险如夷？张无忌练习乾坤大挪移第七层功时，要是没有医学知识，为何能知止不殆？张无忌在少林寺对战三渡，使用圣火令武功时心魔大盛，几乎败于金刚伏魔圈，要是没有医学知识，如何力挽狂澜？

令狐冲：冲灵剑法。

如果说杨过的一生可以分为使智的阶段和用力的阶段，那么令狐冲的一生可以分为使志和用力的阶段。

"子规声里雨如烟"，令狐冲在仪琳的讲述中登场，靠的都是意志取胜，他战青城四秀，计杀罗人杰，后来坐战田伯光，靠的与其说是智力，更应该说是一种豁出命去的意志。再后来令狐冲偶遇向问天，路见不平一声吼，靠的也一样是意志。使志的令狐冲是最吸引人的。

等到令狐冲终于解决了内力的问题，剑法与内力齐飞，意志共侠情一色，这时的令狐冲就有些平淡了。

但令狐冲的"万历时刻"是在华山和小师妹练习"同生共死"的时候。这时令狐冲经历成千上万次刻苦练习，终于对剑的把握臻于化境。正因为有了这些历练，令狐冲才能在后来精通独孤九剑，才能"少年侠气，交结五都雄。肝胆洞，毛发耸。立谈中，死生同。一诺千金重"，才能"不请长缨，系取天骄种，剑吼西风"，以至于"恨登山临水，手寄七弦桐，目送归鸿"，终于笑傲江湖。

然而，"万历时刻"不仅通往山顶，也直达深渊。

游坦之：初遇阿紫。

游坦之的"万历时刻"是初遇阿紫的那一刻。游坦之虽然顽劣，父辈也是一时豪杰。游坦之敢于偷袭萧峰，应该说勇气过人。然而这一切在遇到阿紫之后都烟消云散了。"温柔乡是英雄冢"，阿紫并非温柔，游坦之也不是英雄，但这种痴迷最终让游坦之变成了崇尚暴力、没有原则的暴汉。

梅超风：桃与逃。

梅超风的"万历时刻"发生在师兄陈玄风摘了一枚鲜红的大桃子给她吃的那一刻。梅超风天资聪颖但时运不济，从小受恶人欺负，黄药师把她带到桃花岛，她心中的春天却迟迟没有来临，直到陈玄风送她桃子。也正是这枚桃子，开启了陈、梅的叛逃。梅超风始终坚信陈玄风。梅超风撇开了少年厄运，却逃不过青年那颗悸动敏感的心。

杨康：假师父。

杨康的一生关键时刻就两个字：师、父。

杨康幼年被丘处机寻到，有了第一个师父；可是当遇到梅超风后，杨康居然自己做主拜了新的师父，也就是梅超风；当王处一来到赵王府质问杨康的师父时，杨康抬出了一个武官汤祖德冒充自己的师父；当遇到欧阳锋时，杨康决定拜他为师。

杨康一直追随完颜洪烈为父，当得知身世之后，他下决心拒绝生父杨铁心，继续跟随养父，并且与丘处机决裂。

杨康的生死成败都在师、父两字之上。

杨康的"万历时刻"恐怕是当他在赵王府抬出汤祖德的一刻，这一刻，是杨康对师、父的"乾坤大挪移"。在这一刻，杨康从内心已经完全背叛了丘处机。从这一刻开始，杨康也背弃了生父杨铁心，而选择能给自己带来荣华富贵的养父。当在荒村野店杨康杀死欧阳克时，他心里想得更多的恐怕是想拜师欧阳锋。最终，杨康也死于对师父的恐惧。

宋青书：光明顶败于张无忌。

宋青书的"万历时刻"是在光明顶时使用武当绵掌，依然被张无忌的乾坤大挪移神功逆转，扇了自己耳光的时候。心念周芷若的宋青书经此一役，一直在想着找回面子，结果越陷越深。他偷窥峨嵋女眷，被莫声谷发现而最终杀害莫声谷，恐怕都源于光明顶上自己扇自己的那记耳光。

林平之：十七岁那年的大宛马。

林平之的"万历时刻"恐怕是十七岁那年的大宛马。汉武帝曾因大宛马派兵攻打西域，可见其名贵。十七岁的林平之的生日礼物就是大宛马。从这匹大宛马上，大概可以看出林家是多么豪阔，以及对林平之是多么娇惯。林家身在江湖，对子女却缺少江湖教育。林平之不知道江湖险恶，虽有家传辟邪剑法和万贯家财，既不能凭武功自立，又没有德才兼备的下属家臣可用，还高调奢华，一旦出事，转瞬间土崩瓦解。

附：黄仁宇的"万历时刻"

黄仁宇于 1918 年 6 月 25 日生于湖南长沙。黄仁宇的父亲黄震白曾加入同盟会，追随孙中山，并获赠孙手书题字"博爱"。黄震白曾做过国民党早期骨干许崇智的参谋。黄震白后来回归普通生活，生育二子一女，黄仁宇是长子。

黄仁宇似乎在很小的时候就喜欢写文章。据黄仁宇的弟弟黄竞存回忆，在黄仁宇十四岁的时候，《湖南日报》副刊就连载黄仁宇写的世界名人传记。黄仁宇自己却从未在自传中提及此事。

1936 年，黄仁宇入南开大学电机工程系就读。1937 年，日军侵华，黄仁宇准备投笔从戎，但听从了父亲的建议，暂缓做决定。1938 年，在观望行止的时间，黄仁宇毛遂自荐去了《抗战日报》工作，当时社长是后来写《义勇军进行曲》的田汉，而负责编辑的则是廖沫沙。黄仁宇自此与廖沫沙结缘，并在多年后在国内出版《万历十五年》的时候得到廖沫沙的帮助。

1940 年左右，黄仁宇终于参军，并于 1941 年加入国民党驻印军队，随后辗转印度、缅甸。黄仁宇在缅甸时成为前线观察员，写了八篇文章，投稿至《大公报》。其中报道密支那（Myitkyina）之役的文章连载 4 天，得到了约 75 美元，相当于黄仁宇当时 5 个月的津贴。

1946 年 6 月，黄仁宇参加了美国留学考试，从 1000 多人中脱颖而出，前往美国短期留学，就读于美国堪萨斯州雷温乌兹要塞陆军参谋大学。黄仁宇于 1947 年夏天回到南京。1949 年黄仁宇在东京担任中国驻日代表团团长副官。1950 年，黄仁宇去台湾，并于同年退伍。1952 年 9 月，黄仁宇去安娜堡的密歇根大学读书，学习历史。1954 年和 1957 年，黄仁宇先后获得学士和硕士学位，分别是 36 岁和 39 岁。

1964 年，46 岁的黄仁宇获得博士学位，博士论文为《明代之漕运》。他读博期间的导师先是霍尔（John Whitney Hall），然后是费维恺（Albert Feuerwerker）和余英时，费维恺和余英时分别比黄仁宇小 9 岁和 12 岁。

1967 年，经余英时的介绍，49 岁的黄仁宇去纽约州立大学纽普兹分校任教。同年 7 月，他参加李约瑟的《中国科学与文明》写作计划。1972 年，黄仁宇去剑桥大学访问。

1975 年，57 岁的黄仁宇完成《万历十五年》初稿，英文名为 *1587*，*A Year of No Significance*。1976 年 7 月，《万历十五年》草稿完成。《万历十五年》的出版备受波折，所以 1978 年黄仁宇委托赴中国的郁兴民（郁达夫的儿子）寻找国内中文版出版商。1978 年 12 月，黄仁宇将英文版交到了耶鲁大学出版社。到了 1979 年 8 月，黄仁宇才得到耶鲁大学出版社有意出版的消息。而同时郁兴民也传来消息，郁兴民的妹夫黄苗子拜访了廖沫沙，后者同意为该书写序。英文版和中文版的《万历十五年》分别于 1981 年和 1982 年出版。而早在 1978 年 6 月，60 岁的黄仁宇收到纽约州立大学纽普兹分校的解聘通知。

我想，黄仁宇的"万历时刻"应该是在缅甸写报道的时候，这个时候的经历奠定了黄仁宇一生的事业基础。他一生经历传奇，46 岁才拿到博士，63 岁出版名著《万历十五年》，之后依然孜孜不倦，堪称老骥伏枥、志在千里的典型。

黄仁宇自己说："我完全信服这种说法（机遇和事件可以改变人的命运）。在我一生中，我常必须在特定时间点做出关键决定。回顾过去，我不确定当时是否由自己来下决定，似乎是决定等着我。"

一个伟大的作品自有其生命。《万历十五年》的生命就是在黄仁宇传奇的一生的肥厚土壤中开出的一朵奇花吧。

（引自《黄河青山：黄仁宇回忆录》，英文书名为 *Yellow Rivers*，*Blue Mountains*，中文版由三联书店出版，张逸安译。关于书名，书中没有给出说明。但我想，黄河可能代表了故国，是黄仁宇的姓氏和一生思想渊源；青山则可能代表了美国，是黄仁宇寄居和思想大成之地。）

第七编　金庸小说中的武功

引子：一尺竹含千尺势

在这一编里，我对金庸小说中的武功做了总结，包括武功的属性、影响力、有用和无用、快和慢、博和精、热和冷等。

郑板桥有两句诗："一尺竹含千尺势，老夫胸次有灵奇。"这两句诗很适合用来概括金庸小说博大精深的武学体系。从金庸小说想象雄奇瑰丽的武学体系中，我们也能看到各种灵奇，得到各种学术启发。

35　金庸小说武功的属性

金庸小说中的武功是具有不同属性的，可以分为四类。

第一类是**以新为属性的武功**。

一是周伯通之左右互搏和空明拳。

周伯通是金庸小说中最具创造力的人物，没有之一。他最大的原创性发现是左右互搏。左右互搏的原理非常简单，就是一心二用，但能过这一关的人非常稀少，属于知易行难的武功。在金庸的所有小说中，只有周伯通、郭靖和小龙女可以完成。左右互搏效果非常惊人，能让人武功陡然加倍，实在是一种无上妙法。

人们常常因为左右互搏的新颖而忽略空明拳的创意。其实空明拳开武学中前所未有的新境界。周伯通作为全真派的一员，一直是修习全真派武功的。从丘处机到马钰等人的表现来看，全真派的正宗武功中规中矩，没有以柔克刚的记载。但是周伯通无师自通，悟到了空、无的妙处。《道德经》第十一章中说：**"故有之以为利，无之以为用。"**周伯通因此而创空明拳。王重阳弟子徒孙众多，都是道士，但是明了道家无之为用的反倒是周伯通这个俗家人物。**"出门一笑无拘碍，云在西湖月在天。"**这是对王重阳的描述。但从王重阳对林朝英的感情处理来看，远不如周伯通对瑛姑的豁达与空明。周伯通不但看待名气和感情空明，看待武功也空明。

二是张三丰之太极拳。

周伯通毕竟是全真派的，属于道家，所以说周伯通创空明拳是由道入道，相对简易。而张三丰则是出自少林，底子是佛家的《九阳真经》，而最终创出了以柔克刚、由阳转阴的太极拳，尤其难得。张三丰名字中的"丰"字也是六十四卦之一，其卦相是上雷下火，为阳刚之卦。张三丰刚好有三"阳"：《九阳真经》+ 纯阳体质 + 性格阳刚有为。他能阳极而阴，创立太极拳，非常难得。

三是杨过之黯然销魂掌。

金庸小说中的武学的主要构成就是内力和外功。内力为王，但是内力必须通过某种方式（外功）释放，否则就像飙升的股票却没法变现一样，所以浑身内力的觉远实战无力，对付潇湘子和尹克西甚至不如张君宝（张三丰幼名），所以内力充盈的令狐冲反而病入膏肓，所以刚获得极大内力的虚竹、刚打通任督二脉的张无忌等人都有劲无处使。而外功可以让内力释放，实现内力的变现，所以掌握了《神照经》内力的狄云需要血刀刀法才能游刃有余，所以虚竹需要天山六阳掌和折梅手运化自己身上天山童姥等人的内力，所以段誉需要六脉神剑驾驭北冥神功的内力。

这些内力变现方法都缓慢、悠长而间接。杨过想出了一种新方法：内力简单粗暴的外放，这就是黯然销魂掌。这种内力释放的方法条件非常苛刻，需要心如死灰。环顾金庸小说中的武侠世界，此绝学只有杨过一人擅长。

四是郭靖未发表之古藤十二式。

郭靖在金庸小说中给人的感觉一直是驽钝。其实郭靖学习能力惊人，比如只花了不到一个月时间就学会了降龙十八掌中的十五掌、空明拳等，虽然没有办法和几个时辰学会乾坤大挪移的张无忌、半天工夫学会二三成凌波微步的段誉相比，但学习能力依然很强。

郭靖的创造力尤其强悍。郭靖在十八岁和欧阳克比拼的时候，就试图创出洪七公尚未教授的降龙十八掌中的后三掌。郭靖在华山看到古老的龙藤，就觉得能创出十二式古拙的掌法。只是当时郭靖心灰意冷，这路掌法才没有来到世间，但这足以说明郭靖的创造力。

从周伯通到张三丰、杨过、郭靖，这类以新为属性的武学创造的主要特点是没有掺杂功利性。周伯通百无聊赖，张三丰兴之所至，杨过黯然销魂，郭靖心如死灰。所以，原创性最大的特点是来自创作者的**灵感**，是长期审美、情趣的酝酿，可能不是学术前沿、社会需求或者交叉融通，而是沉醉中偶然灵光一现的神迹。

这正是"醉里不知天在水，满船清梦压星河。"

第二类是以前沿为属性的武功。

一是欧阳锋之蛤蟆功。

仔细思考一下，欧阳锋的蛤蟆功其实是目的性极强的一种武功。

此功纯系以静制动，全身蓄劲涵势，劲力不吐，只要敌人一施攻击，立时便有猛烈无比的劲道反击出来。

《射雕英雄传》第十八章"三道试题"

所以蛤蟆功并不是普通的打打杀杀的武功，因为在积蓄劲力的时候，对方可能就跑路了。它针对的只能是自顾身份不会逃跑的绝世高手，针对的是终极比拼的生死相搏，针对的是伯仲之间的以硬碰硬。所以欧阳克不会蛤蟆功，可能因为欧阳锋知道这种武功就是生死对决，不会轻易教给亲儿子（名义上的侄子）。蛤蟆功不是雕虫小技，是倚天屠龙之技，是最具前沿边际特征的武功。

二是黄药师之弹指神通。

黄药师的弹指神通同样是目的性极强的武功。黄药师出生之前的年代，指法大行其道。从大理段氏六脉神剑，到姑苏慕容参合指，到少林寺的拈花指等，堪称一时瑜亮。到了"射雕"时代，只剩下大理段氏的一阳指。黄药师是什么样人？"形相清癯，丰姿隽爽，萧疏轩举，湛然若神"，是看了王重阳的天罡北斗阵都要想着破解的大师，是《射雕英雄传》中创造武功最多的人物，自然要创出格调高冷的武功。指法刚好满足了黄药师的虚荣心。

灵山之上，佛祖拈花，众人不解，唯有迦叶微笑，所以佛祖教外别传，付嘱摩诃迦叶，故属于禅宗的少林寺有拈花指。大理段氏皇家一脉，独霸天南，雍容华贵，故有一阳指。黄药师可能独辟蹊径，创造出了以手指弯曲为特征的弹指神通。"碧海潮生按玉箫"，黄药师指按玉箫可能也是修炼弹指神通的妙法。

前沿性研究最大的特点是**目的性**：针对的是难点、热点和前沿的边际拓展。它不见得是没有功利心的颖悟，常常关注社会需求和交叉融通。

不是"文章本天成，妙手偶得之"，而是"两句三年得，一吟双泪流"。

第三类是以解决需求为属性的武功。

一是全真派之北斗大阵。

全真派自王重阳以下，武功衰落。丘处机还算好的，到了尹志平、赵志敬时期已经上不了台面了。所以马钰等人面临的最大需求不是等待下一个王重阳、周伯通，那样的人物可遇不可求。他们的最大需求是整合现有资源，实现能力最大化，这就是北斗大阵的由来。北斗大阵针对全真派弟子众多、精英很少的现状，通过结阵增加整体实力，实现了武学效果的最大化。

二是黄药师之旋风扫叶腿法。

黄药师愤世嫉俗，也遗世独立。他有极高的天资，有杰出的弟子，但是他性格太过孤高，所以一怒之下打伤弟子的腿。这是他平生恨事，他想补救。所以他的最大需求是如何让弟子的腿恢复。于是他发明了旋风扫叶腿法。这是一种有极大心理弥补需求的武功。

所以，需求性研究最大的特点是**时效性**：针对的是急迫的现实需求。它常常不是灵感性原创，但和前沿常常关系密切，也可能面对的是突发的需求。

第四类是以学科融合为属性的武功。

比如内力和外功的融合，如张无忌的九阳神功＋乾坤大挪移、袁承志的华山内功＋金蛇剑法、令狐冲的《易筋经》＋独孤九剑。又如外功的融合，如林朝英的玉女素心剑法、公孙止的阴阳倒乱剑法、华山派的反两仪刀法＋昆仑派的正两仪剑法。这些融合都是水乳交融、天衣无缝。

交融要满足 1＋1＞2，甚至远远大于 2。最明显的例子是辟邪剑法。这个剑法的内功就是引刀自宫，外功也不过是平平无奇的剑法，但是两者融合，就能生出厉害无比的辟邪剑法。再比如武当派的真武七截阵，若七人同使，好似六十四位武林高手一样。所以，融合性武学最大的特点是学科之间的有机融合。这种融合可能拓展前沿，满足社会需求，甚至给原创研究提供土壤。正所谓"南山与秋色，气势两相高"。

附：国家自然科学基金的科学属性分类

国家自然科学基金委员会在 2019 年试点科学属性分类，2020 年全面展开这一举措。具体地，科学属性分四种：

一是**"鼓励探索、突出原创"**，是指科学问题源于科研人员的灵感和新思想，且具有鲜明的首创性特征，旨在通过自由探索产出从无到有的原创性成果。

二是**"聚焦前沿、独辟蹊径"**，是指科学问题源于世界科技前沿的热点、难点和新兴领域，且具有鲜明的引领性或开创性特征，旨在通过独辟蹊径取得开拓性成果，引领或拓展科学前沿。

三是**"需求牵引、突破瓶颈"**，是指科学问题源于国家重大需求和经济主战场，且具有鲜明的需求导向、问题导向和目标导向特征，旨在通过解决技术瓶颈背后的核心科学问题，促使基础研究成果走向应用。

四是**"共性导向、交叉融通"**，是指科学问题源于多学科领域交叉的共性难题，具有鲜明的学科交叉特征，旨在通过交叉研究产出重大科学突破，促进分科知识融通发展为知识体系。

36　金庸小说武功的影响力

金庸小说中的武学浩如烟海，异彩纷呈，评价它们有很多维度，如实用效果、美学气质等，而其中影响力一定是一个非常重要的标准。如何评价金庸小说武功的影响力呢？武功在时空上的覆盖程度一定是最有说服力的考虑，而武功在时间和空间的波及面又受武功创立平台的影响，据此，可以将金庸小说武功分为四类。

第一类，平台高，传播广，包括《九阴真经》、《九阳真经》、太极拳、降龙十八掌、独孤九剑和《易筋经》。

《九阴真经》位列第一。黄裳遍阅道藏，皓首穷经，终于创出前无古人、后无来者的绝世武功，属于创立平台极高、传播极广的武功。《九阴真经》创出之后不久就名动天下，一时令无数英雄豪杰竞折腰。"射雕"五绝、老顽童和郭靖等都和《九阴真经》渊源深厚；《神雕侠侣》里面的林朝英、小龙女、杨过等都和《九阴真经》恩怨纠缠；《倚天屠龙记》里面的郭襄、灭绝师太、周芷若、古墓派传人等都和《九阴真经》藕断丝连。《九阴真经》的影响力是金庸小说中的武学之冠。

《九阳真经》紧随其后。书写于少林寺藏经阁的《楞伽经》之中的《九阳真经》传播也极广。自扫地僧首创，最初有觉远、张三丰练习，潇湘子、尹克西觊觎，再传至郭襄、无色，以至于少林派、武当派、峨嵋派一花三叶，直至张无忌得到全本。《九阳真经》的影响力仅次于《九阴真经》。

太极拳创立时格调极高。张三丰创立太极拳，初传给俞莲舟，后来武当七侠练习者众多。张无忌在武当山通过张三丰现场教学学习太极拳，并力克赵敏手下悍将时，太极拳迎来高光时刻。到了《书剑恩仇录》里面，赵半山传给胡斐太极拳之"阴阳诀"和"乱环诀"，风云再起。

降龙十八掌是金庸小说中最具雄性荷尔蒙的武功，影响很大。从乔峰开始，到洪七公，以至于郭靖、耶律齐甚至史火龙，金庸小说中最豪气干云的大侠大都是练习降龙十八掌的。耶律齐虽然只学会了十四掌，但是也是一时俊杰；史火龙只学会了十二掌，是倚天时的一流高手；再加上黎生、鲁有脚等，也都是厉害角色。降龙十八掌是金庸小说中最阳刚的武功。

独孤九剑是"剑魔"独孤求败的武功，影响深远。后来杨过、令狐冲都练习过，传播也很广。

《易筋经》据传是达摩所创，平台很高。后来修习这项内功的有游坦之、方正大师、令狐冲等。

所以，一般来讲传播和平台是正相关的。平台越高，在平台上创出的武功的影响力可能就越大。

第二类，平台高，传播次数低，包括黯然销魂掌等多种。

并非所有平台高的武功流传都很广，有很多成为"绝学"，就是至此而绝的武学，比如黯然销魂掌、龙象般若功、六脉神剑、天山六阳掌、先天功、蛤蟆功、凌波微步、北冥神功、火焰刀、擒龙功、倚天屠龙功等。

黯然销魂掌是杨过所创，在杨过击毙金轮法王时大放异彩，是和弹指神通、降龙十八掌功力悉敌的武功，但是也止于杨过。龙象般若功始于金轮法王，也终于金轮法王。六脉神剑只有段誉一人练成。先天功似乎只有王重阳和南帝段智兴会。一个很奇怪的现象是，同为顶级武功，先天功只要求不近女色，辟邪剑法却要求引刀自宫，两者要求类似，但是练习后者的远远多于练习前者的，可能是由于**人性常常意志薄弱，而又追求速成**。其他所列绝学也大抵如此。

第三类，平台低，传播广，如太祖长拳。

太祖长拳的创立者肯定不是宋太祖，谁会用死后的庙号命名自己的发明呢？就像《黄帝内经》肯定不是黄帝写的一样。宋徽宗赵佶的独特书法叫瘦金体而不是"徽宗体"。太祖长拳的创立者肯定是没有太大影响的草根，所以假托太祖之名。但这不妨碍聚贤庄乔峰用太祖长拳大战天下群雄。在金庸小说中，以一敌众的著名场面只有3个，乔峰大闹聚贤庄是一个，另外两个，一是郭靖大闹蒙古军营，一是张无忌大战光明顶。经聚贤庄一役，太祖长拳名动天下。

第四类，平台高，传播广，但是害人不浅，如辟邪剑法。

辟邪剑法源自前朝宦官，可能是一个类似黄裳的人物，影响很大。先后和辟邪剑法有关的人物有福建莆田少林寺的红叶禅师，渡元禅师（后改名林远图），华山派的岳肃、蔡子峰，以至于岳不群、东方不败、林平之等人。尽管如此，辟邪剑法激发了人们走捷径的欲望，所以引起很多血腥杀戮，如林家灭门。金庸小说中武功众多，因抢夺引起灾祸之惨烈的，以辟邪剑法为第一。

但总的来说，平台高、传播广是常态，其他的都是小概率事件。

评价传播次数时最好消除内部自行传播，如一阳指。一阳指是大理皇室绝学，平台很高。修习的有：段正淳、段正明兄弟，南帝和南帝的弟子渔、樵、耕、读，直至郭靖的徒弟武修文、武敦儒，到"倚天"时代的朱长龄、武烈以及后人朱九真、武青婴，传播很广。但这些大都是大理一脉内部传播，所以一阳指逐渐式微，传播次数并没有挽救它。

学术评价应注意对冷门绝学的保护。

金庸小说中的人物用得最多的是剑，所以剑法中影响大、传播广的不少见，如独孤九剑。但是不能忽视冷门绝学。比如，青城派以雷公轰使的"青字九打""城字十八破"和蓬莱派的"天王补心针"，研习的人很少，但这些武功也很有价值。

冷门绝学还有金轮法王的五轮。历史上使用轮子做武器的恐怕只有金轮法王。武功生态多样性只有好处，因为你不知道哪块云彩有雨。

附：关于学术评价的一点想法

学术评价是非常难的事情，从严格意义上说，只有在无限长的时间内才可能对学术的意义与价值进行评判。但这种情形显然不能令人满意。"知也无涯，而吾生也有涯。"要怎么办呢？人类发明了一系列方法进行学术评价。

第一种方法是评奖。评奖是衡量科学发现的一种好方法。以大名鼎鼎的诺贝尔奖为例，它常常能够衡量科学发现的重大价值。虽然很多诺贝尔奖甚至会颁给前一年的科学发现。比如，胰岛素于1922年被发现，它的发现者在1923年就获得了诺贝尔奖；再比如，杨振宁、李政道于1956年提出宇称不守恒定律，1957年就获奖。但大多数诺贝尔奖都经过了时间的洗礼，DNA双螺旋的诺贝尔奖也要等待9年（1953—1962年）时间，转座子从发现到获奖经过了35年，诱导多能干细胞则经过了50年。评奖适用范围有限，而且时间跨度可能很大，无法让人满意，于是有了另一种方法，即引用次数。

学术评价的第二种方法是引用次数。就像一篇公众号文章，有"阅读""点赞"和"看一看"统计数字。"阅读"相对容易，有些人可能是被标题吸引进去读的；"点赞"达到一定数量就比较难了，代表了阅读者对内容的认可；"看一看"则更难一点，需要阅读者非常认可，以至于愿意分享。学术文章引用类似公众号的"看一看"，但是比"看一看"要求高得多，因为学术文章的创作过程比公众号文章艰难、漫长得多。在这样的漫长过程中，最终选择引用一篇文章，表明被引用文章有不可替代的价值。所以引用次数能较好地衡量学术文章的价值。引用次数的时间跨度一般来说肯定比诺贝尔奖等要短，但还不够快，于是又有了影响因子。

引用次数后来发展出影响因子。比如公众号文章的"阅读""点赞"和"看一看"计数一般是文章推送之后的一段时间达到高峰的，这个时间以分钟、小时计。学术文章的引用次数的生成过程要慢得多，这是学术文章的创作过程决定的。学术文章的诞生要经历一系列过程：产生想法，设计实验，完成实验，总结数据，分析结果，撰写论文，选择杂志，投稿，经历同行评议，修改，直至发表。所以学术文章的引用过程可能要以年计。但有时候对学术评价的需求挺迫切的。奖励申报、职称晋升等有时要求对刚发表的文章进行学术价值评估。既然学术文章的引用要以年计，那么如何在学术文章刚刚发表时就进行评价呢？这就引出了影响因子的概念。

学术文章都是发表在学术刊物上的。那些引用次数高的文章得到更多的关注。发表这些有重要发现的文章的刊物慢慢地也得到了更多的重视。反过来，这些刊物慢慢地对一般的学术文章也不怎么待见了，更愿意发表可能被广泛引用的重大发现。经过这个过程之后，好的文章和刊物互相成就：好的文章愿意投到好的刊物，好的刊物也愿意要好的文章。结果就是，通常来说，好的刊物上的文章有更亮眼的引用次数。衡量一个刊物上某一年的文章的平均引用次数的一个指标被称为影响因子。

影响因子是逐年计算的，不同年份会有波动。文章在投稿的时候，只能根据刊物的历史影响因子大体判断出文章在发表后不同年份可能的引用次数。当然影响因子只是对文章的一种近似的判断。近似之处在于，对于早就发表的文章，影响因子用所有文章的平均引用次数来衡量具体文章；对于刚发表的文章，还要再加上一条——用历史评价未来。

影响因子虽然不能和引用次数画等号，但依然是一个很好的学术评价指标。影响因子是对刊物的衡量，是对刊物上文章的平均化，不是对具体文章的衡量。但根据影响因子能大体判断文章被引用情况，尽管不是非常准确。就像我们常常从学校出身对人进行判断一样。从统计学上看，名校毕业的学生可能有更好的发展，虽然具体到每一个名校毕业的人，常常不是非常精确。因为引用次数的衡量需要漫长的时间检验，刊物的影响因子变成了一种虽不完美，但是相对可靠的衡量标准，尤其对新发表的文章。

影响因子进一步塑造了刊物分区的概念。影响因子没有引用次数具体，但是更具有指导和预判价值，可是还有一个问题，有些内容虽然意义重大，但相对小众，研究者少，引用也少，影响因子也低。比如数学，在影响因子上是没有办法和生、化、环、材相比的。所以又有了所谓分区的概念。分区就是先按刊物所属类别分类，再根据影响因子分区，比如前25%、后25%分为1区、4区等。

分区避免了不同热度领域之间的不公平比较，让学术评价在领域内得到更好的衡量。这样，一个影响因子为4分的数学刊物可能属于1区，而在生、化、环、材领域中4分的刊物可能只在3区。分区解决了不同领域之间比较的问题，在本领域内自行比较，显然是一种更加可靠的办法。

如何有效地进行学术评价呢？**学术评价很难。但总的来说，引用次数（除去自引）＋影响因子＋学术分区能解决99%的学术评价问题，最具说服力。**其中，引用次数（除去自引）应该是最具含金量的。但是现在很多学校在进行学术评价的时候常常只关注影响因子和分区，而忽视引用次数（除去自引），有点"得筌忘鱼"的意思。影响因子和分区是针对刊物的平均化处理，引用次数（除去自引）才是文章自身的准确指标。

现在国家提倡破"四唯"（唯论文、唯职称、唯学历、唯奖项）、"五唯"（再加上唯"帽子"）。其实"四唯""五唯"的基础常常就是论文，因为职称、学历、奖项和"帽子"也常常是建立在论文基础上的。而只破不立是不行的。所以需要立的，就是对论文的正确评价体系：

（1）**以引用次数（去除自引）为核心。**

（2）**用分区加权，以在不同学科间比较。**

（3）**仅对发表当年影响因子未出的论文用影响因子评价。**

但依然要注意，极少数重大的学术发现是没有办法用这种方式评价的。只有时间才能大浪淘沙，让真正的发现闪耀于世。孟德尔就是一个例子。

（这篇文章探讨的仅是以论文为代表的学术成果的评价，不包括解决重要技术问题的专利等内容。）

37 金庸小说中的冷门绝学

热门酒肉臭，冷门冻死骨。金庸小说中有很多热门武功，拥趸者如过江之鲫，如《九阴真经》《九阳真经》。金庸小说中的很多冷门武功，追随者却寥寥无几，常常止于一代。然而，逝者不死，必将再起，其势更烈。金庸小说中有些冷门绝学，如彗星划过天际，如昙花幽幽一现，照亮了江湖的夜空，装点了武林的原野，它们虽然一代而绝，但是启发了后世的重大发现，从而在金庸武学史上留下了浓墨重彩的篇章。

火焰刀（鸠摩智）——大手印（灵智上人）和铁掌（裘千仞）

只见他左手拈了一枝藏香，右手取过地下的一些木屑，轻轻捏紧，将藏香插在木屑之中。如此一连插了六枝藏香，并成一列，每枝藏香间相距约一尺。鸠摩智盘膝坐在香后，隔着五尺左右，突然双掌搓了几搓，向外挥出，六根香头一亮，同时点燃了。众人都是大吃一惊，只觉这人内力之强，实已到了不可思议的境界。

《天龙八部》第十章"剑气碧烟横"

鸠摩智在大理天龙寺施展了一次火焰刀，此后再未使用。然而，灵智上人的大手印、裘千仞的铁掌，似乎都是源于火焰刀：在物理攻击中有火的属性。

（沙通天）一抓下去，刚碰到灵智上人的后颈，突感火辣辣的一股力道从腕底猛打将上来，若不抵挡，右腕立时折断。

《射雕英雄传》第二十二章"骑鲨遨游"

灵智上人来自藏边，而鸠摩智是吐蕃国师，两人武功也很相似，所以灵智上人的大手印恐怕来自鸠摩智的火焰刀。裘千仞的铁掌可能不是直接来源于火焰刀，而是借鉴了火焰刀的火属性特征。

冰蚕劲力（游坦之）——寒冰真气（左冷禅）和幻阴指（圆真）

原来萧峰少了慕容复一个强敌，和游坦之单打独斗，立时便大占上风，只是和他硬拼数掌，每一次双掌相接，都不禁机伶伶的打个冷战，感到寒气袭体，说不出的难受。

《天龙八部》第四十二章"老魔小丑，岂堪一击，胜之不武"

《天龙八部》里面游坦之的《易筋经》＋冰蚕劲力天下无双，连萧峰这样的人物面对游坦之打来的每一掌都觉得一阵寒意，足以说明冰蚕劲力的霸道。冰蚕劲力自游坦之跳崖而死就不见了，可是《笑傲江湖》中的左冷禅却从中得到启发，战胜了任我行。

原来左冷禅适才这一招大是行险，他已修练了十余年的"寒冰真气"注于食指之上，拚着大耗内力，将计就计，便让任我行吸了过去，不但让他吸去，反而加催内力，急速注入对方穴道。这内力是至阴至寒之物，一瞬之间，任我行全身为之冻僵。左冷禅乘着他"吸星大法"一室的顷刻之间，内力一催，就势封住了他的穴道。

《笑傲江湖》第二十七章"三战"

嵩山派虽然毗邻少林寺，但不是佛教来源，左冷禅名字为什么叫冷禅？一方面可能是示少林寺以同源之意；另一方面，更重要而且更隐蔽，恐怕是纪念游坦之的冰蚕劲力。

圆真也曾用阴寒的幻阴指封住了明教五散人和光明左使杨逍。

生死符（天山童姥）——三尸脑神丹（魔教）

童姥道："我这生死符，乃是一片圆圆的薄冰。"

接着便道："更何况每一张生死符上我都含有分量不同的阴阳之气，旁人如何能解？你身上这九张生死符，须以九种不同的手法化解。"

"这生死符一发作，一日厉害一日，奇痒剧痛递加九九八十一日，然后逐步减退，八十一日之后，又再递增，如此周而复始，永无休止。每年我派人巡行各洞各岛，赐以镇痛止痒之药，这生死符一年之内便可不发。"

《天龙八部》第三十五章"红颜弹指老，刹那芳华"

生死符是天山童姥的独门暗器，有威慑、控制的作用，端是厉害。然而，生死符的使用需要高手、内力、手法，所以产能是短板。三尸脑神丹很好地解决了量产的问题。

黄钟公和秃笔翁、丹青生面面相觑，都是脸色大变。他们与秦伟邦等久在魔教，早就知道这"三尸脑神丹"中里有尸虫，平时并不发作，一无异状，但若到了每年端午节的午时不服克制尸虫的药物，原来的药性一过，尸虫脱伏而出。一经入脑，其人行动如妖如鬼，再也不可以常理测度，理性一失，连父母妻子也会咬来吃了。当世毒物，无逾于此。再者，不同药主所炼丹药，药性各不相同，东方教主的解药，解不了任我行所制丹药之毒。

《笑傲江湖》第二十二章"脱困"

三尸脑神丹的思想，如需要解药、复杂配方、个体精准投放特征，都源于生死符。但三尸脑神丹化生死符的物理属性为化学属性，不用耗费高手内力，可以量产，可以委托手下管理、使用，辐射范围远好于生死符。所以，使用生死符的只是一个古怪的老太太，而使用三尸脑神丹的则是江湖著名门派的首脑。

化功大法（丁春秋）——千蛛万毒手（殷离）

他（丁春秋）所练的那门"化功大法"，经常要将毒蛇毒虫的毒质涂在手掌之上，吸入体内，若是七日不涂，不但功力减退，而且体内蕴积了数十年的毒质不得新毒克制，不免渐渐发作，为祸之烈，实是难以形容。

《天龙八部》第二十九章"虫豸凝寒掌作冰"

丁春秋的化功大法用毒物喂成，殷离也是如此。

盒中的一对花蛛慢慢爬近，分别咬住了她（蛛儿，即殷离）两根指头。她深深吸一口气，双臂轻微颤抖，潜运内功和蛛毒相抗。花蛛吸取她手指上的血液为食，但蛛儿手指上血脉运转，也带了花蛛体内毒液，回入自己血中。

《倚天屠龙记》第十七章"青翼出没一笑扬"

同归剑法（丘处机）——天地同寿（殷梨亭）

当即剑交左手，使开一套学成后从未在临敌时用过的"同归剑法"来，剑光闪闪，招招指向柯镇恶、朱聪、焦木三人要害，竟自不加防守，一味凌厉进攻。

《射雕英雄传》第二章"江南七怪"

全真派有对付欧阳锋的同归剑法，武当派则有天地同寿。

这一招更是壮烈，属于武当派剑招，叫作"天地同寿"，却非张三丰所创，乃是殷梨亭苦心孤诣地想了出来，本意是要和杨道同归于尽之用。

《倚天屠龙记》第二十九章"四女同舟何所望"

武当派和全真派有很多相似之处：祖师都是天下第一的高手；都是七个弟子，且武功不如其师；都有阵法，如全真派的天罡北斗阵、武当派的真武七截阵；另外就是都有同归剑法和天地同寿这种两败俱伤的打法。

碧海潮生曲（黄药师）——七弦无形剑（黄钟公）

这套曲子（碧海潮生曲）模拟大海浩森，万里无波，远处潮水缓缓推近，渐近渐快，其后洪涛汹涌，白浪连山，而潮水中鱼跃鲸浮，海面上风啸鸥飞，再加上水妖海怪，群魔弄潮，忽而冰山飘至，忽而热海如沸，极尽变幻之能事，而潮退后水平如镜，海底却又是暗流湍急，于无声处隐伏凶险，更令聆曲者不知不觉而入伏，尤为防不胜防。

《射雕英雄传》第十八章"三道试题"

黄药师的碧海潮生曲攻人内力，非常厉害。金庸小说中只有黄钟公隔代遗传了这项绝学。

他知道黄钟公在琴上拨弦发声，并非故示闲暇，却是在琴音之中灌注上乘内力，用以扰乱敌人心神，对方内力和琴音一生共鸣，便不知不觉地为琴音所制。琴音舒缓，对方出招也跟着舒缓；琴音急骤，对方出招也跟着急骤。但黄钟公琴上的招数却和琴音恰正相反。他出招快速而琴音加倍悠闲，对方势必无法挡架。

《笑傲江湖》第二十章"入狱"

黄钟公也姓黄，恐怕不是没有原因的，是不是其实叫"钟黄功"（钟意黄药师的武功，尤其是碧海潮生曲）？黄钟公还有自己的发挥，即招数和内力相反，非常难以抵御。

泥鳅功（瑛姑）——金蛇游身拳（夏雪宜）和飘雪穿云掌（郭襄）

但说也奇怪，手掌刚与她（瑛姑）肩头相触，只觉她肩上却似涂了一层厚厚的油脂，溜滑异常，连掌带劲，都滑到了一边。

《射雕英雄传》第二十九章"黑沼隐女"

瑛姑的武功在金庸小说中不入流，但她是一个创造力极强的人物。她隐居黑沼，居然从泥鳅身上悟出了泥鳅功，非常难得。多年以后，《碧血剑》中金蛇郎君夏雪宜可能从瑛姑的创造中得到启发，开发了金蛇游身拳。

又拆得数十招，袁承志突然拳法一变，身形便如水蛇般游走不定。这是金蛇郎君手创的"金蛇游身拳"，系从水蛇在水中游动的身法中所悟出。

《碧血剑》第十回"不传传百变，无敌敌千招"

除了金蛇郎君，郭襄在少室山下初斗无色禅师的时候也用过瑛姑的泥鳅功。

她当年在黑龙潭中见瑛姑与杨过相斗，弱不敌强，使"泥鳅功"溜开，这时便依样葫芦。

《倚天屠龙记》第一章"天涯思君不可忘"

后来峨嵋派有飘雪穿云掌，就是灭绝师太和张无忌三掌赌局的第一掌，掌力吞吐闪烁，是不是郭襄从泥鳅功得到的启发不得而知，但是可能性不小。

龙象般若功（金轮法王）——乾坤大挪移（张无忌）

那"龙象般若功"共分十二层，第一层功夫十分浅易，纵是下愚之人，只要得到传授，一二年中即能练就。第二层比第一层加深一倍，需时三四年。第三层又比第二层加深一倍，需时七八年。

《神雕侠侣》第三十七回"三世恩怨"

金轮法王死后，龙象般若功不存于世。达尔巴等人都没有继承衣钵。金轮法王看好的郭襄也拒绝了他收徒传艺之意。然而，龙象般若功的精神血脉还是流传下去了。

见羊皮上写着："此第一层心法，悟性高者七年可成，次者十四年可成。"心下大奇："这有甚么难处？何以要练七年才成？"

但见其中注明：第二层心法悟性高者七年可成，次焉者十四年可成，如练至二十一年而无进展，则不可再练第三层，以防走火入魔，无可解救。

《倚天屠龙记》第二十章"与子共穴相扶将"

张无忌的乾坤大挪移和龙象般若功很像：都是来自西域的武功；都是运使巨大力量的法门；最关键的是，难度都呈指数增加；而且，最高层次都没有人练成，后者第七层不完整，前者据说到可达十三层，但无人得窥绝高境界。

雷公轰（青城派）——手枪

那汉子点头道："不错。"左手伸入右手衣袖，右手伸入左手衣袖，便似冬日笼手取暖一般，随即双手伸出，手中已各握了一柄奇形兵刃，左手是柄六七寸长的铁锥，锥尖却曲了两曲，右手则是个八角小锤，锤柄长仅及尺，锤头还没常人的拳头大，两件兵器小巧玲珑，倒像是孩童的玩具，用以临敌，看来全无用处。

诸保昆生平最恨人嘲笑他的麻脸，听得姚伯当这般公然讥嘲，如何忍耐得住？也不理姚伯当是北方大豪、一寨之主，左手钢锥尖对准了他胸膛，右手小锤在锥尾一击，嗤的一声急响，破空声有如尖啸，一枚暗器向姚伯当胸口疾射过去。

《天龙八部》第十三章"水榭听香，指点群豪戏"

古代的暗器，或者用手发射，如镖，或者用弹力发射，如弓箭、袖箭，但是凭借打击力发射的只有雷公轰。而我们知道，凭借打击力发射的还有手枪，只是用火药产生这种打击力量。"天龙"时代的雷公轰可以视为后世手枪的雏形。

释迦掷象功（尼摩星）——大炮

他（尼摩星）这一掷乃是天竺释氏的一门厉害武功，叫作"释迦掷象功"。佛经中有言：释迦牟尼为太子时，一日出城，大象碍路，太子手提象足，掷向高空，过三日后，象还堕地，撞地而成深沟，今名掷象沟。这自是寓言，形容佛法不可思议。后世天竺武学之士练成一门外功，能以巨力掷物，即以此命名。

《神雕侠侣》第二十回"侠之大者"

抛巨物伤人的有投石机，后来的大炮恐怕也是从投石机演化来的。尼摩星的释迦掷象功极有可能启迪了后世大炮的发明。

"天龙""射雕"时代是金庸武侠世界的巅峰，确实如此，连冷门绝学也最多。

这些冷门绝学不一而足，流传不广，大多一代而绝，但是都充满想象力，给后世发明创造留下了巨大的想象空间。

附：新型冠状病毒肺炎与 mRNA 疫苗

热门的科学研究常是从冷门开始的。

范内瓦·布什（Vannevar Bush）是美国最伟大的科学家和工程师之一，也主导了美国的科技发展。他在谈到关于科研人才培养时强调：能做科学研究的人极少，但是要找到这极少的人需要一个很大的基础人群。（引自：《为何美国的科研既能得诺贝尔奖，又能产生高科技产品》，2021 年 5 月 3 日，公众号"赛先生"，作者吴军）

其实这句话可以套用一下：真正有价值的科学研究极少，但是要找到这极少的科学研究，需要一个很大的基础研究，比如 mRNA 疫苗。在新型冠状病毒肺炎爆发之前，人类从未有过 mRNA 疫苗；然而，人类应对新型冠状病毒肺炎的首批疫苗都是基于 mRNA 技术的。研究 mRNA 疫苗是名副其实的冷门绝学。考里科（Katalin Kariko）在这个冷板凳上坐了 30 多年。mRNA 疫苗之所以冷门，是因为两个原因：一是 mRNA 很不稳定；二是 mRNA 会被免疫系统当作外来物。考里科发现，第一个问题还是挺好解决的，比如用脂质体等包裹 mRNA，就可以提高稳定性；但是第二个问题似乎判了 mRNA 疫苗死刑，如果它会被免疫系统攻击，那还有救吗？有的。考里科后来发现同属 RNA 的 tRNA 就不会被免疫系统攻击，这是因为 tRNA 携带一种叫作伪尿苷的分子。于是，2005 年，考里科想到在 mRNA 中添加伪尿苷，从而避免受到免疫系统攻击。德国的 BioNTech 公司，就是在这次新冠病毒疫情中最先生产出疫苗的公司，慧眼识珠，购买了考里科的 mRNA 掺入伪尿苷修饰的专利。2020 年疫情暴发后，BioNTech 公司迅速应对，在 11 月 8 日就拿到了第一批疫苗的临床阳性结果，这在传统疫苗领域是不敢想象的。

2016 年 5 月 17 日，习近平主席在哲学社会科学工作座谈会上讲话时说："要重视发展具有重要文化价值和传承意义的'绝学'、冷门学科。这些学科看上去同现实距离较远，但养兵千日、用兵一时，需要时也要拿得出来、用得上。"

不仅对于哲学和社会科学需要这样，自然科学也一样，也要保护冷门绝学，**因为冷门绝学可能成为救命之学。**

保护冷门，需要个人的坚守，更需要国家、政府层面的宏观调控。我国提出的破"五唯"也能给冷门绝学提供生存的土壤。

无论个人还是国家，对冷门的坚守都是极为不易的。但是，正如大仲马所说的那样："人类所有的智慧都包含在这两个词里面：等待和希望。"（"All human wisdom is summed up in two words：wait and hope."）中国也有一句类似的话："十年饮冰，难凉热血。"

38 金庸小说中的无用功

金庸小说中有很多貌似无用但实际有大用的武功。这些武功虽然名不见经传，但是可能催生了金庸武侠世界的顶级武功。

第一名：冲灵剑法——独孤九剑。

令狐冲曾经和岳灵珊创出冲灵剑法，其中一招叫作"同生共死"，可以做到剑尖相撞不差分毫：

> 殊不知双剑如此在半空中相碰，在旁人是数千数万次比剑不曾遇上一次，他二人却是练了数千数万次要如此相碰，而终于练成了的。这招剑法必须二人同使，两人出招的方位力道又须拿捏得分毫不错，双剑才会在迅疾互刺的一瞬之间剑尖相抵，剑身弯成弧形。这剑法以之对付旁人，自无半分克敌制胜之效，在令狐冲与岳灵珊，却是一件又艰难又有趣的玩意。二人练成招数之后，更进一步练得剑尖相碰，溅出火花。
>
> 《笑傲江湖》第三十三章"比剑"

冲灵剑法就是一种无用功，书中说"自无半分克敌制胜之效"。然而，冲灵剑法可能是令狐冲练成独孤九剑的基础。

> 令狐冲更无余想，长剑倏出，使出"独孤九剑"的"破箭式"，剑尖颤动，向十五人的眼睛点去。只听得"啊！""哎哟！""啊哟！"惨呼声不绝，跟着叮当、呛啷、乒乓，诸般兵刃纷纷堕地。十五名蒙面客的三十只眼睛，在一瞬之间被令狐冲以迅捷无伦的手法尽数刺中。独孤九剑"破箭式"那一招击打千百件暗器，千点万点，本有先后之别，但出剑实在太快，便如同时发出一般。这路剑招须得每刺皆中，只稍疏漏了一刺，敌人的暗器便射中了自己。令狐冲这一式本未练熟，但刺人缓缓移近的眼珠，毕竟远较击打纷纷攒落的暗器为易，刺出三十剑，三十剑便刺中了三十只眼睛。
>
> 《笑傲江湖》第十二章"围攻"

令狐冲多次施展独孤九剑，这是极具代表性的一次，能一剑刺瞎十五名高手的眼睛，靠的是什么？别忘了，当时令狐冲内力一团混乱。靠的恐怕是他和岳灵珊"练了数千数万次"的"同生共死"。"同生共死"这一招不仅要在运动中控制方向，剑尖对剑尖，而且还要精准控制力度，溅出火花，这是多么重要的基本功训练？

如果说成就达·芬奇画艺的是画鸡蛋，那成就令狐冲剑艺的就是练"同生共死"。"同生共死"就是令狐冲的鸡蛋。

令狐冲沉醉其中，练了千万遍才成功，所谓**"满堂花醉三千遍"**，所以在面对十五个高手的时候，才可以**"一剑霜寒十五人"**。

并非学了独孤九剑就瞬间天下无敌了的，或者说，令狐冲能在短时间内学会并精通独孤九剑，以前的武功练习，尤其是冲灵剑法之"同生共死"，为其打下了坚实的基础。

恰恰是"同生共死"这种无用功成就了大用。

第二名，呼吸、睡觉——降龙十八掌。

金庸小说一大谜团就是：资质平平的郭靖为何迅速学会降龙十八掌？一个重要的原因也是无用功。

> 那道人道："……这样吧，你一番诚心，总算你我有缘，我就传你一些呼吸、坐下、行路、睡觉的法子。"郭靖大奇，心想："呼吸、坐下、行路、睡觉，我早就会了，何必要你教我？"
>
> 《射雕英雄传》第五章"弯弓射雕"

郭靖武功的迅速成长，就是从看似和练武毫无关系的无用功开始的。马钰不远千里来到大漠，传给了郭靖一些呼吸、睡觉的无用功。看似无用，结果如何呢？

> 如此晚来朝去，郭靖夜夜在崖顶打坐练气。说也奇怪，那道人并未教他一手半脚武功，然而他日间练武之时，竟尔渐渐身轻足健。半年之后，本来劲力使不到的地方，现下一伸手就自然而然的用上了巧劲：原来拚了命也来不及做的招数，忽然做得又快又准。江南六怪只道他年纪长大了，勤练之后，终于豁然开窍，个个心中大乐。
>
> 《射雕英雄传》第五章"弯弓射雕"

师父相见不相识，笑问客从何处来。 马钰传授的无用功，让郭靖练习江南六怪的武功更加顺畅、快捷。不仅如此，郭靖后来在一个月时间内学会降龙十五掌，马钰传授的无用功起到了极大的作用。相比之下，资质不错又得到周伯通真传的耶律齐终其一生也只会降龙十四掌。

无用功的大用可见一斑。

第三名，美女拳法——黯然销魂掌。

杨过也是创立无用功的代表：

> 杨过悄退数步，坐到小龙女身畔，右手支颐，左手轻轻挥出，长叹一声，脸现

寂寥之意。这是"美女拳法"最后一招的收式，叫作"古墓幽居"，却是杨过所自创，林朝英固然不知，小龙女也是不会。杨过当年学全了美女拳法之后，心想祖师婆婆姿容德行，不输于古代美女，武功之高更不必说，这路拳法中若无祖师婆婆在，算不得有美皆备，于是自行拟了这一招，虽说为抒写林朝英而作，举止神态却是模拟了师父小龙女。当日小龙女见到，只是微微一哂，自也不会跟着他去胡闹。

《神雕侠侣》第十三回"武林盟主"

杨过自创这手美女拳法看似毫无用处，然而，杨过后来得以创出黯然销魂掌，和这美女拳法关系很大：

杨过见他将自己突起而攻的招式尽数化解，无一不是妙到巅毫，不禁暗暗叹服，叫道："下一招叫作'拖泥带水'！"周伯通和郭襄齐声发笑，喝彩道："好名目！"杨过道："且慢叫好！看招！"右手云袖飘动，宛若流水，左掌却重滞之极，便似带着几千斤泥沙一般。

《神雕侠侣》第三十四回"排难解纷"

从美女拳法的"右手支颐"到黯然销魂掌的"右手云袖飘动"，难道不是"**青山一道同云雨**"？从美女拳法的"左手轻轻挥出"到黯然销魂掌的"左掌却重滞之极"，看来就是"**明月何曾是两乡**"！

第四名，五罗轻烟掌——一阳指。

大理段二的武功五罗轻烟掌一度被认为是调情用的：

段正淳不答，站起身来，忽地左掌向后斜劈，飕的一声轻响，身后的一只红烛随掌风而熄，跟着右掌向后斜劈，又是一只红烛陡然熄灭，如此连出五掌，劈熄了五只红烛，眼光始终向前，出掌却行云流水，潇洒之极。木婉清惊道："这……这是'五罗轻烟掌'，你怎么也会？"

《天龙八部》第七章"无计悔多情"

然而事实上，这五罗轻烟掌恐怕是大理绝学一阳指的奠基功夫。一灯大师给黄蓉治伤的时候，展示了五脉，即督脉、任脉、阴维、阳维、带脉的不同指法：

最后带脉一通，即是大功告成。那奇经七脉都是上下交流，带脉却是环身一周，络腰而过，状如束带，是以称为带脉。这次一灯大师背向黄蓉，倒退而行，反手出指，缓缓点她章门穴。这带脉共有八穴，一灯出手极慢，似乎点得甚是艰难，口中呼呼喘气，身子摇摇晃晃，大有支撑不住之态。

《射雕英雄传》第三十回"一灯大师"

五罗轻烟掌恐怕是一阳指的基础。段正淳的"掌向后斜劈"和一灯的"倒退而行，反手出指"何其相似乃尔。不仅如此，一阳指施于五脉，有向六脉神剑致敬的含义。"日暮汉宫传蜡烛，轻烟散入五侯家。"五罗轻烟掌恐怕是出自下句，上句中有"日暮"，暗含六脉神剑盛极而衰的意思。大漠孤烟，莫不是五罗轻烟掌的烟？长河落日，会不会是一阳指的日？所以，五罗轻烟掌恐怕是大理段氏六脉神剑衰落后为一阳指筑基的功夫。

第五名，天罗地网式——双手互搏。

小龙女后来可以双手互搏驾驭玉女素心剑法，得益于天罗地网式：

> 但见她双臂飞舞，两只手掌宛似化成了千手千掌，任他八十一只麻雀如何飞滚翻扑，始终飞不出她双掌所围成的圈子。杨过只看得目瞪口呆，又惊又喜，一定神间，立时想到："姑姑是在教我一套奇妙掌法。快用心记着。"

《神雕侠侣》第六回"《玉女心经》"

天罗地网式的训练让小龙女如千手观音一般，所以在后来施展双手互搏催动剑法就格外自如：

> 只见白衣飘飘，寒光闪闪，双剑便似两条银蛇般在大殿中心四下游走，叮当、呛啷、"啊哟"、"不好"之声此起彼落，顷刻之间，全真道人手中长剑落了一地，每人手腕上都中了一剑。奇在她所使的都是同样一招"皓腕玉镯"，众道人但见她剑光从眼前掠过，手腕便感到剧痛，直是束手受戮，绝无招架之机。倘若她这一剑不是刺中手腕而是指向胸腹要害，群道早已一一横尸就地。群道负伤之后，一齐大骇逃开，三清神像前只余下尹志平等一批被缚的道人。小龙女自学得左右互搏之术以后，除了在旷野中练过几次之外，从未与人动手过招，今日发硎新试，自己也想不到竟有如斯威力，杀退群道之后，竟尔悚然自惊。

《神雕侠侣》第二十六回"神雕重剑"

庄子在《人间世》里说："**人皆知有用之用，而莫知无用之用也**。"金庸小说中的武功很好地诠释了无用之用。

科学研究同样如此，**有很多看似无用的发现最终改变了世界**。法拉第在发现了电磁感应之后，一位女性问他，这有什么用呢？（"Even if the effect you explained was obtained, what is the use of it?"）法拉第回答，初生的婴儿有什么用呢？（"Madam, will you tell me the use of a newborn child?"）现在恐怕没有人质疑电磁感应的用处了吧？

如何辨别可能有用的无用？这恐怕是一个很难的工作，但有些标准似乎可以用来找到可能有用的无用。

比如搞笑诺贝尔奖的原则：First make people LAUGH, then make them THINK。即，**那些能先让人笑，但是接下来思考的东西，可能是有用的无用**。

再比如《小王子》的原则："如果你对大人们说：'我看到一幢用玫瑰色的砖盖

成的漂亮的房子，它的窗户上有天竺葵，屋顶上还有鸽子。'他们怎么也想象不出这种房子有多么好。必须对他们说：'我看见了一幢价值二十万美元的房子。'那么他们就惊叫道：'多么漂亮的房子啊！'"（"If you were to say to the grown-ups：'I saw a beautiful house made of rosy brick, with geraniums in the windows and doves on the roof.' they would not be able to get any idea of that house at all. You would have to say to them：'I saw a house that cost ＄200 000.' Then they would exclaim：'Oh, what a pretty house that is!'"）**用童真眼光看到的，可能是有用的无用。**

还有诺贝尔物理学奖获得者费曼的标准。费曼在《别闹了，费曼》中回忆自己小时候父亲对他的教育时说：

"看到那只鸟了吗？"他说，"那是斯氏莺。"（我很清楚，其实他并不知道正确的名字。）"哦，在意大利它叫'查图拉皮提达'。在葡萄牙，它叫'波姆达培达'。中文名字是'春兰鸫'，日文名字则叫'卡塔诺·塔凯达'。即便你知道它在世界各地的叫法，可对这种鸟本身还是一无所知。你只是知道世界上有很多不同的地方，这些不同地方的人是这么叫它的。所以我们还是来观察一下这只鸟吧，看看它在做什么……这才有意义。"（所以我很小就懂得知道某个事物的名字与真正了解这一事物的区别。）

关注事实所发现的，可能是有用的无用。

我想，发人深思、童真眼光（无功利）和关注事实，可能是判断出有用的无用的几个原则。

科研活动中其实危害更大的是无用的有用。有用的无用千里挑一，而且就像囊中的锥子，常常会自己露出头来。无用的有用不仅十之八九可能是浪费，而且可能带来极大的危害。在大多数科研实践中，我们的问题不是错失了有用的无用，而是过于关注无用的有用。

❀注："初生婴儿之用"公案溯源

"初生婴儿之用"这段公案虽然被认为是法拉第的故事，但是这句话很可能是美国开国元勋本杰明·富兰克林说的。出处见 *Nature*（1946年，157卷，196页），题目叫 *Authenticity of Scientific Anecdotes*（《科研轶事的真实性》）。作者是 Clement Charles Julian Webb（1865—1954），他是英国学者和哲学家，以在宗教的社会层面研究的贡献而知名。

附：科研怪杰胡立德

我偶然发现了一位似乎在研究上作了很多无用功的科学家。我想他的故事值得

讲述。胡立德，华裔，英文名为 David Hu，毕业于麻省理工学院，现在佐治亚理工学院机械工程系（即 George W. Woodruff School）任教授，主要研究方向是流体力学。

在生物医学搜索引擎 PubMed 里面搜索 David Hu，或者 DL Hu，能发现数十篇文章，其中有很多是胡立德的文章。

2003 年，胡立德作为第一作者在 *Nature* 发表论文 *The Hydrodynamics of Water Strider Locomotion*（《水上漫游者运动的流体力学》）。2005 年，胡立德再次作为第一作者在 *Nature* 发表论文 *Meniscus-Climbing Insects*（《弯面爬行昆虫》）。2009 年，胡立德又是作为第一作者在 *PNAS* 发表论文 *The Mechanics of Slithering Locomotion*（《滑行运动的力学》）。同前两次研究水上运动昆虫不一样，这次研究的是蛇的滑行。总的来说，这一时期胡立德的研究还是挺"正经"的。

他成为独立研究员和通信作者之后，慢慢开始放飞自我了。

2011 年，他在 *PNAS* 发表论文 *Fire Ants Self-Assemble into Waterproof Rafts to Survive Floods*（《火蚁自组装成防水筏以便在洪水中生存》）。2012 年，他在 *PNAS* 发表论文 *Mosquitoes Survive Raindrop Collisions by Virtue of Their Low Mass*（《蚊子因其质量较小而在雨滴碰撞中存活》）。2012 年，胡立德在 *Journal of the Royal Society Interface* 发表论文 *Wet Mammals Shake at Tuned Frequencies to Dry*（《湿漉漉的哺乳动物以调谐的频率抖动来弄干自己》）。

如果说这些研究还不是那么令人觉得脑洞大开的话，请看下面的研究。

2014 年，胡立德在 *PNAS* 发表论文 Duration of Urination Does Not Change with Body Size（《排尿时间不随体型变化》）。2018 年，胡立德在 *PNAS* 发表论文 *Cats Use Hollow Papillae to Wick Saliva into Fur*（《猫用中空的吸管分泌唾液湿润皮毛》）。2021 年，胡立德发表论文 *Intestines of Non-Uniform Stiffness Mold the Corners of Wombat Feces*（《刚性不均一的肠子让树袋熊塑造自己粪便的形状》）。

胡立德因为这些研究获得过两次搞笑诺贝尔物理学奖，分别是：2015 年因《排尿时间不随体型变化》的研究获奖，2018 年因为树袋熊粪便研究再次获奖。

这些看似无用的研究其实有很多潜在价值，比如树袋熊粪便研究可能对制造业、临床病理和消化道健康有启发。

39 金庸小说武功的一日千里和十年一剑

金庸小说中的武功有快和慢两极，这里快和慢指的是学习或者创造的速度，而不是招式的快和慢。

先说快的。

第五名，郭靖学降龙十八掌，一个月。

如此一月有余，洪七公已将"降龙十八掌"中的十五掌传给了郭靖，自"亢龙有悔"一直传到了"龙战于野"。

《射雕英雄传》第十二章"亢龙有悔"

也就是说，被大多数人视为资质平平的郭靖，在一个多月的时间里就学会了降龙十五掌。

当下把降龙十八掌余下的三掌，当着众人之面教了他，比之郭靖刚才狗急跳墙，胡乱凑乎出来的三记笨招，自是不可同日而语。

《射雕英雄传》第十五章"神龙摆尾"

降龙十八掌余下的三掌，郭靖恐怕只学了一顿饭的工夫就完成了。算下来，郭靖只用了一个月左右的时间，就学会了降龙十八掌。

第四名，令狐冲学独孤九剑，十多天。

令狐冲和风清扬相处十余日，虽然听他所谈论指教的只是剑法，但于他议论风范，不但钦仰敬佩，更是觉得亲近之极，说不出的投机。

《笑傲江湖》第十章"传剑"

令狐冲只花了十余日，就学会了天下剑法第一的独孤九剑。当然令狐冲当时只是入了门，风清扬也告诉他："再苦练二十年，便可和天下英雄一较长短了。"

第三名，虚竹学生死符和天山六阳掌，七天。

虚竹学习天山童姥的天山六阳掌花了多久呢？

他花了四日功夫，才将九种法门练熟。虚竹又足足花了三天时光，这才学会。

《天龙八部》第三十六章"梦里真，真语真幻"

天山童姥在教授虚竹生死符的同时，夹带了天山六阳掌，一共耗时大概七天。

第二名，段誉学凌波微步，一天。

段誉学习凌波微步用了大概一天时间：

> 如此一日过去，卷上的步法已学得了两三成。

> 　　　　　　　　　　　　　　《天龙八部》第五章"微步縠纹生"

第一名，张无忌学乾坤大挪移、太极剑，两小时。

张无忌学习乾坤大挪移速度极快："悟性高者七年可成，次者十四年可成"的第一层心法，张无忌"竟是毫不费力地便做到了"；"悟性高者七年可成，次焉者十四年可成，如练至二十一年而无进展，则不可再练第三层，以防走火入魔，无可解救"的第二层心法，张无忌也是"片刻真气贯通"；而接下来，"张无忌边读边练，第三层、第四层心法势如破竹般便练成了"；最后，张无忌"一个多时辰后，已练到第七层"。

张无忌学太极剑用了多久呢？

> 张三丰道："不用到旁的地方，我在这儿教，无忌在这儿学，即炒即卖，新鲜热辣。不用半个时辰，一套太极剑法便能教完。"

> 　　　　　　　　　　《倚天屠龙记》第二十四章"太极初传柔克刚"

张无忌确实用了一个时辰左右就学会了太极剑，而且打败了以剑术著称的丐帮长老"八臂神剑"方东白。

再说慢的。

第五名，周伯通创空明拳和双手互搏，十五年。

周伯通被囚在桃花岛上十五年，创出这两门武功。

第四名，金轮法王练龙象般若功到第十层，十六年。

金轮法王花了大概十六年的时间，将龙象般若功提至第十层。

第三名，裘千仞练铁掌，二十一年。

第一次和第二次华山论剑之间的二十多年里，裘千仞苦练铁掌。

第二名，灵兴大师练一指禅，三十九年。

灵兴大师花了三十九年练成一指禅。

第一名，黄裳创《九阴真经》，四十多年。

众所周知，黄裳花了四十多年创出《九阴真经》。

可以归纳一下：

速成、慢成武功有别。速成的武功一般都是招式或内力运用法门，招式和运力技巧可以速成，比如降龙十八掌主要包括具体的简单招式和运使内力的法门，短时间内掌握是可能的。慢成的武功大都是内力或者武学体系，而这两者很难速成，比如黄裳的《九阴真经》既包括内力，也包括武学体系，需要长时间积累和贯通。

速成的武功需要坚实的基础。比如郭靖，他在学习降龙十八掌前的十二年里，一直和江南六怪学习各种武功；在学习降龙十八掌前的两年里，和马钰学习全真内功。所以郭靖基础特别扎实，以至于能在一个月内学会降龙十八掌。再比如张无忌，他从小学习武当筑基的功夫，殷素素的天鹰教武功可能张无忌也有所涉猎，之后是谢逊严苛、专业、系统的武学训练；张无忌后来又跟随张三丰，恐怕内力、外功上的见识不一般；在蝴蝶谷，张无忌见识了江湖各色人物的武功，更学会一身医术，这些历练和武功都是相通的；在此基础上，张无忌在昆仑山花了五年时左右间学会九阳神功；更在光明顶上通过说不得的乾坤一气袋实现了内功的蜕变。有了这一系列的铺垫，张无忌才能在一个时辰内学会乾坤大挪移，在半个时辰内学会太极剑。

那些速成的武功只是入门。想要精纯需要漫长的历练。比如郭靖在学会降龙十八掌后，终其一生一直勤练不辍，甚至一招"亢龙有悔"不知练了多少遍。比如令狐冲要再苦练二十年才能和天下英雄较短长。

速成的武功常常是招式，代表技术，技术可以发展得很快。慢成的武功常常是内力或者武学体系，代表基础研究，基础研究的突破是非常难的。技术是要以基础研究为铺垫的，没有基础研究的突破，技术很难凭空产生。技术更新很快，但是完善和系统化依然需要漫长的磨合。

附：有哪些极其漫长的实验

人类历史上有很多极其漫长的实验。

以下是**物理学**中的几个例子。

牛津电铃实验（Oxford electric bell experiment）。英国牛津大学克拉伦登实验室（Clarendon Laboratory）的门厅里有个电铃，从 1840 年一直响到现在，已经响了超过 100 亿次。这个实验的目的是区分两种不同的电作用理论：接触张力理论（基于当时流行的静电原理的过时科学理论）和化学作用理论。

贝弗利钟实验（Beverly clock experiment）。新西兰奥塔哥大学（University of Otago）物理系第三层的休息室里矗立着一座贝弗利钟，它从 1864 年开始运转，直到现在。这座钟靠空气压力和温度的变化驱动。当然，由于维修、搬家等原因这座钟曾经停摆数次。

沥青滴落实验（pitch drop experiment）。澳大利亚昆士兰大学的帕内尔（Thomas Parnell）教授在 1927 年开始这个实验，目的是告诉学生们那些看起来是固体的东西实际上是高度黏稠的液体组成的。2005 年，帕内尔被授予搞笑诺贝尔物理学奖。2014 年 4 月第 9 滴沥青掉落，花费 13 年 4 个月。

　　除了物理学中的漫长实验，植物学、农学、微生物学、进化生物学、医学和心理学中还有很多耗时漫长的实验。这些实验都是人类追求真理、不计功利、执着求索的明证。

　　最后，中国的二十四史恐怕是人类历史上最长的思想实验。得出的结论可能就是杜牧在《阿房宫赋》中的"后人哀之而不鉴之，亦使后人而复哀后人也"或者是黑格尔所说的"人类唯一能从历史中吸取的教训就是人类从来都不会从历史中吸取教训"。（"The only thing we learn from history is that we learn nothing from history."）

（引自 wikimili 的 long-term experiment）

40 金庸小说武功的广博和精一

金庸武功有广博和精一两极。

先说广博的。

第一个是**鸠摩智**。

鸠摩智声称精通少林寺七十二绝技。在少室山下，鸠摩智先后施展了大金刚拳、般若掌、摩诃指、袈裟伏魔功、拈花指、无相劫指、如影随形腿、多罗指、燃木刀法、大智无定指、去烦恼指、寂灭抓、因陀罗抓、龙爪功以及吐蕃武学火焰刀等武功，令人目眩神驰。

如果鸠摩智将这些精力用于一门武功的话，是不是成就不止于此？

第二个是**慕容复**。

> 群雄既震于萧峰掌力之强，又见慕容复应变无穷，钩法精奇，忍不住也大声喝采，都觉今日得见当世奇才各出全力相拼，实是大开眼界，不虚了此番少室山一行。
>
> 《天龙八部》第四十二章"老魔小丑，岂堪一击，胜之不武"

慕容复精通剑法、刀法、笔法、钩法，是一个武学全才，但面对萧峰的降龙十八掌，这些武功都相形见绌。如果他也能精于一道，是不是能缩小和萧峰的差距？

慕容复以为广博是自己的优点：

> "眼前虽还不能，那乔峰所精者只是一家之艺，你表哥却博知天下武学，将来技艺日进，便能武功天下第一了。"
>
> 《天龙八部》第十七章"今日意"

第三个是**黄药师**。

> 双方都是骑虎难下，不得各出全力周旋。黄药师在大半个时辰之中连变十三般奇门武功，始终只能打成平手，直斗到晨鸡齐唱，阳光入屋，八人兀自未分胜负。
>
> 《射雕英雄传》第二十五章"荒村野店"

黄药师不但创造了很多武功，也使用了很多武功。尽管如此，黄药师似乎从未达到登峰造极之境。虽说对人不能苛求，但是对黄药师这种有天分、有创造力的人，我们不由得惋惜，如果他能专精一道的话，是不是能取得更大成绩？

第四个是**杨逍**。

> 杨逍却是忽柔忽刚，变化无方。这六人之中，以杨逍的武功最为好看，两枚圣火令在他手中盘旋飞舞，忽而成剑，忽而为刀，忽而作短枪刺、打、缠、拍，忽而当判官笔点、戳、捺、挑，更有时左手匕首，右手水刺，忽地又变成右手钢鞭，左手铁尺，百忙中尚自双令互击，发出哑哑之声以扰乱敌人心神。相斗未及四百招，已连变了二十二般兵刃，每般兵刃均是两套招式，一共四十四套招式。
>
> 《倚天屠龙记》第三十六章"夭矫三松郁青苍"

杨逍的武功也很杂，类似黄药师。杨逍除了繁复的招式以及乾坤大挪移第二层功夫外，还会弹指神通。

杨逍长相类似一灯。

> 但见他约莫四十来岁年纪，相貌俊雅，只是双眉略向下垂，嘴边露出几条深深皱纹，不免略带衰老凄苦之相。
>
> 《倚天屠龙记》第十四章"当道时见中山狼"

> 另一个身穿粗布僧袍，两道长长的白眉从眼角垂了下来，面目慈祥，眉间虽隐含愁苦，但一番雍容高华的神色，却是一望而知。
>
> 《射雕英雄传》第三十章"一灯大师"

两人都是眉毛下垂，一个衰老凄苦，一个隐含愁苦。

但和一灯不同，杨逍武功驳杂。如果杨逍能专精于一道，可能成就更大。

第五个是**范遥**。

> 但觉这苦头陀的招数甚是繁复，有时大开大阖，门户正大，但倏然之间，又是诡秘古怪，全是邪派武功，显是正邪兼修，渊博无比。
>
> 《倚天屠龙记》第二十六章"俊貌玉面甘毁伤"

范遥类似杨逍，同样正邪兼修，武功渊博无比。

再说精一的。

第一个是**裘千仞**。

> 当年"华山论剑"，王重阳等曾邀他参与。裘千仞以铁掌神功尚未大成，自知非王重阳敌手，故而谢绝赴会，十余年来隐居在铁掌峰下闭门苦练，有心要在二次论剑时夺取武功天下第一的荣号。
>
> 《射雕英雄传》第二十八章"铁掌峰顶"

裘千仞数十年如一日，苦练铁掌。这份耐力极为难得。

第二个是**金轮法王**。

那金轮法王实是个不世出的奇才，潜修苦学，进境奇速，竟尔冲破第九层难关，此时已到第十层的境界，当真是震古铄今，虽不能说后无来者，却确已前无古人。据那"龙象般若经"言道，此时每一掌击出，均具十龙十象的大力，他自知再求进境，此生已属无望，但既已自信天下无敌手，即令练到第十一层，也已多余。

《神雕侠侣》第三十七章"三世恩怨"

金轮法王是史上练习龙象般若功成就最高的人物。

再说先广博而后精一的。

第一个是**虚竹**。

和鸠摩智的繁复花哨形成对比的是虚竹，他用少林寺最简单的罗汉拳、韦陀掌对鸠摩智使用的最高深的般若掌，最后甚至只用一招罗汉拳中的黑虎掏心，就立于不败之地。

第二个是**萧峰**。

少室山下，萧峰面对慕容复、游坦之、丁春秋等人的围攻，只用降龙十八掌，以一敌三。而在聚贤庄，萧峰则仅使用太祖长拳，以简单招式就战败了游坦之等人。

第三个是**郭靖**。

同岳父黄药师不同，郭靖尽管武学也很渊博，如江南六怪武功、全真派内功、降龙十八掌、空明拳、双手互搏、《九阴真经》、天罡北斗阵等，但是郭靖慢慢地只使用降龙十八掌，而降龙十八掌中又只使用一招"亢龙有悔"。

第四个是**张无忌**。

同杨逍、范遥不一样，张无忌也曾使用非常驳杂的招式，例如在少林寺，张无忌使用圣火令武功：

张无忌初时照练，倒也不觉如何，此刻乍逢劲敌，将这路武功中的精微处尽数发挥出来，心灵渐受感应，突然间哈哈哈仰天三笑，声音中竟充满了邪恶奸诈之意。

《倚天屠龙记》第三十八章"君子可欺之以方"

张无忌终于又返璞归真，拒绝了驳杂的招式，只用九阳神功+乾坤大挪移/太极拳对敌。

广博与精一，最优的组合是先广博而后精一。

鸠摩智、慕容复、黄药师、杨逍、范遥有广博无精一。

裘千仞、金轮法王则是有精一无广博。

虚竹、萧峰、郭靖、张无忌都是先广博而后精一的。

泛而后精是武学正道，也最有可能取得大成绩。

附：学者喜博而常病不精

《朱子语类》卷十"学四"提到："学者喜博而常病不精。泛滥百书，不若精于一也。有余力然后及诸书，则涉猎诸篇亦得其精。"

做学问，最容易出现的问题是喜欢广博，而不专精，广博不精意味着浅尝辄止，既能满足好奇心甚至成就感，又不必付出耐心与枯燥。较少见的则是专精而不广博，精而不博意味着停在自己的舒适区，给他人和自己以勤奋的假象。若想成为大师，需要广博基础上的专精，广博是厚实的地基，越厚实，可以起的楼就越高。

41　金庸小说武功的繁花似锦和一枝独秀

　　金庸小说中的武功，有的招式繁复，如花团锦簇春色满园；有的招式简单，如一枝红杏生机盎然。

　　先说繁复的。

　　第二名，天山折梅手。

　　这"天山折梅手"虽然只有六路，但包含了逍遥派武学的精义，掌法和擒拿手之中，含蕴有剑法、刀法、鞭法、枪法、抓法、斧法等诸般兵刃的绝招，变法繁复，虚竹一时也学不了那许多。童姥道："我这'天山折梅手'是永远学不全的，将来你内功越高，见识越多，天下任何招数武功，都能自行化在这六路'折梅手'之中。好在你已学会了口诀，以后学到什么程度，全凭你自己了。"

　　　　　　　　　　《天龙八部》第三十六章"梦里真，真语真幻"

　　天山折梅手是一项开源的武功，可以容纳任何武功，简直是招式版的北冥神功，所以肯定是繁复华丽的。

　　第一名，独孤九剑。

　　风清扬又喃喃的道："第一招中的三百六十种变化如果忘记了一变，第三招便会使得不对，这倒有些为难了。"

　　　　　　　　　　　　　　　　《笑傲江湖》第十章"传剑"

　　独孤九剑一招中就有三百六十种变化，其繁复可见一斑，否则也不能破尽天下诸般武学了。

　　再说简单的。

　　第五名，"天地同寿"。

　　这一招更是壮烈，属于武当派剑招，叫作"天地同寿"，却非张三丰所创，乃是殷梨亭苦心孤诣地想了出来，本意是要和杨逍同归于尽之用。他自纪晓芙死后，心中除了杀杨逍报仇之外，更无别念，但自知武功非杨逍之敌，师父虽是天下第一高手，自己限于资质悟性，无法学到师父的三四成功夫，反正只求杀得杨逍，自己也不想活了，是以在武当山上想了几招拼命的打法出来。

《倚天屠龙记》第二十九章"四女同舟何所望"

"天地同寿"是武当殷六使想到的一招与敌同归的厉害招式，因为同归于尽，所以排名最末。

第四名，"无对无双，宁氏一剑"。

猛地里她一剑挺出，直刺令狐冲心口，当真是捷如闪电，势若奔雷。令狐冲大吃一惊，叫道："师娘！"其时长剑剑尖已刺破他衣衫。岳夫人右手向前疾送，长剑护手已碰到令狐冲的胸膛，眼见这一剑是在他身上对穿而过，直没至柄。

《笑傲江湖》第七章"授谱"

华山玉女宁中则的"无对无双，宁氏一剑"也是一剑，虽然有后招，但也是简明扼要武功的代表。

第三名，"一拍两散"。

玄寂适才所出那一掌，实是毕生功力之所聚，叫作"一拍两散"。所谓"两散"，是指拍在石上，石屑四"散"；拍在人身，魂飞魄"散"。这路掌法就只这么一招，只因掌力太过雄浑，临敌时用不着使第二招，敌人便已毙命，而这一掌以如此排山倒海的内力为根基，要想变招换式，亦非人力之所能。

《天龙八部》第十八章"胡汉恩仇，须倾英雄泪"

玄寂在玄慈死后接任少林寺住持，武功着实了得，这"一拍两散"和"亢龙有悔""佛光普照"类似。

第二名，"佛光普照"。

这一掌是峨嵋派的绝学，叫作"佛光普照"。任何掌法剑法总是连绵成套，多则数百招，最少也有三五式，但不论三式或是五式，定然每一式中再藏变化，一式抵得数招乃至十余招。可是这"佛光普照"的掌法便只一招，而且这一招也无其他变化，一招拍出，击向敌人胸口也好，背心也好，肩头也好，面门也好，招式平平淡淡，一成不变，其威力之生，全在于以峨嵋派九阳功作为根基。一掌既出，敌人挡无可挡，避无可避。

《倚天屠龙记》第十八章"倚天长剑飞寒铓"

郭襄创立的这一招可能是受了父亲的启发。郭襄在少室山下初遇无色的时候，曾经使用十招不同的武功，其中40%和杨过大有渊源；但是创派之后自己发明的武功，如"佛光普照"，则从自己的父亲那里得到启发，这是郭襄的回归。

第一名，"亢龙有悔"。

"亢龙有悔"虽然是降龙十八掌中的一招，但是威力很大，郭靖临敌对阵，用这一招的次数最多。后人有诗赞曰：

> 就是那一招"亢龙有悔"
>
> 铁臂疾挥着铜掌
>
> 一招挥出"天龙"
>
> 从"射""神"上空悄悄降落
>
> 落在金庸小说里
>
> 夜夜唱歌
>
> 就是那一招"亢龙有悔"
>
> 在降龙十八掌里唱过
>
> 在空明拳边唱过
>
> 在双手互搏中唱过
>
> 在黄裳的《九阴真经》旁唱过
>
> 在天罡北斗阵内唱过
>
> 梁子翁听过
>
> 欧阳克听过
>
> 就是那一招"亢龙有悔"
>
> 在初遇洪七公的松林里唱过
>
> 在陆家归云庄上唱过
>
> 在宝应的祠堂中唱过
>
> 在桃花岛的花间唱过
>
> 裘千丈听过
>
> 梅超风听过
>
> 霍都听过
>
> 金轮法王听过
>
> 就是那一招"亢龙有悔"
>
> 在萧峰的记忆里驰想
>
> 在洪七公的记忆里唱歌
>
> 想和段誉结拜的惊喜
>
> 想杏子林中的寂寞
>
> 想起雁门绝壁
>
> 想起聚贤庄灯零落
>
> 想起千里追袭远
>
> 想起塞上空许约

回忆和泥烤制的叫花鸡

回忆玉笛谁家听梅落

回忆好逑汤

回忆银丝卷

回忆二十四桥明月夜

回忆华山顶上长蜈蚣

回忆岁月偷偷流去许多许多

就是那一招"亢龙有悔"

在射雕这边唱歌

在神雕那边唱歌

在牛家村的密室里唱歌

在嘉兴的客店里唱歌

在每个郭靖足迹所到之处

处处唱歌

比碧海潮生更单调

比笑傲江湖更谐和

凝成水

是红马汗珠

燃成光

是襄阳烽火

变成鸟

是大漠神雕

啼叫在专一者的心窝

就是那一招"亢龙有悔"

在第二次华山论剑时唱歌

在第三次华山论剑时唱歌

黄蓉在倾听

黄蓉在想念

郭靖在倾听

郭靖在吟哦

黄蓉该猜到郭靖在吟些什么

郭靖会猜到黄蓉在想些什么

郭靖有郭靖的心态

郭靖有郭靖的耳朵

附：关于DNA双螺旋结构最初的论文

在科研中，现在有种说法叫作讲故事（tell a story），类似繁杂的武功，学术文章也要有层次，比如 A 分子通过 B 通路对 C 事件的调控，这就是一个故事。但是一味强调讲故事，或者在进行学术发现时明确以讲故事为导向，恐怕也不好。

一个极端的例子是沃森和克里克在 1953 年发表在 *Nature* 上的揭示 DNA 双螺旋结构的文章，题目为《脱氧核糖核酸的结构》（*A Structure for Deoxyribose Nucleic Acid*），只有两页，两张图。沃森和克里克的文章显然不是一个好故事，却是重大的发现。重大的发现有时就像简单、直接的武功招式，虽然只有一招，也是石破天惊、震古烁今。

42 金庸小说武功的美学

　　武功如诗词。唐代司空图把诗歌分为二十四品，分别为雄浑、冲淡、纤秾、沉着、高古、典雅、洗炼、劲健、绮丽、自然、含蓄、豪放、精神、缜密、疏野、清奇、委曲、实境、悲慨、形容、超诣、飘逸、旷达、流动。金庸小说中的武功似乎也可以进行类似的划分。但是，第一，在这里笔者并不想按司空图原来的顺序进行总结；第二，笔者也不想勉强凑齐二十四品。这里只选最为耳熟能详的金庸武功，按照笔者的审美一一品评。

　　雄浑——《九阳真经》、独孤九剑之"无剑"。

> 大用外腓，真体内充。
> 反虚入浑，积健为雄。
> 具备万物，横绝太空。
> 荒荒油云，寥寥长风。
> 超以象外，得其环中。
> 持之匪强，来之无穷。

　　九阳神功就是雄浑的代表。觉远在华山之巅被潇湘子攻击时，反倒把潇湘子击倒，是"真体内充"。

> 杨过、周伯通、一灯大师、郭靖四人齐声大叫："小心了！"但听得砰的一响，觉远已然胸口中掌，各人心中正叫："不妙！"却见潇湘子便似风筝断线般飘出数丈，跌在地下，缩成一团，竟尔昏了过去。
>
> 《神雕侠侣》第四十回"华山之巅"

　　觉远在少室山下挑数百斤铁桶大战何足道，是"积健为雄"。
　　张无忌决战光明顶，以身承受灭绝师太三掌没有受伤，是"横绝太空"。

> 旁观众人齐声惊呼，只道张无忌定然全身骨骼粉碎，说不定竟被这排山倒海般的一击将身子打成了两截。那知一掌过去，张无忌脸露讶色，竟好端端地站着，灭绝师太却是脸如死灰，手掌微微发抖。
>
> 《倚天屠龙记》第十八章"倚天长剑飞寒铓"

张无忌在武当山解围，是"来之无穷"。

张三丰于刹那之间，只觉掌心中传来这股力道雄强无比，虽然远不及自己内力的精纯醇正，但泊泊然、绵绵然，直是无止无歇，无穷无尽。

《倚天屠龙记》第二十四章"太极初传柔克刚"

独孤求败在怒涛中练剑，纵横天下而无抗手，一生求一败不得，也是雄浑。

自然——独孤九剑之"无招"。

俯拾即是，不取诸邻。

俱道适往，着手成春。

如逢花开，如瞻岁新。

真与不夺，强得易贫。

幽人空山，过雨采蘋。

薄言情悟，悠悠天钧。

独孤求败的武学分"无剑""无招"两重境界。其中，"无剑"是最高境界，后人只有杨过达到此境界；"无招"的境界经风清扬传给令狐冲。

无招即是自然。令狐冲学剑一月打败田伯光，靠的是"俯拾即是"；初战剑宗高手，是"着手成春"；力战任我行，是"真与不夺"；冒险破武当高手剑法是"悠悠天钧"。

豪放——萧峰之降龙十八掌。

观花匪禁，吞吐大荒。

由道反气，处得以狂。

天风浪浪，海山苍苍。

真力弥满，万象在旁。

前招三辰，后引凤凰。

晓策六鳌，濯足扶桑。

金庸小说中的武功很多，当得起豪放两字的，只有降龙十八掌；金庸小说中会降龙十八掌的人很多，当得起豪放两字的，唯有萧峰。

天下武术之中，任你掌力再强，也绝无一掌可击到五丈以外的。丁春秋素闻"北乔峰，南慕容"的大名，对他绝无半点小觑之心，然见他在十五八丈之外出掌，万料不到此掌是针对自己而发。殊不料萧峰一掌既出，身子已抢到离他三四丈外，又是一招"亢龙有悔"，后掌推前掌，双掌力道并在一起，排山倒海地压将过来。

《天龙八部》第四十一章"燕云十八飞骑，奔腾如虎风烟举"

当时丁春秋挟毒死玄难之余威，游坦之凭扫荡丐帮之剩勇，齐聚少林，可以说愁云惨雾，一片阴霾，没有谁能停止二人的耀武扬威。然而萧峰一出手就一扫阴霾！"秦王扫六合，虎视何雄哉！""大风起兮云飞扬"，说的就是萧峰吧！

旷达——洪七公之降龙十八掌。

> 生者百岁，相去几何。
> 欢乐苦短，忧愁实多。
> 何如尊酒，日往烟萝。
> 花覆茅檐，疏雨相过。
> 倒酒既尽，杖藜行歌。
> 孰不有古，南山峨峨。

同样是降龙十八掌，洪七公的风格则是旷达。洪七公初遇郭靖、黄蓉，一句"撕作三份，鸡屁股给我"，这是食上的旷达；洪七公在欧阳锋船上面对众多裸裎相向的婢女，毫不扭捏，这是色上的旷达；洪七公倾囊传授郭靖武功，这是武学上的旷达。

沉着——郭靖之降龙十八掌。

> 绿林野屋，落日气清。
> 脱巾独步，时闻鸟声。
> 鸿雁不来，之子远行。
> 所思不远，若为平生。
> 海风碧云，夜渚月明。
> 如有佳语，大河前横。

郭靖的降龙十八掌与萧峰、洪七公的又不相同：

> 这一招他日夕勤练不辍，初学时便已非同小可，加上这十余年苦功，实已到炉火纯青之境，初推出去时看似轻描淡写，但一遇阻力，能在刹时之间连加一十三道后劲，一道强似一道，重重叠叠，直是无坚不摧、无强不破。
>
> 　　　　　　　　　　　　　　　　《神雕侠侣》第二回"故人之子"

郭靖气质朴直木讷，所以他使出的降龙十八掌风格沉着，如海风碧云。他的一十三道后劲是不是就像"滟滟随波千万里"的"海风碧云、夜渚月明"一样？

清奇——《九阴真经》

> 娟娟群松，下有漪流。
> 晴雪满竹，隔溪渔舟。
> 可人如玉，步屧寻幽。
> 载瞻载止，空碧悠悠，

> 神出古异，淡不可收。
>
> 如月之曙，如气之秋。

《九阴真经》最大的特点是奇，但既不是陈玄风、梅超风、周芷若的奇诡难测，也不是老顽童的奇正相生，而是属于黄裳的清奇。黄裳以文官身份创出包罗万有的《九阴真经》，正是"神出古异，淡不可收"的清奇。

典雅——玉女素心剑法。

> 玉壶买春，赏雨茅屋。
>
> 坐中佳士，左右修竹。
>
> 白云初晴，幽鸟相逐。
>
> 眠琴绿阴，上有飞瀑。
>
> 落花无言，人淡如菊。
>
> 书之岁华，其曰可读。

小龙女的《玉女心经》是"眠琴绿阴"，天罗地网式是"幽鸟相逐"，以玉女素心剑法为代表的古墓派武功最大的特点则是"落花无言，人淡如菊"。

悲慨——黯然销魂掌。

> 大风卷水，林木为摧。
>
> 适苦欲死，招憩不来。
>
> 百岁如流，富贵冷灰。
>
> 大道日往，若为雄才。
>
> 壮士拂剑，浩然弥哀。
>
> 萧萧落叶，漏雨苍苔。

杨过的黯然销魂掌创自对小龙女的思念，而又符合杨过断臂的特点，以内力取胜，与一般武学道理相悖。这难道不是"壮士拂剑，浩然弥哀"？

飘逸——凌波微步，落英神剑掌，兰花拂穴手。

> 落落欲往，矫矫不群。
>
> 缑山之鹤，华顶之云。
>
> 高人画中，令色氤氲。
>
> 御风蓬叶，泛彼无垠。
>
> 如不可执，如将有闻。
>
> 识者已领，期之愈分。

逍遥派武功最大的特点是飘逸，黄药师是对标无崖子的人物。逍遥派和桃花岛的武功都是"落落欲往，矫矫不群"。

含蓄——小无相功。

> 不着一字，尽得风流。
> 语不涉难，已不堪忧。
> 是有真宰，与之沉浮。
> 如渌满酒，花时反秋。
> 悠悠空尘，忽忽海沤。
> 浅深聚散，万取一收。

鸠摩智的小无相功运使的摩诃指、拈花指先后骗过了大理天龙寺诸僧、少林诸僧，真是"不着一字，尽得风流"，又似"浅深聚散，万取一收"。

冲淡——太极拳。

> 素处以默，妙机其微。
> 饮之太和，独鹤与飞。
> 犹之惠风，荏苒在衣。
> 阅音修篁，美曰载归。
> 遇之匪深，即之愈希。
> 脱有形似，握手已违。

张三丰出于少林寺，但是武功独处心裁，尤其是道家冲虚圆通的品味对张三丰影响很大。"白鹤亮翅"不就是"独鹤与飞"吗？"懒扎衣"不就是"荏苒在衣"吗？

绮丽——六脉神剑，一阳指，一阳书指。

> 神存富贵，始轻黄金。
> 浓尽必枯，淡者屡深。
> 雾馀水畔，红杏在林。
> 月明华屋，画桥碧阴。
> 金尊酒满，伴客弹琴。
> 取之自足，良殚美襟。

大理段氏皇家气象，雍容华贵自带绮丽威仪。六脉神剑中，少商剑法宏大，商阳剑法轻灵，中冲剑法雄迈，少泽剑法精微，关冲剑法古拙，少冲剑法工巧。一灯大师给黄蓉治伤时使用的一阳指也极尽变化之能事。朱子柳在英雄大宴上使用的一阳书指尽管内力不行，但是真、草、隶、篆四式也是一样的绮丽。

委曲——乾坤大挪移，斗转星移。

> 登彼太行，翠绕羊肠。

> 杳霭流玉，悠悠花香。
> 力之于时，声之于羌。
> 似往已回，如幽匪藏。
> 水理漩洑，鹏风翱翔。
> 道不自器，与之圆方。

姑苏慕容的斗转星移似乎和乾坤大挪移大有渊源，都是改变力量的绝妙法门。张无忌在光明顶戏弄华山二老、昆仑何太冲、班淑娴可以说是"似往已回，如幽匪藏"。慕容复对战丁春秋之毒不落下风，可以说是"水理漩洑，鹏风翱翔"。

洗炼——空明拳。

> 如矿出金，如铅出银。
> 超心炼冶，绝爱缁磷。
> 空潭泻春，古镜照神。
> 体素储洁，乘月返真。
> 载瞻星辰，载歌幽人。
> 流水今日，明月前身。

周伯通的空明拳听起来滑稽可笑，比如练习的十六字诀是"空朦洞松、风通容梦、冲穷中弄、童庸弓虫"，但是练习起来却有宗师气象，连洪七公、欧阳锋等人都很敬佩他。空，就是"空潭泻春"，明，就是"乘月返真"；空，就是"流水今日"，明，就是"明月前身"。

纤秾——天山折梅手。

> 采采流水，蓬蓬远春。
> 窈窕深谷，时见美人。
> 碧桃满树，风日水滨。
> 柳阴路曲，流莺比邻。
> 乘之愈往，识之愈真。
> 如将不尽，与古为新。

天山折梅手如"窈窕深谷，时见美人"，变化多端而不繁复：

"这'天山折梅手'是永远学不全的，将来你内功越高，见识越多，天下任何招数武功，都能自行化在这六路'折梅手'之中。"

《天龙八部》第三十六章"梦里真，真语真幻"

疏野——七伤拳。

> 惟性所宅，真取不羁。
>
> 控物自富，与率为期。
>
> 筑室松下，脱帽看诗。
>
> 但知旦暮，不辨何时。
>
> 倘然适意，岂必有为。
>
> 若其天放，如是得之。

七伤拳是金庸小说的武学中极具个性的一门武功，可能不是顶级，但让人一见难忘：

"七伤拳自是神妙精奥的绝技，拳力刚中有柔，柔中有刚，七般拳劲各不相同，吞吐闪烁，变幻百端，敌手委实难防难挡……"

《倚天屠龙记》第二十一章"排难解纷当六强"

但七伤拳最大的特点不是变换，而是先伤己、后伤人的野性，是"倘然适意，岂必有为"的率性。

超诣——双手互搏。

> 匪神之灵，匪几之微。
>
> 如将白云，清风与归。
>
> 远引若至，临之已非。
>
> 少有道契，终与俗违。
>
> 乱山乔木，碧苔芳晖。
>
> 诵之思之，其声愈希。

周伯通的双手互搏开武学新境界，但只有少数有大智慧的人，如郭靖、小龙女，才能掌握，可以说是"少有道契，终与俗违。"

缜密——打狗棒。

> 是有真迹，如不可知。
>
> 意象欲生，造化已奇。
>
> 水流花开，清露未晞。
>
> 要路愈远，幽行为迟。
>
> 语不欲犯，思不欲痴。
>
> 犹春于绿，明月雪时。

打狗棒名字虽然俗鄙，但是招数惊奇，绵密无比，是一门谋定后动、动必有为的武功。能使好的，也都是心思缜密的人，如黄蓉。

劲健——倚天屠龙功，赠秀才入军剑法。

> 行神如空，行气如虹。
>
> 巫峡千寻，走云连风。
>
> 饮真茹强，蓄素守中。
>
> 喻彼行健，是谓存雄。
>
> 天地与立，神化攸同。
>
> 期之以实，御之以终。

张三丰一夜创倚天屠龙功，可谓"行神如空，行气如虹"。杨过的赠秀才入军剑法可谓"巫峡千寻，走云连风"，都是劲健的代表。

附：那些著名公式的美学特征

$E=mc^2$，雄浑。

这是**爱因斯坦**提出的著名的质能公式，E 代表能量，m 代表质量，c 代表光的速度，近似值为 $3\times10^8\,\mathrm{m/s}$。这个公式提出能量可以用减少质量的方法创造。古今第一雄浑公式！

$e^{i\pi}+1=0$，自然。

这是**欧拉**公式，e 是自然对数的底数，是一个无限不循环小数，其值是 $2.71828\cdots$，i 是虚数，π 是圆周率，1 是自然数，0 则是整数。把这么多自然界中的基本因素整合在一起，真如造物一样自然和谐。

$F=ma$，豪放。

这是**牛顿**第二定律公式，F 即力，以牛顿为单位，m 是质量，a 是加速度。将力与质量联系起来，豪气干云。

$c=2\pi r$，旷达。

这是圆的周长公式，c 是周长，r 是半径，π 则是圆周率。π 的无垠无界与周长的可计算完美统一，就像历史长河里生命只是一瞬，但是不妨碍精彩华美。这样的公式表达出一种旷达之美。

$a^2+b^2=c^2$，清奇。

勾股定理揭示了直角三角形三条边的关系，既在意料之外，又在情理之中，是一个清奇的公式。

第八编　金　庸　派　别

引子：武学传承的五种方式

武学传承一般分为宗派、门派、帮派、家族及党派五种方式。武学传承短期内门派效果最好；长期看宗派、党派的凝聚力最强、传承度最高，在较大时间尺度上反倒能孕育杰出人物；帮派的学术凝聚力、传承力是较弱的；家族的学术传承是最差的。

金庸小说中宗派、门派、帮派、家族及党派的代表分别是少林寺、华山派、丐帮、大理段氏和明教。下面分别叙述这几个典型的派别。

43　少林寺：藏经阁的灿阳

少林寺是常为新的。

——扫地僧、玄生、觉远、无色等

少林寺传承千年，是金庸小说中唯一屹立不倒的派别，不是没有原因的。

少林寺的机构设计利于武学传承。少林寺同一般派别最大的不同是专业化。少林寺各部门分工明确、各司其职，包括达摩院、罗汉堂、般若院、戒律院、藏经阁等。其中专门研究武技的达摩院和罗汉堂地位崇高：

进达摩院研技，是少林僧一项尊崇之极的职司，若不是武功到了极高境界，决计无此资格。

《天龙八部》第四十章"却试问，几回把痴心"

无色又道："只不过武师们既然上得寺来，若是不显一下身手，总是心不甘服。少林寺的罗汉堂，做的便是这门接待外来武师的行当。"

《倚天屠龙记》第一章"天涯思君不可忘"

达摩院相当于少林寺的科技处，而罗汉堂则相当于外事处，这两个部门地位崇高，反映了少林寺的发展导向。达摩院和罗汉堂的首座极受重视，除了名誉上"尊崇之极"，还常常是方丈的继任者。比如《天龙八部》里面达摩院首座玄难，他其实是被按照方丈培养的，他去燕子坞、聚贤庄，赴珍珑棋局，是作为历练的，只是后来被丁春秋毒死，玄慈死后的继任者才变为戒律院首座玄寂。比如《倚天屠龙记》里面的罗汉堂首座苦慧，远走西域，成为少林西域分支的创始人。再如《倚天屠龙记》里面的罗汉堂首座无色，后来很可能继任了方丈，才让少林九阳功在少林寺流行起来。达摩院、罗汉堂这两个部门的门槛极高，只有最优秀的人才才能进入；反过来，这两个部门也极大地反哺了少林寺武学。比如无色最后让少林寺选择了少林九阳功。

除了达摩院和罗汉堂，少林寺的藏经阁更是藏龙卧虎的地方。扫地僧、觉远、张三丰都先后从藏经阁走出。不仅如此，藏经阁还对寺内僧人无条件开放：

七十二绝技的典籍一直在此阁中，向来不禁门人弟子翻阅。

《天龙八部》第四十三章"王霸雄图，血海深恨，尽归尘土"

总之，少林寺的部门分工、寺内地位、运行规则都是为了少林寺武学发展服务的。

少林寺还是最早开分号的门派。少林寺位于中原天下仰望之地，很有吸引人才的地理优势。但少林寺绝不故步自封，早早地开了很多分号。《天龙八部》里面少林寺就在福建开了分号：

> 这人的金刚指是福建蒲田达摩下院的正宗。

> 《天龙八部》第九章"换巢鸾凤"

福建蒲田达摩下院可能后来演变成了红叶禅师所在的南少林。《倚天屠龙记》里面少林寺又有苦慧禅师开创的西域少林一派。所以少林一花三叶，占中、西、南地利，得天下英才而教之。

少林寺的机构设置表现出对武学的制度支撑，少林寺的扩张显示了少林寺的学术雄心，同两者相匹配的是少林寺巨大的创造力。少林寺绝不故步自封，前仆后继，创造了一门又一门武功：

> 但这般若掌创于本寺第八代方丈元元大师，摩诃指系一位在本寺挂单四十年的七指头陀所创。那大金刚拳法，则是本寺第十一代通字辈的六位高僧，穷三十六年之功，共同钻研而成。此三门全系中土武功，与天竺以意御劲、以劲发力的功夫截然不同。

> 《天龙八部》第三十九章"解不了，名缰系嗔贪"

少林武功的创新有三大途径：来自掌门人的引领，如元元大师创般若掌；来自团队合作，如通字辈六位高僧合创大金刚拳；来自对外来人才的吸纳，如七指头陀创摩诃指。

少林寺的创新还体现在一件事上追求极致：

> 五代后晋年间，本寺有一位法慧禅师，生有宿慧，入寺不过三十六年，就练成了一指禅，进展神速，前无古人，后无来者。料想他前生一定是一位武学大宗师，许多功夫是前生带来的。其次是南宋建炎年间，有一位灵兴禅师，也不过花了三十九年时光。那都是天纵聪明、百年难遇的奇才，令人好生佩服。

> 《鹿鼎记》第二十二回"老衲山中移漏处，佳人世外改妆时"

少林寺对武学成果似乎有明确记载，这种记载造就了力图追赶超越的武学氛围。

少林寺极大的创造力突出的表现是兼容并包的创新氛围。比如，不但方丈可以创新，连挂单的头陀的武功摩诃指也能进入七十二绝技名录，这展现了少林寺的大气。少林寺后来能选择扫地僧创造、觉远发扬的《九阳真经》，正是因为有这样的包容的传统。

但少林寺最杰出的地方，在于根据少林寺的寺情，实现了《易筋经》的中土化，即《九阳真经》。《易筋经》是达摩首创，是少林寺巨大声望的基础：

> 阿朱又道："那日慕容老爷向公子谈论这部易筋经。他说道：'达摩老祖的《易筋经》我虽未寓目，但以武学之道推测，少林派所以得享大名，当是由这部《易筋经》而来。那七十二门绝技，不能说不厉害，但要说凭此而领袖群伦，为天下武学之首，却还谈不上。'老爷加意告诫公子，说决不可自恃祖传武功，小觑了少林弟子，寺中既有此经，说不定便有天资颖悟的僧人能读通了它。"

> 《天龙八部》第二十一章"千里茫茫若梦"

但是，《易筋经》似乎并不适合少林寺的寺情。《易筋经》虽然有个"易"字，但其实有两难。第一难是文字难：

> 其图中姿式与运功线路，其旁均有梵字解明，少林上代高僧识得梵文，虽不知图形秘奥，仍能依文字指点而练成《易筋经》神功。

> 《天龙八部》第二十八章"草木残生颓铸铁"

所以《易筋经》的门槛很高，对文化水平的要求不是一般地高，没有梵文底子是学不了的，这其实限制了大部分资质优秀的少林弟子。

第二难是去除执念难：

> 这《易筋经》实是武学中至高无上的宝典，只是修习的法门甚为不易，须得勘破"我相、人相"，心中不存修习武功之念。但修习此上乘武学之僧侣，必定是勇猛精进，以期有成，哪一个不想尽快从修习中得到好处？要"心无所住"，当真是千难万难。少林寺过去数百年来，修习《易筋经》的高僧着实不少，但穷年累月的用功，往往一无所得。

> 《天龙八部》第二十九章"虫豸凝寒掌作冰"

《易筋经》最大的难点在于破除执念。然而，真正没有武学执念的人又不见得会有动机学武，这是《易筋经》的死循环。《易筋经》破除执念难的 bug 其实有补丁，但是隐而不显：

> 游坦之奇痒难当之时，涕泪横流，恰好落在书页之上，显出了图形。那是练功时化解外来魔头的一门妙法，乃天竺国古代高人所创的瑜伽秘术。

> 《天龙八部》第二十九章"虫豸凝寒掌作冰"

这个补丁之所以隐而不显，可能是创造者怕这门武功的巨大威力被用来作恶。不管怎样，《易筋经》并不适合少林寺。

《九阳真经》的出现，实现了《易筋经》的中土化。扫地僧横空出世，创立

《九阳真经》，以促进少林僧众武学修为。针对《易筋经》的第一难——文字，《九阳真经》由中文写成，文字佳妙：

> 数年之后，（张三丰）便即悟到："达摩祖师是天竺人，就算会写我中华文字，也必文理粗疏。这部《九阳真经》文字佳妙，外国人决计写不出，定是后世中土人士所作。多半便是少林寺中的僧侣，假托达摩祖师之名，写在天竺文字的《楞伽经》夹缝之中。"这番道理，却非拘泥不化、尽信经书中文字的觉远所能领悟。只不过并无任何佐证，张君宝其时年岁尚轻，也不敢断定自己的推测必对。

> 《倚天屠龙记》第二章"武当山顶松柏长"

针对《易筋经》的第二难——执念，《九阳真经》上手容易而且安全。学习《九阳真经》的觉远、张三丰、郭襄、无色、张无忌，以至于武当九阳功、峨嵋九阳功、少林九阳功的继承者，大都成就非凡。

扫地僧固然创造了《九阳真经》，但真正让少林寺僧见识到《九阳真经》威力的则是觉远。少林寺对《九阳真经》的采纳远不是一帆风顺的。扫地僧神龙偶现世间，又飘然而逝。《九阳真经》在少林寺藏经阁中度过了漫长岁月，直到近两百年后，才让觉远发现。觉远在华山之巅惊鸿一瞥，但少林寺僧无缘见到。直到何足道来少林寺挑战，觉远以数百斤铁桶对战何足道，以拙胜巧，以慢打快，终于让《九阳真经》一扫阴霾。

觉远固然实现了《九阳真经》的再发现，但让少林全面"九阳"化的则是无色。无色以过人眼光和绝大魄力推动《九阳真经》，从此《九阳真经》大行于世间。

事实上，树立少林寺声望的是《易筋经》；中兴少林的，则恰恰是《九阳真经》。在《天龙八部》的玄慈之后，少林寺中落，《易筋经》和少林寺分分合合，可能由段誉还给少林寺，但前车之鉴，不受重视；前"射雕"时代火工头陀反出少林寺、苦慧禅师远走西域，少林寺荣光不再，《易筋经》默默蒙尘；整个"射雕""神雕"时代少林和《易筋经》都寂寂无闻；"倚天"时代之初，无色吸纳九阳功，少林寺开始蜕变；"倚天"时代，在《九阳真经》加持下，少林寺王者地位归来；"笑傲"时代，少林寺实现了《易筋经》的再发现，重回巅峰，然而此时的《易筋经》没有从前的执念 bug，可能是《九阳真经》改造过的版本。总之，《易筋经》的中土化，即《九阳真经》，再造了少林寺。

扫地僧、觉远和无色先后打开藏经阁的门窗，灿烂的阳光照了进来，并长久地温暖了少林寺。

附：中国科学家对白血病治疗的贡献

急性早幼粒白血病曾经是致死率极高的癌症，但也是第一个可以治愈的癌症，这得益于中国科学家的发现，尤其是药物的本土化。

1983 年，美国的 Flynn 等发现，一种叫作顺式维甲酸的化学物质可以在体外试验中有效遏制急性早幼粒白血病。Flynn 等其实也进行了体内实验，但对象只有一例，接受了 13 天的顺式维甲酸治疗，很多指标有改善，但最后死于感染。

王振义等就是在此基础上开展研究的。他们不仅注意到了 Flynn 等的顺式维甲酸研究，还发现了一些其他的例子，比如一位 30 岁的急性早幼粒白血病女性接受顺式维甲酸治疗一个月后开始好转，并维持了 11 个月；另一位 33 岁的复发急性早幼粒白血病伴并发症患者接受顺式维甲酸治疗 7 周后完全缓解；还有一例在接受顺式维甲酸治疗 13 天后开始缓解。所有上述研究都是基于顺式维甲酸。使用反式（化学构型不同于顺式）维甲酸的只有一例，是一位复发急性早幼粒白血病的 58 岁日本男性，来自他的白血病细胞在体外试验中对全反式维甲酸敏感。王振义等正是在这种情况下开始了对全反式维甲酸的研究，而且其试验是在体内进行的。他们发现，使用全反式维甲酸的 24 例急性早幼粒白血病患者全部得到了完全缓解，尽管后来其中一些复发，但这是当时世界上最好的治疗效果了。全反式维甲酸治疗急性早幼粒白血病即使在今天也是所有癌症治疗中能取得的最好疗效的方法之一。

Flynn 等的论文：Retinoic Acid Treatment of Acute Promyelocytic Leukemia：in Vitro and in Vivo Observations. Blood. 1983，62（6）：1211-1217.

王振义等的论文：Use of All-trans Retinoic Acid in the Treatment of Acute Promyelocytic Leukemia. Blood，1988，72（2）：567-72.

44　华山派：思过崖的晚霞

孤村落日残霞，轻烟老树寒鸦。

——鲜于通、岳肃、蔡子峰、岳不群等

华山派创始人很可能承受了巨大的压力。华山上曾经三次论剑，这份荣光，留给那个最初创立华山派的人物的，是巨大的负担。华山派是何时创立的呢？"神雕"时代还没有华山派；但是到了"倚天"时代，华山已经是六大门派之一了，虽然位于最末。

> 这路"鹰蛇生死搏"乃华山派已传之百余年恶毒绝技，鹰蛇双式齐施，苍鹰天矫之姿，毒蛇灵动之式，于一式中同时现出，迅捷狠辣，兼而有之。
>
> 《倚天屠龙记》第二十一章"排难解纷当六强"

张无忌生于1338年，在光明顶拯救明教时大概是1358年，那么"鹰蛇生死搏"创立的时间大概是 1358 − 100 = 1258 年，也就是差不多第三次华山论剑时，这可能也是华山派草创的时间。

华山派的开山鼻祖是不是第三次华山论剑时被杨过吓走的人之一？

> 杨过哈哈一笑，纵声长啸，四下里山谷鸣响，霎时之间，便似长风动地，云气聚合。那一千人初时惨然变色，跟着身颤手震，呛啷啷之声不绝，一柄柄兵刃都抛在地下。杨过喝道："都给我请罢！"那数十人呆了半晌，突然一声发喊，纷纷拚命的奔下山去，跌跌撞撞，连兵刃也不敢执拾，顷刻间走得干干净净，不见踪影。
>
> 《神雕侠侣》第四十回"华山之巅"

当时有些武功平庸的人在华山比剑，附庸风雅。然而，在这些人中，有没有可能会崛起一位不同凡响的人物？不管怎样，华山派的创立者面对的是一个非常严苛的局面。古人以五岳比五经，华山类似《春秋》，威严肃杀。华山派创立者面对的环境从一开始就一样是威严肃杀的，所以华山派创立者最初的武学是迅捷狠辣的"鹰蛇生死搏"。就像黑风双煞初入江湖使用的九阴白骨爪一样，"鹰蛇生死搏"有助于迅速建立声望。

经过了创立者筚路蓝缕、艰苦卓绝的草创，华山派逐渐积累了可以匹配华山的声名。到了"倚天"时代，华山派已经可以和少林派、武当派、峨嵋派、昆仑派、崆峒派并列了。虽然在六大门派中位居最末，但是居然可以和千年传承的少林派、人才辈出的武当派、家学渊源的峨嵋派、驰名西域的昆仑派、武功独特（七伤拳）的崆峒派并列，华山派也足以自豪了。

但光明顶上，华山派掌门鲜于通名败身死，为天下笑，对华山派如雪上加霜。顶着巨大压力诞生的华山派，前景一片黯淡。

光明顶之役后，华山派开发了内功——紫霞功，但结果差强人意。华山派经历光明顶之役以后，掌门死去，华山派内斗暴露于天下，这是华山派巨大的政治危机。华山派的"鹰蛇生死搏"效果有限，是华山派不可承受的学术危机。华山派痛定思痛，开发出了内功——紫霞功。紫霞功的来历已经不可考，但似乎源于武当派的九阳功：

> 如此循环一周，身子便如灌甘露，丹田里的真气似香烟缭绕，悠游自在，那就是所谓"氤氲紫气"。这氤氲紫气练到火候相当，便能化除丹田中的寒毒。各派内功的道理无多分别，练法却截然不同。张三丰所授的心法，以威力而论，可算得上天下第一。
>
> 《倚天屠龙记》第十章"百岁寿宴摧肝肠"

华山派熟知少林、武当、峨嵋三派的九阳功，又在光明顶见识了张无忌横扫天下英雄的九阳功之后，没有理由不想学习，可能因此通过某种手段习得九阳功，但可能不是货真价实的九阳功。九阳功的表现是"氤氲紫气"，这在张三丰、张无忌身上都能看到，这种紫气并不表现在脸上，而是真气内敛。而岳不群施展紫霞功的时候，动不动就脸上"紫气大盛"，这显然并不利于比武较量，因为缺少掩饰，所以华山派的紫霞功可能源于九阳功，但并不是真正高明的功夫。

紫霞功的实际战斗力确实很一般。紫霞功受到华山派自己的吹捧，如"华山九功，第一紫霞"，不足相信；紫霞功也受过向问天等人的夸奖，但绝非真心。真实记录紫霞功战力的只有少数几次，比如岳不群使用紫霞功在木高峰手下救林平之，同令狐冲比拼，由于这几次不是生死对决，因此无法判断。可以用来直接判断紫霞功实力的仅有的一次：

> 每一股真气虽较自己的紫霞神功略逊，但只须两股合而为一，或是分进而击，自己便抵挡不住。
>
> 《笑傲江湖》第十一章"聚气"

令岳不群感到两股就无法抵御的，是桃谷六仙的真气。桃谷六仙是什么人呢？绝不是江湖一流高手，可能二流也算不上，可以看出岳不群的紫霞功实力非常一般。

紫霞功不但实力一般，使用起来也很费力：

> 岳不群听到"百药门"三字，吃了一惊，微微打个寒噤，略一疏神，紫霞神功的效力便减。
>
> 　　　　　　　　　　　　　　　　　　　《笑傲江湖》第十五章"灌药"

一吃惊居然紫霞功的效力就减少，这怎么和张无忌谈笑之间樯橹灰飞烟灭的九阳功相比呢？张无忌有很多次遇到危机，结果护体九阳功自动发挥威力，化险为夷，这样的特点很显然紫霞功是不具备的。

紫霞功还很消耗内力：

> 只因发觉岸上来了敌人，这才运功侦查，否则运这紫霞功颇耗内力，等闲不轻运用。
>
> 　　　　　　　　　　　　　　　　　　　《笑傲江湖》第十五章"灌药"

最搞笑的是岳不群其实也知道紫霞功不大好用：

> 岳不群走入房中，见令狐冲晕倒在床，心想："我若不露一手紫霞神功，可教这几人轻视我华山派了。"当下暗运伸功，脸向里床，以便脸上紫气显现之时无人瞧见，伸掌按到令狐冲背上大椎穴上。
>
> 　　　　　　　　　　　　　　　　　　　《笑傲江湖》第十五章"灌药"

很显然，岳不群也知道紫霞功不是云淡风轻的武功，自己在实战时也觉得有点丢人，所以常常不自觉地掩饰。

紫霞功功效一般就罢了，偏偏练习起来还很费劲：

> 一练此功之后，必须心无杂念，勇猛精进，中途不可有丝毫耽搁，否则于练武功者实有大害，往往会走火入魔。
>
> 　　　　　　　　　　　　　　　　　　　《笑傲江湖》第九章"邀客"

所以，紫霞功其实名不副实，功效很一般，练习方法也不友好。

因此，可以说岳肃、蔡子峰受命于兵败之时、危难之际。当岳肃、蔡子峰成为华山新一代领军人物时，当然知道紫霞功只能用来唬人，要想光大华山派，非要新的武学不可。他们不知通过什么渠道知晓了《葵花宝典》的下落：

> 百余年前，这部宝典为福建莆田少林寺下院所得。
>
> 　　　　　　　　　　　　　　　　　　　《笑傲江湖》第三十章"密议"

本书推算过令狐冲所在时间约为 1563 年，百余年按 100 年算，那么《葵花宝典》出现在福建莆田下院应该是 1563 - 100 = 1463 年，距 1358 年约 100 年。也就是在光明顶之役后的大约 100 年，华山派传到了岳肃、蔡子峰的手上，而他们计划去莆田少林寺窃取《葵花宝典》，并最终成功。

岳肃、蔡子峰可能从《葵花宝典》中收获很大。在岳肃、蔡子峰手中，华山派进一步发展壮大，似乎已经超过了峨嵋派、昆仑派、崆峒派，并和新崛起的其他四岳剑派齐名，直追少林派、武当派。华山派的迅速发展，可能就是始于华山派的岳肃、蔡子峰时期，并进一步分化出气宗、剑宗。

为什么说岳肃、蔡子峰从《葵花宝典》中收获很大呢？《葵花宝典》极可能来自《九阴真经》，所以内容繁杂。它可能也类似《九阴真经》，分上下卷，而《九阴真经》上卷是内功心法，下卷是招数，还有梵文总纲。在《笑傲江湖》中方证明确说到岳肃、蔡子峰二人的情形：

> 其实匆匆之际，二人不及同时遍阅全书，当下二人分读，一个人读一半，后来回到华山，共同参悟研讨。
>
> 《笑傲江湖》第三十章"密议"

所以，恐怕是岳肃读上卷内功，蔡子峰读下卷招数，因此不和，并且在后来分别创立气宗和剑宗。林远图从岳肃、蔡子峰二人处得来的应该既有内功也有招数，但数量远远不及二人所得。只是林远图可能掌握了"引刀自宫"的总纲，并因此贪快取巧创立《辟邪剑谱》。不管怎样，岳肃、蔡子峰从《葵花宝典》中所得的应该主要是无须自宫的正大武学，而且还让华山派武功大进，并发展出气、剑二宗。

岳肃、蔡子峰二人既是华山派武学的功臣，也是华山派遭遇重创的始作俑者。他们固然得到了武功，但人算不如天算，华山派得经被魔教知晓，于是魔教发起进攻，岳肃、蔡子峰二人身死，华山派凋零。而且，因为岳肃、蔡子峰武功见解不和导致的气、剑二宗的裂痕因魔教进攻而迅速拉大，直至无法弥合。

这就是岳不群继承的华山派政治和武学遗产。

岳不群是长在气宗躯壳里面的剑宗爱好者。岳不群很显然是气宗岳肃的后代，这是他的"原罪"。其实岳不群早就知道气宗的劣势：

> 岳不群叹了口气，缓缓的道："三十多年前，咱们气宗是少数，剑宗中的师伯、师叔占了大多数。再者，剑宗功夫易于速成，见效极快。大家都练十年，定是剑宗占上风；各练二十年，那是各擅胜场，难分上下；要到二十年之后，练气宗功夫的才渐渐地越来越强；到得三十年时，练剑宗功夫的便再也不能望气宗之项背了。然而要到二十余年之后，才真正分出高下，这二十余年中双方争斗之烈，可想而知。"
>
> 《笑傲江湖》第九章"邀客"

岳不群的叹息说明了，对要在三十年后才能胜出的气宗，他已经厌倦了。岳不群自己其实也很喜欢用剑宗的招数，比如在少林寺与令狐冲比斗的时候，他就使用了剑宗的绝招"夺命连环三仙剑"。所以，岳不群早就想得到可速成、重招数的

《辟邪剑谱》了。但华山派气宗掌门的位置让岳不群无法突破自己。

从某种意义上说，岳不群和《三体》中的章北海很相似：岳不群出自气宗，章北海出自军事家庭；岳不群相信剑宗才是未来，章北海认为人类无法打赢三体人；岳不群必须隐藏自己对剑宗的推崇，章北海伪装成坚定的胜利主义者；岳不群一旦得到《辟邪剑谱》就毫不犹豫地自宫练剑，章北海则毫不犹豫地带领飞船逃离，为人类保存火种。区别在于，章北海有机会证明自己，岳不群却从未能突破束缚。

唐代司空图有《二十四诗品》，其中"飘逸"一节似乎就是岳不群的写照：

> 落落欲往，矫矫不群。
>
> 缑山之鹤，华顶之云。

大的环境和个人气质注定了岳不群无法解决气、剑二宗之争，也无法打破二宗之间的壁垒。岳不群如华山顶思过崖上的云彩，看起来是"氤氲紫气"，可是在大环境下，也只是孤村落日残霞。

附：巨人身后的巨大阴影

一个引人深思的现象是，失败固然是成功之母，但成功中也常常埋下了失败的隐患。牛顿是剑桥大学的骄傲，但这份骄傲也成了剑桥大学沉重的金冠。詹姆斯·格雷克在《信息简史》中写道：

"当时剑桥的数学正停滞不前。一个世纪之前，牛顿是这所大学的第二位数学教授，这门学科的所有权威和声望都来自于他的遗产。而到了巴贝奇的年代，他的巨大影响力反而成为了英国数学挥之不去的阴影。最杰出的学生都在学习他巧妙而深奥的流数以及《原理》中的几何学证明。然而在牛顿以外的人手里，古老的几何学方法带来的只有挫败感，而他独特的微积分表述方式也并未给他的后辈带来多少益处，只是让他们越来越与世隔绝。一位19世纪的数学家对此评论道，英国的教授们'将任何创新的企图都视为对牛顿的严重冒犯'。而学生们想要赶上现代数学的潮流，他们必须另寻别处，转向欧洲大陆，转向'解析'以及由牛顿的竞争者和死对头戈特弗里德·威廉·莱布尼茨发明的微分语言。"

45　杨氏：古墓的丽影

终南山下，活死人墓，神雕侠侣，绝迹江湖。

——杨过、黄衫女等

杨过开创的杨氏家族是金庸小说中学术最成功的家族。

金庸小说中有很多家族，如姑苏慕容氏、大理段氏、白驼山欧阳氏、绝情谷公孙氏等，但其中绵延最久的莫过于杨氏家族，即古墓杨氏。姑苏慕容氏在小说中只有慕容博、慕容复两人。慕容博以坑儿子为主业，慕容复以和自己过不去为主业，慕容氏很快星流云散；大理段氏从段正淳、段誉直至段智兴，逐渐式微，段智兴甚至将一阳指传给了家臣；白驼山欧阳锋、欧阳克名为叔侄，实为父子，自从欧阳克身死荒村野店，欧阳锋魂断绝顶华山，白驼山一脉也消逝于历史长河；公孙氏到了公孙止时代确实也终止了。但杨氏一门却源远流长。杨过的祖先可以追溯到杨再兴，枪法了得：

要知杨家枪非同小可，当年杨再兴凭一杆铁枪，率领三百宋兵在小商河大战金兵四万，奋力杀死敌兵二千余名，刺杀万户长撒八字董、千户长、百户长一百余人，其时金兵箭来如雨，他身上每中一枝敌箭，随手折断箭杆再战，最后马陷泥中，这才力战殉国。金兵焚烧他的尸身，竟烧出铁箭头二升有余。这一仗杀得金兵又敬又怕，杨家枪法威震中原。

《射雕英雄传》第一章"风雪惊变"

杨过的爷爷杨铁心也是一条铁骨铮铮、赤胆忠心的人物，武功不弱。杨过的父亲杨康虽然人品很差，但不可否认是一个极厉害的人物，他甚至杀死欧阳克、拜师欧阳锋，这种机谋可惊可怖，同时他一直也没有扔下学术。杨过自是不必提了。杨过的后人呢？杨过于1259年第三次华山论剑后绝迹江湖。杨氏后人再现江湖已经是一百年后的"倚天"时代了，也就是张无忌纵横天下的1358年。100年大概是几代人呢？算25年一代，大概是杨过的第五代了，这一代表现如何呢？

那女子约摸二十七八岁年纪，风姿绰约，容貌极美，只是脸色太过苍白，竟无半点血色。

《倚天屠龙记》第三十三章"箫长琴短衣流黄"

杨过的第五代黄衫女绝不是仅仅貌美，她一出手就戳穿陈友谅的阴谋，揭露丐帮假帮主的真实面目，救丐帮于危难之际；后来更是在绝大的危机时刻出手制住周芷若，防止谢逊被杀，也间接帮助了峨嵋派。可以看出，黄衫女头脑清楚，而且关键情报搜集能力超强，未出古墓，全知天下，最重要的是武艺高强，强到可以轻松制住连武当派的俞莲舟都无法拿下的周芷若。杨氏后人黄衫女足以光宗耀祖了。

杨氏家族武学源远流长的秘诀是什么呢？**杨氏的基因可能很好**。但是再好的基因也无法对抗遗传学规律，从长远看，基因的效应会逐渐回归。**杨氏，尤其是杨过，可能很注重教育**。杨过截然不同于萧峰、郭靖、张无忌、令狐冲的地方，在于他成长路上经历过各种坎坷，并因为这种坎坷而特别酷爱并善于学习。萧峰同样是学武奇才：

> 他天生异禀，实是学武的奇才，受业师父玄苦大师和汪帮主武功已然甚高，萧峰却青出于蓝，更远远胜过了两位师父，任何一招平平无奇的招数到了他手中，自然而然发出巨大无比的威力。熟识他的人都说这等武学天赋实是与生俱来，非靠传授与苦学所能获致。萧峰自己也说不出所以然来，只觉甚么招数一学即会，一会即精，临敌之际，自然而然有诸般巧妙变化。
>
> 《天龙八部》第二十四章"烛畔鬓云有旧盟"

但是，这样的天才型选手对自己的武功成长"也说不出所以然来"，拿来教导别人也很难。类似地，郭靖古拙雄伟，令狐冲飞扬洒脱，可以说武功天授，似乎也同样并不善于教导弟子。

杨过不一样。杨过从小随母亲穆念慈学了些功夫；遇到欧阳锋，学了些逆练《九阴真经》的心法；去桃花岛，见识了郭靖、黄蓉的武功；在终南山，学习了全真派心法；在古墓中，杨过开始真正意义上的学习；离开古墓后，遇到洪七公、欧阳锋，又学了很多招式；直到遇到神雕，杨过才武功大成。杨过的成长道路上涉猎得过多过杂。在这样的经历中，杨过充分展现出善于学习的能力。在杨过的武学路上，有三次重要的契机。

第一次，向金轮法王学习。

> 法王笑道："人各有志，那也勉强不来。杨兄弟，你的武功花样甚多，不是我倚老卖老说一句，博采众家固然甚妙，但也不免博而不纯。你最擅长的到底是哪一门功夫？要用甚么武功去对付郭靖夫妇？"
>
> 《神雕侠侣》第十六回"杀父深仇"

金轮法王的一番评论深深地打动了杨过，让他深思求学要专精而后广博的道理，并隐约悟到了无招胜有招的境界。这是杨过的一次重大成长，也为后来吸收独孤求败的武功奠定了基础。

第二次，向裘千尺学习。

> 法王等均已明白，原来裘千尺适才并非指点杨过如何取胜，却是教他如何从不可胜之中寻求可胜之机，并非指出公孙止招数中的破绽，而是要杨过在敌人绝无破绽的招数之中引他露出破绽。她一连指点了几次，杨过便即领会了这上乘武学的精义，心中佩服无已，暗道："敌人若是高手，招数中焉有破绽可寻？这位裘老前辈的指点，当真令人一生受用不尽。"
>
> 《神雕侠侣》第二十回"侠之大者"

如果说杨过第一次的领悟是针对自己的专精以及无招、有招的体会，第二次的领悟则是针对敌人的无破绽、有破绽的体会。破绽的有无是相对的，要在游斗中将敌人的无破绽转化为有破绽，这是一种很重要的体悟。

第三次，向觉远学习。

> 杨过心道："这位大师的话深通拳术妙理，委实是非同小可，这几句话倒是使我受益不浅。'后发制人，先发制于人'之理，我以往只是模模糊糊地悟到，从没想得这般清楚。"
>
> 《神雕侠侣》第四十回"华山之巅"

杨过似乎是众高手中唯一从觉远身上获益的人，这始于他强大的学习能力。

杨过一生经历过博和精的博弈，做出过浮躁轻动和重、拙、大的取舍，纠结过阅尽世间繁华和古墓终老的选择。在这样的复杂经历中，杨过不但善于学习，也很善于教育。在华山之巅，杨过在教导张三丰击败尹克西的整个过程中充分体现了对教育的深刻理解。

首先，**不愤不启，不悱不发**。杨过指点张三丰是在他不敌尹克西、觉远又无法指导的情况下才开始的。太早失之于草率，太晚失之于拖延。

其次，**彰显实力**。杨过拉住张三丰的手臂，使他"半身酸麻"。杨过毕竟是独臂，他需要考虑张三丰是否信服自己，不信则传授效果就会打折扣，所以他轻轻秀了下肌肉。

再次，**注意基础**。杨过的教导是在觉远"用意不用力"的基础上提出的，只加了招式变化，这样张三丰才好接受。杨过的第一次教导无疑是极其成功的。但并没有让张三丰彻底打败尹克西，于是杨过又教了张三丰三招。这三招，杨过精确计算了张三丰的学习能力和尹克西的心思，真是知己知彼，是杨过作为教育家的巅峰时刻。杨过教授张三丰的这三招，也可以说是杨过一生武学的体悟。张三丰后来卓然成家，自杨过教授三招而始。

杨过教的第一招叫"推心置腹"，是不是怀念金轮法王敞开心扉，指出杨过武功博而不精的弊端？杨过教的第二招叫"四通八达"，是不是追忆裘千尺指点他在无破绽中发现破绽，"条条大路通罗马"？杨过教的第三招叫"鹿死谁手"，是不是感谢觉远指出后发制人的理念，并预言了"神雕"时代之后天下武学将出现新的逐鹿中原的局面？

总之，杨过是一个很好的老师，能给自己的后代很好的教育。既有基因优势，又善于教导，杨氏家族武学的兴旺就可想而知了。

附：人才辈出的钱氏

在《史记·孔子世家》中，司马迁这样评价孔子："天下君王至于贤人众矣，当时则荣，没则已焉。孔子布衣，传十余世，学者宗之。自天子王侯，中国言六艺者折中于夫子，可谓至圣矣！"司马迁所说的，正是孔子因善于教育而荫庇后代，绵延不绝。

现代史上的无锡钱氏可能是人们更熟悉的例子。无锡钱氏出自吴越钱氏，始祖是五代吴越国的开国君主钱镠。钱氏一族是名副其实的人才鼎盛的家族，在现代中国，能与钱氏媲美的家族凤毛麟角。

先看钱穆家族。

国学大师钱穆的哥哥叫钱挚，钱挚的儿子是著名科学家钱伟长。

钱穆有三子二女，分别是钱拙、钱行、钱逊、钱易（女）、钱辉（女）。其中，钱行是新华社参考资料编辑部原副主任，钱逊是清华大学思想文化研究所原所长，钱易是中国工程院院士、清华大学环境学院教授。

再看钱钟书家族。

钱钟书的父亲钱基博是国学大师，钱基博的孪生兄弟叫钱基厚。钱钟书的兄弟姐妹以及堂兄弟姐妹（钱基厚子女）大都学有专长。

无锡钱氏家族人才辈出的秘诀是什么呢？难道是基因吗？也许从钱穆的自传中能发现一些线索。

钱穆的祖父钱鞠如曾手抄五经："首尾正楷，一笔不苟，全书一律。墨色浓淡，亦前后匀一，宛如同一日所写。"这本手抄书上还有苦学的泪痕："在此书后半部，纸上皆沾有泪渍，稍一辨认即得。愈后则渍痕愈多。因先祖其时患眼疾，临书时眼泪滴下，遂留此痕。"钱穆的祖父还曾圈点《史记》："家中又有大字木刻本《史记》一部，由先祖父五色圈点，并附批注，眉端行间皆满。余自知读书，即爱《史记》，皆由此书启之。"

钱穆的父亲钱承沛也非常刻苦："先父一人读书其中，寒暑不辍。夏夜苦多蚊，先父纳双足两酒瓮中，苦读如故。每至深夜，或过四更，仍不回家。时闻有人唤其速睡。翌晨询之，竟不知何人所唤。"

这种精神不但传到钱穆身上，在钱伟长身上也有烙印："先母曰：'我今无事，当务督导长孙（即钱伟长）读书。'每夜篝灯，伴孙诵读。余在家，亦参加。同桌三代，亦贫苦中一种乐趣也。"

我想，钱氏家族的兴旺，与其说是基因，不如说是文化传承，后者是教育的巨大力量。

46 丐帮：打狗棒的挺立

There are only two forces in the world，the sword and the spirit. In the long run the sword will always be conquered by the spirit.

——萧峰、洪七公、黄蓉等

打狗棒法和降龙十八掌是丐帮的君和臣。

如果说降龙十八掌如对臣子的封赏，可以雨露均沾的话，打狗棒法则如君主重器，不可轻易付人。

这两项绝技是丐帮的"镇帮神功"。降龙十八掌偶然也有传与并非出任帮主之人，打狗棒法却必定传于丐帮帮主，数百年来，从无一个丐帮帮主不会这两项镇帮神功的。

《天龙八部》第四十一章"燕云十八飞骑，奔腾如虎风烟举"

确实如此，洪七公曾将降龙十八掌传给黎生、鲁有脚、郭靖，但是打狗棒法从未传给除了帮主以外的人。杨过从洪七公处得到打狗棒招数，在黄蓉给郭芙、武氏兄弟讲解打狗棒心法时恰好在旁，因此学全了，这是洪七公、黄蓉两人从未想到的。

打狗棒法才是丐帮的信物，其地位超过降龙十八掌。

洪七公……便道："这三十六路打狗棒法是我帮开帮祖师爷所创，历来是前任帮主传后任帮主，决不传给第二个人。我帮第三任帮主的武功尤胜开帮祖师，他在这路棒法中更加入无数奥妙变化。数百年来，我帮逢到危难关头，帮主亲自出马，往往便仗这打狗棒法除奸杀敌，镇慑群邪。"

《射雕英雄传》第二十一章"千钧巨岩"

所以乔峰在杏子林将打狗棒交还丐帮，从此没有再碰。也因此，乔峰在杏子林事变之后从未施展打狗棒法。这是因为，如果使用打狗棒法，那就是代表丐帮出面做事了，乔峰不想遗祸丐帮结怨天下，所以弃打狗棒法不用。

而杨康得到打狗棒后，可以僭越帮主之位；霍都假扮的何师我隐藏丐帮多年，得到打狗棒，希望因此上位；十几岁的史红石拿着打狗棒，少林寺的空智也要以帮主之礼相待。

打狗棒和打狗棒法的地位从未被降龙十八掌超越。

打狗棒法和降龙十八掌的地位差别代表了丐帮政治和武学在柔与刚、精明与豁达、权变与坚持中倾向的往往是后者。

丐帮帮众数量众多、来源不同、成分复杂，统领起来非常不易。需要的不是碾压，而是平衡；需要的不是一刀切，而是个性化对待；需要的不是一个强者，而是一个智者。

萧峰的降龙十八掌毋庸置疑，应该也会打狗棒法，但似乎从未使用过。而同时，萧峰似乎也不是一个称职的帮主：他能结纳三袋、四袋弟子，却和高层不和睦，以至于在杏子林中遭遇危机时支持者很少。

洪七公在降龙十八掌上有很大创新，对打狗棒法也极其精通。他虽然游戏风尘，常常因贪吃误事，却是一个好帮主，因为他能把污衣、净衣调理得和睦融洽。

黄蓉只会打狗棒法，并不会降龙十八掌，但聪明机敏、权谋无双，将丐帮治理得好生兴旺。事实上，可以说黄蓉不是一个人做帮主，掌握降龙十八掌的郭靖其实是丐帮的隐形帮主，所以黄蓉是洪七公之后的好帮主。

黄蓉以下，丐帮似乎优秀的帮主不多了。鲁有脚不用说，既没有学好降龙十八掌，也不擅长打狗棒法；耶律齐是一个例外，近似萧峰；"倚天"时代的史火龙只会降龙十八掌中的十二掌，同样不擅长打狗棒法。

对打狗棒法的倾向可能是丐帮武学传承的更优解。

相比降龙十八掌，打狗棒法是可以通过努力学习到的。掌握降龙十八掌需要的是通过内功修为或者外功淬炼习得的内力，否则效果很差，看看会一招"神龙摆尾"的黎生就知道了。而打狗棒法是可以通过努力学习的，比如黄蓉教了鲁有脚三十六路打狗棒法，比如郭襄偷学了打狗棒法的招数，在少室山下令罗汉堂首座无色也大吃一惊。

相比降龙十八掌的单打独斗，打狗棒法可以更好地实现合作。打狗棒法可以衍生打狗阵法，威力大增。

乔峰自知本帮这打狗阵一发动，四面帮众便此上彼下，非将敌人杀死杀伤，决不止歇。

《天龙八部》第十四章"剧饮千杯男儿事"

龙是神物，降龙宏大叙事，举轻若重；狗是俗物，打狗微末小事，举重若轻。所以擅长降龙十八掌的是萧峰、郭靖这样一身正气的大侠，擅长打狗棒法的则是洪七公、黄蓉这样或不拘小节或亦正亦邪的人物。打狗棒法代表的是丐帮的武学实用主义倾向。对于丐帮这样一个帮派，这可能是最好的选择了。

附：日本获得的自然科学诺贝尔奖的特点

截至 2021 年，日本一共获得过 19 次自然科学诺贝尔奖（获奖者共 24 人，包括外籍日裔得主）。值得注意的是，这 19 次自然科学诺贝尔奖中的 14 次是在 2000 年后获得的。

日本获得的自然科学诺贝尔奖有什么特点呢？先看列表再分析：

物理学奖 7 次：

1949 年，汤川秀树，介子存在的设想。

1965 年，朝永振一郎，量子电动力学基础研究。

1973 年，江崎玲于奈，在量子穿隧效应实验中发现半导体。

2002 年，小柴昌俊，对于天体物理学、特别是宇宙微子检验有卓越的贡献。

2008 年，小林诚，益川敏英，南部阳一郎（美籍），CP 对称性破缺。

2014 年，赤崎勇，天野浩，中村修二（美籍），发明高亮度蓝色发光二极管。

2015 年，梶田隆章，发现中微子振荡现象并因此证明中微子具有质量。

化学奖 7 次：

1981 年，福井谦一，化学反应过程的理论研究。

2000 年，白川英树，导电性高分子的发现与发展。

2001 年，野依良治，手性触媒的不对称合成研究。

2002 年，田中耕一，生物大分子的质谱分析方法。

2008 年，下村修，绿色荧光蛋白（GFP）的发现。

2010 年，铃木章，发现铃木耦合反应；根岸英一，发现根岸耦合反应。

2019 年，吉野彰，开发锂离子电池。

生理学或医学奖 5 次：

1987 年，利根川进，多样性抗体的生成和遗传原理的阐释。

2012 年，山中伸弥，诱导多功能干细胞。

2015 年，大村智，治疗蛔虫寄生虫感染的新疗法。

2016 年，大隅良典，细胞自噬的机制。

2018 年，本庶佑，免疫调节治疗癌症。

分析这些诺贝尔奖，其最大的特点是：2000 年以前的诺贝尔奖几乎都是基础研究，2000 年以后的研究，除了 2002 年、2008 年、2015 年三次物理学奖和 2016 年的生理学或医学奖外，几乎都是工科以应用为导向的诺贝尔奖。

47　明教：圣火令的坠落

西人已乘圣火去，此地空余屠龙刀。

——阳顶天、杨逍、范瑶、殷正天、谢逊等

明教虽然称为教，但其实是一个党派。

周伯通道："……有一年他治下忽然出现了一个希奇古怪的教门，叫作甚么'明教'，据说是西域的波斯胡人传来的。这些明教的教徒一不拜太上老君，二不拜至圣先师，三不拜如来佛祖，却拜外国的老魔，可是又不吃肉，只是吃菜。徽宗皇帝只信道教，他知道之后，便下了一道圣旨，要黄裳派兵去剿灭这些邪魔外道。不料明教的教徒之中，着实有不少武功高手，众教徒打起仗来又人人不怕死，不似官兵那么没用，打了几仗，黄裳带领的官兵大败。他心下不忿，亲自去向明教的高手挑战，一口气杀了几个甚么法王、甚么使者。哪知道他所杀的人中，有几个是武林中名门大派的弟子……"

《射雕英雄传》第十六章"《九阴真经》"

从周伯通的描述中能看出，明教似乎属于宗教，因为他们"拜外国的老魔"。但从《倚天屠龙记》中的描述来看，**明教似乎更像是一个以宗派为幌子的党派。**

这才想起，魔教中人规矩极严，戒食荤腥，自唐朝以来，即是如此。北宋末年，明教大首领方腊在浙东起事，当时官民称之为"食菜事魔教"。食菜和奉事魔王，是魔教的两大规律，传之已达数百年。宋朝以降，官府对魔教诛杀极严，武林中人也对之甚为歧视，因此魔教教徒行事十分隐秘，虽然吃素，却对外人假称奉佛拜菩萨，不敢泄漏自己身分。

《倚天屠龙记》第十一章"有女长舌利如枪"

明教会隐藏掩盖自己的信仰对象，有哪个宗教会这样呢？《宋史·列传》第二百二十七提到方腊，只说他"托左道以惑众"。另一本很具史料价值的书，北宋方勺的《清溪寇轨》引用了《容斋逸史》记载的方腊起义，其中提到方腊"一日临溪顾影，自见其冠服如王者，由此自负，遂托左道以惑众"。也就是方腊在溪水中看到自己的影子，觉得帅极了，像王一样，所以决定借助宗教施加自己的影响。所以方腊领导的明教不是宗派，而是具有党派性质。

《倚天屠龙记》中的一则记载也说明了明教是党派而不是宗派：

是时蝴蝶谷前圣火高烧，也不知是谁忽然朗声唱了起来："焚我残躯，熊熊圣火。生亦何欢，死亦何苦？"

众人齐声相和："焚我残躯，熊熊圣火，生亦何欢？死亦何苦？为善除恶，唯光明故。喜乐悲愁，皆归尘土。怜我世人，忧患实多！怜我世人，忧患实多！"

《倚天屠龙记》第二十五章"举火燎天何煌煌"

在教众即将踏上征途之时，大家互相安慰的不是宗教常常追求的天国、永生、轮回、觉悟，而是具有理想主义气质的"怜我世人，忧患实多"。

具有党派性质的明教有三个特点：高手多，帮众不怕死，有吸纳名门大派弟子的影响力。

周伯通提到过明教的这三个特点。特别值得一提的是高手众多。"倚天"时代，武当七侠、少林四僧都很有名，但和明教比起来就差远了。明教的光明左右二使、四大法王、五散人、五行旗正负掌旗使，个个都是顶尖人才，甚至明教小喽啰，如朱元璋、徐达、常遇春等，都是杰出人才。明教人才从数量和质量上看都远超同时期的武当派、少林寺。

明教对名门正派弟子的吸引力也很大。根正苗红的名门正派弟子张无忌最终成了明教的教主，虽然机缘使然，但是不可否认明教的巨大吸引力。

明教的学术传承源远流长。

明教虽然是一个具有党派性质、政治纲领（怜我世人）的组织，但是对学术极为重视，甚至帮主都会为了学术付出生命的代价。比如第八代钟教主练成乾坤大挪移当天走火入魔，三十三代教主阳顶天死亡的主要原因也是练习乾坤大挪移。尽管如此，明教人依然前仆后继，这样的学术传承历史恐怕是明教长盛不衰、人才济济、具有很大吸引力的一个原因。从唐代到宋代方腊再到明代朱元璋，世事变迁，沧海桑田，政治诉求变得不具有现实意义，但是学术的追求让明教跨越数百年。丐帮传到史火龙大概是二十三代，而明教传到张无忌是三十四代，到杨逍则是三十五代，远远超过丐帮，恐怕只有少林寺可以媲美。

除了帮主之外，整个明教也是一个崇尚科技的派别。明教的五行旗都是科技色彩浓厚，但更偏向技术应用。少室山下杨逍指挥锐金、巨木、洪水、烈火、厚土五旗进行科技实力展示，令天下英雄叹为观止。锐金旗主吴劲草还精通兵器煅造，并成功接续了屠龙刀。

明教五散人的设立完全是不带任何功利色彩的学术自由主义。五散人在明教似乎并没有指挥权，但是这几个人都很有特点，学术能力有多强很难说，但是方向都很新颖。比如，说不得的乾坤一气袋最终孵化了张无忌的九阳神功。五散人的制度设计类似全真派王重阳收罗的周伯通，周也是在自由的学术氛围中创立了左右互搏、空明拳。自由的氛围是产生创新的优良土壤。

明教四大法王学术追求专精。紫衫龙王的水中武功，白眉鹰王的鹰爪擒拿功，金毛狮王的七伤拳，青翼蝠王的轻功，都是学有专精。

明教光明左右二使则追求广博，这对上有助于拓展帮主的学术视野，对下利于识别具有潜力的方向。

总之，明教的行政组织架构和学术特点挂钩，帮主抓世纪难题，光明左右二使求广，四大法王专精，五散人爱自由，五行旗重应用，这样的架构给明教学术发展提供了组织基础。

明教还提供了不拘一格的学术上升通道。紫衫龙王凭借一次卓越表现，位居四大法王之首，这固然是功绩，但也是学术专长的一次胜利。其余三人没有任何异议，足以说明明教学术氛围的宽松舒畅。

但明教取得成功，最大的原因恐怕是对波斯明教的摒弃了。表现就是明教对圣火令的轻蔑。明教源于波斯：

> 我明教源于波斯国，唐时传至中土。当时称为祆教。唐皇在各处敕建大云光明寺，为我明教的寺院。
>
> 《倚天屠龙记》第十九章"祸起萧墙破金汤"

但明教早已植根于中土，明教有识之士对此都有深刻认识，如阳顶天：

> 本教虽发源于波斯，然在中华生根，开枝散叶，已数百年于兹。今鞑子占我中土，本教誓与周旋到底，决不可遵波斯总教无理命令，而奉蒙古元人为主。圣火令若重入我手，我中华明教即可与波斯总教分庭抗礼也。
>
> 《倚天屠龙记》第二十章"与子共穴相扶将"

尽管如此，波斯明教依然对中土明教有巨大影响，作为波斯明教象征的圣火令的地位依然崇高。阳顶天是一位很有声望的教主，但是还是想着"圣火令若重回我手"，并说：

> 不论何人重获圣火令者，为本教第三十四代教主。不服者杀无赦。
>
> 《倚天屠龙记》第二十章"与子共穴相扶将"

杨逍想的则是：

> 圣火令归谁所有，我便拥谁为教主。这是本教的祖规。
>
> 《倚天屠龙记》第十九章"祸起萧墙破金汤"

明教甚至自己开发了圣火令替代品：

突然看到她颈中的黑色丝绦，轻轻一拉，只见丝绦尽头结着一块铁牌，牌上金丝镂出火焰之形，正是他送给纪晓芙的明教"铁焰令"。

《倚天屠龙记》第十四章"当道时见中山狼"

而张无忌在光明顶上舍生忘死，挽六大门派狂澜于既倒，扶明教大厦于将倾，建立赫赫功业，第一个反应依然是寻找圣火令：

张无忌坚执阳前教主的遗命决不可违。众人拗不过，只得依了。

《倚天屠龙记》第二十二章"群雄归心约三章"

张无忌这么做，是他的聪明之处，一个效果是不忘圣火令权威，再亲手把它打破，从而真正建立明教的声望。

波斯明教和中土明教的冲突很快发生了。波斯三使、十二王意图让中土明教臣服波斯，以供驱策。张无忌凭借绝世武功夺回圣火令，并永远地割断了来自波斯明教的束缚。

于是将两枚圣火令夹住半截屠龙刀，然后取过一把新钢钳，挟住两枚圣火令，将宝刀放入炉火再烧。

《倚天屠龙记》第三十九章"秘笈兵书此中藏"

从教中圣物到夹住半截屠龙刀的夹子，自张无忌开始，圣火令的权威就被终结了，屠龙刀成为中土明教的新一代象征。张无忌实现了明教的真正独立，并且真正地"号令天下，莫敢不从"。

以上，就是明教卓然不群的学术密码。

附：结晶牛胰岛素合成的关键一战

结晶牛胰岛素的合成是我国科学家取得的一项可以载入史册的伟大成就。这项成就的取得，同团队作战、不迷信权威密不可分。

结晶牛胰岛素的合成是合作的成果。为了快速合成结晶牛胰岛素，科学家们决定分工合作，不同人各司其职。最初整个项目被拆分成五步：一是有机合成，由钮经义负责；二是天然胰岛素拆合，由邹承鲁负责；三是肽库，由曹天钦负责；四是酶激活，五是转肽，由沈昭文负责。这四人都来自中科院生化所。但是生化所专家很快意识到了合成多肽的难度，于是联系了北京大学，并微调了计划：北京大学有机教研室负责胰岛素 A 链的合成，生化所负责胰岛素 B 链的合成以及 A、B 链的拆合。

其中天然胰岛素拆合是最难的一步。难道不应该是合成更难吗？并不是。当时一个关键问题是生物大分子（如多肽链）是否能自动组装。因此，如果拆开的蛋白链能重新合成有活性的蛋白，则意义非常重大。然而，在当时，拆开的蛋白链重新组合成胰岛素的可能性似乎早已经被无数次实验否定了，因为过去三十多年很多人的实验结果都指出拆开的蛋白链无法合成胰岛素。

尽管如此，邹承鲁依然没有完全接受这个结果。邹承鲁认为，以往实验失败是因为反应条件不够温和。1959 年 3 月 19 日，邹承鲁、杜雨苍等采用了较为温和的方法，居然发现接合产物表现出了 0.7%～1% 的生物活性。后来，杜雨苍、邹承鲁摸索出了不使用氧化剂，而使氧化反应在较温和的低温、较强碱性（最适宜的 pH 值为 10.6）的水溶液中由空气缓慢完成的方法，使天然胰岛素拆开后再重合的活力稳定地恢复到原活力的 5%～10%。

回顾结晶牛胰岛素的合成过程，邹承鲁不迷信权威，加上多位杰出科学家的合作，最终促成了这一原创重大成果的实现。

下　篇

外　篇

第九编　侠　客　行

引子：侠之大者，为国为民

司马迁心胸开阔，在《史记·游侠列传》中为侠客立传，不仅前无古人，也几乎后无来者。司马迁说：今天的游侠，他们的行为虽然不符合正义，但言必信，行必果，一诺千金，慷慨赴死，帮助人解除困境。而他们一旦救人危难之后，又不夸耀自己的本领和品德，真是值得称道。班固在《汉书·游侠传》中虽然也记载了侠客，但是态度就严苛多了：这些侠客以普通人的身份窃取生杀权柄，罪不容诛。但他们性格温良，对人友爱，赈济穷苦，急人危难，又谦虚退让，都有不同凡响之处。可惜他们不符合主流价值观，难登大雅之堂，即使自身被杀、宗族连坐，也是咎由自取。范晔在《后汉书·独行列传》中对侠客更多的是褒奖，但是已经不用"游侠"这个名字了，改为"独行者"这样的称呼。《后汉书》后，游侠就从正史中消失了。

但侠的精神从来都是中国传统中所珍视的宝贵品质，它从正史中消隐，却在诗歌和演义中盛放，就像地表的波涛化为地下的潜流，奔腾如故，从未止息。从唐代的虬髯客到清朝的手持大铁椎的异人，不绝如缕。金庸的十四部小说更是勾勒了鲜活的侠义形象，在全世界华人中得到共鸣。同司马迁对侠的描述，如一诺千金、轻生重义、扶危济困不同，金庸创造性地提出了"侠之大者，为国为民"的概括，发人深思，在华人中有很大影响。

为国为民的精神常常能极大地激励一个人，而产生非凡的成就。在《射雕英雄传》中，周伯通说：

"师哥当年说我学武的天资聪明，又是乐此而不疲，可是一来过于着迷，二来少了一副救世济人的胸怀，就算毕生勤修苦练，终究达不到绝顶之境。当时我听了不信，心想学武自管学武，那是拳脚兵刃上的功夫，跟气度识见又有甚么干系？这十多年来，却不由得我不信了。"

《射雕英雄传》第十六章"九阴真经"

在王重阳看来，缺少济世救人的胸怀，武功难以大成，这和扫地僧的看法是一致的。

家国情怀作为最大的济世救人行为，能成为个体极大的内驱力，而可能成就伟业。孟子说："吾善养吾浩然之气。"至于什么是浩然之气，他又说："至大至刚，以直养而无害，则塞于天地之间。"文天祥进一步阐发过浩然之气，认为就是家国情怀，"时穷节乃见，一一垂丹青"。

本编想揭示的，就是侠之大者精神对武学成就的影响。本编既选择了拥有主角光环、广为人知的萧峰、郭靖和张无忌，也选择了存在感较弱的吴长风、耶律齐、冯默风等，他们同样具有侠义精神，不应该被忽略。有趣的是，这六人中除了吴长风外，都有留学或者访学经历，其个性中不同文化交流碰撞的印记非常明显，而最终都归于家国情怀。本编直接选取金庸小说的书名，称为侠客行。

48　萧峰：提携玉龙为君死

　　萧峰武功鼎盛，在雁门关外一战。三十余年前，萧峰在此幸存，而他最终又死于此地，生于斯又逝于斯，恍如一梦。

　　萧峰打斗的场面很多，最重要的有四个，分别是杏子林、聚贤庄、少林寺和雁门关。这四次打斗中，除了聚贤庄在因缘际会中萧峰失手杀人，其他场合萧峰都是救人的。在杏子林内，萧峰代丐帮人受过，戒刀刺肩。在少林寺里，萧峰打败游坦之、慕容复，却并未杀人。在雁门关外，萧峰用插在胸口的利箭挽救了宋辽无数苍生。如果采用受到影响的人数评价武功，萧峰雁门关外一战挽救生灵如海。

　　雁门关外一战，在于萧峰的气魄。萧峰一生做过很多仁义的事。在杏子林，萧峰是仁慈的，救人众多，他的武功是举重若轻的。在聚贤庄，萧峰是狂暴的，杀人无数，他的武功是残忍嗜血的，但起因是为了救一个素不相识的小姑娘。在少林寺，萧峰是威猛的，奔腾如虎风烟举，他的武功是爽利的。唯有在雁门关外，萧峰是有一股浩然之气的，拯救千万百姓，他的武功是投向自己的，却征服了无数人。

　　萧峰的气魄来自他的身世和受到的教育。

　　萧峰是一个看似汉人的契丹人，但骨子里还是汉人。金庸小说中有看似汉人的异族人，如慕容复、欧阳锋、杨康；有看似异族人的汉人，如耶律齐、小昭；还有看似汉人的异族人，实际还是汉人，如段誉、萧峰。那么区分汉人、异族人的边界在哪里呢？似乎主要是文化的归属与认同，而并非基因。无论是慕容复、欧阳锋、杨康还是耶律齐、小昭、段誉、萧峰，关键是心中最大的文化认同。

　　萧峰身上最大的文化认同是中国传统的止戈为武观念。中国古代一直有厌战的思想。《左传·宣公十二年》中提到"楚子曰：'非尔所知也。夫文，止戈为武。'"《道德经》第三十一章中提到"兵者不祥之器，非君子之器，不得已而用之，恬淡为上"。《孙子兵法》这部兵书则说"上兵伐谋，其次伐交，其下攻城"。《吊古战场文》中说：

　　"尸踣巨港之岸，血满长城之窟。无贵无贱，同为枯骨。可胜言哉！鼓衰兮力竭，矢尽兮弦绝，白刃交兮宝刀折，两军蹙兮生死决。降矣哉，终身夷狄；战矣哉，暴骨沙砾。鸟无声兮山寂寂，夜正长兮风淅淅。魂魄结兮天沉沉，鬼神聚兮云幂幂。日光寒兮草短，月色苦兮霜白。伤心惨目，有如是耶！"

萧峰的数次表现都能看出他对杀戮的抵触。在杏子林，萧峰完全有机会以力服人，但他肩头插满戒刀，以承受苦楚面对那些欲赶走他的人；在聚贤庄，萧峰为了素昧平生的阿朱与众人为敌，当局面失控时才造成伤亡；在遇到星宿海的弟子时，萧峰也没有妄杀，甚至在少林寺时，萧峰也没有杀掉双手沾满鲜血的游坦之。

萧峰的厌战心理在他死前异常强烈。在萧峰自杀之前，有过三次心路的描写。距他自杀最近的一次，是经过雁门关外、萧远山绝笔之地，萧峰想起了阿朱；稍远的一次，是他赞赏段誉歌咏的李白的诗："乃知兵者是凶器，圣人不得已而用之"；更远的一次，则是感慨契丹人和汉人互相仇杀，不知何日结束。正因为这些心理上的积淀，萧峰最后选择了自杀，以求得契丹人和汉人之间的和平。

萧峰的厌战可能来自他在丐帮的打杀经历，也同教育有关。少林寺、丐帮在错误地实施雁门关阻击战后，在教育萧峰时刻意揭示了战争的残酷。

止戈与厌战有很多方式，萧峰选择了一种最惨烈的方式——自杀。但萧峰之死，并非是对宋、辽矛盾的逃避，而是通过他的死锁定耶律洪基三十年不侵犯大宋的誓言。如果萧峰活着，耶律洪基被迫的罢兵誓言就有反悔的可能，而他完全可以用兵不厌诈、事急从权、能屈能伸来赋予自己反悔的合理性；萧峰一死，耶律洪基反悔的心理基础不复存在，而被迫盟誓就不构成耻辱了。萧峰之死最大的受益者是普通士兵和百姓，使无数春闺梦里人不再成为无定河边骨。

萧峰之死，是他献给祖国的最好礼物。金庸同样给郭靖安排了一场死亡，那是大概 200 年后襄阳城破的时候，郭靖同样选择了身死。虽然死法不同，其道理是一样的。为国为民，侠之大者。

李贺在《雁门太守行》中提到"提携玉龙为君死"。巧的是，也是在雁门关，萧峰为宋、辽两国的万千百姓而死。

49　郭靖：长烟落日孤城闭

郭靖武功鼎盛，在襄阳城外蒙古大营一战。多年前，郭靖诞生于兵荒马乱之中；多年后，他在万马军中暗呜叱咤，而他最终又死于军中。生于斯，盛于斯，又逝于斯，一以贯之。

郭靖在《射雕英雄传》中有多次打斗，但纵观一生，他的绝世一战是在蒙古大营中独战金轮法王等一众高手。当时，郭靖用左右互搏驱动降龙十八掌，脚踏天罡北斗阵方位，力抗金轮法王、潇湘子、尹克西、尼摩星等人，全身而退。

蒙古大营一战，在于郭靖的情怀。郭靖从来不是一个心雄万夫的人物，无论是大漠面对黄河四鬼、黑风双煞，还是面对杨康、欧阳克以至于欧阳锋、裘千仞，郭靖都不是自信的，甚至是有些恐惧的。但是当郭靖携杨过去蒙古大营见忽必烈时，他却是"虽万千人吾往矣"。

郭靖的情怀来自他的身世和受到的教育。郭靖其实是金庸小说中最早的留学生之一，他在大漠出生，又在大漠接受教育。年幼的时候郭靖就被江南七怪收为徒弟，虽然在武功上进境很慢，但是在心态上却毫不懈怠。江南七怪万里奔波，有抚养赵氏孤儿一样的古人遗风，这必然在郭靖心中造成不可磨灭的冲击。马钰传功给郭靖，也一样"事了拂衣去，深藏功与名"。洪七公教郭靖掌法表面上看是因为贪吃，实际源于郭靖的品性。在这样的经历中，郭靖的家国情怀日益牢固，而在蒙古大营中达到高峰。正是因为这样的侠之大者风范，郭靖内力震古烁今。在武当山三清殿群豪围攻武当派时：

> 张三丰于刹那之间，只觉掌心中传来这股力道雄强无比，虽然远不及自己内力的精纯醇正，但泊泊然、绵绵然，直是无止无歇，无穷无尽，一惊之下，定睛往张无忌脸上瞧去，只见他目光中不露光华，却隐隐然有一层温润晶莹之意，显得内功已到绝顶之境，生平所遇人物，只有本师觉远大师、郭大侠等寥寥数人，才有这等修为，至于当世高人，除了自己之外，实想不起再有第二人能臻此境界。
>
> 《倚天屠龙记》第二十四章"太极初传柔克刚"

也就是说，以张三丰的判断，华山之巅遇到的包括杨过、黄药师、一灯、老顽童等人的内力都远不及郭靖。要知道，当时张三丰同郭靖几乎没有交集，一直是杨过在指点他，但事后回思，张三丰反倒认定郭靖内力最强。郭靖之所以内力绝高，固然因为自身经历，也源于他的浩然之气。

郭靖最后随襄阳城破而死。中国古代有鲁仲连义不帝秦等故事，但真正以平民身份精忠报国、保家卫国、以身殉国的，郭靖是其中最壮烈者。金庸小说中直接称大侠的，似乎只有郭靖。

范仲淹有名句"长烟落日孤城闭"。郭靖在蒙古大营逃脱生天，面对的是城门紧闭的襄阳城，那一次，郭靖有惊无险。然而，以布衣身份保家卫国，郭靖身处之地是落日孤城。正所谓"人不寐，将军白发征夫泪"。

50 张无忌：八千里路云和月

张无忌武功鼎盛，在光明顶力挽狂澜一战。多年前，张无忌诞生于海外极远之地冰火岛，多年后他又在光明顶上如救世主般降临，生于火盛于光，一脉相承。

张无忌在《倚天屠龙记》中有多次打斗，但纵观一生，他的绝世一战是在光明顶上独战六大门派。当时，张无忌用九阳神功驱动乾坤大挪移，一战而笑傲江湖，号令天下，莫敢不从。

光明顶一战，彰显张无忌的宽容。张无忌既没有萧峰的豪气，也没有郭靖的坚毅，但是他性格宽厚。张无忌面对逼父母而死的众多仇家，自己又身负绝世武功，能以直抱怨。因为宽厚，所以在武学上张无忌也兼容并包，既能掌握明教的乾坤大挪移，也能驾驭武当派的太极拳，甚至波斯明教的圣火令武功。

张无忌的宽容来自他的身世和受到的教育。张无忌五岁的时候就跟张翠山学习《庄子》，潜移默化地受到了庄子生死观的影响：

张无忌在冰火岛上长到五岁时，张翠山教他识字读书，因无书籍，只得划地成字，将《庄子》教了他背熟。这四句话意思是说："一个人寿命长短，是勉强不来的。我哪里知道，贪生并不是迷误？我哪里知道，人之怕死，并不是像幼年流落在外面不知回归故乡呢？我哪里知道，死了的人不会懊悔他从前求生呢？"

《倚天屠龙记》第十三章"不悔仲子逾我墙"

张无忌此后的经历中，对他成年后性情影响最大的是他背上所受的阴毒无比的玄冥神掌。张无忌自从受伤之后，几乎必死。张三丰救不了他，胡青牛救不了他，那么天下还有人能救得了他吗？在这样的必死命运之中，张无忌看淡了很多事，原谅了很多人。

张无忌向死而生的路上最重要的事件是带杨不悔从蝴蝶谷走到昆仑山。蝴蝶谷位于"皖北女山湖畔"，距离昆仑山直线距离六千多里，可以说真是八千里路了。一路上张无忌见识了"白骨露于野，千里无鸡鸣"，经历了生死隔绝、离合无常、悲欢交织、尔虞我诈，庄子的"等生死"的观念可能就在张无忌身上生根发芽、开花结果了。如果没有这"八千里路云和月"，张无忌就不可能没有仇恨地学习九阳神功，就不可能适可而止地修练乾坤大挪移，更不可能原谅那些害死自己父母的人，最关键的是，也不可能对"怜我世人，忧患实多"有太多感受。

那"怜我世人，忧患实多！怜我世人，忧患实多！"的歌声，飘扬在蝴蝶谷中。群豪白衣如雪，一个个走到张无忌面前，躬身行礼，昂首而出，再不回顾。张无忌想起如许大好男儿，此后一二十年之中，行将鲜血洒遍中原大地，忍不住热泪盈眶。

《倚天屠龙记》第二十五章"举火燎天何煌煌"

张无忌最后在画眉中落幕，似乎温柔乡是英雄冢，然而绝非如此。在金庸小说中，只有萧峰、郭靖为国而死，杨过隐居古墓常常被人质疑，张无忌则似乎更加不负责任了。事实上，张无忌的不争，是"倚天不出，谁与争锋"，是他最大的武功，是对家国最大的贡献。死亡曾经是高悬在张无忌头上的达摩克利斯之剑，而现在张无忌则是高悬在朱元璋头上的达摩克利斯之剑。岳飞写过"三十功名尘与土，八千里路云和月"的千古名句。在"八千里路云和月"中，张无忌已将功名看作尘土，而最终成就了家国。

51　吴长风：貂裘换酒也堪豪

　　"天龙"时代的丐帮长老吴长风是一个有气节操守的人，令人印象深刻。当时丐帮在正副帮主下有传功、执法二长老，再往下是宋奚陈吴四位长老。也就是说，吴长风排名最末。然而，光明磊落、从善如流、帮众爱戴、思维缜密、武功高强、豪爽不羁的吴长风是丐帮中的佼佼者。

　　在杏子林中，当密谋擒住萧峰失败后，吴长老是第一个坦白承认的，这是光明磊落。

　　当萧峰代人受过，戒刀插肩后，吴长风立刻意识到萧峰是顶天立地的英雄，于是坚定地站在萧峰一边，这是从善如流。

　　当萧峰离开后，丐帮商量新帮主人选时，有人推荐宋长老，有人推荐吴长老；当全冠清得势之后，急于除掉的也是吴长老，这足以看出吴长老的影响力，是帮众爱戴的明证。

　　当听说萧峰力阻辽帝南犯大宋时，吴长老先是不信，后来又实地调查，得出确定结论后当机立断组织对萧峰的营救，这是思维缜密。

　　吴长老的武功也似乎比其他几个长老要高。吴长老的武功得到了萧峰的肯定：

> 乔峰走到吴长风身前，说道："吴长老，当年你独守鹰愁峡，力抗西夏'一品堂'的高手，使其行刺杨家将的阴谋无法得逞……"
>
> 《天龙八部》第十五章"杏子林中，商略平生义"

　　吴长老的武功似乎超过他的地位。西夏"一品堂"即使在萧峰心目中也大不一般，后来其中高手有四大恶人等，可以看出是个实力不俗的机构。吴长老能凭一己之力，力抗"一品堂"的高手，说明他的武功很厉害。相比之下，位列吴长老之上的陈长老曾经刺杀过契丹左路副元帅耶律不鲁，而刺杀和面对面硬刚的难度是不一样的。奚长老和吴长老都曾同云中鹤交过手，前者败后者胜，虽然有王语嫣的指点，似乎吴长老还是略胜一筹。至于宋长老，只是年纪较大而居高位的，从他的言谈能看出来是一个平庸的老好人。传功、执法二长老在杏子林事件之初就被囚禁，其武功和能力也令人怀疑。执法长老白世镜的人品更加不堪。

　　吴长老独立鹰愁峡，恐怕是凭一股血勇。梁实秋的散文《怒》中提到"血勇之人，努而面赤"，吴长老刚好就是一个红脸的人。吴长老的血勇几乎必然源于家国忧思。为了保护杨家将，他置生死于度外。

吴长老的可爱之处在于，他虽然心忧家国，但是对荣誉看得很轻。他因守护杨家将而获赠记功金牌，但一次因为没钱喝酒就把金牌卖了买酒，这一点萧峰也不见得能做到。

秋瑾曾写过"不惜千金买宝刀，貂裘换酒也堪豪"的诗句，也是吴长风的写照。

52 耶律齐：百年垂死中兴时

耶律齐接手的丐帮危如累卵。事实上，丐帮到耶律齐接手时经历了至少四次重大危机。第一次是"天龙"时代的杏子林事件。此次事件之后，丐帮的机构设置大幅压缩。丐帮原来有正副帮主、传功执法二长老、四大长老、五大舵主等。杏子林萧峰危机事件中，副帮主遇害，执法长老白世镜后来被证明是凶手之一，五大舵主中的大智舵主全冠清狼子野心。所以到了"射雕"时代，丐帮设置中的副帮主、传功执法二长老以及五大舵主都消失了。但丐帮并没有就此一帆风顺，而是又经历了第二次重大危机，即污衣派和净衣派争斗事件。这次内讧最终由洪七公摆平，这也是洪七公对丐帮的重大功绩之一。"神雕"时代丐帮发生了第三次危机，就是帮主鲁有脚的死亡，后来真相大白，凶手是蒙古王子霍都。等耶律齐真正成为帮主的十几年后，丐帮经历了最大的牺牲：襄阳陷落，郭靖夫妇殉难，估计丐帮因此而死的人绝不在少数。丐帮经历的四大事件中，同耶律齐相关的就有两件，其中襄阳城破对丐帮的打击是前所未有的。

耶律齐继任丐帮帮主时绝不轻松。耶律齐在竞选丐帮帮主时，就被霍都质疑身份，毕竟作为蒙古丞相耶律楚材的儿子，耶律齐的身份是很敏感的。除此之外，作为性格嚣张的郭芙的丈夫，耶律齐执掌帮主的腰杆也没那么硬气。这两大不利因素对耶律齐来说有很大的压力。

在外，耶律齐面对丐帮的巨大危机；在内，耶律齐的身份又敏感。耶律齐要做出怎样的努力？丐帮又要怎样才能屹立不倒？从小说中很难直接看到耶律齐的举措，却未尝不能从后来丐帮的走向上做出一番推论。

在政治上，耶律齐可能一定程度恢复了丐帮的建制。在"倚天"时代，丐帮又有了传功执法二长老，甚至有掌钵掌棒二龙头。这些职位的设立，既有助于分担管理责任，实际上也是帮主权力的下放，是耶律齐赢得以汉人为主体的丐帮信任的关键一招。

在武学上，耶律齐可能力图革新降龙十八掌。耶律齐最大的举措可能是革新降龙十八掌和打狗棒法。萧峰只用降龙十八掌；洪七公则降龙十八掌、打狗棒法都很出色；黄蓉虽然只会打狗棒法，但实际上郭靖是丐帮隐形帮主，他们夫妻分享这两个绝技。到了耶律齐手里，最优策略是效法萧峰，专精降龙十八掌，以唤起帮众对杰出帮主的记忆。事实上，耶律齐极有可能精简优化了降龙十八掌：

> 上代丐帮帮所传的那降龙十八掌，在耶律齐手中便已没能学全，此后丐帮历任帮主，最多也只学到十四掌为止。史火龙所学到的共有十二掌。
>
> 《倚天屠龙记》第三十三章"箫长琴短衣流黄"

也就是在丐帮看来，耶律齐没有学全降龙十八掌。但这种可能性不大。耶律齐跟随郭靖多年，应该有足够时间学习。郭靖、黄蓉甚至有时间将降龙十八掌精义藏入用玄铁重剑改造的倚天剑和屠龙刀里，怎么会没有时间教给自己的女婿呢？耶律齐的资质恐怕绝不低于郭靖，甚至可能超过洪七公：

> 原来耶律齐于十二年前与周伯通相遇，其时他年岁尚幼，与周伯通玩得投机，周伯通便收他为徒。所传武功虽然不多，但耶律齐聪颖强毅，练功甚勤，竟成为小一辈中的杰出人物。
>
> 《神雕侠侣》第二十九回"劫难重重"

> 耶律齐左手捏着剑诀，左足踏开，一招"定阳针"向上斜刺，正是正宗全真剑法。这一招神完气足，劲、功、式、力，无不恰到好处，看来平平无奇，但要练到这般没半点瑕疵，天资稍差之人积一世之功也未必能够。杨过在古墓中学过全真剑法，自然识得其中妙处，只是他武功学得杂了，这招"定阳针"就无论如何使不到如此端凝厚重。
>
> 《神雕侠侣》第十回"少年英侠"

耶律齐能在玩闹中学会缠夹不清的老顽童的拳法、剑法，而且端凝厚重，杨过也自叹不如，李莫愁都曾暗自佩服，恐怕资质是极好的。

所以，以耶律齐的机缘和资质，没有学全降龙十八掌不大可能，而他积极改造降龙十八掌却并非不可能。他可能尝试革新降龙十八掌，以便在襄阳之战之后丐帮人才凋零的情况下，更好地传承丐帮绝学。降龙十八掌最常用的无非"亢龙有悔""飞龙在天"和"神龙摆尾"，如果能精简，是有助于传播的。当然，由于后世没有杰出人才，降龙十八掌还是逐渐没落了，但不能否定耶律齐的努力。

耶律齐实现了丐帮的中兴。 丐帮到"倚天"时代依然声誉卓著：

> 彭莹玉道："依事势推断，必当如此。刚才那个知客僧就是冒充的，只可惜没能截下他来。可是少林派的对头之中，哪有这样厉害的一个帮会门派？莫非是丐帮？"周颠道："丐帮势力虽大，高手虽多，总也不能一举便把少林寺的众光头杀得一个不剩。除非是咱们明教才有这等本事，可是本教明明没干这件事啊？"
>
> 《倚天屠龙记》第二十三章"灵芙醉客绿柳庄"

也就是说，在明教心中，丐帮是一个仅次于明教、和少林派不相上下的帮派。

耶律齐是一个深受汉文化影响的人，有中兴丐帮的动机。他从小就有侠义心肠：

> 但耶律齐慷慨豪侠，明知这一出手相救，乃是自舍性命，危急之际竟然还是伸出左手，在完颜萍右腕上一挡，手腕翻处，夺过了她的柳叶刀来。
>
> 《神雕侠侣》第十回"少年英侠"

之后，耶律齐又一直追随郭靖、黄蓉，从未离开。襄阳城破，耶律齐和郭芙不知所终，可能隐忍下来，最终实现了丐帮的中兴。

耶律齐对丐帮的延续居功至伟，他的努力却常常被人忽视。杜甫写过"百年垂死中兴时"的名句，耶律齐就是让垂死的丐帮续命的功臣。

53 冯默风：回头万里，故人常绝

冯默风作为黄药师最小的徒弟，一生大部分时间可以用一个"默"字概括。桃花岛叛逃事件之后，冯默风也不能幸免，被打折左腿，流落襄汉之间，以打铁为生，与江湖人不通声气，一隐三十多年。冯默风尽管有武功在身，但从未与人争斗。

直到偶遇程英、杨过，力退李莫愁之后，冯默风深埋的侠义气质被激发出来了。他说：

"蒙古大军果然南下。我中国百姓可苦了！"

他还劝说杨过：

"一人之力虽微，众人之力就强了。倘若人人都如公子这等想法，还有谁肯出力以抗异族入侵？"

> 《神雕侠侣》第十六回"杀父深仇"

冯默风不是仅仅说说，而是说干就干：

"冯默风将铁锤、钳子、风箱等缚作一捆，负在背上，对程英道："师妹，你日后见到师父，请向他老人家说，弟子冯默风不敢忘了他老人家的教诲。今日投向蒙古军中，好歹也要刺杀他一、二名侵我江山的王公大将。"

> 《神雕侠侣》第十六回"杀父深仇"

冯默风到蒙古军中，刺杀了一名千夫长，一名百夫长。成吉思汗 1206 年建国时，手下也只有 95 个千夫长，包括《射雕英雄传》中提到的博尔术、木华黎等。冯默风的功劳虽默默无闻，但影响巨大。

冯默风最后在营救郭靖的过程中，拼命拖住金轮法王，被掌击而死。他身有残疾，又三十多年不练武功，能拖住金轮法王，全凭一股浩然之气。

冯默风虽然是一个普通人，是黄药师的徒弟中武功最低微的，但却是黄药师的徒弟中家国情怀最浓烈的一位。

辛弃疾《贺新郎·别茂嘉十二弟》中有如下几句："向河梁、回头万里，故人长绝。易水萧萧西风冷，满座衣冠似雪。正壮士、悲歌未彻。啼鸟还知如许恨，料不啼清泪长啼血。谁共我，醉明月。"

　　冯默风将铁锤、钳子、风箱等负在背上，辞别程英，投向蒙古军中那一幕，不就是"回头万里、故人长绝"吗？不也像荆轲赴秦时一样"易水萧萧西风冷，满座衣冠似雪"吗？

第十编　连　城　抉

引子：一蓑烟雨任平生

选择师父和选择学生对于双方都很重要，**但是选择师父对学生尤其重要**。学生作为相对弱势的群体，在社会地位、知识储备、经验阅历等方面和师父都是不可同日而语的。选对了师父，能极大地提升自己；选错了，也能极大地削弱自己。学生如舟，师父如水，水能载舟，也能覆舟，而舟对水的影响要小得多。

有时水深舟小，欲乘风破浪、直济沧海，需要主动拜师，如杨康选择欧阳锋。

有时水浅舟大，欲水击三千，扶摇九万，可能需要拒绝某些老师，如张三丰没有投奔郭靖、郭襄拒绝金轮法王。

那些做出正确选择的学生，他们的选择固然可能包含运气成分，但更重要的是有自己的思考。这样的选择，就像苏东坡在《定风波》里面提到的：

莫听穿林打叶声，何妨吟啸且徐行。竹杖芒鞋轻胜马，谁怕？一蓑烟雨任平生。

料峭春风吹酒醒，微冷，山头斜照却相迎。回首向来萧瑟处，归去，也无风雨也无晴。

这首词的词序很好地描述了选择师父的过程："同行皆狼狈，余独不觉。已而遂晴。"刚刚做出选择时，大多数人会有狼狈的感觉；熬过了磨合期，就"遂晴"了；最终回首来时路，感到一路萧瑟，但终究无风无雨。

学术追求，是不是应该像苏东坡说的那样"一蓑烟雨任平生"？

这样的抉择，价值连城，故本编称为连城抉。

54　萧峰：如果我也懂晓风残月

学士词，须关西大汉，铜琵琶，铁绰板，唱"大江东去"。

——萧峰

金庸小说中，论武功之高，萧峰绝对是一个神奇的存在。**萧峰武功的神奇，就在于它绝不神奇。**

在杏子林中，萧峰云淡风轻地使了招"擒龙功"，就让天龙"人形武学图书馆"王语嫣花容失色、惊诧莫名；在少林寺，在玄慈、玄难、玄寂等少林高僧围攻下，萧峰全身而退；在聚贤庄，萧峰凭一路太祖长拳大败天下英雄，少林的玄难、玄寂双战萧峰，没有占到一丝便宜；在少林寺内，萧峰掌击丁春秋、斜劈慕容复、拳打庄聚贤，一战而力退天下三大高手。萧峰也是唯一一个打伤"天龙"之神——扫地僧的人物：

便在此时，萧峰的右掌已跟着击到，砰的一声呼，重重打中那老僧胸口，跟着喀喇喇几声，肋骨断了几根。那老僧微微一笑，道："好俊的功夫！降龙十八掌，果然天下第一。"这个"一"字一说出，口中一股鲜血跟着直喷了出来。

《天龙八部》第四十三章"王霸雄图，血海深恨，尽归尘土"

萧峰武功如此之高，却几乎没有任何奇遇。虚竹得了无崖子、李秋水、天山童姥的内力。段誉在无量山剑湖底得到了北冥神功，后来更是吸取无数人内力。郭靖喝过梁子翁宝蛇的血，偶然得到《九阴真经》等。杨过睡过寒玉床，得到独孤求败心悟，得神雕传剑，并服食过蛇胆。张无忌偶然得到《九阳真经》和《乾坤大挪移》，更在说不得的"乾坤一气袋"中水火既济、淬炼成钢。令狐冲得过桃谷六仙、不戒大师等人的真气补给。相比之下，萧峰的遭遇要平凡得多。

萧峰的师父也远不能说厉害。他的师父分别是少林的玄苦大师和丐帮的汪剑通，都不是顶级高手。虚竹的天山六阳掌、天山折梅手、生死符等直接来自天山童姥传授，而天山童姥是"天龙"时代的绝顶高手。段誉的六脉神剑可以说得自天龙寺高僧如枯荣等，枯荣可是让无崖子心向往之的高僧，武功和智谋都是一流的。郭靖的师父是位列五绝的洪七公，老顽童、一灯也传过他武功。杨过则得过欧阳锋、小龙女、黄药师、洪七公、黄蓉等的传授。张无忌的武功受过明教金毛狮王谢逊、武当派张三丰的指点。令狐冲则蒙风清扬传授独孤九剑。

萧峰既没有惊人的奇遇，又没有无敌的老师，为什么武功如此之高？

萧峰当然有学武的天资。

他天生异禀，实是学武的奇才，受业师父玄苦大师和汪帮主武功已然甚高，萧峰却青出于蓝，更远远胜过了两位师父，任何一招平平无奇的招数到了他手中，自然而然发出巨大无比的威力。熟识他的人都说这等武学天赋实是与生俱来，非靠传授与苦学所能获致。萧峰自己也说不出所以然来，只觉甚么招数一学即会，一会即精，临敌之际，自然而然有诸般巧妙变化。

《天龙八部》第二十四章"烛畔鬓云有旧盟"

但萧峰能学成如此一身惊人武功，不是天分能完全解释的。**萧峰的高超武技，很可能是因为他的武功和自己的性格很匹配，又恰好是武学正道。**

萧峰性格粗豪，虽然粗中有细，但整体上是一个性格豪迈、不拘小节的人物。这样的性格特点适合学习简单、厚重的外功。而萧峰最开始学习的是少林武功。萧峰七岁在山中采栗、遇野狼，被玄苦救下，学习少林武功至十六岁。玄苦的武功就是简单、厚重的外功：

鸠摩智……所使的却是"燃木刀法"。这路刀法练成之后，在一根干木旁快劈九九八十一刀，刀刃不能损伤木材丝毫，刀上发出的热力，却要将木材点燃生火，当年萧峰的师父玄苦大师即擅此技，自他圆寂之后，寺中已无人能会。

《天龙八部》第四十章"却试问，几时把痴心"

从描述上看来，玄苦的武功简单但功力深厚，这正适合萧峰的脾性。

十六岁后，萧峰跟随丐帮帮主汪剑通学武，得受降龙十八掌和打狗棒法。降龙十八掌刚好也是简单、厚重的武功，招式不多，但是越练越精。萧峰出道以后，似乎一直使用的是降龙十八掌、太祖长拳这样的简单武功。萧峰似乎也会打狗棒法，但从未使用过，可能也和自己脾性不和有关。另外，萧峰学习的重、拙、大的武功也是武学正道。

相比之下，金庸小说中的其他人物就不像萧峰那样从小就能实现武功和性格的匹配无间或者接触正统武学。虚竹、段誉的内力太高，使用任何招式都差别不大，所以武功和性格的匹配程度相比之下可以忽略不计。郭靖少年时的武功和性格则是极不匹配的，所以武功进境很慢。郭靖性格刚毅质朴，适合学习招式简单、内力浑厚的武功，可是一开始遇到的江南七怪教他六种不同风格、招式的武功，尤其是韩小莹的越女剑法，这对郭靖来说是一种摧残。郭靖是在六岁遇到江南七怪的，比玄苦传授萧峰武功还早一年。然而，江南七怪教而不得其法，郭靖学习的武功与脾性不和，所以过得很压抑。郭靖直到遇到了马钰后武功才大进，是因为全真派的武功很符合郭靖的性格。令狐冲最初的武功也和性格不匹配。令狐冲跟随华山岳不群学习气宗剑法，偏偏性格落拓不羁，因此令狐冲最初对敌绝不是凭剑法取胜，而是用智。直到遇见了风清扬，令狐冲才实现了武功和性格的匹配。杨过少年时学的武功倒是和性格匹配，但不是武学正道。杨过性格浮躁轻动，小时候刚好贪多务得，学过西毒、北丐、全真、古墓、东邪等一系列武功，但是无法融会贯通。杨过在得到了独孤求败心悟后才武功大进。

如果萧峰的性格、武功中不仅是"剧饮千杯男儿事""虽万千人吾往矣""赤手屠熊搏虎""奔腾如虎风烟举"，也有些"晓风残月"的柔情，他或许能及时发现阿朱的心思，也就不会误伤阿朱，以至于"塞上牛羊空许约"。正所谓"此情可待成追忆，只是当时已惘然"。

55　郭靖：拿什么拯救你，我的鲁钝

> 只是当时站在三岔路口，眼见风云千樯，你做出选择的那一日，在日记上，相当沉闷和平凡，当时还以为是生命中普通的一天。
>
> ——郭靖

郭靖的学武生涯并不开心。

他本来在大漠过着开心的生活。骑马、射雕、打架，大口吃肉、喝奶，和部落首领的儿子结成安达（异姓兄弟），带着部落首领的女儿疯跑。即使他还不懂欣赏长河落日、大漠孤烟，夜深灯烛千帐，日升牛羊如雪，他依然发自内心地快乐。大漠的粗犷豪迈，让他**玩无止境、气有浩然**。

直到他六岁那年，七个怪模怪样的人来到了大漠。他们经年奔波，万里风尘，其实是想让自己无法实现的梦想（打败丘处机）通过郭靖来实现（打败杨康）。他们对郭靖的期望，其实是对自己失意的回避。为人父母，无论孩子多么笨拙、丑陋，心里还是爱的。可是，江南七怪对郭靖的感情，更多的是功利。他们不在乎郭靖的身心健康、特长喜好。他们只在乎输赢，只在乎江南七怪响当当的声望，那是他们人生唯一的希望。

所以，在刚见郭靖的时候，仅仅观察了几分钟，他们就断定郭靖不堪大用，不是学武的好苗子，并用土话纷纷表示了鄙视。

> 郭靖正白呆呆出神，不知在想些甚么，茫然摇了摇头。七怪见拖雷如此聪明伶俐，相形之下，郭靖更是显得笨拙无比，都不禁怅然若失。
>
> 《射雕英雄传》第四章"黑风双煞"

郭靖是听得懂几句江南土话的（郭靖籍贯是临安附近的牛家村，母亲从小和她交流用的应该是土语而不可能是蒙古话），而且，即使听不懂话，江南七怪那鄙视、失望的表情，谁都能看出几分。

郭靖从小孤苦伶仃，和母亲相依为命，面对生人本能地怀着戒备，表现得呆呆的，不是最正常的反应吗？拖雷那可是部落首领的孩子，"普天之下，莫非王漠，率漠之滨，莫非王臣"，自有舍我其谁、君临大漠的威仪，筹措应对，郭靖怎么比得了？

而且，作为一个六岁的孩子，郭靖前几天刚刚因为救神箭手哲别挨了一顿打，让母亲担惊受怕，现在乍逢七个怪人，呆呆出神，再正常不过了，这是笨拙无比的证据吗？

江南七怪对郭靖的草率定论，就像一心希望学生考出好成绩让自己扬名的老师，刚拿到学生的作业本，只看到了封面潦草，没有耐心看内容，就狠狠批评一样。

再说，初见郭靖，江南七怪也没有显出卓越师父应有的样子。柯镇恶露了手蒙眼射雁的本事，虽然不一般，但是在大漠，射雕都常见，蒙眼射雁也不见得多稀罕，比慷慨豁达、英勇仁义的哲别恐怕差远了。朱聪教拖雷的几招武功也没有看出什么特殊。蒙古部落讲究的是**"马作的卢飞快，弓如霹雳弦惊"**，你一个几十岁的人，教小孩几手武功，算啥啊？

所以当他们说要教郭靖武功时，郭靖本不想去的。郭靖之所以去，纯粹是好奇。而且，江南七怪中的朱聪还要给郭靖出难题：

> 朱聪向左边荒山一指，说道："你要学本事报仇，今晚半夜里到这山上来找我们。不过，只能你一个人来，除了你这个小朋友之外，也不能让旁人知道。你敢不？怕不怕鬼？"
>
> 《射雕英雄传》第四章"黑风双煞"

看，多么的傲慢和敷衍，"向左边荒山一指"，山那么大，去哪里找呢？万一郭靖走丢了呢？江南七怪难道不应该从旁偷偷观察保护吗？

黄石公面对青年张良，考察的也仅仅是五天后是否迟到而已，而且地点还是两人初见的桥下，并不是偏远地区。

郭靖平时恐怕没有去过荒山，能找到江南七怪，不单是勇气，也是智力卓越的表现。而这一点，江南七怪从未注意到。

然后，稀里糊涂、鬼使神差般，郭靖误杀了陈玄风。

> 郭靖一匕首将人刺倒，早吓得六神无主，胡里胡涂的站在一旁，张嘴想哭，却又哭不出声来。
>
> 《射雕英雄传》第四章"黑风双煞"

如果当时郭靖哭出声来，可能会好很多。没有哭出来，对郭靖的伤害很大。

郭靖的鲁钝自此而始。其实郭靖的鲁钝，极可能是外在表现，其本质，是PTSD，即创伤后应激障碍。金庸小说中有很多PTSD患者，如《天龙八部》里面的萧远山、游坦之（PTSD导致并发斯德哥尔摩综合征）、《倚天屠龙记》里面的谢逊（PTSD导致并发精神分裂）、张无忌，《笑傲江湖》里面的林平之（PTSD导致并发性别倒错）。这些人中，郭靖的年纪最小，受到的影响也最大。一个六岁孩童乍逢大难、彷徨无措、欲哭无泪，江南七怪没有任何心理疏导。他们在乎的只是和丘处机的赌局：

> 韩小莹把耳朵凑到他嘴边，只听得他说道："把孩子教好，别输在……臭道士手里……"韩小莹道："你放心，咱们江南七怪，决不会输。"张阿生几声傻笑，闭目而逝。
>
> 《射雕英雄传》第四章"黑风双煞"

这几声傻笑，给郭靖造成了加倍伤害。面对如此残酷的情景，又没有其余六怪的任何抚慰，一般人早就自闭了吧。郭靖没有患自闭症，只能说**种性强韧**（the seed is strong）了。他的母亲李萍历尽千辛万苦终于生下他。李萍骨子里的坚韧是上天对郭靖的馈赠。

至于江南七怪，人们似乎从未能在他们身上看到对郭靖的关怀和爱。他们不但不疏导，还给郭靖六门功课，每日严加督导。根本不考虑郭靖是否能接受。试想，盲眼柯镇恶的杖法，老油条朱聪的手法，韩小莹同大漠气质格格不入的越女剑法，这些适合郭靖吗？郭靖始终完不成的，恰恰是韩小莹的越女剑法中的一招"枝击白猿"。江南七怪才不管这些。他们还时时嘲笑郭靖：

> 韩宝驹常说："你练得就算骆驼一般，壮是壮了，但骆驼打得赢豹子吗？"郭靖听了只有傻笑。
>
> 《射雕英雄传》第四章"黑风双煞"

不但嘲笑，还打骂：

> 蓦然间郭靖劲力一个用错，软鞭反过来刷的一声，在自己脑袋上砸起了老大一个疙瘩。韩宝驹脾气暴躁，反手就是一记耳光。郭靖不敢作声，提鞭又练。
>
> 《射雕英雄传》第五章"弯弓射雕"

别人也还罢了，韩小莹作为女性，心思只在张阿生之死上，没有对郭靖展开任何有效的疏导。恰恰相反，她对郭靖造成的伤害其实最大。

> 韩小莹想起自己七人为他在漠北苦寒之地挨了十多年，五哥张阿生更葬身异域，教来教去，却教出如此一个蠢材来，五哥的一条性命，七人的连年辛苦，竟全都是白送了，心中一阵悲苦，眼泪夺眶而出，把长剑往地上一掷，掩面而走。
>
> 《射雕英雄传》第五章"弯弓射雕"

对于郭靖，恐怕其他几位师父的责打远没有韩小莹师父一个人的眼泪伤人。韩小莹的眼泪，**杀伤性不强，侮辱性极大**。

如果不是遇见了马钰，真不敢想象郭靖会变成什么样子。最有可能的，恐怕是歇斯底里的谢逊吧。

郭靖求学生涯的新生始于遇见马钰的那一天。多年以后，郭靖回忆起那一天，心头依然充满阳光。可以比较一下郭靖分别同江南七怪和马钰的初见。

江南七怪：怪模怪样，衣衫褴褛，风尘仆仆。

马钰："脸色红润，一件道袍一尘不染，在这风沙之地，不知如何竟能这般清洁。"

江南七怪：柯镇恶蒙眼射雁，朱聪教拖雷简单武功。

马钰：完美完成郭靖练不成的越女剑之"枝击白猿"，攀绝壁救双雕（白雕是大漠神物），而且把雕送给郭靖当宠物。

江南七怪：让**六岁**的郭靖上荒山，没有任何其他指示，结果遇到黑风双煞。

马钰：明确告诉**十六岁**的郭靖来救双雕的绝壁，那是郭靖常去的地方，而且让郭靖体验过山车般的刺激感。

那道人叫道："缚好了吗？"郭靖道："缚好了。"那道人似乎没有听见，又问："缚好了吗？"郭靖再答："缚好啦。"那道人仍然没有听见，过了片刻，那道人笑道："啊，我忘啦，你中气不足，声音送不到这么远。你如缚好了，就把绳子扯三下。"

郭靖依言将绳子连扯三扯，突然腰里一紧，身子忽如腾云驾雾般向上飞去。他明知道人会将他吊扯上去，但决想不到会如此快法，只感腰里又是一紧，身子向上飞举，落将下来，双脚已踏实地，正落在那道人面前。

《射雕英雄传》第五章"弯弓射雕"

人正常的声能能传大约两百米。十六岁的郭靖嗓门不小，马钰是道家练气之士，耳力也比一般人要强，所以郭靖所处的位置距崖顶恐怕不止两百米。**马钰不远万里来到大漠，居然准备了一条超过两百米的很粗的绳索。这是有多用心！**

江南七怪：百般奚落。

马钰：剖析郭靖的优势，如基础扎实；指出尹志平取巧。

江南七怪：没有告诉郭靖赌局（**居然瞒了郭靖十年**）。

马钰：没有揭露江南七怪。

江南七怪：教郭靖六门武功，都是外功，招式繁杂，风格迥异，郭靖常常彻夜练习不回家（最缺的就是睡觉）。

马钰：教郭靖呼吸、坐下、行路、睡觉（终于可以好好睡觉了）。

江南七怪：苦大仇深，"可怜无定河边骨，犹是春闺梦里人"（韩小莹）。

马钰：温润如玉，"出门一笑无拘碍，云在西湖月在天"（温润的玉，是马钰）。

江南七怪：偶尔讽刺，常常打骂，总是鄙视。

马钰：偶尔治愈，常常帮助，总是安慰。

马钰可能是中国历史上最早展开 PTSD 研究并提出系统治疗理念、策略和具体方法的人。比如他教给郭靖的全真心法："思定则情忘，体虚则气运，心死则神活，阳盛则阴消。"这恰恰是克服 PTSD 的妙法，尤其是**"思定则情忘"**这句。

结果呢，用了近半年时间，郭靖的 PTSD 慢慢好转。PTSD 逐渐消除后，郭靖的真实智力方才显露：

> 如此晚来朝去，郭靖夜夜在崖顶打坐练气。说也奇怪，那道人并未教他一手半脚武功，然而他日间练武之时，竟尔渐渐身轻足健。半年之后，本来劲力使不到的地方，现下一伸手就自然而然的用上了巧劲：原来拚了命也来不及做的招数，忽然做得又快又准。江南六怪只道他年纪长大了，勤练之后，终于豁然开窍，个个心中大乐。
>
> 《射雕英雄传》第五章"弯弓射雕"

马钰让郭靖如凤凰涅槃般重生。

马钰的成功最重要的有两点：首先是对郭靖心理疏导，即 PTSD 的治疗；其次是因材施教，针对郭靖的特点，教授内功。

江南七怪中可能最有耐心、教郭靖最多的是韩小莹，所以郭靖一直练那招"枝击白猿"。然而，韩小莹的越女剑"只合十七八女郎，执红牙板，歌'杨柳岸、晓风残月'"。而郭靖的气质、禀赋、早期培养，无疑更适合的是"须关西大汉、铜琵琶、铁绰板，唱'大江东去'"。郭靖适合的，不是晓风残月，而是大江东去；不是三秋桂子、十里荷花，而是铁马冰河、气吞万里。

马钰教给郭靖的内功，恰恰是质朴、古拙的郭靖最适合的武学。江南七怪的武功不仅质量不适合郭靖，数量也过多。郭靖不适合六个课题，一个的话能做得很好。郭靖的一生，使用得最多的就是"亢龙有悔"。遇到梁子翁用这招，遇到裘千丈、梅超风、黄药师、欧阳克（两次）、瑛姑、渔樵耕读、黄药师（第二次华山论剑）、欧阳锋、洪七公（第二次华山论剑），永远都是这一招"亢龙有悔"。在《神雕侠侣》开始遇到欧阳锋时：

> 郭靖知道师父虽然摔下，并不碍事，但欧阳锋若乘势追击，后着可凌厉之极，当下叫道："看招！"左腿微屈，右掌划了个圆圈，平推出去，**正是降龙十八掌中的"亢龙有悔"**。这一招他日夕勤练不辍，初学时便已非同小可，加上这十余年苦功，实已到炉火纯青之境，初推出去时看似轻描淡写，但**一遇阻力，能在刹时之间连加一十三道后劲，一道强似一道，重重叠叠，直是无坚不摧、无强不破。**
>
> 《神雕侠侣》第二回"故人之子"

据统计，郭靖出手就用"亢龙有悔"的比例超过 75%。你见过黄药师迎敌只用一招的吗？郭靖位列《射雕英雄传》四大一根筋（简称"四根筋"）之首：

> 逢敌亢龙有郭靖，
>
> 遇友插刀是杨康。
>
> 敌妃宜废裘千仞，
>
> 友妻可欺小欧阳。

所以，郭靖不适合太多的学习内容，但是能把一件事做到极致。而马钰教给郭靖的就是一件事：呼吸，坐下、行路、睡觉时的呼吸。遇到马钰之后，郭靖就一日千里了，后来用个把月学会降龙十八掌、空明拳、左右互搏、《九阴真经》等。

郭靖自己还常常有发明创造。如"微微风簇浪，散作满河星"一般，郭靖开始绽放、蜕变、华丽转身。郭襄的创造力，恐怕不是来自黄蓉，而是来自郭靖。这一切都源自丹阳子马钰，一个高尚的人，一个纯粹的人，一个有道德的人，一个脱离了低级趣味的人，一个有益于人民的人。

郭靖实为良材美质，专注、质朴，是个很好的苗子。初期困顿，所遇非人。经马钰点拨之后，郭靖的发展就容易多了。

真正的问题学生其实是杨过。

✿注1：关于开篇引语

开篇引语来自陶杰的散文《杀鹌鹑的少女》。

✿注2："四根筋"解

在"四根筋"中，郭靖已在上文中有详细解说；杨康既给郭靖插过刀，也给欧阳克插过刀；裘千仞袭击南帝爱妃瑛姑并废掉她和周伯通的孩子；欧阳克调戏黄蓉、穆念慈、程瑶迦，身死荒村野店。其实金庸小说中还有两根筋："一诺千金柯镇恶，不弱于人王重阳"。

56　杨过：选哪一张做我的毕业照

天下之至拙，能胜天下之至巧。

——杨过

　　杨过跟着她走向后堂，只见堂上也是空荡荡的没甚么陈设，只东西两壁都挂着一幅画。西壁画中是两个姑娘。一个二十五六岁，正在对镜梳妆，另一个是十四五岁的丫鬟，手捧面盆，在旁侍候。画中镜里映出那年长女郎容貌极美，秀眉入鬓，眼角之间却隐隐带着一层杀气。杨过望了几眼，心下不自禁的大生敬畏之念。

《神雕侠侣》第四回"全真门下"

　　终其一生，杨过心中回荡的是他踏进古墓看到壁画后的第一个念头：**当我毕业时，要选哪一张相片做我的毕业照，以刻画我求学路上的真实面目**？

　　以开始学业后最初的状态而言，如果说郭靖是白纸，那杨过就是涂鸦，而且是名家涂鸦，"眼前有景道不得，崔颢题诗在上头"的那种。杨过从小和母亲学过功夫，而穆念慈是北丐一脉。刚出道，杨过就学习了欧阳锋传授的逆练《九阴真经》，以解李莫愁冰魄银针之毒，疯癫的欧阳锋还教给杨过蛤蟆功。杨过也见识了惊走李莫愁的黄药师的武功。在桃花岛，他和南帝传人武氏兄弟打过架。至于郭靖、黄蓉的武功，杨过更是耳濡目染。

　　所以，当杨过来到终南山的时候，已经身兼北丐、西毒的武功，领略过东邪、南帝、郭靖、黄蓉的威力。在终南山，当郭靖力压全真派之后，杨过的眼界更高。赵志敬虽然是全真派第三代武功第一，但在杨过看来，简直是一文不值。全真派稳扎稳打、步步筑基、曾经让郭靖进步神速的功夫，在杨过看来，简直是老年痴呆。

　　其实，杨过有点错怪全真派了。全真派的内功扎实稳健，不易出错，恰恰是初学者的良配，只是杨过眼高手低、自作聪明罢了。

　　杨过武功没有根柢，虽将入门口诀牢牢记住了，却又怎能领会得其中意思？偏生他聪明伶俐，于不明白处自出心裁的强作解人。

《神雕侠侣》第二回"故人之子"

　　另外，全真派自第二代马钰等开始，逐渐演化为以教学、传承为主的宗教武学团体。王重阳学究天人，教学、学术两手抓，两手都硬，但不可复制；其传人以教学为主，比如马钰就是一位教学名师。但以武功而论，全真派一代不如一代。

然而，虽然全真派是以**教学为主的单位，在年终考核时，偏偏学术也是考核指标**：

> 转眼到了腊月，全真派中自王重阳传下来的门规，每年除夕前三日，门下弟子大较武功，考查这一年来各人的进境。众弟子见较武之期渐近，日夜勤练不息。
>
> 《神雕侠侣》第四回"全真门下"

年终考核，传递到各个弟子门下，变成了月考：

> 这一天腊月望日，全真七子的门人分头较艺，称为小较。
>
> 《神雕侠侣》第四回"全真门下"

杨过刚跟了师父赵志敬，师徒不和，没有学到东西，又遇考核，简直是屋漏偏逢连阴雨。这次考核直接导致了杨过的出走。

当杨过回眸自己的学习生涯时，会选这时候自己的相片做毕业照吗？恐怕不会。

在古墓里，杨过在贪多务得的道路上越走越远。杨过遇到的新师父小龙女和原来的师父赵志敬迥然不同。

赵志敬：狼狈不堪。

> 主持阵法的长须道人虽然闪避得快，未为道侣所伤，可是也已狼狈不堪，盛怒之下，连声呼喝，急急整顿阵势，见郭靖向山脚下的大池——玉清池奔去，当即带着十四个小阵直追。
>
> 《神雕侠侣》第三回"求师终南"

小龙女：清丽绝伦。

> 那少女披着一袭轻纱般的白衣，犹似身在烟中雾里，看来约莫十六七岁年纪，除了一头黑发之外，全身雪白，面容秀美绝俗，只是肌肤间少了一层血色，显得苍白异常。
>
> 《神雕侠侣》第四回"全真门下"

赵志敬：催动北斗大阵百人团，却被郭靖团灭。
小龙女：用玉蜂，谈笑间惊走霍都，曲终人散，余音袅袅，深藏身与名。
赵志敬：只教歌诀，不教武功。
小龙女：教学内容、方式丰富多彩，比如，用麻雀教天罗地网式，用寒玉床促进内功。

在这样的反差下，杨过几乎可以说是如饥似渴地吸收知识。他本来就**浮躁轻**

动，对**贪多务得**也不以为意。

从那日起，小龙女将古墓派的内功所传，拳法掌法，兵刃暗器，一项项的传授。如此过得两年，杨过已尽得所传，借着寒玉床之助，进境奇速，只功力尚浅而已。古墓派武功创自女子，师徒三代又都是女人，不免柔灵有余，沉厚不足。但杨过**生性浮躁轻动**，这武功的路子倒也合于他的本性。

《神雕侠侣》第六回"《玉女心经》"

学完古墓派的武功，杨过又系统地学习了全真派武功以及技压全真派的古墓派高阶武功《玉女心经》。接下来，杨过又学习了活死人墓中来自《九阴真经》的《重阳遗刻》。在华山绝顶，杨过还学习了洪七公的打狗棒法、欧阳锋的蛇杖。和小龙女重逢之后，他们一起练习了《玉女心经》最后一章的玉女素心剑法。遇到黄药师后，杨过又学习了东邪的弹指神通、玉箫剑法。杨过资质之高，运气之好，涉猎之广，几乎位居金庸人物之冠。后人有诗赞曰：

> 资质鲁钝是杨过，
> 作风正派尹志平。
> 情义无价公孙止，
> 精神正常武三通。

尹志平作风正派吗？公孙止怜妻爱女吗？武三通精神正常吗？如果答案是否定的，那杨过就是资质极高的。

然而，**博而不精常常是天资高者的通病**。论真实战力，杨过这时候其实是打不过金轮法王的。

当杨过回眸自己的求学长路时，会选这时候自己的相片做毕业照吗？恐怕不会。

神雕颠覆了杨过多年的世界观。

杨过睡到中夜，忽然听得西北方传来一阵阵雕鸣，声音微带嘶哑，但激越苍凉，气势甚豪。

眼前赫然是一头大雕，那雕身形甚巨，比人还高，形貌丑陋之极，全身羽毛疏疏落落，似是被人拔去了一大半似的，毛色黄黑，显得甚是肮脏，模样与桃花岛上的双雕倒也有五分相似，丑俊却是天差地远。这丑雕钩嘴弯曲，头顶生着个血红的大肉瘤，世上鸟类千万，从未见过如此**古拙雄奇**的猛禽。

《神雕侠侣》第二十三回"手足情仇"

如果说杨过的第一个真正意义上的师父小龙女是极美的，那神雕就是极丑的；如果说小龙女是极轻灵飘逸的，神雕则是极**古拙雄奇**的；如果说杨过以前的武功是庞杂、轻、巧、小的，神雕展现出来的武功则是简单、重、拙、大的。然而，见到神雕之后，杨过的世界里突然出现的重、拙、大，还只是在他的心里浅浅留下一个痕迹。神雕此时还不是杨过的 logo。当杨过向神雕提议和他一起走的时候，神雕拒绝了。神雕知道还不是时候。

直到杨过断臂之后，在他退无可退之后，**神雕才真正和杨过结成亦师亦友的关系**。

杨过又惊又羡，只觉这位前辈傲视当世，独往独来，与自己性子实有许多相似之处，但说到打遍天下无敌手，自己如何可及。现今只余独臂，就算一时不死，此事也终身无望。

杨过喃喃念着"重剑无锋，大巧不工"八字，心中似有所悟，但想世间剑术，不论哪一门哪一派的变化如何不同，总以轻灵迅疾为尚，这柄重剑不知怎生使法，想怀昔贤，不禁神驰久之。

如此练剑数日，杨过提着重剑时手上已不如先前沉重，击刺挥掠，渐感得心应手。同时越来越觉以前所学剑术变化太繁，花巧太多，想到独孤求败在青石上所留"重剑无锋，大巧不工"八字，其中境界，远胜世上诸般最巧妙的剑招。

《神雕侠侣》第二十三回"神雕重剑"

金庸的这部小说为什么叫《神雕侠侣》？如果说《射雕英雄传》中的雕喻义大漠风沙，那么神雕代表什么？神雕代表的简单、重、拙、大，**恰恰是杨过在武学上新的领悟**。从此之后，杨过在武学上进入新的境界，以前的轻灵迅疾、庞杂花哨的武学"譬如昨日死"，简单、重、拙、大的武学"譬如今日生"。在此之后，神雕和杨过就合二为一了。神雕是简单、重、拙、大的，断臂之后的杨过也是简单、重、拙、大的。**神雕从此成为杨过的 logo**，他自己被称为神雕侠。

当杨过回眸自己的上下求索岁月时，会选这时候自己的相片做毕业照吗？恐怕会的，哪怕是断臂的自己。

黯然销魂掌是杨过的一生武学成就顶峰。

他生平受过不少武学名家的指点，自全真教学得玄门正宗内功的口诀，自小龙女学得《玉女心经》，在古墓中见到《九阴真经》，欧阳锋授以蛤蟆功和逆转经脉，洪七公与黄蓉授以打狗棒法，黄药师授以弹指神通和玉箫剑法。除了一阳指之外，东邪、西毒、北丐、中神通的武学无所不窥，而古墓派的武学又于五大高人之外别创蹊径，此时融会贯通，已是卓然成家。只因他单剩一臂，是以不在招数变化取胜，反而故意与武学道理相反。他将这套掌法定名为"黯然销魂掌"，取的是江淹《别赋》中那一句"黯然销魂者，唯别而已矣"之意。

《神雕侠侣》第三十四回"排难解纷"

"唯别而已矣"指的是和小龙女的分别吗？是，也不是。"别"还指杨过同以往的武学理念的别离，**一派新的武学体系已经卓然而立于世界之巅**。

　　杨过的一生，就是做减法的一生。

　　在感情上，杨过先后和郭芙、小龙女、洪凌波、陆无双、程英、公孙绿萼、完颜萍、耶律燕以至于郭襄有过纠葛。最后杨过意识到自己的风流自赏的问题，减去各种纠葛，回到古墓和小龙女终老。

　　在武功上，杨过先后学习过北丐、西毒、全真派、古墓派、东邪以至于独孤求败的武功，最后自己减去一切繁杂，回到"重剑无锋、大巧不工"，最终创出"黯然销魂掌"。

　　在经历上，杨过浪迹天涯，最后减去俗世纷乱，回到古墓。小龙女问过他好几次，他都并不想留在古墓。杨过初入古墓时，小龙女问过他；古墓落下断龙石后，小龙女问过他；甚至在绝情谷底十六年后，他依然不愿意隐居。但在经历了第三次华山论剑之后，杨过终于觉悟了。从此神雕侠侣飘然远逝，绝迹江湖。

　　杨过的断臂，也是一种做减法的隐喻：从左右逢源减到一心精诚。

　　杨过的名字也未尝不是如此，过，固然是杨康之过，也是他自己一生的种种太"过"了，所以要减。

　　杨过的一生，就是由巧减至拙的一生。

　　在《人间词话》里，王国维在评价气象雄浑的诗人佳句时，说："太白纯以气象胜。'西风残照，汉家陵阙'，寥寥八字，遂关千古登临之口。后世唯范文正（范仲淹）之《渔家傲》、夏英公之《喜迁莺》，差足继武，然气象已不逮矣。"

　　如果用画面表现杨过一生的武学，我觉得最好的场景就是：古墓（陵阙）之旁，西风下，独臂杨过面向夕阳而立，留给人的背影是一招黯然销魂掌。这一形象刚好是李白的"**西风残照，汉家陵阙**"。

　　如果用画面表现郭靖一生的武学，我觉得最好的场景就是：襄阳城下，城破身死之前，"平生塞北江南，归来华发苍颜"的郭靖双手互搏，以《九阴真经》催动降龙十八掌，连发一十三道后劲。这一形象刚好是范仲淹的"**浊酒一杯家万里，燕然未勒归无计**"。

　　那么，谁的武功如星辰大海、无所不包，当得起夏竦（被宋仁宗封为英国公）的一句"**夜凉河汉截天流**"呢？

57　张无忌：为什么我无地赴死

All I want to know is where I'm going to die so I'll never go there.

——张无忌

张无忌总是知道自己可能会死在哪里。这个"自己"，也包括习武者张无忌这一侧面。

张无忌武学成长中的第一次可死是过早学习高深武功，张无忌逃掉了。

到无忌四岁时，殷素素教他识字。五岁生日那天，张翠山道："大哥，孩子可以学武啦，从今天起你来教，好不好？"谢逊摇头："不成，我的武功太深，孩子无法领悟。还是你传他武当心法。等他到八岁时，我再来教他。教得两年，你们便可回去啦！"

《倚天屠龙记》第七章"谁送冰舸来仙乡"

萧峰七岁习武，郭靖六岁习武，杨过要到十三岁左右才正式学武，令狐冲学武可能也是童子功。这些人学武都是由浅入深、循序渐进。殷素素爱子心切，想找著名培训机构——明教中的金牌导师——金毛狮王谢逊为张无忌启蒙，但是谢逊拒绝了。谢逊的这次拒绝给了张无忌生机。因为谢逊的拒绝，张无忌得以从容不迫地学习基本功：

张翠山传授孩子的是扎根基的内功，心想孩子年幼，只须健体强身，便已足够，在这荒岛之上，绝不会和谁动手打架。

《倚天屠龙记》第七章"谁送冰舸来仙乡"

张无忌武学成长中的第二次可死是对高深武功强作理解，张无忌逃掉了。

谢逊甚至将各种刀法、剑法，都要无忌犹似背经书一般的死记。谢逊这般"武功文教"，已是奇怪，偏又不加半句解释，便似一个最不会教书的蒙师，要小学生呆背诗云子曰，囫囵吞枣。殷素素在旁听着，有时忍不住可怜无忌，心想别说是孩子，便是精通武学的大人，也未必便能记得住这许多口诀招式，而且不加试演，单是死记住口诀招式又有何用？难道口中说几句招式，便能克敌制胜吗？

《倚天屠龙记》第八章"穷发十载泛归航"

　　高深武功的消化理解需要过程、甚至经验阅历，在没有足够的经验阅历和见识的情况下，死记硬背未尝不是好选择。杨过遇到自己不懂的，常常"于不明白处自出心裁的强作解人"；相比之下，郭靖就是先背诵了《九阴真经》，在后来的数十年中不断揣摩，终于能将《九阴真经》融会贯通，以至于降龙十八掌的"亢龙有悔"可以连发一十三道后劲。谢逊要求张无忌大量背诵对于他的武学成长至关重要。

　　张无忌武学成长中的第三次可死是带有目的性学习高深武功，张无忌逃掉了。

　　武当山顶，在张三丰百岁寿宴上，张无忌身中玄冥神掌，几乎不治，于是学习武当九阳功。九阳功虽然对学习者很友好，但是依然是高深武功，躁进的话会有走火入魔的风险。张无忌学习九阳功则主要是为了治自己的伤，所以没有太多功利性，进境也较快。

　　张无忌武学成长中的第四次可死还是过早学习高深武功，张无忌逃掉了。

　　这一次，摆在张无忌面前的是九阳神功。张无忌第一次没有学习高深武功，是谢逊的明智决策；这一次，则靠的是自己的悟性。尽管张无忌从张三丰那里学到了武当九阳功，风险降到最低，但在昆仑山中偶然得到全本《九阳真经》，依然是一种巨大风险。觉远在学习全本《九阳真经》时年纪很大，而且似乎是饱学宿儒；张三丰则是在觉远的指导下学习的，即使如此，在华山之巅，觉远还是不厌其烦地临阵指导张三丰。更何况，全本《九阳真经》同武当九阳功差别很大。自学《九阳真经》，对于没有太多基础的人，依然很凶险。

　　但张无忌在武当山之后、昆仑山之前，有一段在蝴蝶谷的经历，这段经历极大地降低了张无忌自学的风险。张无忌在蝴蝶谷待了两年多，这两年里，他苦学中医，而且不仅有理论，还有丰富的实践。

　　在理论上，张无忌阅读了很多中医经典：

　　张无忌日以继夜，废寝忘食的钻研，不但将胡青牛的十余种著作都翻阅了一过，其余"黄帝内经""华佗内昭图""王叔和脉经""孙思邈千金方""千金翼""王焘外台秘要"等等医学经典，都一页页的翻阅。

《倚天屠龙记》第十二章"针其膏兮药其肓"

　　在实践上，张无忌先后救治了常遇春、纪晓芙等人。

　　武学和医学是相通的，这样的医学理论和实践经历对于张无忌自学《九阳真经》可以说有极大的帮助。事实上，即使对于拥有扎实医学基础的张无忌，《九阳真经》也依然过于深奥，但是张无忌此时学习依然没有功利考虑：

　　他心想，我便算真从经中习得神功，驱去阴毒，但既被囚禁在这四周陡峰环绕的山谷之中，总是不能出去。幽谷中岁月正长，今日练成也好，明日练成也好，都无分别。就算练不成，总也是打发了无聊的日子。

《倚天屠龙记》第十六章"剥极而复参九阳"

同样是没有功利心，让张无忌履险如夷。

张无忌武学成长中的第五次可死是对科学假设过分依赖，张无忌逃掉了。

张无忌在明教禁地发现乾坤大挪移心法，因为有多年的九阳功积累，瞬间将乾坤大挪移练至第七层。但是第七层中有一十九句古奥艰深，张无忌于是停止不练，他的理由是不可贪多务得。张无忌的这个选择救了他的命。

张无忌所练不通的那一十九句，正是那位高人单凭空想而想错了的，似是而非，已然误入歧途。要是张无忌存着求全之心，非练到尽善尽美不肯罢手，那么到最后关头便会走火入魔，不是疯颠痴呆，便致全身瘫痪，甚至自绝经脉而亡。

《倚天屠龙记》第二十章"与子共穴相扶将"

张无忌不为已甚，对于尚未证实、同实验结果不一致的理论不迷信、不盲从，从而躲开了危险。

张无忌武学成长中的第六次可死是纠缠细节，张无忌逃掉了。

张无忌在武当山顶，面对赵敏手下三员悍将，使用张三丰现场传授的太极剑。张无忌学太极剑法，关键是学剑意，而不是纠缠招数细节。

张三丰道："都记得了没有？"张无忌道："已忘记了一小半。"张三丰道："好，那也难为了你。你自己去想想罢。"张无忌低头默想。过了一会，张三丰问道："现下怎样了？"张无忌道："已忘记了一大半。"

张三丰画剑成圈，问道："孩儿，怎样啦？"张无忌道："还有三招没忘记。"张三丰点点头，收剑归座。张无忌在殿上缓缓踱了一个圈子，沉思半晌，又缓缓踱了半个圈子，抬起头来，满脸喜色，叫道："这我可全忘了，忘得干干净净的了。"

《倚天屠龙记》第二十四章"太极初传柔克刚"

张无忌面对阿大三兄弟，生死搏斗，凶险万分，使用现学的招数，只能是重意不重招式。因此，忽视细节、抓住本质非常重要。

张无忌武学成长中的第七次可死是完全崇尚技术而忽视道德，张无忌逃掉了。

张无忌在少林寺大会上想要救出谢逊，同守卫的三名少林寺高僧比武，使用了圣火令武功。圣火令武功出自西域山中老人霍山，奇诡难测，威力巨大，但是霸道狠辣。张无忌在使用圣火令武功时，受到感应，以至于笑声中透出奸诈邪恶。在谢逊诵读的《金刚经》的感召下，张无忌意识到问题，及时收手。

张无忌一面听谢逊念诵佛经，手上招数丝毫不停，心中想到了经文中的含义，心魔便即消退，这路古波斯武功立时不能连贯，刷的一声，渡劫的长鞭抽向他左肩。张无忌沉肩避开，不由自主的使出了挪移乾坤心法，配以九阳神功，登时将击来的劲力卸去，心念微动："我用这路古波斯武功实是难以取胜。"

《倚天屠龙记》第三十八章"君子可欺以之方"

文天祥在《指南录后序》中提到二十二次濒死而未死，是浩然之气；张无忌七次可死而不死，是仁者之心。

科技向善，无暇赴死。

58　令狐冲：有个一起求学的女友
是一种怎样的体验

巧笑倩兮，美目盼兮……大夫凤退，无使君劳。

——《诗经·卫风·硕人》

这一千古名句出自《诗经·卫风》对硕士生（**硕人**）的描述：一个一起读硕士的佳偶，不但美目、巧笑令人忘俗，还能在事业上提供帮助（无使君劳），共同成长。

金庸小说中拥有这份幸运的，是令狐冲。

第一阶段，**气宗令狐冲**。

韩非子说："儒以文乱法，侠以武犯禁。"李白说："十步杀一人""救赵挥金槌"。所以，一般说来，武是侠的必要条件，没有武，就没有侠。在金庸小说中，很多人没了武，侠字还能不能剩下，就很值得怀疑了。比如，袁承志如果没有武功，是不是就变成了一个憨厚的官二代，类似《倚天屠龙记》里面韩山童的儿子韩林儿了呢？又如，洪七公如果没有武功，是不是就变成了一个贪吃的中年油腻大叔了呢？

但凡事都有例外，在金庸小说中，没有武的时候而依然可以称为侠的有三人：救哲别时的郭靖、蝴蝶谷中的张无忌、坐斗田伯光的令狐冲。郭靖在救哲别的时候还没有武功在身，但是见人为难，为哲别的英风倾倒，不计利害，挺身而出，当此时，应该是侠吧？张无忌在蝴蝶谷救治各色人物时也没有武功在身，但是胸怀宽广，手段爽利，当此时，应该是侠吧？令狐冲在救仪琳的时候自己已经生命垂危，武功也没剩下多少，但他将生死置之度外，机变百出，折服"万里独行"田伯光，当此时，也应该是侠吧？

此时的令狐冲，是气宗华山派掌门岳不群的大弟子，武功尚可，但并不是绝顶人物。他心仪的是岳灵珊，但是不敢表白，这是一个稍显压抑的令狐冲。如果一直这样，令狐冲会不会变成第二个岳不群？这似乎是有可能的。令狐冲的身上有的，不仅仅是对自由的向往，也有妥协和城府。比如令狐冲差一点就加入魔教，这是他的妥协。

令狐冲心想："莫大师怕对这事推算得极准，我没参与日月教，相差也只一线之间。当日任教主若不是以内功秘诀相诱，而是诚诚恳恳的邀我加入，我情面难却，又瞧在盈盈和向大哥的份上，说不定会答应料理了恒山派大事之后，便即加盟。"

《笑傲江湖》第二十九章"掌门"

（任我行自认权谋智计不如东方不败，看他几次劝令狐冲入伙时的表现，确实如此。）

比如令狐冲面对向问天欺骗时的表现，这是他的城府。向问天在利用了令狐冲救出任我行之后，对令狐冲只是赔了个礼，而令狐冲只得强颜欢笑。

令狐冲笑道："赔甚么不是？我得多谢两位才是。我本来身受内伤，无法医治，练了教主的神功后，这内伤竟也霍然而愈，得回了一条性命。"三人纵声大笑，甚是高兴。

《笑傲江湖》第二十二章"脱困"

三人的笑大不相同。任我行的笑，恐怕是逃脱囚牢的开怀之笑；向问天的笑，恐怕是有点尴尬的掩饰之笑；而令狐冲的笑，恐怕是心存敷衍的城府之笑。向问天救任我行的整个过程，分明就是把令狐冲当一个送死的棋子使用的：他没有预期令狐冲的出现，不会想到任我行能把吸星大法刻在铁床上，无法预料江南四友是否发现任我行被掉了包，更何况他和任我行脱困后近两个月才再来梅庄，是不是为了救令狐冲也很难说。向问天这些作为，明摆着就是没把令狐冲的生死放在心上。"一将功成万骨枯"，向、任这样的枭雄是不会在乎一条人命的。令狐冲侥幸不死，只是命大而已，绝不是一切在向、任掌控之下。令狐冲虽然豁达，但并不傻，向、任的枭雄手段他心里是清楚的，但是装出高兴的笑，其实就是在情势下的城府而已。

所以，令狐冲有变成岳不群的潜力。而岳不群在少年时会不会也是令狐冲？巫婆曾经是少女，这是很有可能的。被华山玉女宁中则倾心的岳不群，恐怕年轻时确实也是偶傥不群的人物。

然而，令狐冲没有变成岳不群。**幸好，令狐冲遇见了风清扬。**

第二阶段，**剑宗令狐冲。**

令狐冲生命的转折点是在华山思过崖遇到了风清扬。

那老者（风清扬）道："唉，蠢才，蠢才！无怪你是岳不群的弟子，拘泥不化，不知变通。剑术之道，讲究如行云流水，任意所至。你使完那招'白虹贯日'，剑尖向上，难道不会顺势拖下来吗？剑招中虽没这等姿式，难道你不会别出心裁，随手配合么？"这一言登时将令狐冲提醒，他长剑一勒，自然而然的便使出"有凤来仪"，不等剑招变老，已转"金雁横空"，长剑在头顶划过，一勾一挑，轻轻巧巧的变为"截手式"，转折之际，天衣无缝，**心下甚是舒畅**。当下依着那老者所说，一招一式的使将下去，使到"钟鼓齐鸣"收剑，堪堪正是三十招，突然之间，**只感到说不出的欢喜**。

《笑傲江湖》第十章"传剑"

令狐冲遇见风清扬，天性中率性豁达的一面充分显露，学习气宗武学的压抑一扫而空，从"心下舒畅"到"说不出的欢喜"，只用了三十招。在令狐冲的性格中，率性豁达是主要的方面，所以在华山这么多年，进行气宗武学修炼恐怕没有体会过太多的快乐。令狐冲喜欢岳灵珊，是不是对压抑学习氛围的一种自我救赎？这种可能性是很大的。岳灵珊固然并非发自心底喜欢令狐冲，她喜欢父亲那样的人物；令狐冲是不是也在内心深处知道岳灵珊并非自己佳偶？令狐冲面对小师妹常常拘谨，但是和任盈盈在一起却是说不出来的放松，这是他真实性情的流露。

剑宗令狐冲，从剑宗武学中得到了极大的愉悦，剑术极高，然而内力一般，而这时，岳灵珊已经远离，这是一个灵性舒展的令狐冲。岳灵珊在这个时候远离令狐冲，其实也是必然：岳灵珊喜欢的是另一个岳不群。和令狐冲相比，林平之更像岳不群，所以岳灵珊选择了林平之。而令狐冲在遇见风清扬之后灵性被释放，就再也不可能成为岳不群了。

然而，只有剑术没有内力的令狐冲是走上了另一条邪路。风清扬所在的思过崖有一个"**过**"字，这恐怕指的是思念另一个练习了独孤九剑的杨过。众所周知，独孤九剑有两个版本，杨过版和令狐冲版。**然而，令狐冲在思过崖得自风清扬的独孤九剑只是第二层境界的剑招，独孤九剑第四层境界的内功、剑意只有杨过得到了。**独孤九剑的精髓不是**无招胜有招**，而是**无剑胜有剑**。剑魔独孤求败悟到的最高境界其实是**内力远胜于剑法**。独孤求败草木竹石均可为剑，经年累月，求一败而不得，靠的只能是绝世内力。令狐冲呢？有剑有内力的时候，还被仪琳的母亲抓了，而且差点被阉了；没了剑基本上连三流高手也不如，这还是有内力的时候，没有内力的时候更弱。所以当时令狐冲走上的另一条邪路，就是一味地注重花俏招式，华而不实。

幸好，令狐冲遇见了一生之爱——任盈盈。

第三阶段，有剑无力令狐冲。

得到独孤九剑的令狐冲阴差阳错丢失了内力，象征了令狐冲走的另一个极端。但是任盈盈很好地改变了令狐冲的这个倾向。任盈盈的做法是从音乐展开教育：

这一曲时而慷慨激昂，时而温柔雅致，令狐冲虽不明乐理，但觉这位婆婆所奏，和曲洋所奏的曲调虽同，意趣却大有差别。这婆婆所奏的曲调**平和中正**，令人听着只觉音乐之美，**却无曲洋所奏热血如沸的激奋**。奏了良久，琴韵渐缓，似乎乐音在不住远去，倒像奏琴之人走出了数十丈之遥，又走到数里之外，细微几不可再闻。

令狐冲虽于音律一窍不通，但天资聪明，一点便透。绿竹翁甚是喜欢，当即授以指法，教他试奏一曲极短的《碧霄吟》。令狐冲学得几遍，弹奏出来，虽有数音不准，指法生涩，却洋洋然颇有**青天一碧、万里无云**的空阔气象。

《笑傲江湖》第十三章"学琴"

学剑的令狐冲本来走向另一个极端，但在绿竹巷，任盈盈的琴声中正平和，隐隐对令狐冲有训导之意，感应之下，令狐冲也拒绝了热血如沸的激愤，趋向豁达空阔的境界。

然而，对于内力，令狐冲还是颠倒的。所以他身上有桃谷六仙、不戒大师的不同内力，这是内力混乱的令狐冲。

有剑无力的令狐冲，是**剑法丰硕但是动机迷失**的令狐冲。岳灵珊已经远离，任盈盈走进视野，这是一个渴望觉醒的令狐冲。

幸好，令狐冲遇到了任我行。

第四阶段，**有剑有力（混乱）令狐冲。**

在西湖地下囚牢之中，令狐冲学会任我行的吸星大法。吸星大法来自北冥神功和化功大法，但是化功大法的比重更大。吸星大法是令狐冲混乱内力的解药，让他变得有剑有力，但此时令狐冲得自任我行的解决混乱内力的法门是强行压制。吸星大法有致命 bug，但任我行在西湖之下囚居十二年，想到的方法居然是压制而不是疏导，想来也是枭雄气质和囚居境遇的一种必然。相比之下，囚居十五年的周伯通创出的是更加豁达平和的空明拳和双手互搏。

有剑有力的令狐冲，**武学成果丰硕，动机不再迷失，但混乱**，是不是可能成为第二个任我行？这是一个有意思的想法，但还是那句话，有可能。人的性格不是铁板一块。令狐冲性格中，豁达率性固然占主导，但是心机城府也有，狠辣果决也有。心机城府前面提到了。令狐冲下手狠辣，比如初遇向问天的时候不问青红皂白就杀了很多追击的人。令狐冲也受到吸星大法的反噬，而武功反噬对性格的影响在东方不败和任我行身上都很明显。任我行的城府与狠辣也是在痛定思痛中建立起来的，有什么理由认为假以时日令狐冲就不会改变呢？令狐冲有从岳不群走向任我行的倾向。

幸好，任盈盈又一次拯救了令狐冲。

第五阶段，**有剑有力（圆融无碍）令狐冲。**

令狐冲终于化解了身上诸般内力，也化解了吸星大法，是因为方证大师传授的

《易筋经》。方证能传授令狐冲《易筋经》，追根溯源，来自任盈盈第一次背负令狐冲去少林寺，并以自己为人质，换回令狐冲的自由。任盈盈的做法让方证看到了任盈盈的善良，也间接看到了令狐冲的品质。自此而始，方证始终关心、照顾令狐冲。令狐冲带群雄去少林寺救任盈盈时不伤一人，令方证钦佩，坚定了对令狐冲的判断，为后来传功给令狐冲埋下了伏笔。

《六祖坛经》中说："有情来下种，因地果还生。"

令狐冲得《易筋经》，始于任盈盈。

有剑有力（圆融无碍）的令狐冲，武学成果丰硕，武学动机明晰坚定，他既不是岳不群，也不是任我行，而是在两者之间找到了自我的令狐冲。

任盈盈自己也在不断进步。

金庸小说中大多数的所谓魔女都是被拯救的。郭靖拯救了黄蓉，张翠山拯救了殷素素，张无忌拯救了赵敏，袁承志拯救了温青青。如果没有郭靖，黄蓉是否会变成梅超风？如果没有张翠山，殷素素是不是会变成李莫愁？

但是，只有任盈盈拯救了令狐冲。温**青青**是青涩的，殷**素素**是小白（素），只有任**盈盈**，是自然盈满的。任盈盈出身魔教，自然有手段狠辣的一面，但她也有善良正直的地方，所以蓝凤凰、老头子、祖千秋等人都承她的情。任盈盈自己去绿竹巷进修，学习音乐，也是为了化解自身的戾气，琴为心声，她的琴声中正平和。任盈盈一当上教主，就把少林寺的原本《金刚经》、武当的真武剑和《太极拳经》还回，后来更是将魔教教主之位让给向问天。她始终在自我成长。没有令狐冲，任盈盈很可能还是任盈盈；但没有任盈盈，令狐冲恐怕会变成或者岳不群（伪圣），或者任我行（枭雄），或者风清扬或莫大（隐士）。郭靖自己就完善了丐帮。郭靖其实可以看成丐帮的真正帮主（从北丐到北侠），黄蓉只是辅助。张无忌自己也改良了魔教。令狐冲则只能通过任盈盈对魔教施加影响。

任盈盈是个融霹雳手段和菩萨心肠于一炉的人物，对令狐冲影响极大。

总结一下令狐冲的成长之路。

在华山，令狐冲学着和自己品味不合的武功，成就一般，动机也不强，身边是岳灵珊。在思过崖遇到风清扬之后，令狐冲武功和品味融合无间，武功大进，但动机依然不强，而岳灵珊已经慢慢远离。在绿竹巷，令狐冲剑术绝顶，武学成果丰硕，但动机混杂，这时任盈盈走进视野。在杭州梅庄囚牢，令狐冲剑术绝顶，暂时解决了武学动机问题，但有隐忧，岳灵珊渐行渐远，任盈盈越走越近。最后，令狐冲剑法、内力圆融无碍，武功大进，动机明晰坚定，放下岳灵珊，和任盈盈曲谐。

令狐冲的进步并未终结。**无招胜有招，是正确做事；无剑胜有剑，是做正确的事。**令狐冲终于找到了正确武学方向，从此笑傲江湖。

令狐冲、任盈盈，这对 CP 的名字是大有深意的。《道德经》第四章："道冲而用之或不**盈**，渊兮似万物之宗。"《道德经》第四十五章："大**盈**若**冲**，其用不穷。"**冲**是缺，**盈**是满。

有人说，金庸小说主人公的爸爸都是缺位的，所以很多人都在找爸爸，乔峰在找，慕容复在找，郭靖在找，杨过在找，张无忌在找，甚至林平之都在报父仇，连韦小宝都对自己的出身好奇。可是令狐冲没有找。令狐不是常见的姓氏，为什么令狐冲这个孤儿从未试图了解自己的身世？令狐冲不找，一个原因是他知道爸爸是谁，另一个原因是他有了精神导师。**任盈盈才是令狐冲最好的导师，无论是武学还是人生。**

✿注：关于令狐冲武功设定不合理的讨论

令狐冲是金庸小说中武功最不合理的人物。武功＝力量（内力、外力）×招式变化×招式速度。令狐冲内力几乎为零的时候居然能接近天下无敌，令人无语。

令狐冲的剑术违背牛顿第二定律。根据牛顿第二定律，$F = ma$，令狐冲要想让手中剑（m）达到一定的招式变化或者速度（a），必须有基本的力量（F），然而令狐冲在极度虚弱（$F \approx 0$）时依然可以使用独孤九剑，违背牛顿第二定律。

令狐冲的剑术违背牛顿第三定律。根据牛顿第三定律，有作用力必有反作用力。令狐冲在没有内力的情况下多次用剑击中内力深厚的高手，居然没有被对方的内力反噬，违背牛顿第三定律。

第十一编　必　血　荐

引子：四海无人对夕阳

幸福的学生各有各的幸福，不幸的学生却都是相似的。

不幸的求学生涯，常常始于选错老师。

有的是一开始就选错，无法重选，如谢逊。

有的是选错一个之后，仿佛推倒了厄运多米诺骨牌，接二连三的选错，如游坦之。

有的是本来选对了，但是阴差阳错地换了老师，如梅超风、杨康、李莫愁。

本编就讲述不幸的学生的故事。

本编是金庸人物用自己的血泪做出的推荐，因此称为必血荐。

59　游坦之：天降厚礼的不菲价格

> 上帝给我们赠送的每一份礼物，都在暗中标好了价格。　(life never gives anything for nothing, and that a price is always exacted for what fate bestows.)
>
> ——游坦之

聚贤庄"武二代"游坦之是金庸小说中运气最差的学生，没有之一。

一般的人碰到一两个差老师后就立刻时来运转了。比如狄云，他虽然一开始遭遇了"铁索横江"戚长发，但其实也只是武功练差了而已，后来遇到了丁典；比如郭靖，他最初的老师江南七怪虽然功利性强，教学又不得法，但依然不失正人君子，而且郭靖很快又遇到了马钰、洪七公等人。

但游坦之一而再、再而三地遭遇厄运。游坦之的厄运在于接连碰到三个不靠谱的师父。第一次，游坦之选择了星宿海辍学的阿紫作为自己的老师，收获了一张铁皮面具毕业证和斯德哥尔摩综合征。第二次，游坦之选择了星宿海学阀丁春秋作为老师，得到了崇尚暴力的武学观和阿谀奉承的武学氛围。第三次，游坦之选择全冠清作为老师，学会的是没有底线和不择手段。

游坦之的厄运还在于他阴差阳错地发现两门绝学：《易筋经》和冰蚕劲。《易筋经》是金庸小说中内力增长最具潜力的秘笈，可能还超过《九阳真经》，但很难练成，需要破除"我执"才具备了练习条件，而游坦之在极其严苛的情况下才练成，这种机缘不但前无古人，恐怕也后无来者。冰蚕的毒力可能不亚于欧阳锋的毒药、程灵素的七星海棠，而又是在极端的情况下和游坦之融为一体的，同时具有冰、毒两种属性，远超丁春秋的化功大法、李莫愁的赤练神掌、灵智上人的大手印、圆真的幻阴指、玄冥二老的玄冥神掌等诸多具有冰、毒属性的武功。一般人有一项运气就很好了，游坦之居然拥有两门绝学、三种属性（物理、冰、毒）。

为什么说《易筋经》和冰蚕劲是游坦之的厄运呢？因为具有这正邪两项奇功的游坦之如闹市执黄金的小儿。"匹夫无罪，怀璧其罪"，《易筋经》和冰蚕劲就是游坦之的黄金和白璧。也正是因为这两项奇功，让游坦之先后成为丁春秋、全冠清的刀。

为什么游坦之的运气如此之差呢？

游坦之的厄运，恐怕是因为他自己没有一份内心的道德坚守。我们可以比较一下金庸小说中的其他人物，看看他们各自面对厄运时的抉择。比如虚竹，他的运气恐怕也不能说好。虚竹先是遇到了无崖子，接着是天山童姥、李秋水，这些人都不是省油的灯，恰恰相反，这些人都是天下数一数二的魔头。比如无崖子，他不知道吸取了多少人的内力，抢夺了多少人的武功秘笈；比如天山童姥，能让三十六洞、七十二岛的豪杰畏之如蛇蝎；比如李秋水，光是用来让无崖子生气的年轻俊秀的男子不知让她杀了多少。这些人比阿紫、丁春秋、全冠清只能有过之而无不及，恶名不显，只是坏人变老而已。然而，虚竹并没有因为这些人的影响变成一个魔头，因为虚竹始终有自己的是非善恶观念。狄云同样不能说运气很好。狄云先是遇到了"铁索横江"戚长发，后来被冤入狱，碰到丁典，虽然最终得到高深武功，但三年里不知挨了多少毒打，一般人是不是怨念满满？狄云后来遇到血刀老祖，也完全可以放弃道德羁绊，放飞自己的报复欲望。但狄云还是守住了自己，守住了一个质朴孩子的天性善良。游坦之却没有这些内心的道德坚守。看游坦之第一次见到阿紫时的反应：

游坦之突然见到这样一个清秀美丽的姑娘，一呆之下，说不出话来。

《天龙八部》第二十七章"金戈荡寇鏖兵"

再看游坦之第一次见到丁春秋时的反应：

那老翁手中摇着一柄鹅毛扇，阳光照在脸上，但见他脸色红润，满头白发，额下三尺银髯，童颜鹤发，当真便如图画中的神仙人物一般。那老翁走到群丐约莫三丈之处便站定了不动，忽地撮唇力吹，发出几下尖锐之极的声音，羽扇一拨，将口哨之声送了出去，坐在地下的群丐登时便有四人仰天摔倒。游坦之大吃一惊："这星宿老仙果然法力厉害。"

《天龙八部》第二十九章"虫豸凝寒掌作冰"

游坦之似乎是一个颜控，例如他面对丁春秋残杀无辜，第一反应居然是觉得丁春秋"果然法力厉害"，这就是游坦之的三观。

游坦之没有道德坚守，可能是因为年幼时过于顺遂，又没有人引导。

游坦之小时候家境豪富，而且恐怕是家里的独苗，所以父亲和伯父对他很宠爱，以至于武不成、文不就，家里对他依然听之任之。在金庸小说中，小时候家境优越的人不成材的比较多，只因周围无人引导。比如，杨康小时候家里条件很好，完颜洪烈对他很是溺爱，也正因如此，杨康做事没有太多原则、底线，所以杨康能做出偷偷拜梅超风为师、学习九阴白骨爪这样的事，能做出调戏穆念慈这样的事，能做出偷袭王处一这样的事。杨康虽然有丘处机这样的老师，但是丘处机是在杨康七岁的时候才找到他的，平时又只负责传授武功，疏于以身作则的道德教化。再比如，林平之小时候家境很好，但是应该也是任性的公子哥，虽然没有大毛病，但并无坚定的操守。林平之周围是什么人呢？

> 史镖头心想："这一进山，凭着少镖头的性儿，非到天色全黑决不肯罢手，咱们回去可又得听夫人的埋怨。"便道："天快晚了，山里尖石多，莫要伤了白马的蹄子，赶明儿咱们起个早，再去打大野猪。"他知道不论说甚么话，都难劝得动这位任性的少镖头，但这匹白马他却宝爱异常，决不能让它稍有损伤。这匹大宛名驹，是林平之的外婆在洛阳重价觅来，两年前他十七岁生日时送给他的。
>
> 《笑傲江湖》第一章"灭门"

林平之周围都是史镖头这样见风使舵的人物，怎么能起到很好的提携引领作用呢？

如果游坦之后来良知回归，他依然有机会成为一个正直的人，但他没有。

游坦之和《冰与火之歌》里面的席恩·葛雷乔伊有很多相似之处。比如他们都出身世家，游坦之是游氏双雄的后人，席恩是铁群岛的少主；比如他们都受到过非人的虐待，游坦之被放"人鸢子"，席恩则被剥皮；比如他们的真实面目都被剥夺，游坦之被套上铁皮面具，席恩则被变成臭佬（reek）；比如他们都犯过大错，游坦之杀掉了丐帮的很多人，席恩背叛过北境的 Stark 家族。

然而，席恩最后完成了对自己的救赎。在《冰与火之歌》第五部《魔龙的狂舞》中，席恩最后勇敢地迈出了救赎的第一步：Theon grabbed Jeyne about the waist and jumped。一个几乎被摧残至崩溃的人，终于打破了自己身心上的枷锁，从搭救珍妮（Jeyne）开始。在电视剧中，席恩则彻底地反转。但游坦之没有，他心中的良知之光已经逐渐泯灭，道德之柴被阴毒之雨浇得太湿了，无法被重新点燃。

游坦之哪怕拥有志气或激愤之心，也可能拥有不一样的命运。游坦之小时候顽劣异常，学什么都是半途而废，但他也曾经立志报仇、悍不畏死：

> 那少年挺了挺身子，大声道："我叫游坦之。我不用你来杀，我会学伯父和爹爹的好榜样！"说着右手伸入裤筒，摸出一柄短刀，便往自己胸口插落。萧峰马鞭挥出，卷住短刀，夺过了刀子。游坦之大怒，骂道："我要自刎也不许吗？你这该死的辽狗，忒也狠毒！"
>
> 《天龙八部》第二十七章"金戈荡寇鏖兵"

项羽小时候也是学什么都不成。《史记·项羽本纪》提到："项籍少时，学书不成，去学剑，又不成。项梁怒之。籍曰：'书足以记名姓而已。剑一人敌，不足学，学万人敌。'于是项梁乃教籍兵法，籍大喜，略知其意，又不肯竟学。"但是项羽有志向："秦始皇帝游会稽，渡浙江，梁与籍俱观。籍曰：'彼可取而代也。'梁掩其口，曰：'毋妄言，族矣。'"

　　游坦之虽然不像项羽一样"长八尺余，力能扛鼎，才气过人"，但拥有《易筋经》和冰蚕劲的他也一样让人害怕忌惮。但是没有志向或者激愤之心的游坦之，无法驾驭自己的内力和武功。最终——

　　他父亲死后，浪迹江湖，大受欺压屈辱，从无一个聪明正直之士好好对他教诲指点，近年来和阿紫日夕相处，所谓近朱者赤，近墨者黑，何况他一心一意的崇敬阿紫，一脉相承，是非善恶之际的分别，学到的都是星宿派那一套。星宿派武功没一件不是以阴狠毒辣取胜，再加上全冠清用心深刻，助他夺到丐帮帮主之位，教他所使的也尽是伤人不留余地的手段，日积月累的浸润下来，竟将一个系出中土侠士名门的弟子，变成了善恶不分、唯力是视的暴汉。

　　　　　　　　《天龙八部》第四十一章"燕云十八飞骑，奔腾如虎风烟举"

　　如果没有道德操守、内心坚持，过人的能力可能反倒是双刃剑，在伤害别人的同时也毁灭自己。

60 梅超风：有哪些读研的道理后悔没有早点知道

一生负气成今日，四海无人对夕阳。

——梅超风

梅超风家境很好，时运不济，而又才华横溢。

梅超风家境优越，这从她的原名就能看出来。梅超风的原名是梅若华。若华，若木（《山海经》中提到的一种植物）的花，出现在屈原的《天问》、曹植的《感节赋》中。这样的一个名字，恐怕不是一般的家庭能想出来的。比如，在《射雕英雄传》中，嘉兴市井的女孩可能叫小莹，牛家村农家的女孩可能叫萍；稍微有点文化的家庭取的名字会文雅点，如红梅村私塾老师的女孩可能叫惜弱，牛家村出身的卖艺人的义女可能叫念慈；再进一步，宝应地主家的女孩可能叫瑶迦；只有家学渊源的女孩才能叫蘅、蓉等。这样看来，梅超风家境应该很好。

然而梅超风命运很差。

不幸父母相继去世，我受着恶人的欺侮折磨。

《射雕英雄传》第十章"冤家聚头"

梅超风虽然家境很好，但是父母相继去世之后，她的厄运就开始了，受恶人欺负。终于，梅超风被黄药师发现和拯救。黄药师恐怕不是万家生佛，谁都救的，不但看缘分，估计也要看天资。梅超风很可能天资聪颖。黄药师的徒弟个个资质极佳。

黄药师望着曲灵风的骸骨，呆了半天，垂下泪来，说道："我门下诸弟子中，以灵风武功最强，若不是他双腿断了，便一百名大内护卫也伤他不得。"

《射雕英雄传》第二十六章"新盟旧约"

曲灵风的武功甚至比练过《九阴真经》的陈、梅还要厉害，而且数次出入大内搜罗无数古玩，武功应该极高，这没有天分是不成的。陈玄风可以用自己的法子练习《九阴真经》，应该也是天资高迈、很有创造力的人物。陆乘风通晓书画、奇门，虽然腿废了，但是武功不弱，而且经营太湖归云庄好大一份家业，资质也是不必说了。冯默风用烧红的铁拐破了李莫愁的拂尘、毒掌，也是别有巧思的超卓人物。

从黄药师给徒弟命名上，大体能看出六个徒弟的天分。灵、玄、超、乘、眠、默，可以分三组，灵玄是一组，通灵入玄，资质最好；超乘是一组，超越凌驾，资质次之；眠默是一组，安眠沉默，资质又次之。

梅超风作为黄药师唯一的女弟子，资质可以想见。

梅超风在学武的时候，做出了两个致命的误判。第一个误判是和陈玄风的感情带来的责罚。

梅超风和师兄陈玄风相恋后，担心师父责罚，故而逃走。然而，这种担心可能是错误的。黄药师是对标无崖子的人物，崇尚逍遥，最恨仁义礼法，最恶圣贤节烈，对于弟子之间的感情，怎么会一定责罚呢？

桃花岛主东邪黄药师，江湖上谁不知闻？黄老邪生平最恨的是仁义礼法，最恶的是圣贤节烈，这些都是欺骗愚夫愚妇的东西，天下人世世代代入其彀中，还是懵然不觉，真是可怜亦复可笑！我黄药师偏不信这吃人不吐骨头的礼教，人人说我是邪魔外道，哼！我这邪魔外道，比那些满嘴仁义道德的混蛋，害死的人只怕还少几个呢！"

《射雕英雄传》第二十五章"荒村野店"

从这段话能看出，黄药师是很开明的。黄药师可不是说说，他亲手撮合了陆冠英和程瑶迦的婚事。也就是说，黄药师不但不责罚，还鼓励这种两情相悦。梅超风可能高估了来自黄药师的责罚。

梅超风第二个误判是自己的武学。

梅超风和陈玄风在求学的时候，选择自己方向的时间比别的学生要晚。曲灵风作为大弟子，很早就开始学习劈空掌，还有个备选的碧波掌法，这也罢了；可是老四陆乘风也会劈空掌，还会奇门五行、文玩书画鉴赏。这让陈、梅二人忧心忡忡。他们以为师父偏心，所以心态崩了。

基于这两个误判，梅超风做出了错误的决定，跟随陈玄风，盗经逃离桃花岛。

梅超风和陈玄风既然没有从黄药师手里得到武功方向，就一不做二不休，盗取《九阴真经》，逃离桃花岛。他们的想法是，既然你黄药师不给我们课题，我们就偷走号称天下绝学的《九阴真经》。他们不知道的是，《九阴真经》并非绝顶武功。他们更不知道的是，哪怕是通俗易懂的《九阴真经》，只有下卷，一般人的阅读理解能力恐怕也无法充分掌握。

以后是在深山的苦练，可是只练了半年，丈夫便说经上所写的话他再也看不懂了，就是想破了头，也难以明白。

《射雕英雄传》第十章"冤家聚头"

梅超风和陈玄风这时候已经意识到自己的学术训练做得并不好，但是已经晚了，无法回头。他们只能咬着牙继续自己练，希望有一天能发生奇迹。梅超风在心中回忆当年的那一幕：

> "我说：'你懊悔了吗？若是跟着师父，总有一天能学到他的本事。'他说：'你不懊悔，我也不懊悔。'于是他用自己想出来的法子练功，教我跟着也这么练。
>
> 他说这法子一定不对，然而也能练成厉害武功。
>
> 《射雕英雄传》第十章"冤家聚头"

逃离桃花岛后，梅超风犯了另一个错误：违反医学伦理。

因为无法理解《九阴真经》，陈、梅二人决定铤而走险，在没有充分理解《九阴真经》的情况下，开展人体实验。

> 那一日陈、梅夫妇在荒山中修习九阴白骨爪，将死人骷髅九个一堆的堆叠，凑巧给柯氏兄弟撞上了。柯氏兄弟见他夫妇残害无辜，出头干预，一动上手，飞天神龙柯辟邪死在陈玄风掌下。幸好其时陈、梅二人九阴白骨爪尚未练成，柯镇恶终于逃得性命，但一双眼睛却也送在他夫妇手里。
>
> 《射雕英雄传》第四章"黑风双煞"

陈、梅二人为了取得更大的武学成就，采用人体进行实验，这严重违反了医学伦理。医学伦理委员会的柯镇恶、柯辟邪弟兄提出质疑，反倒被陈、梅二人伤害。然而，陈、梅的名誉被大大地损害了。

梅超风在错误的道路上越走越远。

梅超风还追求速效，然而欲速则不达。

> 唉，这内功没人指点真是不成。两天之前，我强修猛练，凭着一股刚劲急冲，突然间一股气到了丹田之后再也回不上来，下半身就此动弹不得了。
>
> 《射雕英雄传》第十章"冤家聚头"

梅超风追求速效，强修猛练，结果瘫痪了。梅超风最大的失误是在没有得到很好的学术训练的情况下强行独立，结果一错再错，终于无法挽回。

总结一下梅超风的错误：对师父误判；没有足够的基础就换方向；自己独立过于急躁，违反医学伦理，又贪多躁进。

在金庸小说中，名字有若字的，如周芷若、苗若兰，大都命运多舛，尤其是梅超风（若华）。

若不撒开终是苦，各自捺住即成名。

对于梅超风而言，她应该好好抓住而终于撒开的是她错过的学术训练，她不应该抓住不放而终于捺住的是给她带来灾祸的名气。

61　杨康：师父？师傅！

我爱我师，但我更爱自己。

——杨康

对于杨康，学术这瓶酱油是权势这道大餐可有可无的佐料。

杨康又名完颜康，表面上看是金国六王子完颜洪烈的独子。生在权势之家，杨康从小受到的恐怕是帝王术的教育。帝王术是韩非的"明主不躬小事"，所以杨康不是很在乎武功这种小事。帝王术也是马基雅维利所谓的"君主应同时具备狐狸和狮子的本领：狮子有足够的实力震慑群兽，却不会躲避猎人的陷阱；狐狸懂得躲避猎人的陷阱，却没有实力震慑群兽。所以君主应该像狐狸一样躲避陷阱，像狮子一样震慑群兽。"（"A prince must imitate the fox and the lion, for the lion cannot protect himself from traps, and the fox cannot defend himself from wolves. One must therefore be a fox to recognize traps, and a lion to frighten wolves."）。杨康绝不缺少聪明，但是威慑力还不够。他需要的是威慑力，所以他也不是完全不在乎武功这种小事。

因此，当杨康七岁那年，一个穿着奇怪、头型不男不女、左腮有颗红痣的男人找到他，说要教他武功时，不但完颜洪烈同意，杨康自己也觉得有些幸运。**丘处机这个师父是天上掉下来的。**完颜洪烈当然知道这个人就是七年前射了自己一箭的那个道人：

> 完颜洪烈定了定神，见他目光只在自己脸上掠过，便全神贯注的瞧着焦木和那七人，显然并未认出自己，料想那日自己刚探身出来，便给他羽箭掷中摔倒，并未看清楚自己面目，当即宽心，再看他手中托的那口大铜缸时，一惊之下，不由得欠身离椅。

《射雕英雄传》第二章"大漠风沙"

但完颜洪烈久攻帝王术，城府极深，知道丘处机多年前认不出自己，现在就更不会认出自己。现在自己坐镇主场，身边高手环绕，并不怕丘处机。而且，让他教杨康武功好处有二。第一个好处是可以撇清自己和郭、杨天降横祸的关系，让包惜弱见过的丘处机教杨康武功，还有杨家枪法，能真正得到包惜弱的芳心。当然，完颜洪烈也有办法让包惜弱并不真正和丘处机见面，因为包惜弱有羞愧之心。第二个好处是显示自己胸怀宽广，有孟尝君的风采，有助于招揽天下英豪。想想看，连抗金联盟中极具号召力的丘处机都来教自己的孩子，这对完颜洪烈的政治影响力是好处还是坏处？

丘处机当然也认识包惜弱，但他并不知道完颜洪烈和自己的"一面之缘"。他性子粗疏，老而弥烈，当年就上了完颜洪烈的当，如今也没有仔细考虑包惜弱如何来到赵王府，更无法得知郭、杨之祸的真相。

丘处机只知道包惜弱是念旧的人。他之所以能找到包惜弱和杨康，极有可能是在包惜弱从临安牛家村故居搬东西时发现线索的。包惜弱隐居赵王府，全真教就算有天大的本事也不易找到，但念旧的包惜弱从牛家村搬来铁枪破犁，估计是被丘处机在牛家村长期潜伏的眼线发现，所以能顺藤摸瓜。丘处机还知道江南七怪和郭靖的动向，估计也是利用了潜伏在嘉兴的眼线，从江南七怪的家人、朋友处得到线索，以便知己知彼。

但丘处机还是留了几手。比如他收徒的事甚至连师弟也不知道：

> 王处一……寻思："丘师兄向来嫉恶如仇，对金人尤其憎恶，怎会去收一个金国王爷公子为徒？何况那完颜康所学的本派武功造诣已不算浅，显然丘师哥在他身上着实花了不少时日与心血，而这人武功之中另有旁门左道的诡异手法，定是另外尚有师承，那更教人猜想不透了。"
>
> 《射雕英雄传》第八章"各显神通"

再比如丘处机教给杨康的武功可能主要是用于比赛而不是伤人的。因为从后来杨康的表现看，每到关键时刻，他用的都是梅超风的招数。

> 他左掌向上甩起，虚劈一掌，这一下可显了真实功夫，一股凌厉劲急的掌风将那少女的衣带震得飘了起来。这一来郭靖、穆易和那少女都是一惊，心想："瞧不出这相貌秀雅之人，功夫竟如此狠辣！"
>
> 《射雕英雄传》第七章"比武招亲"

杨康被穆念慈激怒，被杨铁心纠缠，和郭靖比拼，关键时刻用的都是梅超风的武功。所以丘处机似乎没有教给杨康杀招。全真派可不是没有杀招，丘处机自己都开发了"同生共死"这种玉石俱焚的招数。就像海大富教给韦小宝的用于和康熙对打的招式，又哪里有真的狠招呢？

但丘处机心高气傲，也不想输，所以在距离比武还有两年的时候派自己最好的徒弟尹志平去大漠，试试郭靖的武功。尹志平确实小胜郭靖，再加上自尊心，回去之后，恐怕会半真半假地说郭靖武功平平，这样一来，丘处机对杨康就更不上心了。尹志平试探之后的两年，丘处机都没有在杨康身边。

丘处机的心思，杨康可能也早就感受到了。事实上，杨康也早早地找了下一个师父。

第二个师父似乎是杨康自己选的。汤祖德，这个粗鲁的武官，一直不受完颜洪烈重视，成为了杨康的第二个师父。选汤祖德，可能是杨康的病急乱投医。杨康年龄渐长，知道威严的重要性，可是丘处机教给自己的用于比赛的武功无法带来威严，让他很是恼火，于是可能就选了汤祖德。

杨康选择汤祖德，可以说是"取之仅锱铢，用之如泥沙"。为了应对突然出现的王处一，杨康甚至利用了汤祖德。当王处一突然出现，认出杨康的师承时，杨康最初反应是承认丘处机。可是在等待王处一、郭靖赴宴的时刻，经过一番短暂的思索，杨康就做出了决定：不认，而且用汤祖德做挡箭牌。杨康可能在一刹那想明白了，丘处机这个师父就是个师傅，和汤祖德一样，我为什么要尊敬他呢？祭出汤祖德这一看似无用的举动，实际是杨康在宣告：这些人只不过是我的师傅罢了，"率土之滨，莫非王臣"，不配拥有我的尊重。学术只是我获得权力的手段，师傅也只是获得权力的工具而已。

当然，杨康敢于用汤祖德向全真派示威，还在于他早就拜师梅超风了。

梅超风眼盲是在郭靖六岁时，此后梅超风被完颜洪烈收留。几年后她练功被杨康看到并收杨康为徒。又是几年后她随完颜洪烈去大漠，为了祭拜陈玄风，遇到马钰和江南六怪，被惊走。当时郭靖十六岁，所以恰逢陈玄风十年死祭，也能对上。

我们假设这两个"几年"相当，那就是各五年。所以梅超风教给杨康武功应该是在杨康 11 岁时。杨康被丘处机找到时是七岁。所以在丘处机教了四年后，杨康就师从梅超风。

杨康要的是像狮子一样震慑群兽的威慑力，梅超风阴毒狠辣的九阴白骨爪简直是再合适不过了。

如果没有杨铁心的出现，杨康的武功已经足够了。

杨铁心的出现，提高了杨康武功预期的下限。

杨康从小得到的教育恐怕是马基雅维利式的，权力以及荣华富贵是唯一的追求。这和完颜洪烈的定位有关。完颜洪烈年纪很小就同王道乾策划进攻大宋，结果王道乾被丘处机斩杀，完颜洪烈自己也几乎毙命，但这磨炼了完颜洪烈。后来完颜洪烈获封赵王，这可不是一般的名号，而是类似王储的位子，因为燕赵一带可是金国的龙兴之地。三王子完颜洪熙的名号是荣王，但比赵王可差远了。历史上有名的赵王那可有胡服骑射的赵武灵王，完颜洪烈获封这个名号，绝不一般。在去大漠离间铁木真、扎木和以及王罕时，完颜洪烈虽是弟弟，但似乎权势更大。所以完颜洪烈可能很小的时候就灌输杨康各种君主的理念了。这种教育下成长的杨康，思维很早就定型了：

> 完颜康心想："难道我要舍却荣华富贵，跟这穷汉子浪迹江湖，不，万万不能！"他主意已定，高声叫道："师父，莫听这人鬼话，请你快将我妈救过来！"丘处机怒道："你仍是执迷不悟，真是畜生也不如。"

> 《射雕英雄传》第十一章"长春服输"

当包惜弱、杨铁心喋血街头时，杨康的荣华富贵似乎破灭了。然而，完颜洪烈依然给了杨康一个大金国钦使。完颜洪烈是了解自己的这个养子的，但是要让此时的杨康具有往昔的荣光已经不可能，只能让他建功立业。十八年前完颜洪烈自己南下杭州，出生入死，如今，十八岁的杨康也需要自己挣得自己的荣华了。完颜洪烈也真的是栽培杨康，自己当年联系的不过是一个特使王道乾，而他让杨康联系的则是宋朝的丞相史弥远。

可惜杨康的运气和完颜洪烈一样差。他先是被陆冠英凿船生擒，后被陆乘风打败。等到郭靖和梅超风比武的时候，杨康发现郭靖居然和自己最厉害的师父相仿佛：

> 完颜康又妒又恼："这小子本来非我之敌，今后怎么还能跟他动手？"

> 《射雕英雄传》第十四章"桃花岛主"

杨康本来不必在乎武功，可是如今，武功对他很重要。杨康此时的处境其实和霍都类似。郭靖初见霍都就肯定他不是托雷的儿子，恐怕是庶出。所以霍都终其一生在力图获得政治资本，比如拜师金轮法王，兴兵争夺武林盟主，隐身丐帮多年以图谋帮主之位，等等。等到杨康确认完颜洪烈十八年前抢夺包惜弱的真相之后，虽有犹疑，但完颜洪烈一句话就搞定了杨康："锦绣江山，花花世界，日后终究尽都是你的了。"但是，武功成了杨康的致命问题。杨康在丧失金王子的政治合法性之后，必须让自己的武功非常厉害，才有一线生机。

欧阳锋的出现，给了杨康新的希望。

欧阳锋劫后余生，却轻轻巧巧地戏弄灵智上人于股掌之间。见此情景，杨康马上下了决定：

> 完颜洪烈刚说得一句："孩子，来见过欧阳先生。"杨康已向欧阳锋拜了下去，恭恭敬敬的磕了四个头。他忽然行此大礼，众人无不诧异。

> 《射雕英雄传》第二十二章"骑鲨遨游"

金庸说成功的政治领袖要"决断明快"，杨康绝对是一个这样的人。他的反应比老奸巨猾的完颜洪烈还要快。相比之下，杨过后来屡次意图杀郭靖，却始终无法下手，忽必烈虽说杨过为人"飞扬勇决"，可是还比不上杨康。

哪知道欧阳锋直截了当地拒绝了：

岂知欧阳锋还了一揖，说道："老朽门中向来有个规矩，本门武功只是一脉单传，决无旁枝。老朽已传了舍侄，不能破例再收弟子，请王爷见谅。"完颜洪烈见他不允，只索罢了，命人重整杯盘。杨康好生失望。

《射雕英雄传》第二十二章"骑鲨遨游"

欧阳锋不知道的是，他的这次拒绝，居然送了自己唯一儿子的命。

后来黄药师痛哭狂歌，杨康解释：

杨康道："他唱的是三国时候曹子建所做的诗，那曹子建死了女儿，做了两首哀辞。诗中说，有的人活到头发白，有的孩子却幼小就夭折了，上帝为甚么这样不公平？只恨天高没有梯阶，满心悲恨却不能上去向上帝哭诉。他最后说，我十分伤心，跟着你来的日子也不远了。"众武师都赞："小王爷是读书人，学问真好，咱们粗人哪里知晓？"

《射雕英雄传》第二十二章"骑鲨遨游"

杨康的这一举动极其反常。书中从未展现杨康文艺的一面，为何这时不厌其烦？多半是杨康此时已萌杀机，用曹植女儿的死暗示欧阳锋侄儿欧阳克的死，借以雪自己拜师不得之辱，但不敢太明显而已。所以在荒村野店，杨康杀死欧阳克，表面上看欧阳克死于好色，但事实上杨康计划早定。

杨康道："我早有此意，只是他们派中向来有个规矩，代代都是一脉单传。此人一死，他叔父就能收我为徒啦！"言下甚是得意。

《射雕英雄传》第二十五章"荒村野店"

杨康对师父的选择就是他的马基雅维利式的君主观：师父只是工具。但工具也会反噬——杨康死于欧阳锋的蛇毒。

62　李莫愁：为什么我的合作总是失败

机关算尽太聪明，反误了卿卿性命。

——李莫愁

古墓派学生李莫愁是个有小聪明的人。

李莫愁的小聪明在于，一个很一般的武功，她能做得有声有色。古墓派的武功包括入门武功、全真派武功、《玉女心经》以及高阶的玉女素心剑法。李莫愁从古墓二代林朝英的丫鬟身上只学会了古墓派入门武功。就像少林派虽然有般若掌、拈花指，但虚竹只学会了罗汉拳、韦陀掌一样。但是，同虚竹不同的是，就凭着这简单的古墓派入门武功，李莫愁居然纵横江湖，甚至可以和梅超风相提并论。柯镇恶、郭靖初遇李莫愁时都认为她不弱于梅超风。要知道，梅超风虽然学的也是桃花岛入门武功，但是梅凭借《九阴真经》下卷成名，更和陈玄风互相切磋琢磨，才取得"黑风双煞"的名头。李莫愁单打独斗，就让江湖闻名变色，这说明李莫愁非常聪明。

李莫愁有自己的武功发明，这极其不容易。李莫愁在古墓派入门武功的基础上，自己开发了以拂尘运使的"三无三不手"。需要注意的是，李莫愁没有选择古墓派擅长的剑，而是选择了拂尘。拂尘的特点是作为武器的隐蔽性极强，让人疏于防备。李莫愁恰恰在拂尘的基础上开发了"三无三不手"：第一招"无孔不入"，攻击敌人四肢百骸；第二招"无所不至"，攻击敌人偏门穴道；第三招"无所不为"，更是攻击敌人眼睛、下阴等柔软部位。这"三无三不手"不但和拂尘完美配合，更兼招数走偏锋、阴狠毒辣，令人难以防备。

除了拂尘，李莫愁还擅长毒掌。没有证据表明毒掌来自古墓派，而极大可能是来自西毒欧阳锋。首先，欧阳锋初遇杨过，就识别出李莫愁的冰魄银针：

"你中的是李莫愁那女娃娃的冰魄银针之毒，治起来可着实不容易。"

《神雕侠侣》第二回"故人之子"

欧阳锋还轻车熟路地指点杨过解毒，似乎对冰魄银针很熟，而且精通治疗之法。欧阳锋和李莫愁很可能有过交集。

其次，李莫愁遇到冯默风的时候，对众多隐秘如数家珍。李莫愁熟知桃花岛陈、梅、曲、陆的隐秘。这里面尤其值得注意的是李莫愁对梅、陆秘史的了解。梅超风死于荒村野店保护黄药师的时候，当时的现场只有黄药师、欧阳锋、全真七子以及密室中的郭靖、黄蓉。这些人似乎没有谁有动机把梅超风之死的真相传播天下。陆乘风的归云庄大火的当事人则只有黄蓉、欧阳锋。黄蓉似乎也没有必要说烧了师兄的好大一片宅子。李莫愁知道这些秘史，是不是来自欧阳锋的口述？

李莫愁还曾引欧阳锋进入古墓，最终导致自己的师父伤重身死。

李莫愁和欧阳锋之间是否有过某种程度的接触，并从西毒手中得来了自己纵横江湖的五毒神掌？李莫愁的冰魄银针似乎比小龙女的玉蜂针还要厉害。伤在冰魄银针下的人不计其数，如杨过，幸亏得欧阳锋指点才幸存；尼摩星这种高手就没有这种幸运了，中了冰魄银针后靠截肢才苟活；而武三娘则吸冰魄银针之毒而死；还有一灯的师弟天竺僧也死于冰魄银针；至于黄蓉、金轮法王都对冰魄银针极为忌惮。玉蜂针从未获得如此大的震慑力。

从李莫愁的拂尘、毒掌、银针可以看出，她的武功都是完美回避了女性气力不足的弱点，而把阴毒狠辣发挥得淋漓尽致，这是李莫愁的聪明之处。

李莫愁的聪明还在于情报搜集工作非常精准。李莫愁因此熟知前朝掌故。比如她对郭靖的遭遇如数家珍，遇到跛足人就猜到是柯镇恶，遇到双雕就猜到是郭靖、黄蓉的宠物。当时郭靖名满天下，这也不足为奇。然而，当冯默风提到陈玄风的时候，李莫愁知道他是被一个小孩刺死的；当冯默风提到梅超风的时候，李莫愁知道她被江南七怪弄瞎眼睛，又被欧阳锋震断心脉；当冯默风提到曲灵风的时候，她知道曲灵风被大内高手围攻；当冯默风提到陆乘风的时候，她知道归云庄毁于一场大火。这些桃花岛门人的事迹谈不上是江湖盛事，又发生在十多年前，但李莫愁都如数家珍，可以说是江湖百晓生，这对李莫愁纵横江湖作用很大。

李莫愁还称得上算无遗策。李莫愁计赚孙不二可以看成是危机公关的经典案例。当面临被全真派围歼的危险时刻，李莫愁镇定自若，先是"出言相激"，要"逐一比武"，这样就化围歼为单挑；李莫愁又成功选取了孙不二 PK，孙不二不但是全真七子中武功最弱的，又是马钰的前妻，这样获胜希望最大，影响也最深；李莫愁还用冰魄银针伤了孙不二，这样就直接省略了后面的比武；李莫愁又送上解药，让全真七子再也无法为难她。李莫愁一连串的设计，真可以说是"一顿操作猛如虎"，而且真的奏效了。

总之，从武功、心计上看，李莫愁远胜梅超风。梅超风如果用一个字概括，就是狠；李莫愁用一个字概括则是毒。

李莫愁又很重感情，甚至情绪不可控制。

当她听到程英演奏的《流波》时，想到年轻时和陆展元笙箫合奏，郎情妾意，如今物是人非，何以笙箫默？竟然大哭。这说明李莫愁极其重感情。李莫愁的徒弟叫洪凌波，是不是希望自己能凌驾于对《流波》的怀念之上？如果说郭襄的徒弟叫风陵师太是为了纪念"风陵渡口偶相逢"，那么李莫愁的徒弟叫凌波是不是为了纪念"一曲《流波》误终生"？

最能反映李莫愁重感情的，是她五次唱起"问世间，情是何物"。

第一次，是杀情侣陆展元全家的时候；第二次，是听程英吹奏《流波》准备杀杨过的时候；第三次，是准备狙杀杨过、程英、陆无双的时候；第四次，是准备火焚郭芙的时候；第五次，是自焚的时候。纵观这五次，可以看出李莫愁是极重感情的偏执型人格，她唱的"情为何物"都是杀人的号角，不是你死，就是我亡，这是李莫愁的人生哲学。

"痛饮狂歌空度日，飞扬跋扈为谁雄？"李莫愁没有痛饮，但狂歌度日，飞扬跋扈，可以说是性格使然了。

李莫愁在聪明的同时情绪却不可控，独立且自私，可能因此无法与人合作。

李莫愁和师父的合作可以说惨淡收场。根据丘处机的说法，李莫愁和师父学了几年之后，被发现本性不善，因此被劝说退学；根据小龙女的说法，李莫愁因不听师父的话，被赶走；而根据书中至少两次的背景介绍，李莫愁是因为不肯永居古墓才离开的。这三种说法其实相差很大，第三种说法最具可信度，其语气则说明林朝英的丫鬟，也就是李莫愁和小龙女的师父，似乎是很器重李莫愁的，只是李莫愁选择了离开。但无论哪种说法可信，李莫愁的第一次师徒间合作都显然并不愉快。

李莫愁和师妹小龙女之间则始终争执不断，都是为了抢夺《玉女心经》。两人的第一次争执起于师父死后，李莫愁以吊祭之名，行窥探甚至劫掠之实，但以失败告终。此后，李莫愁又多次掀起波澜，均灰头土脸。在《神雕侠侣》中李莫愁又曾两次入侵活死人墓，一次是和徒弟洪凌波，另一次是和耶律齐等人，但都被杨过破坏。

李莫愁和自己的两个徒弟相处得也很差。陆无双和她有杀害父母的血海深仇也就罢了，洪凌波是忠心耿耿的弟子。然而，在绝情谷，李莫愁为了逃出情花丛，居然将洪凌波当作垫脚石。然而洪凌波在临死前也抱住了李莫愁，以至于李莫愁也中了情花之毒。黄蓉指出李莫愁完全有别的垫脚的方法，但是李莫愁刚愎自用又自私自利，竟然牺牲自己唯一忠心耿耿的徒弟的性命。

李莫愁和自己追求的陆展元、追求自己的公孙止之间的合作也不融洽。关于李莫愁与陆展元之间的纠葛，小说中语焉不详，然而，李莫愁心狠手辣、滥杀无辜恐怕不是李、陆分手之果，而恰恰是李、陆分手之因。

李莫愁唯一的短暂合作顺畅发生在她与黄蓉之间。她们甚至一起携手照顾郭襄。这说明在和比自己聪明的人合作时，李莫愁又变得情商在线了。然而这次短暂的合作很快终结，当耶律齐而不是黄蓉同李莫愁一起进入古墓后，李莫愁又变得歇斯底里了。

李莫愁很聪明，但是情绪不受控制，更兼自私，导致一生合作失败。

司马迁在《史记·殷本纪》中评价殷纣王说："帝纣资辨捷疾，闻见甚敏，材力过人，手格猛兽，智足以拒谏，言足以饰非；矜人臣以能，高天下以声，以为皆出己之下。"李莫愁似乎也是如此，头脑聪明，武力强大，因为聪明而不接受建议，因为聪明而颠倒黑白，因为聪明又武力强大而视天下若无物。

李莫愁的合作史似乎可以用一句诗概括："天下谁人不识君，莫愁前路无知己。"

李莫愁的聪明、强大让自己名满天下，无人不识；李莫愁的性格则让自己的前路没有知己，抑郁而终。

✿注：关于"问世间，情是何物"的出处

此歌来自元好问的《摸鱼儿·雁丘词》。这首词写于金章宗泰和五年（1205年），当时元好问只有 15 岁。这首词写出后二十几年，李莫愁就词不离口了。

63　宋青书：改革者的挽歌

　　吾敬宋青书之才，吾惜宋青书之识，吾悲宋青书之遇。

——宋青书自挽

武当派的危机比全真教要大。

　　不知从什么时候起，张君宝意识到，自己身上居然印上了王重阳的影子，甩也甩不掉。也许是他在华山之巅，偶遇杨过等人的时候？当时他就约略知道自己练习的《九阳真经》大有渊源，而在此之前，有个王重阳，在第一次华山论剑的时候得到了早负盛名的《九阴真经》。也许是他在少室山下，再逢郭襄的时候？当时郭襄使用了十种武功招式，其中两招和王重阳关系匪浅，分别是全真剑法之"天绅倒悬"、玉女素心剑法之"小园艺菊"。也许是他在逃亡途中，远望襄阳的时候？当时郭靖如泰山北斗，脚踏七星，而北斗正是王重阳开发的阵法。也许最可能，是他北游宝鸣，见到三峰挺秀，卓立云海，于武学之道又有所悟的时候？宝鸣离终南山不远，从此张君宝变成了张三丰。《易经》中说"丰，宜日中"。丰也有阳的意思，三丰是不是胜过了重阳？张君宝取张三丰这个名字，是不是也有与王重阳一较高低的意思？

　　似乎从此张三丰不再遮掩他对王重阳的隔空挑战。所以后来张三丰也收了七个徒弟，武当七侠对标全真七子。所以后来张三丰也创立了一种阵法，真武七截阵对标天罡北斗阵，而且叠加效果更强。所以后来张三丰也创立了一种轻功，梯云纵对标金雁功。张三丰的感情生活似乎也和王重阳惊人的相似。王重阳和林朝英暗自比拼，终于不能牵手；张三丰和郭襄也只是少室遗梦，而终于百年孤独、追忆似水年华。王重阳曾经在林朝英逝世以后造访古墓，伊人芳踪已杳，情影长留心头；张三丰则保留郭襄赠予的铁罗汉近百年，受人罗汉，手有余襄。甚至张三丰的门人弟子也和全真七子很像。比如殷梨亭自己开发了一招"天地同寿"，而丘处机很久前创立了"同归剑法"，两者都是同生共死的打法。

　　但与王重阳相比，张三丰有两点黯然失色：首先，王重阳得到的《九阴真经》是全本，张三丰则同郭襄、无色各得《九阳真经》的三分之一；其次，王重阳创立了华山论剑论坛，张三丰则没有如此树立学术地位的盛会。

　　所以，王重阳一统学术江湖近百年，门生故吏遍布天下，少林寺也相形见绌；而张三丰则只能和少林派、峨嵋派、昆仑派、崆峒派、华山派平起平坐，更不要提明教了。明教就像战国时的秦国，"有席卷天下、包举宇内、囊括四海之意，并吞八荒之心"。而张三丰创立的武当派恐怕只相当于楚国，还位列相当于齐国的少林寺之后。

　　即使以武功而论，六大门派各有千秋。少林派在短暂地为全真派压制之后，大胆采纳少林九阳功，王者归来。峨嵋派郭襄家学渊源，武功由博而精。崆峒派的七伤拳开武学中先伤己、后伤人的新境界。昆仑派自从天才人物昆仑三圣何足道大好开局之后，日渐做大。华山派的武功似乎也有独到之处。相比之下，武当派在最初的时候，武功也谈不上有多大的特色。

　　更要命的是，武当派第二代并没有能作出武学发明的杰出人物。宋远桥掌法尚可，光明顶上同殷天正旗鼓相当，但占了休息充分又年轻的便宜。俞莲舟自己开发了虎爪手，但招式过于阴毒，为张三丰不喜。俞岱岩瘫痪在床。张松溪智谋有余而武功不足。张翠山才华横溢，悟性最高，但是早死。殷梨亭剑法第一，原本最具潜力，但是性格脆弱，难成大器。唯有莫声谷，似乎可以声震百里，空谷回响，但他最终死于空谷，莫能传声。

　　如果说武当派学术还有所仗势的话，武当后继无人的状况似乎没有解决之道。少林派人丁兴旺不说了，峨嵋三代也有纪晓芙、丁敏君、贝锦仪、周芷若等很多俗家弟子以及静玄等很多出家弟子；相比之下，武当派第三代只有一个宋青书，其他人都默默无闻。

　　宋青书就出生在这个武当派学术后继无人的危机时代，这是宋青书的原罪。

　　宋青书是光大武当派的不二之选。

　　宋青书颜值极高，而且"俊美之中带三分轩昂气度"，因为胸藏锦绣，所以才气度轩昂。宋青书外号"玉面孟尝"，看来不仅人漂亮，而且慷慨重义、交游广阔。宋青书反应迅捷，指挥若定。初遇韦一笑，宋青书迅速做出反应，指挥峨嵋派诸人堵截韦一笑，逼得韦一笑只能"疾驰而逝"，以至于韦一笑也对宋青书交口称赞，以为他是峨嵋派的，说："峨嵋派竟有这等人才！"后来崆峒等门派遇险，宋青书对形势洞若观火：

　　宋青书道："且慢，六叔你瞧，那边尚有大批敌人，待机而动。"

　　　　　　　　　　《倚天屠龙记》第十八章"倚天长剑飞寒铓"

　　是不是像《曹刿论战》里面的"公将鼓之，刿曰，未可。齐人三鼓，刿曰，可矣。"？

　　宋青书还有过耳不忘的非凡本领，一经引荐，就对峨嵋派弟子如数家珍，令灭绝师太也印象深刻。

宋青书有几点为人所误解，比如他在去光明顶的路上提议与峨嵋派同行，比如他向灭绝师太请教剑法。事实上，如果不是与峨嵋派同行，那么峨嵋派、武当派都会有更大的损失。宋青书的提议极大地挽救和保存了两派。宋青书的提议恐怕不仅仅是为了接近周芷若。**宋青书向灭绝师太请教武功则更是大有深意。**事实上，武当派的有识之士都有通过改革开放促进武当武功发展的想法：

> 张翠山只作没听见，说道："二哥，倘若师父邀请少林、峨嵋两派高手，共同研讨，截长补短，三派武功都可大进。"俞莲舟伸手在大腿上一拍，道："着啊，师父说你是将来承受他衣钵门户之人，果真一点也不错。"

《倚天屠龙记》第九章"七侠聚会乐未央"

武当派的有识之士早就意识到学术需要合作，才能弥补武当派的不足。天资最高的张翠山、心机深沉的俞莲舟都是如此判断。事实上殷梨亭交接纪晓芙也有学术合作的深意。但没有人比宋青书更加积极付诸行动，做得更好，他直接找上了灭绝师太。在同峨嵋派共赴光明顶的时候，宋青书请教灭绝师太武功，但一开始碰了个钉子。然而宋青书情商极高，以退为进，诱得丁敏君询问，再说出灭绝师太剑法天下第二，仅次于一代宗师张三丰，结果灭绝师太欣然传授宋青书剑法。宋青书的这次试探，其实是为了通过切磋光大武当派武功。

当年张三丰去嵩山，意图同少林寺切磋九阳功，以救治张无忌的掌伤，结果没有成功——"不论他说得如何唇焦舌燥，三名少林僧总是婉言推辞。"张三丰甚至都不敢去找峨嵋派的灭绝师太，只能写信，但是"灭绝师太连封皮也不拆，便将信原封不动退回"。张三丰的失败可能还是放不下架子。相比之下，宋青书轻轻巧巧地就赢得了灭绝师太的积极回应，这是什么样的能力和素质？

宋青书结交周芷若，固然可能是出于感情，但是有没有为了武当派发展考虑的因素？殷梨亭同纪晓芙的合作是失败的，宋青书是不是能做成殷梨亭做不到的事？宋青书才华横溢，当然看出峨嵋派自灭绝以下，周芷若最具潜力，同周芷若合作，当然可以互相切磋，光大武当派。

武当派成也张三丰，败也张三丰。

以张三丰和武当派第二代为代表的保守派已经事实上阻碍了武当派的进一步发展。一个例子是张三丰对发明创造的打压，比如张三丰对俞莲舟创新活动的否定。武当派有门武功名为虎爪手，俞莲舟注意到了这门武功的一个弱点，就是遇到高手往往会变成比拼内力的局面，以至两败俱伤。俞莲舟因此开发出了十二个新招，威力更大。但张三丰是什么反应呢？他先是"不置可否"，然后板起脸孔，说俞莲舟的武功不够正大光明，并给新招加上了"绝户"两个字。从此弟子噤若寒蝉，甚至当张翠山回来，各大门派齐聚武当，局面岌岌可危时，武当派第二代还在考虑是否使用虎爪手的问题。再比如张三丰对殷梨亭的学术发明的冷处理。殷梨亭开发了一招剑法，张三丰又是"喟然长叹"，并起名"天地同寿"。生存还是死亡，这是一个问题；光明还是阴暗，这对于武当派来说更是一个大问题。光明正大，是武当派的政治正确。所以，仔细看看武当派第二代的武功，大都是萧规曹随，毫无创新。

宋青书的武当派中兴之路在遇到陈友谅之后急剧转弯，终于不可控，以至于翻车。

宋青书石岗比武，杀死莫声谷一事疑点重重，也从未被认真对待。 莫声谷最后一次出现是在大都万安塔。当时武当、峨嵋等门派被赵敏囚系，直到张无忌救下众人，包括宋青书。此后张无忌遇到周芷若、赵敏等四女，阴差阳错漂流在大海之上。莫声谷留下的最后的信息所指不明：

> 只听得宋远桥道："七弟到北路寻觅无忌，似乎已找得了甚么线索，只是他在天津客店中匆匆留下的那八个字，却叫人猜想不透。"张松溪道："门户有变，极须清理。"
>
> 《倚天屠龙记》第三十二章"冤蒙不白愁欲狂"

而莫声谷的尸体藏在关外的一个山洞里面。张无忌当时从大海归来，为了安全从关外长白山附近登陆，又向南跑了几百里，远但远不到天津。也就是说，大都万安塔事件之后，莫声谷独自寻找张无忌，途经天津，留下信号，随后死于宋青书之手。那么，到底发生了什么呢？这件事的信息只有两个，一是来自陈友谅的：

> "宋兄弟，那日深宵之中，你去偷窥峨嵋诸女的卧室，给你七师叔撞见，一路追了你下来，致有石冈比武、以侄弑叔之事。"
>
> 《倚天屠龙记》第三十二章"冤蒙不白愁欲狂"

一是来自宋青书的：

> "陈友谅，你花言巧语，逼迫于我。那一晚我给莫七叔追上了，敌他不过，我败坏武当派门风，死在他的手下，也就一了百了，谁要你出手相助？我是中了你的诡计，以致身败名裂，难以自拔。"
>
> 《倚天屠龙记》第三十二章"冤蒙不白愁欲狂"

注意，宋青书从未承认自己偷窥峨嵋派诸女的事，而且还加上了陈友谅"花言巧语"等语。 宋青书承认的只是被莫声谷追踪。事实上，宋青书恐怕也没有时间偷窥。当时大家都从万安寺逃生，宋青书没有单独作案的时间。之后周芷若漂流大海，宋青书也没有偷窥的必要。宋青书俊美多才，曾吸引了丁敏君的关注，灭绝师太也很喜欢他，他没有动机偷窥没有周芷若的峨嵋派诸女。最后，如果说宋青书深宵去偷窥，那么莫声谷又怎么知道，他去干嘛了呢？

但事实上莫声谷确实死于宋青书之手，这个宋青书也承认了。唯一的可能是，万安寺一役之后，宋青书意识到武当派的问题，希望继续同峨嵋派甚至丐帮合作，由外而内，以光大武当派。然而，以莫声谷为代表的武当派第二代保守派的理念则是坚持武当派自己的武功。两者意见尖锐对立，不能融合，终于导致比武，在陈友谅的怂恿下，宋青书失手杀死莫声谷，从此无法回头。

莫声谷之死，死于学术之争。就像杨康杀欧阳克是为了学术成长一样，宋青书杀莫声谷也不是因为感情或者偷窥峨嵋派诸女，而是学术。

宋青书的努力，其实还是极大地影响了武当派的武学发展路径的。

在《倚天屠龙记》里，武当剑法数一数二的莫声谷使用的是绕指柔剑。后来张三丰开发了太极剑。在《笑傲江湖》里，令狐冲遇到武当派的两个挑柴的汉子，他们使用的则是两仪剑法，不再一味柔，而是刚柔并济。

当年，去往光明顶的路上，尽管危机四伏，但宋青书觉得前途一片光明，想的可能是

> 丈夫只手把吴钩，意气高于百尺楼。
>
> 一万年来谁著史，三千里外欲封侯。
>
> 定将捷足随途骥，哪有闲情逐水鸥。
>
> 笑指光明顶上月，几人从此到瀛洲？

如今，回到了武当山上，尽管生于兹长于兹，但宋青书白布罩头，一心待死，回顾前尘往事，想的则或许是

> 劳劳车马未离鞍，临事方知一死难。
>
> 三百年来伤国步，八千里外吊民残。
>
> 秋风宝剑孤臣泪，落日旌旗大将坛。
>
> 海外尘氛犹未息，请君莫作等闲看。

64　林平之：十七岁那年的大宛马

老至居人下，春归在客先。

——林平之

郭襄的十六岁生日，是漫天的烟花。林平之的十七岁生日，是洁白的大宛马。

两年之后，十八岁的郭襄在少室山下继续绽放，美得不可方物，张三丰都不敢看她的眼睛。两年之后，十九岁的林平之在福威镖局迅速枯萎，凋零得一塌糊涂，岳灵珊也对他心生怜爱。

多年以后，郭襄踏遍三山五岳，创峨嵋一派。"峨嵋山月半轮秋，影入平羌江水流。"峨嵋派武功如江水一样，流传久远。多年以后，林平之终老杭州梅庄地牢。"林表明霁色，城中增暮寒。"林平之表面看起来明艳照人，却老来颓唐，恰似暮寒。

郭襄大概出生于 1243 年，当时她的父亲郭靖可以说名满天下，而母亲则是丐帮帮主，郭襄得天独厚。当时，第二次华山论剑过去了 23 年，距离第三次华山论剑还要等待 16 年，《九阴真经》一统武林，方兴未艾。

林平之大概生于 1543 年，当时他的父亲是福威镖局的当家，母亲是洛阳王家的小姐，同样家世不凡。当时，距离林氏远祖林远图创立《辟邪剑法》已经快 150 年了，强弩之末，势不能穿鲁缟。

郭襄一出生就自带磨难光环，这从他的名字就能看出来：

黄蓉道："丘处机道长给你取这个'靖'字，是叫你不忘靖康之耻。现下金国方灭，蒙古铁蹄又压境而来，孩子是在襄阳生的，就让她叫作郭襄，好使她日后记得，自己是生于这兵荒马乱的围城之中。"

《神雕侠侣》第二十一回"襄阳鏖兵"

可见，郭襄真的是生于忧患。

林平之呢？从林家的名字上能看出林家的衰落和收缩：林家祖上渡元禅师还俗取名林远图，远图就是他的志向，事实上林远图虎踞福建，打败过号称"三峡以西剑法第一"的青城派高手青灵子，真的是远图了；林远图的儿子（或者是养子）叫仲雄，就是次雄，比远图已经要弱了些；林远图的孙子叫震南，虽然威震闽南，但其实名字似乎比远图、仲雄又弱了些；而平之呢，则可以说是极弱了。到了林平之这一代，林家似乎早已老骥伏枥、志气消磨了。

郭襄一出生就先后在杨过、李莫愁、小龙女、慈恩（裘千仞）等手中辗转，喝过猎豹鲜奶，见过宝马汗血，饮过玉蜂蜜浆，尝过獐子烤肉，上过终南，下过古墓，所以郭襄的开阔视野和胸襟在襁褓之中就开始形成了。

林平之的出生经历似乎并无特异之处。

郭襄人生的第一次绚烂是十六岁生日时的烟花，这是她自己凭本事赚来的。这些烟花，郭襄是以什么为代价换来的呢？是巨大的冒险、天生的豁达以及不错的运气。风陵夜话之后，郭襄先是孤身犯险，和相貌丑陋的大头鬼去找神雕侠，后来又冒险和带着诡异面具的杨过去捉九尾灵狐。郭襄的遭遇虽然奇绝，但也险绝。在这样的冒险中，郭襄的豁达大气和不错的运气成全了她，也涵养了她。杨过是因为郭襄的身世还是郭襄自己而送上烟花呢？我想兼而有之，但郭襄自身的原因肯定是主要的。

林平之人生的高光时刻是十七岁生日时的大宛马，这是家族的荣耀产物。林平之的外婆在洛阳花重金买了一匹大宛马，作为生日礼物送给了林平之。在这个过程中，林平之付出了什么呢？他似乎只凭着他的基因就得到了这一切。

郭襄十八岁出门远行，极有可能是一种武学实践之旅。

郭襄自北而南，又从东至西，几乎踏遍了大半个中原。

《倚天屠龙记》第一章"天涯思君不可忘"

郭襄没有必然出门远行的外在要求。出门历练不是郭靖、黄蓉子女的必修课。郭芙似乎从未离开父母太远。作为长子的郭破虏也没有远行。寻找杨过的理由也太过牵强。郭襄当然知道，以杨过的能力，如果不想让人找到，那天下几乎没有人能找到他。以黄蓉的精明强干，当然知道郭襄的心思，如果她不想让郭襄在外闯荡的话，一定有办法不让郭襄流浪。所以，郭襄能够独自一人浪游天下，肯定得到了郭靖、黄蓉的默许，甚至有可能暗中加以保护。郭襄可能是被郭靖、黄蓉选择来继承并弘扬武学的人物。

以郭靖的质朴、黄蓉的聪慧，很早就知道襄阳守不住。郭靖曾经对杨过说：

"我与你郭伯母谈论襄阳守得住、守不住，谈到后来，也总只是'鞠躬尽瘁，死而后已'这八个字。"

《神雕侠侣》第二十一回"襄阳鏖兵"

郭靖对杨过说这番话时，郭襄还没有出生。这番话表明郭靖、黄蓉对拱卫襄阳的结局是有过思考的。爱护子女是人的天性。那么，多年以后，郭靖、黄蓉是不是对自己城破身死后子女的去向早就做好了准备？郭芙不是大器，性情急躁，找个佳婿是最好的选择；郭破虏沉静庄重、大有父风，带在郭靖身边熏陶锻炼可能是好选择；郭襄却号称"小东邪"，异想天开，豁达豪迈，这样的才具适合放养。

郭靖、黄蓉是不是也觉得弘扬武学似乎是一个适合郭襄的人生选项？郭靖在第一次华山论剑的时候错失"古藤十二式"，这是他一生的胸中块垒。郭靖、黄蓉在第三次华山论剑时见识到了觉远的九阳功的无穷威力。让郭襄万里独行，是不是武学的大历练？当郭襄因情伤出走，郭靖、黄蓉会不会觉得给她个武学深造的作业会有助于她排遣抑郁？

郭襄在十六岁时武功平平，和姐姐拆过小擒拿手法，遇见杨过时施展过家传轻功，遇到尼摩星时用过落英神剑掌，也仅此而已。郭襄在十八岁遇到少林寺无色禅师时，居然已经能使用十种不同武功招式，连罗汉堂首座无色也无法看出郭襄的身份来历；不仅如此，郭襄还以剑使用棒法、掌法、指法，隐隐有无招胜有招的意蕴。很显然，郭襄利用两年时间很好地实现了武功的蜕变。

林平之十九岁出门远行，是被动选择的耻辱心酸。

林远图的《辟邪剑法》厉害无比，但因为众所周知的原因，林氏后人武功低微。林平之的父母既没有见识也没有资源给予林平之以指点。娇生惯养的他甚至武功还不如林震南。当林家被灭门后，林平之既没有眼光也没有运气做出好的武学选择。他甚至犹豫过是否要拜木高峰为师。当岳不群出现时，林平之病急乱投医，立刻拜师。当他后来意识到这一错误选择时，又选择了林氏祖传的《辟邪剑法》完成复仇，但也被复仇冲昏了头脑。

郭襄四十岁出家创峨嵋一派，是水到渠成。郭襄出生于武学世家，武学资源极其丰富，一路走来，又多有历练，可以从容取舍，终于成为一代宗师。

林平之二十岁左右就被囚居梅庄，是命运使然，但在这种命运中，也能看出端倪。林平之生在武学没落的家族，又养尊处优。当厄运来临时，林平之既没有武学上的准备，也没有心理上的准备，他的命运几乎被注定了。有趣的是，林平之刚刚到达洛阳时，尽管父母惨死，他还有过短暂的快乐：

他六人一早便出来在洛阳各处寺观中游玩，直到此刻才尽兴而归。

《笑傲江湖》第十三章"学琴"

此时此刻，林平之觉得，得遇名师，报仇有望，人生似乎充满了希望。洛阳这几日短暂的快乐是否也像他十七岁那年得到的大宛马？

遗憾的是，这短暂的快乐，竟是林平之一生最后的霁色！

附录一　金庸群侠时间线

1077 年，扫地僧之问。

1077 年左右，扫地僧完成《**九阳真经**》，写于《楞伽经》之内。

1114 年，黄裳开始阅读道藏。

1123 年，独孤求败出生。

1128 年，少林寺灵兴大师练成一指禅。

1154 年，林朝英出生。

1158 年，独孤求败纵横天下。

1164 年左右，黄裳写出《**九阴真经**》。

1181 年，林朝英去世。

1186 年，火工头陀反出少林寺。

1193 年，独孤求败来到剑冢隐居，留下**心悟**。

1199 年，第一次华山论剑。

1200 年，春，王重阳携周伯通赴大理。秋，王重阳去世，死前破了欧阳锋的蛤蟆功。

1201 年，郭靖出生。

1203 年，李莫愁出生。

1213 年，前朝宦官写出《**葵花宝典**》。

1215 年，小龙女出生。

1220 年，第二次华山论剑，杨过出生。

1228 年，李莫愁、小龙女的师父去世。

1243 年，杨过初遇神雕，郭襄出生。

1259 年，第三次华山论剑。

1261 年，郭襄登少室山遇觉远、张君宝，何足道闯少林寺，觉远去世，张三丰、郭襄、无色三分《九阳真经》。

1273 年，郭靖战死于襄阳。

1283 年，郭襄出家，创峨嵋一派。

1338 年，张无忌出生。

1358 年，张无忌于光明顶拯救明教，杨氏后人黄衫女再现江湖。

1413 年，红叶禅师得《葵花宝典》，岳肃、蔡子峰盗经，林远图创辟邪剑法。

1543 年，林平之出生。

1563 年，令狐冲见《辟邪剑谱》，岳不群、林平之自宫练剑。

1567 年，令狐冲、任盈盈成婚，笑傲江湖。

附录二　ACM 图灵大会（2019）上的"华山论剑"：朱松纯对话沈向洋

——人工智能时代的道路选择

2019 年 5 月 19 日，中国成都

（2019 年 6 月发表于视觉求索公众号、暗物智能 DMAI 公众号、
微软亚洲研究院公众号）

对话嘉宾

朱松纯（Song-Chun Zhu）教授（马尔奖和赫尔姆霍茨奖获得者、UCLA 教授、IEEE Fellow、暗物智能 DMAI 创始人）

沈向洋（Harry Shum）博士（微软公司全球执行副总裁、美国工程院院士、ACM/IEEE Fellow）

主持人

华刚（Gang Hua）博士（IEEE Fellow，IAPR Fellow，ACM 杰出科学家）

主持人：大家都知道，朱松纯教授和 Harry（沈向洋）博士是二十多年的好朋友，他们在计算机视觉和人工智能领域都做出了杰出的贡献，是学界和业界的领袖人物、海外华人学者的翘楚。2000 年前后，他们在微软亚洲研究院以及共同创建的非营利机构——湖北莲花山研究院聚集和培养了一大批优秀青年学子。如今这些学生成绩斐然，成为学界和业界的栋梁。

两位老师都很喜欢金庸的小说，Harry 尤其喜欢《笑傲江湖》里的令狐冲，松纯最喜欢《天龙八部》里的萧峰。他们当年约定十八年后来一次"华山论剑"。所以，我觉得，今天的对话实际上是"令狐向洋"与"萧松纯"之间的一次切磋。

本次对话的题目是"人工智能时代的道路选择"。

一、谈人工智能的发展趋势：业界与学界的 AI 黄金时代

主持人：我的第一个问题是，两位老师在人工智能领域都耕耘了很多年，你们认为人工智能在学术界和工业界未来 18 年的发展趋势是什么？

沈向洋：非常感谢大会给我们这样一个机会，能够让大家一起切磋，确实有种高手过招的感觉。我跟松纯的这个"华山论剑"之约差不多在 2000 年，其实本来约定的是去年（2018 年）过招，而且当时松纯还说，不光我们两人要过招，还要各人带 18 名弟子一起来过招。（笑）

首先，我觉得人工智能发展到今天，我们这些人当然是幸运的。我们在读研究生的时候，专注的是计算机视觉和机器人等领域，但实际上 20 世纪 90 年代我们毕业的时候并没有多少工作机会。特别是当时的计算机视觉、自然语言处理等方面发展比较慢，没有多少可以应用落地的场景。而在最近几年发展得非常快，可以说是日新月异。

我个人觉得，接下来十几年中：

- 人工智能的工业界在感知方面可能会迎来黄金十年，有很多系统可以做，而且能落地很多的应用场景，大家无论是就业还是创业，都会有很多好的机会。
- 在人工智能学术界，刚刚松纯在大会报告中从六个方面阐述了人工智能的发展趋势和前景。我个人觉得，最激动人心的方向是脑神经科学和人工智能之间的结合。

不仅人工智能在工业界有黄金十年，在接下来的 25 年，也会是人工智能在科研领域的黄金时期。

朱松纯：我非常感谢刘云浩教授和大会提供这样一个对话的平台。我与 Harry 的这个对话约了很久，今天大家终于能坐在一起畅谈。特别是大家对这个话题也比

较关注，愿意听一听。

　　Harry 和我都算是"65 后"，**有人说过，20 世纪六七十年代出生在中国的一代人是比较幸运的，当时**社会风气很正，大家崇尚科学与技术，很多人都有社会责任感和使命感。但问题是，我们读大学时想学计算机视觉、人工智能等方向，国内当时基本没有教授能够指导我们，再加上信息不通，所以我们选择出国深造。到了美国，我们学业是有大师指导了，但是如何规划职业，前面没有多少华裔成功人士能提供参考，我们都是在黑暗中摸索前行。后来，Harry 去了工业界，成为当之无愧的业界领袖，而我留在学术界继续思考一些困扰我的问题。刚才 Harry 说了，我们毕业的 20 世纪 90 年代很难找到好的工作。我们两个人是在走"夜路"，前面又没有人，内心还是比较害怕的。所以，我们当时经常电话沟通，就一些职业选择的问题互相交流。就像两个人在黑夜里走在不同的区域，拿手电筒往天上照一下，互相看看对方走到哪里了。

　　关于人工智能往后如何发展，我的意见如下：

- 在学术界的发展，我刚刚在大会做了一个报告，题目是"人工智能：走向大一统的时代"。也就是说，人工智能的几大领域脱离了数理逻辑的表达和计算机制，经过 20 多年的摸索，找到了概率统计建模和随机计算这个新的数理基础，并在此基础上开始融合，走向一个大一统的格局。我自己在报告中初步总结了六个大的趋势与变局。

人工智能研究的六个颠覆性趋势与变局

一、人工智能六大学科：走向大一统。

二、从大数据、小任务到小数据、大任务。

三、开启智能"暗物质"：超越深度学习（Dark Beyond Deep）。

四、人机协作的认知架构与社会伦理道德。

五、走出黑盒子：可解释人工智能、获取人类信任。

六、AI Baby 常识获取：先通识、后专才。

- 在工业界的发展，我看本次人工智能的技术革命与前三次技术革命很不一样。比如 20 世纪 90 年代末到 2000 年代初的互联网与信息技术革命（现在大家又把它称作第三次工业革命）其实是一个相对简单、成熟的应用技术，没有太多的不确定性，大多数公司只不过是做商业模式的创新。而人工智能是十分复杂的问题，水很深，它的应用场景和任务往往很难隔离出来加以定义，人脸识别是个特例！这里要警惕一个所谓 AI-complete 的问题：你本来只想解决问题 A，结果发现你需要解决问题 B，否则解决不了 A，然后，为了解决 B，你又不得不解决 C，直到你把所有问题都解决了，这就是通用的人工智能。10 年前，我就在说一个听起来不那么科学的、有点滑稽的口号：

If you can not solve a simple problem, you may have to solve a complex one!

通俗来说，你需要解一个有 1000 个变量的方程组；单独拿出 3～5 个变量来解，往往是解不出来的。现在我看到很多工业界的朋友还没有尝到这个苦头，初生牛犊不畏虎。（笑）

从我自己的经历看，我在 2000 年前后提出图像解译与视频解译，把视觉问题全部纳入一个统一框架来求最佳解。后来发现，光解视觉问题是做不好的，还需要大量的认知推理（也就是我提到的智能暗物质）。同时，为了提高学习的效率，走小数据、大任务模式，我们又必须综合语言对话、机器人等领域。

二、谈工业界及学术界的差异：内外兼修

主持人：事实上，朱松纯教授和沈向洋博士都在计算机视觉领域开始了他们的研究生涯，但之后就分别走上了学术界和工业界之路。而两位又都是横跨两界，比方说松纯现在出来创业，成立了 DMAI，而 Harry 在很多大学任兼职或担任荣誉教授。那么请问两位，人工智能的工业界和学术界存在哪些差异性？这两方面的经历能相互帮助么？

沈向洋：其实，我们微软研究院也做了很多学术研究。但是，对于行业来说，不能仅仅停留在科研阶段，还要有产业落地，这个巨大的转变就是互联网的诞生。互联网出现后，给人类带来了巨大变化，包括对科研方法的冲击也非常大。我个人认为，在人类历史上最了不起的创新中，互联网可以排到前三名。

我经常讲，在工业界你能发论文当然很好，但是发论文并不是最主要的事情，而是你科研的方向是否具有领导性、前瞻性。15 年前我就说过这个观点。那时互联网发展方兴未艾，人工智能还没有今天这么火。

其实，我们也非常重视科研和写学术论文。这么多年来，微软全球研究院有 5 位图灵奖得主，他们当年也写学术论文。如果你确实做了了不起的事情，那么就会真正被尊重。我想说的是，不要为了写学术论文而写论文。

朱松纯：对于学术界与工业界的关系，我用武侠小说来打个比方。在大学做研究是练内功，是一些心法和内力；而在工业界练的是外功，讲究功夫招数。在大学校有点像上山到少林寺习武，学术大师就像张三丰创立武当门派；而创业开公司则像下山开镖局，当产品经理就像做镖头，走镖，护送产品落地。

内功和外功是相辅相成的。你没有内功，你的招数打出来缺乏力道；但光练内

功没有外功的话，内功再好也会烂在肚子里，施展不开。

当内功练到一定程度后，真气在体内游走，东奔西突，你就想把它发出来。可能不是你本人去发功，你的学生也可以去发功。我个人的状态是，山上山下两头跑。准确来说，是三个地方跑：大学、公司、非营利机构（就像当年我们在湖北创办了莲花山研究院）。

主持人：原来朱老师经常上山下山，怪不得身材保持得这么好。对于 Harry 来讲，你在工业界带了很多学生，你基于在工业界的经验能为他们带来什么样的建议，让他们的职业生涯发展得更好？

沈向洋：其实，我小时候真的练过武功，每天在南京的寺庙蹲马步，连续蹲了三年。我个人比较幸运，在微软亚洲研究院做了九年。人一辈子做学问是非常幸运的事。我一直跟我的学生说，如果有机会让你一辈子做研究，那是非常幸运的事情，因为大多数人没有机会一直做下去。

就算你毕业的时候水平不是很高，但你做了十年之后，水平肯定很高了。因为你前面的人都不见了，那你就成为高手了。你看，现在我不做了，所以松纯就成为高手了。（笑）

在学术界和工业界之间进进出出是非常好的事情，我完全同意松纯讲的。你去山上看看，才知道世界有多宏伟。下了山开镖局，做一个镖师，那就真的不一样了。我们工业界有时会觉得学术界的是花拳绣腿，不知道要到什么时候才能实现。所以要用不同的角度去想这个问题。

主持人：看来两位老师的讨论已经产生了一些火花。对于 Harry 的观点，朱老师有什么反驳或者想要说的吗？

朱松纯：我们两个人的确是不同阵营出来的，他们卡内基梅隆大学博士毕业的在工业界是一个大"帮派"，师兄师弟相互提携，非常有影响力。而我是哈佛大学出来的，我的导师是数学家、化外高人，没有几个师兄弟。所以，我毕业后要独立行走江湖。我毕业时，我的导师跟我一起吃饭时就对我说："Find your alliance."（去找你的同盟吧。）我遇到 Harry 的那些师兄弟，虽然是秀才遇到兵（笑），他们对我还是比较客气的。当然，Harry 就是我找到的同盟者，他对我特别关照。

沈向洋：刚才，松纯提到了我的母校，那我就接着说一下。当年我去了卡内基梅隆大学之后，发现美国的学生真的很强，我们在学校里也确实学到了很多东西。

另外，我认为每个学校都有自己的风格，就像朱松纯说的武功论，有华山派，有青城派。而我觉得我们的武功更像少林派，就像松纯讲的，我们练的是外功和招数。很多美国企业的 CTO 都是从卡内基梅隆大学出来的。

其实做项目并不是一个人单打独斗能完成的，所以我在读研究生的时候就学到了如果要做大系统应该怎么组织。让一批聪明人聚在一起，这就是松纯所说的联盟。

朱松纯：Harry 说得对，计算机视觉和人工智能都是非常复杂的问题，要建造这样的系统，必须有强大的工程团队。但我们必须警惕，这里水很深，就像前面提到的 AI-complete 问题。大的理论框架还没有搞清楚就上马去干，是有风险的。我的同事 Judea Pearl 有个说法："盲人骑瞎马**过地雷阵**"。刘备当年带着关羽、张飞几员猛将到处打，结果被打得东奔西逃，几无立锥之地。直到在湖北隆中遇到孔明，诸葛亮把地图一挂，把天下局势和路线图分析得清清楚楚，才走上正轨。

基础研究就是要给工程团队提供一张大的地图，我刚刚在演讲中也提出了人工智能大的格局、历史和地图。这个地图就是把人工智能的各个领域综合起来看，这样才能看清楚、想清楚各领域之间的融合与统一的路线图。

我的实验室里有这样的大地图，虽然还不完整，分辨率还不够高，但可以给研究生们一个指引，让他们能够定下心来做研究。

顺便说一句，今天 ACM 图灵大会会场墙上展示的杰出的青年学者中，就有好几个是我们实验室培养出来的。在过去四届 ACM 优秀博士论文榜单上（每年两人），就有三届的优秀博士论文得主是我们团队培养的学生（2015 年北京大学的王烁、2016 年中山大学的梁小丹、2018 年北京理工大学的王文冠）。

三、谈导师与学生之间的关系：双向选择与包容

主持人：朱老师刚才谈到老师和学生的关系，正好我们也要谈一谈老师跟学生的关系。两位老师在过去几十年里带了很多学生，跟很多学生都保持着很好的师生关系。最近中国一所知名高校的年轻教授在指导学生写论文时出了状况，上了新闻。请问两位老师怎么看这个事情？这么多年来，你们是怎么带学生的？

朱松纯：我觉得，之所以产生这样的事情，是有些环节出了问题，现在高校对青年教师评估和研究生毕业有论文数目的要求，而老师与学生的价值观不一致。古人讲"道不同不相为谋"，现在很多导师和学生的价值观不一样，兴趣是错位的，时间久了就会产生矛盾。

作为老师，我最大的感受就是，学生往往不是教出来的，学生是选出来的。来读研究生的人都已经 20 出头了，你很难改变他们的价值观和习惯。那你就要选和你的价值观接近的学生。学生跟导师的兴趣和价值观契合，才能有和谐的关系。导师和学生之间是一个双向选择的过程。大家常说，本科选学校，硕士选专业，博士选导师。读博士最重要的是选合适的导师，不要太看重学校排名。

过去，导师和博士生的关系是师徒关系，毕业后成为良师益友。有句话是这样说的：你一辈子可能不止一个配偶，但是只有一位导师。可惜，当今社会这种关系

不再那么亲密了，演变成了老板和雇员的关系。我是不允许学生私下把我称作老板的，所以他们背后称我"老朱"。（笑）

主持人：松纯说得好。其实老师选学生，学生也在选老师，这是一个双向选择。尤其对学生来讲，要找对研究方向真正符合自己志趣的导师。Harry，你的意见是什么呢？

沈向洋：针对这个问题，我没有像松纯想得这么深刻和激进。我觉得出现这类新闻是一件非常不幸的事。但是，在做学术研究这块，我很多年前就在国内做过一个关于如何做学问的演讲，也一直强调一件事，做研究不是一生的所有，它只是人生的一部分，是兴趣和爱好。

我认为，作为老师，有爱心非常重要。每个学生都不一样，但是大多数学生在智商各方面都比我们强。我经常跟我太太说，收了个学生就像生了个孩子，生了就退不回去。那怎么办？如果他读了你的研究生，那我就说没问题，我们可以多一些耐心和宽容。

朱松纯：Harry 说得比较轻松，主要是因为他是兼职导师，**不用负责学生毕业，也没有学校要求必须发表多少篇论文的压力**。不过，话说回来，我和 Harry 都比较幸运，有很多十分优秀的学生来跟我们学习。我们在微软亚洲研究院也合带了一些研究生，他们中间很多人都很重情义，这是当老师最大的收获和骄傲。但我也带过一些不是特别优秀的学生做论文，的确有点吃力。

四、谈人工智能时代的职业选择：准确定位

主持人：两位老师都是计算机视觉领域出身的，在研究领域也都很有建树，但是在人工智能之路上走了不同的方向，现在好像又走了回来。在你们各自职业生涯发展的过程中，你们有什么经验分享给年轻人？学术界与工业界作为两个交互的领域，它们之间有什么关系？特别是朱老师，您现在出来创立 DMAI，从学术界又来到工业界，带来了什么样的信息？

朱松纯：人工智能时代的到来，让非计算机专业的人都在担心工作机会受影响。其实，对于今天在座的计算机专业的学生来说，人工智能对于传统的计算机学科方向，如知识表达、算法分析、操作系统、编程语言、通信架构、计算机体系结构都会有很大的冲击，需要你们去重新认识。你们现在常用的概念和研究的课题可能需要调整。我刚刚在讲座中提到，**ACM 里面一个核心的概念是 P 和 NP 问题**。其实，在我们研究计算机视觉的时候，满眼都是 NP-hard 问题。**打个比方，当一个国家 90% 以上的人都在犯法时，那可能说明这个法需要变一变了。**所以，在人工智能全面转向概率模型和随机计算的前提下，讨论 NP 问题就不那么紧要了。

现在这一代年轻学生，如果不想受到人工智能的冲击，可以拥抱人工智能，选择投身到这股潮流中。现在选人工智能专业，就相当于 20 世纪 80 年代我们选计算机专业。人工智能不仅仅是一门课、一个研究方向，其内容是十分浩瀚的。当前投身到人工智能这一行，不管是选择留在学术界练内功还是到工业界走镖，就算只是想跟风发论文，都很不错。

长期来看，你的职业选择取决于你对自己的定位，即在人工智能这个生态系统里占到的位置和时间段。打个比方，你要开个餐馆，需要定位做哪个菜系，是做街边小吃、开连锁店还是做小众的私房菜，需要根据自己的兴趣、实力和周边的条件来考虑。

留在学术界做学问，要往前看十年甚至二十年。做学问的本质就是登无人之境，我把这种状态叫作"清风明月"，就是当年苏轼夜晚泛舟长江、思考人生问题的心境。人工智能领域有太多的问号待解释。20 世纪 80 年代我开始学习人工智能时有好奇心在驱动。就像当年屈原作《天问》，很多事情都不理解，想弄清楚各种现象和它们之间的关系。在科学研究中，我们更需要的是去理解，正如哲学家斯宾诺莎所言："人类能获得的最高级的活动，**就是**学会去理解，因为理解了就达到了思想的自由。"（"The highest activity a human being can attain is learning for understanding, because to understand is to be free."）

到工业界做研发，好的公司往往给你超前一两年的自由，但现在节奏越来越快了，能让你自由思考的时间越来越短。热点之下往往会发生"踩踏事件"，往往会身不由己。当然，现在在一些巨头公司可以喝咖啡，日子过得也不错，但过这种舒适的日子是有代价的，就像青蛙泡在温水里。

条件允许的话，在学术界和工业界两头跑，能看到全光谱，对很多问题体会更深，人生更完整、更精彩！

沈向洋：我觉得，每个人的情况都不一样，尤其是每个人的悟性也有差别，心态最重要。你不能天天想着跟朱老师比。朱老师拿了很多学术界的大奖，把奖都拿完了，那你怎么跟他比？武功有高低之分，而真正的高手需要有很好的悟性。

无论是学生将来是想去做教授、去工业界还是开创业公司，我都鼓励。但是我一直强调的事，也是很重要的事，就是：不管去什么公司，选择标准不能只看钱。一定要看个人未来三五年的市场价值是不是比之前大大增加了，学到的经验才是无价的。

五、谈年轻人如何避免踩坑：深耕细作方可成就

主持人：向两位老师请教最后一个问题。现在人工智能已经来到风口。请根据

你们的经验给年轻人提一些建议，从而避免他们在这条路上踩坑。

沈向洋：我觉得，今天在座的很多年轻学生都处在事业刚刚起步阶段。我想对大家说的最重要的经验是：除了要立大志，就是要踏踏实实做一些事情。

刚才松纯也说，如果想混日子也很容易，但是如果真的下定决心做一件事情，首先要喜爱这件事，相信能做出了不起的事情，一定要有这种心态。我见过很多聪明的学生，但是他们没有做出了不起的事情，因为没有沉下心在某个领域深耕。

朱松纯：我觉得，这个时代对年轻人来说既好也不好。说好，是因为现在人工智能机会特别多，我的实验室博士生毕业就拿到好几个 offer，起薪都比我在 UCLA 的工资高。说不好，是因为对年轻人来说，尤其是聪明的人来说，面对的机会太多，容易被这些眼前的机会所拖累，游走在各种具有诱惑的机会中，被带来带去，几个回合之后，就找不到方向了，这有点像布朗运动，我觉得非常可惜。我和 Harry 经常探讨一个事情，就是我们发现，在我们带过的学生中，学习成绩最优秀、最聪明的学生，最后的成就往往不如预期，赶不上那些资质稍微差一点、但更加执着的学生。

年轻人要能沉得住气，做人做事都要能坚守信念，一辈子只做一件事，把它做好，就能有所成就。性格决定命运，要特别坚韧。Harry 也说过，脸皮要厚一点，要经得住老师和同行的批评。聪明的学生尤其要能克服这个问题。

我最后再讲一点，有人发现，最近 60 年，科学的发展缺乏大的、框架性的突破，这与 20 世纪初期的大突破时代不同。据我的观察，我们面对的是全新的问题，要研究的都是大型的复杂系统，如人工智能、神经与脑科学、生物系统、社会学。是不是西方过去十分成功的还原论（reductionism）思维方式需要掉头，融合东方哲学和综合的思想？我觉得这是一个值得大家思考的问题。

主持人：所谓举一反三，触类旁通，大体上也是需要先在一个方向上坚持足够久，从而建立足够的知识深度，进而拓宽到足够的广度。让我们感谢两位老师的精彩对话和分享，希望下次再有机会见证两位老师的"华山论剑"。谢谢大家！

致谢：感谢 ACM 图灵大会组委会，特别是刘云浩主席的大力支持。感谢胡君、朱成方为本文所做的文字编辑工作。

附录三　千古学人侠客梦

邢志忠

我是在大学三年级的上学期才知道这世上竟然还有一种被称作武侠小说的成人读物。当时从同学那里借到手的第一部武侠作品是金庸先生的《书剑恩仇录》。读过之后，年少的我热血沸腾，从此做起了书剑飘零的江湖梦。1987 年 6 月，就在本科毕业前夕，我身穿白色练功衣，手执三尺青龙剑，在夕阳西下的北大未名湖畔留下了后来令自己回味无穷的背影。那一刻在我的心中，只有"天下风云出我辈"，还不懂"一入江湖岁月催"。

在高能所读研的前两年，恐怕是我这一生中最迷茫的一段时光。好在那时我终于有机会看到金庸的《射雕英雄传》经典电视剧版。记得在很多个寒冷的周末夜晚，我和同学们挤在研究生院的礼堂观看郭靖、黄蓉和四大高手华山论剑，然后心潮澎湃地回到教室继续读文献、做计算、写论文。金庸的武侠小说给予我们那一代学子的精神力量，就相当于后来天下传扬中的诗与远方。虽然两手空空、前途未卜，但我们都相信，总有那么一天，自己会朝向远方边走边唱，直到万水千山走遍。

数年以后，在德国慕尼黑大学做博士后期间，我的合作导师哈拉尔德·弗瑞驰（Harald Fritzsch）教授给我讲了一个意味深长的小故事。他说自己年轻的时候在加州理工学院做访问学者，经常有机会聆听大名鼎鼎的理查德·费曼（Richard Feynman）笑谈古今、指点江山。有一次费曼教授问哈拉尔德："假设你孤身处在某种未知的险境，身边只可携带一件日常用品以应付不测，你会选什么？"身强力壮的哈拉尔德毫不犹豫地回答："瑞士军刀。"费曼笑了，他说："我会选袖珍计算器。"在 20 世纪 70 年代的美国，袖珍计算器就相当于今天的苹果手机，是先进生产力的代表。

听了科学大师的这段往事，我的内心瞬间感受到一种强烈的、难以名状的冲击力：作为侠之大者的费曼似乎早有预感，兵不血刃的数字化时代正在到来，打败对手最简单、最有效的招式就是"看我不一秒钟之内算死你！"于是我切身领悟到，物理学家的江湖其实与金庸笔下的江湖有异曲同工之妙。

2001 年回国工作后，我做的第一件大事就是购买了三联版的金庸作品集，每晚睡前读两个小时，然后带着"飞雪连天射白鹿，笑书神侠倚碧鸳"的武学意境进入梦乡。如此这般地读完金庸作品集，我的科研水准在 2002 年竟达到了前所未有的高度，以单一作者身份发表了两篇关于中微子质量和混合结构的论文，在国际学术界占有了一席之地。我随后模仿一些武功稍有建树的江湖中人，开始招兵买马、开山立派，打造出当时国内第一个有一定国际影响力的中微子理论研究课题组，并为推进中的大亚湾核反应堆中微子振荡实验做了一些力所能及的摇旗呐喊。

2005 年初，我代表中国高能物理学界在美国费米实验室开办的"量子日记"（Quantum Diaries）网站撰写科学博客文章，成为中国科学家博客写作的先行者。2007 年夏天加盟科学网后，我将自己的博客取名为"所谓江湖"，后者承载着我心中那个不醒的武侠梦。

谈及科学与武学之间的相通性，没有人比本书的作者徐鑫老师解析得更透彻而且意趣盎然了，读来给人一种畅快淋漓之感。物理学作为科学最重要的分支之一，其发展和演变也与金庸武学的真谛有诸多相似之处。这里我权且抛砖引玉，与读者分享几点个人的粗浅见识。

首先，几乎所有的科学巨擘和武林宗师都坚持理论必须联系实际，发表才是硬道理，实用才是真功夫！他们还有一个共同点，就是旗帜鲜明地反对那些眼高手低的研究生和博士后，不论这些学生是嫡传门生还是俗家弟子。正如自创截拳道武学的功夫巨星李小龙（Bruce Lee）所强调的："Knowing is not enough, we must apply. Willing is not enough, we must do."物理学的动量定理精准地诠释了"天下武功，唯快不破"的道理，其要点是在瞬间释放出强大的爆发力，产生足以摧枯拉朽的冲量。但作为硬币的另一面，内家武功侧重的以柔克刚则提供了另一种克敌制胜的途径。只要不违背动量和能量守恒，我们其实很难评价哪一种武功具有更高的科学意境。总体而言，金庸的武侠小说属于科幻类作品，其强大的艺术感染力来自不可思议的想象力。至于我本人首先提出来的"想象力是否做功"的问题，目前科学上尚无定论。

其次，金庸武学的构建与科学理论的创立一样，都以一些基本原理或指导原则为基础，都追求体系本身的自洽性、简洁性和自然性。功夫不分内外，其最高的理念都是大道至简，甚至达到无招胜有招的境界。这一点似乎与著名的奥卡姆剃刀（Occam's razor）原则不谋而合。事实上，科学泰斗阿尔伯特·爱因斯坦（Albert Einstein）也曾有类似的表述："Everything should be made as simple as possible, but not simpler."作为前无古人的现代物理学宗师，爱因斯坦更高明之处在于为简单性设置了一个不可逾越的下限，即只能通过"有招"的方式趋向"无招"，过犹不及。这既是科学研究的方法论，也是武学修炼的必由之路。尤其与众不同的是，爱因斯坦通过在看似互不相关的物理学概念之间建立内在的关联，成功地实现了他对科学思想的简单性和深刻性的双重追求。他的这一番"神操作"的集中体现就是他的两大"武功秘笈"：狭义相对论和广义相对论。不过爱因斯坦从未担心过自己的科研"武功"传承，因为后者需要足够高的专业智商，故而传承的过程无论如何都不会为学术界带来血雨腥风。所以爱因斯坦与独孤求败一样，宁愿选择千山独行，尽情享受作为绝世高手的神秘与宁静。

最后，流派传承对于绝大多数武学和科学宗师而言都是必要而且重要的。不论是《笑傲江湖》中的五岳剑派，还是《倚天屠龙记》中的六大门派，其掌门人和徒子徒孙们无不以本门武功的发扬光大为己任，但真正能够做到承前启后、薪火相传的门派其实寥寥无几。与武林中的门派相似，科学界的学派创立和传承也不是一件容易的事。20 世纪初是量子力学理论称霸学术界的时代，随之诞生的哥本哈根学派和哥廷根学派堪比物理学界的少林派和武当派。不仅如此，核物理学的快速发展也催生了若干日后影响深远的学派，诸如卢瑟福学派、费米学派和汤川学派，其掌门人分别是英国的欧内斯特·卢瑟福（Ernest Rutherford）、意大利的恩里科·费米（Enrico Fermi）和日本的汤川秀树（Hideki Yukawa）。这些著名科学家可谓桃李满天下，他们的数位杰出弟子都因为自己的重要学术贡献而荣获诺贝尔奖，成就了不朽的江湖佳话。

当然，所有的远行都是为了回家，江湖的尽头无不是身心的归宿。我们一路努力的收获，便是在平庸的生活中发现了一些令人心动的不平庸。

邢志忠

2021 年 9 月 7 日

本文作者简介

邢志忠，1965 年 6 月生于黑龙江，1987 年毕业于北京大学物理系，1993 年获得中国科学院高能物理研究所博士学位。之后在慕尼黑大学和名古屋大学从事基本粒子物理学理论研究，2001 年初回国。现任高能物理研究所二级研究员。他是国家杰出青年科学基金获得者，"新世纪百千万人才工程"国家级人选。

研究方向：中微子物理学、重味物理与 CP 破坏、新物理唯象学。

过去的主要工作与获得的成果：多年来从事粒子物理学的理论与唯象学研究，尤其在中微子物理学领域取得了若干原创性的重要成果。1996 年与弗瑞驰教授合作，在国际上最先提出了轻子混合的"民主"模式，预言了太阳和大气中微子振荡具有较大的混合角，而反应堆中微子振荡具有较小的混合角。这一理论预言突破了轻子混合应与夸克混合相似的传统观念，比 1998 年的超级神冈中微子振荡实验结果早两年。2002 年在国际上率先提出了中微子的"近似三双最大"混合模式，有关物理思想引领了中微子理论研究的一个方向。这一工作的单篇引用次数超过了500 次，尤其被诺贝尔物理学奖得主李政道先生正式引用 6 次。2008 年应邀在第34 届国际高能物理会议（美国费城）上做中微子理论的大会综述报告，成为迄今为止唯一在该高能物理学顶级系列会议上做大会报告的国内理论家。2011 年与周顺博士合作，出版 440 页、70 万字的英文专著 *Neutrinos in Particle Physics, Astronomy and Cosmology*，系统地描述了中微子物理学、天文学和宇宙学的基础知识和最新进展。迄今为止已发表学术论文 180 余篇，总引用率超过 8000 次。

邢老师还是颇有影响的科普作家，著有《中微子震荡之谜》（上海科技教育出版社，2019 年），翻译了《改变世界的方程：牛顿、爱因斯坦和相对论》（上海科技教育出版社，2018 年）、《你错了，爱因斯坦先生》（上海科技教育出版社，2017 年）。

后　记

科研百家争鸣的"射""神"时代：
自藏经阁始，至藏经阁终

1077 年，藏经阁的扫地僧发出科研之问：为什么我们总是培养不出杰出人才？1259 年，藏经阁的觉远做出了自己的回答，并开启了金庸武学世界的新纪元，这自藏经阁始，又至藏经阁终的问答，印证了金庸武学世界的初心。

初心出自《大方广佛华严经》卷第十七："三世一切诸如来，靡不护念初发心。"卷第十九："如菩萨初心，不与后心俱。"

那么，科学家的初心是什么呢？

科学家制天命而用之。我的母校东北师范大学门口有一统石碑，上面刻着杨振宁先生手书的"制天命而用之"这几个字。后来我才知道这句话出自《荀子·天论》。我想"制天命"就是科学，"而用之"就是技术，两者结合在一起，就能很好地理解自然，提高人类的福祉。这可能也是杨振宁先生的想法吧。

制天命而用之需要学术传承。制天命而用之不是一个人就能完成的，需要人类始终不断地探索。那些在科技中取得巨大成就的学者常常有两项重要任务：一项是自己攻坚克难；另一项则是培养接班人。我觉得这很像干细胞。干细胞有两件事要做：一件是产生各种功能细胞，完成各种任务；另一件则是制造更多的自己。

很多大学的知名教授都有很多本科生教学任务，也培养了很多优秀的人才。我听说过的例子是回到清华任职的姚期智院士，他从 2004 年回清华全职工作，并先后开办了姚班、智班，培养了很多计算机方向的优秀人才。

如何让中国最聪明的学生成为杰出人才甚至伟大人物？我想这就是很多中国科学家的初心。我见过的例子是朱松纯老师。我在第一次北大讲座之后有幸和朱老师一起吃饭聊天。我印象很深的是，在整个谈话过程中，朱老师始终念念不忘的是如何让中国最聪明的学生成为杰出人才。我后来曾去过朱老师所在的北京人工智能研究院，朱老师提到，他肩负让这些优秀的苗子进一步成为杰出人才的重任，感到压力很大。能否提供某种启迪，让学生从优秀发展为杰出乃至伟大，这也是讲座后朱老师留给我的作业。

　　让中国最聪明的学生成为杰出人才，我想，先要解决"立其大者"问题。孟子说："先立乎其大者，则其小者弗能夺也。"对"立其大者"，可能分四层境界。第一层是志大，指一个人先要解决大问题，如发现自己的趣味、坚定自己的志向，然后才能解决具体行动问题。第二层是识大。指一个做学问的人先要了解本领域内的核心、卡脖子问题，而不仅是那些用来发文章的问题。就像爱因斯坦说的那样："I have little patience with scientists who take a board of wood, look for its thinnest part, and drill a great number of holes where drilling is easy."。第三层是大器，指让少数学生能成为德沛、志大、趣广、才高的人物。郭靖、乔峰都只有一个，虽然人才越多越好，但大才一个也够好。第四层是大国，最聪明的一批学生也是中国当代学生中的大者，如果他们能有改变，那么这批极其优秀的人，也会对未来中国有大的影响，这就可以成就大国。对于聪明的学生，小问题是难不倒他们的，让他们从聪明走向杰出甚至伟大，需要解决这些大问题。

　　那么，如何让最聪明的学生志大、识大、成为大器、成就大国呢？

　　身教具有巨大力量。《后汉书》中说："以身教者从，以言教者讼。"杰出人物的身教对于塑造学生有极大的作用。大多数人的趣味、志向以至于德行的建立，可能常常不是因为对错抉择，趣味、志向也常常没有太多对错；大多数人选择趣味、志向，常常是因为榜样人物的影响以及这些影响带来的独特的美学体验。就像杨过的成长，其实是郭靖启发而来的：

> 　　二人携手入城，但听得军民夹道欢呼，声若轰雷。杨过忽然想起："二十余年之前，郭伯伯也这般携着我的手，送我上终南山重阳宫去投师学艺。他对我一片至诚，从没半分差异。可是我狂妄胡闹，叛师反教，闯下了多大的祸事！倘若我终于误入歧路，哪有今天和他携手入城的一日？"想到此处，不由得汗流浃背，暗自心惊。

《神雕侠侣》第三十九回"大战襄阳"

　　杨过是有成为火工头陀、任我行、金蛇郎君夏雪宜这样人物的可能性的，他之所以成为杨过，成为神雕侠，郭靖的身教作用极大。

　　中国很多杰出科学家就是这样的身教典范。这些人本身取得了巨大的学术成就，而且更愿意引领优秀的学生成长。他们能引导优秀的学生志大、识大，成为大器，成就大国。这是大师的力量。清华校长梅贻琦说过："所谓大学者，非谓有大楼之谓也，有大师之谓也。"大师的身教就像九阳神功沛然不可御的内力，大师的言传则像乾坤大挪移的神妙招式，两者结合施展出来，就有巨大的推动力，从而可能挪移乾坤，塑造一个人。相比之下，一个道理哪怕再正确，如果宣说的人没有身教的实力，就像内力不足反倒想运使巧妙法门一样，常常如孩童抡巨斧，可能贻笑大方。

那么我能做什么呢？**我不是杰出科学家，但我可能成为杰出科学家的搬运工。**将金庸小说和科研相结合，就能讲述科研中"刑天舞干戚"的故事，从而可能把学术大师搬到读者面前，让人感同身受。我想侧重的，是以金庸小说为手段，用武功类比科研学术，不仅讲述科学发现，而且揭示这些发现背后的道理，即，选择中的考虑，背后的审美、趣味和价值观，以及这些发现对人类的巨大影响。希望以这样的方式能影响读者，产生类似于身教的作用。**致广大而尽精微，极高明而道金庸。**这就是我希望能做的，尽管我不知道我是否做到了。

最后请允许我用一副对联为这本书收尾：

> 雨读金庸，少无忌，老不悔；
> 晴耕科研，下惜弱，上念慈。

徐　鑫

2023 年 5 月